U0388140

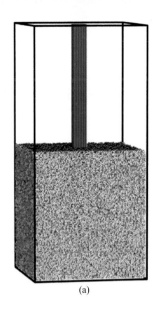
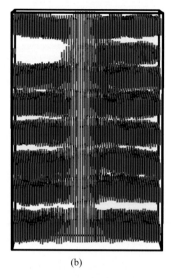

(a)   (b)

图7.56 伸展链构成的纤维晶诱导片晶生长的分子模拟结果[139]

(a)初始态，$8\times8\times128$的纤维晶处在$64\times64\times128$的中间呈浅紫红色，无定形高分子呈黄色；(b)在热力学条件$E_p/E_c=1$，链滑移阻力$E_f/E_c=0.1$，温度$kT/E_c=5.15$下等温结晶3.0×10^6MC周期观察到的单侧片晶的生长

图7.57 图7.56所示片晶生长过程中1.0×10^6MC周期时出现单侧生长的早期形貌[139]（参与上下片晶的链呈黄色，中间片晶只显示结晶部分的蓝色）

(a)黄色只显示85～115层参与上下片晶的高分子链的侧面观测；(b)98～108层的截面观测，可看出左侧黄色链的密集程度大于右侧

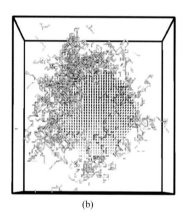

(a)   (b)

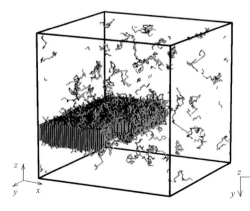
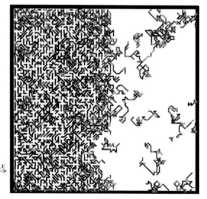

图7.58 不同视角观察立方格子空间中单层片晶的生长[148]（晶体生长由模板所引发，同时在无热混合的溶液空间中弥补高分子链的损失，构成恒浓溶液体系，如果不弥补，则构成NVT溶液体系。空间体积为64^3，分子链长为32，初始体积分数为0.0097，在$E_p/E_c=1$和$T=3.4E_c/k$条件下发生晶体生长10^7MC周期）

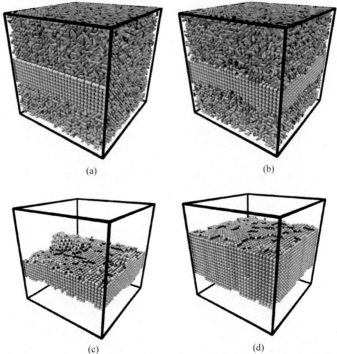

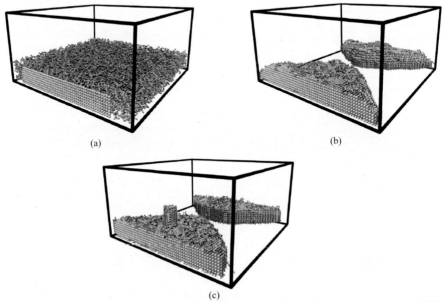

图8.9　短链16-mer熔体从一次折叠的单层片晶开始增厚的分子模拟快照[53]［黄色代表已经发生结晶的键，蓝色代表非晶的键。图(c)和(d)只显示结晶部分的键；其中在图(d)黄色代表原先结晶的键，蓝色代表增厚过程新结晶的键］

(a)在32^3格子中宽度为8个格子的结晶模板；(b)由模板在$T=4.50E_c/k(E_p/E_c=1，E_f/E_c=0.02)$条件下诱导生长19000MC周期得到的一次折叠片晶；(c)一次折叠片晶在$T=4.58E_c/k$等温增厚140000MC周期；(d)一次折叠片晶在$T=4.58E_c/k$等温增厚804000MC周期并完成增厚

图8.13　在薄膜中模板诱导一次折叠的16-mer片晶生长和增厚的分子模拟快照[53]

(a)在$64\times64\times32$立方格子空间中包含有序一次折叠的模板的厚度为8个格子的薄膜；(b)在$T=4.30E_c/k(E_p/E_c=1，E_f/E_c=0$，上表面空气$B_1/E_c=0.3$，下表面基板$B_2/E_c=0)$条件下生长290000MC周期得到的一次折叠链单层片晶；(c)在$T=0.455E_c/k(E_p/E_c=0.1，E_f/E_c=0)$条件下等温增厚600000MC周期得到的结果

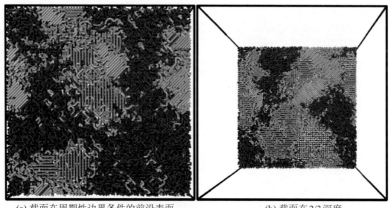

(a) 截面在周期性边界条件的前沿表面　　　　　(b) 截面在2/3深度

图13.23　降温到 $k_BT/E_p=2$ 时系列 B 含 0.54 摩尔分数共聚单元非均匀型共聚物的分子模拟快照图[39]（小圆柱表示高分子链上的键，其中黄色表示可结晶组分，红色表示中间组分，蓝色表示不能结晶组分）

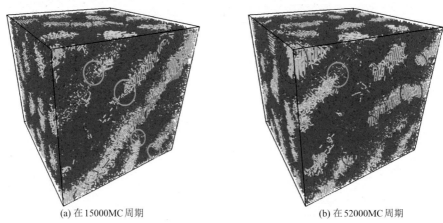

(a) 在15000MC 周期　　　　　(b) 在52000MC 周期

图15.42　嵌段共聚物柱状微畴软受限条件下在 $kT/E_c=3.35$（$E_p/E_c=1$, $B/E_c=0.4$, $E_f/E_c=0$）等温结晶的快照图[76]（图中绿色圈标出柱状微畴出现上下起伏的波纹形，红色圈标出柱状微畴突围合并现象，棕色圈标出柱状微畴断裂现象）

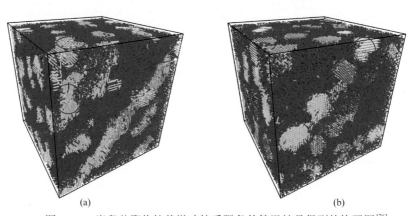

(a)　　　　　(b)

图15.45　嵌段共聚物柱状微畴软受限条件等温结晶得到的快照图[76]

（a）低温允许片晶增厚，$kT/E_c=2.0$, $E_p/E_c=1$, $B/E_c=0.4$, $E_f/E_c=0$，在90000MC 周期时刻；（b）高温不允许片晶增厚，$kT/E_c=3.75$, $E_p/E_c=1$, $B/E_c=0.4$, $E_f/E_c=0.3$，在50000MC 周期时刻

国家科学技术学术著作出版基金资助出版

高分子结晶学原理

Principles of Polymer Crystallization

胡文兵　著

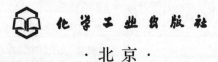

化学工业出版社

·北京·

本书从微观分子角度出发系统地介绍了高分子结晶热力学、动力学和形态学的基本概念以及当前研究进展，并重点介绍了在无规共聚物、纳米空间和嵌段共聚物自组装微畴等受限条件下高分子结晶学的研究进展，附录还介绍了作者所擅长的动态蒙特卡罗分子模拟方法。

　　本书适合从事高分子凝聚态物理、高分子材料、高分子化学和化工、生物物理等研究和开发领域的科研人员、教师、企业技术人员、研究生和高年级本科生阅读。

图书在版编目（CIP）数据

高分子结晶学原理/胡文兵著. —北京：化学工业出版
社，2013.3
　　国家科学技术学术著作出版基金资助出版
　　ISBN 978-7-122-16499-5

　Ⅰ.①高…　Ⅱ.①胡…　Ⅲ.①高分子化学-晶体学-研究
Ⅳ.①O7

中国版本图书馆 CIP 数据核字（2013）第 025744 号

责任编辑：成荣霞　　　　　　　　　　文字编辑：王　琪
责任校对：顾淑云　　　　　　　　　　装帧设计：王晓宇

出版发行：化学工业出版社（北京市东城区青年湖南街 13 号　邮政编码 100011）
印　　装：北京虎彩文化传播有限公司
710mm×1000mm　1/16　彩插 1　印张 29¼　字数 524 千字
2013 年 7 月北京第 1 版第 1 次印刷

购书咨询：010-64518888　　　　　　售后服务：010-64518899
网　　址：http://www.cip.com.cn
凡购买本书，如有缺损质量问题，本社销售中心负责调换。

定　　价：128.00 元

前　言

  自从人类对材料进行开发和利用以来，结晶态为金属、陶瓷和高分子材料提供了必要的强度。目前全球生产的合成高分子材料三分之二体积以上是可结晶的，涵盖了主要的几大类合成纤维和工程塑料。甚至许多橡胶和热塑性弹性体都拥有或多或少的结晶能力和结构。常见的几种通用塑料如聚乙烯、聚丙烯和聚氯乙烯等都能发生部分结晶。主要的天然高分子材料，如纤维素、淀粉和甲壳素，以及许多生命大分子如 DNA、RNA、羊毛和蚕丝等，也都包含有取向有序的结晶结构。因此，高分子结晶的热力学、动力学以及形态学是高分子凝聚态物理学、高分子化学、高分子化工、高分子材料科学和生物物理等学科交叉领域的重要研究内容。然而，有关此研究领域的专著却比较少见。国际上曾经有 1963 年 Phillip H. Geil 的 "Polymer Single Crystals"、1964 年 Leo Mandelkern 的 "Crystallization of Polymers"（2002 年再版）、1973～1981 年 Bernhard Wunderlich 的 "Macromolecular Physics" 三卷本、1981 年 David Bassett 的 "Principles of Polymer Morphology"（1987 年由张国耀和黎书榉翻译成中文版书《聚合物形态学原理》，科学出版社出版）以及 2001 年 Jerold Schultz 的 "Polymer Crystallization: The Development of Crystalline Order in Thermoplastic Polymers" 较为深入系统地介绍了该领域的实验和理论研究进展，此后只有少量的专题综述性文章和论文集引起人们的关注。近年来，随着计算机分子模拟技术的兴起，从分子水平上对高分子结晶的理解取得了许多重要的进展，如果有一本专著对这些进展进行较为系统的总结介绍，并传承早期研究积淀下来的基本实验和理论知识，将有利于我们在这一重要科学研究领域工作的深入开展。

  高分子由于其链状分子结构基本特征，结晶相转变行为及机理均有别于普通的小分子。笔者与他人合作，在高分子结晶统计热力学理论和成核生长动力学模型等基本理论和概念上取得了一系列的研究进展，并采用动态蒙特卡罗分子模拟方法系统地研究了与高分子材料加工、纳米材料科学和生命科学等领域密切相关的许多高分子结晶学的重要前沿课题。在本书部分内容中笔者系统地总结了自己二十多年来在这一领域的学习和研究经验，从分子水平上全方位地介绍了高分子结晶学的基本原理。本书相当一部分的内容也是基于笔者在复旦大学和南京大学研究生专业课程"高分子结晶与结构"和"有序高分子材料"的授课内容，旨在系统地介绍高分子结晶的基本热力学、动力学和形态学知识。本书重点介绍的内容包括高分子结晶的统计热力学理论及熔点预测、链内成核结晶机理、高分子结晶独特的动力学和形态学现象、统计性和嵌段共聚物结晶以及高分子纳米受限结晶，主要取材于笔者及其合作者近年来的一系列研究成果，它们曾陆续发表在本领域主要的国际核心期刊上。

全书分为四个部分共 15 章，分别介绍了高分子结晶的热力学、动力学、形态学和特定条件下的结晶行为研究，内容涵盖了结晶热力学、结晶中介相、结晶统计热力学、平衡熔点预测、结晶相图的理论计算、高分子结晶与多组分液态相分离的相互作用、结晶成核和生长动力学、等温和不等温总结晶动力学、结晶形态及其生长机制，以及特殊结构高分子在特定条件下的结晶行为等研究方向。最后一个方向包含的主题如统计性共聚物结晶、嵌段共聚物结晶和纳米空间受限结晶，均是当前高分子凝聚态物理学研究的前沿热点课题。

本书的读者范围包括大学高年级本科生、研究生、教师、科技工作者和企业的专业技术人员。本书尤其适合从事高分子结晶学研究和高分子材料开发的读者。

本书许多具体的研究课题不求百科全书式地介绍，而是主要关注课题的基本思路，写得比较简明扼要，更多详尽的知识请读者参阅各章后面所附的参考文献。书中许多专业名词在第一次出现时尽可能地标注了英文，希望能有助于读者进一步的国际学术交流。笔者必须承认由于受个人经历和科研背景所限，本书在内容和选材上有相当的局限性，许多本领域重要或原始的学术贡献及最新的研究进展由于篇幅所限和时间仓促不能全面及时地加以介绍，在此深表歉意！书中若有不妥之处，敬请读者不吝指正！

借此机会笔者衷心感谢引领笔者进入高分子结晶学研究领域大门的卜海山教授、引导笔者踏入计算机模拟研究领域殿堂的杨玉良院士，以及引介笔者初窥高分子相变研究奥妙的江明院士！特别感谢笔者的博士生导师于同隐教授多年来对笔者的关心和支持！有幸作为博士后先后与本研究领域世界知名的学者 Gert Strobl 教授、Bernhard Wunderlich 教授、Vincent Mathot 教授和 Daan Frenkel 教授，以及作为合作者与 Günter Reiter 教授、Goran Ungar 教授、Akihiko Toda 教授、Jamie Hobbs 教授、Christoph Schick 教授、Rufina Alamo 教授、Charles Han 教授、Mitchell Winnik 教授、An-Chang Shi 教授、吴奇院士、陈尔强教授、闫寿科教授、Howard Wang 教授、Go Matsuba 教授、马余强教授、邱枫教授、黄俊廉教授、吴一弦教授、李良彬教授、余木火教授和胡祖明教授等开展了多年的合作研究，使笔者受益匪浅，并从 Andrew Keller 教授、Karl

Freed 教授、Masao Doi 教授、Murugappan Muthukumar 教授、Stephen Z. D. Cheng 教授、Bernard Lotz 教授、Jerold Schultz 教授、Peter Lemstra 教授、Giancarlo Alfonso 教授、Paul J. Phillips 教授、Benjamin Hsiao 教授、Christopher Li 教授、Lei Zhu 教授、Jens-Uwe Sommer 教授、Sanjay Rastogi 教授、Kari Dalnoki-Veress 教授、Joachim Loos 教授、Annette Thierry 教授、Thomas Thurn-Albrecht 教授、Ullrich Steiner 教授、Robert Shanks 教授、Kenichi Yoshikawa 教授、Takeji Hashimoto 教授、Masamichi Hikosaka 教授、Norimasa Okui 教授、Toshiji Kanaya 教授、Takashi Yamamoto 教授、Toshikazu Miyoshi 教授、何荣明教授、陈信龙教授、石天威教授、张希院士、张丽娜院士、薛奇教授、郑强教授、傅强教授、童真教授、王维教授、李林教授、张平文教授、何天白研究员、韩艳春研究员、王笃金研究员、甘志华研究员、赵江研究员、门永锋研究员、苏朝晖研究员、张军研究员、严大东教授、蒋世春教授、王志刚教授、李忠民教授、张建明教授和周东山教授等处得到过许多指导和讨论，在此一并表示感谢！也特别感谢我所有学生在课题组的合作研究和课堂讨论中给予我的诸多启发，使本书的大部分内容经历了科研和教学实践的检验。化学工业出版社的相关编辑也为书稿付出了很大的耐心和帮助，特此致谢！最后，感谢我的家人为本书顺利出版所给予的无私的支持和付出！

胡文兵
2013 年 2 月
于南京大学鼓楼校区

目　录

第一部分　高分子的
结晶热力学

第1章 高分子的分子结构特点

1.1 什么是高分子?

高分子化合物作为一类化学物质,是指那些通过化学键,特别是共价键将主要是碳原子的原子连接起来的分子量很大的化合物体系。最早给高分子下定义的是高分子科学的开创者 Staudinger[1],其下的定义是:"大分子拥有超过 1 万道尔顿的质量,或者由超过 1000 个原子所组成。"那么按照这么简单的定义,由碳共价键构筑起来的金刚石、石墨和碳纳米管算不算高分子呢? 显然它们不是我们通常意义上所讨论的高分子体系。因此单纯从质量大小来定义不足以反映当前高分子科学所研究的对象的基本分子结构特点。

国际纯粹与应用化学联合会(IUPAC)从化学的角度为高分子推荐了一个定义[2]:"大分子,聚合物分子(macromolecule,polymermolecule),是一种相对较高分子质量的分子,其结构主要由相对较低分子质量的分子实际上或概念上所衍生出来的结构单元多次复制而成。

注:(1)在许多场合,特别是合成高分子,一种分子只有当加入或者去除一个或几个结构单元对分子的性质带来可忽略的影响时,才可以被看作有较高的分子质量。这一描述不适用于某种大分子的场合,其性质可能决定性地依赖于分子结构的精密细节。

(2)如果一部分或整个分子拥有相对较高的分子质量,并且主要由相对较低分子质量的分子实际上或概念上所衍生出来的结构单元多次复制而成,它可能被描述成大分子的、高分子的,或者以高分子作为形容词。

这个定义还是只注重分子量大的化学结构特征,而忽略了高分子作为一类特殊物质的物理结构特征。

Wunderlich 曾经提出对所有的化合物根据其所能够达到的基本物理状态的属性来进行分类[3,4]。这对我们理解高分子的基本分子结构特征颇有启发性。他把所有的纯化学物质大致分为三类。

第一类是小分子(small molecules),其在气、液、固三态均不会发生化学键的断裂并失去分子完整性。这样的小分子目前可找到上千万种,例如氧气、氢气、氮气、甲烷、苯、乙醇和水等。

　　第二类是柔性大分子（flexible macromolecules），其在液态和固态不会发生化学键的断裂并失去分子完整性。这样的分子分为天然高分子和合成高分子，有生物材料（例如淀粉和纤维素）、生命大分子（例如 DNA、RNA 和蛋白质）、纤维（例如尼龙纤维和聚酯纤维）、塑料（例如聚乙烯和聚丙烯）、橡胶（例如天然橡胶和乙丙橡胶）和胶黏剂（例如环氧树脂和聚乙烯醇）等。这一类化合物由于分子摩尔质量太高而不可能存在于气态中，但是具备一定的局部自由运动来实现整体的运动，从而能够成为液态。化合物中的原子一般是通过具有方向性和饱和性的共价键连接起来形成一种链状结构，局部的分子活动能力主要来源于这种链状结构通过沿主链的共价键发生内旋转而产生的柔顺性。

　　第三类是刚性大分子（rigid macromolecules），其只在固态才不会发生化学键的断裂而失去分子完整性。这样的大分子体系有金属、氧化物、盐、陶瓷、硅玻璃、金刚石、石墨和共轭高分子（例如聚乙炔和聚对苯）等。

　　从这种化合物的分类方法可以看出，通常我们所研究的高分子化合物主要是指第二类，即柔性大分子，其最基本的结构特点是拥有一维共价键连接的链状分子结构。这种链状分子结构所带来的柔顺性使得高分子可以对外界的微弱刺激产生较大的响应，这是高分子被 de Gennes 归纳入软物质（soft matter）这一大类以区别于硬物质的根本原因[5]。高分子在链的另外两维方向上发生的次价键作用要比共价键弱得多，因而这些分子间相互作用与高分子链的构象熵一起共同决定链状大分子丰富多彩的自组装结构及其复杂的物理行为。这一由链状结构所带来的复杂性甚至通过了自然界的进化筛选，使得高分子核酸链成为生命体系的基本遗传物质，蛋白质链成为生命体系结构和功能的基本构造物质，高分子多糖链（纤维素、淀粉和几丁质）成为生命体系的基本能量存储物质和结构材料。因此研究链状分子的基本物理性质，特别是与其结晶相关的性质，是材料科学和生命科学中的重要前沿基础课题。

1.2　高分子链结构的表征

　　高分子结晶是分子链发生有序堆砌的结果。要理解这一行为，就需要知道两个方面的问题。我们知道小分子发生有序堆砌的分子驱动力通常是彼此能够发生紧密堆砌以降低分子间相互作用势，因此第一个方面的问题涉及高分子结晶在分子水平上的驱动力有何特殊性。高分子链在发生有序堆砌时对分子结构的规整性提出了较高的要求，因此第二个方面的问题是，哪些常见的分子结构不规整性会影响高分子的结晶行为。

下面，我们从一个更广义的角度，从高分子链结构的命名特点开始，来介绍通常我们从哪几个方面来表征决定高分子基本物理行为的分子结构特点。

高分子按照其链结构特征有多种多样的命名。国际纯粹与应用化学联合会（IUPAC）主要根据化学结构的逻辑关系推荐了很长的各种高分子的命名表。然而，在现实生活中人们经常乐于使用反映高分子的物理行为特征或物理状态的命名，例如高密度聚乙烯、超高强度聚乙烯纤维、硬质聚氯乙烯、发泡聚苯乙烯、乙丙橡胶、液晶高分子和聚电解质等。这里，我们提出一个简单的策略，把表征高分子链结构类比于表征一个单晶，根据其基本分子结构特点在高分子物理行为中的作用来进行分类，以便于我们更加准确地把握高分子链化学结构与其结晶物理性能之间的关系。

表征一个单晶，可以分为内外两个层次。首先，一个单晶拥有属于该晶体品种的内在分类特征，它反映的是近距离范围内原子空间排布的对称性，以及这种排布在长距离范围的重复周期性。其次，每个单晶还拥有自身的外在个别特征，反映其大小和形状、是否有孪晶构造、内部结构包含有怎样的缺陷等。

与此相对应，表征一个纯的高分子样品也可以分为内外两个层次。首先，其拥有属于该品种的内在分类特征，反映在沿链近距离相互作用所导致的链半柔顺性（semi-flexibility），以及沿链长程相互作用的复杂性（链折过来形成链间近距离相互作用，对多链体系也适用）。当然，这两种作用的强度均取决于高分子链具体的重复化学单元结构。例如，聚乙烯不同于聚丙烯的化学结构特征决定了它们各自不同的结晶行为特征。其次，每个高分子样品也相应地拥有自身的外在个别特征，反映在分子量大小及其分布、链的拓扑构造、沿着高分子链的序列不规整性等方面。例如，即使内在分类特征一样，这些个别特征决定了高密度聚乙烯不同于低密度聚乙烯的结晶行为特征，或者等规聚丙烯不同于无规聚丙烯的结晶行为特征。

在对高分子物理行为进行描述时，高分子的内在分类特征可用一组由具体化学结构所决定的分子能量参数来表征，可看作是高分子发生热力学相转变行为的分子驱动力；而外在个别特征则主要对该高分子的相转变行为产生约束作用。因此，在决定高分子热力学相转变行为上，内在结构特征常常起到初级的驱动作用，而外在结构特征则常常起到次级的限制作用。对高分子链结构这种分层次的物理表征有助于我们理解高分子的链结构特征在决定高分子相转变行为中所扮演的不同角色。

下面，我们将进一步分节介绍高分子链的这些内在分类特征和外在个别特征，并特别强调这些特征在一些高分子结晶相转变行为中所起的决定性作用。

1.3　高分子内在分类结构特点

1.3.1　链的非柔顺性

高分子链的非柔顺性受到许多因素的影响，例如链的内旋转受阻、分子内氢键、沿链的电荷相互作用、共轭键、DNA 双螺旋等。最基本的因素是链的内旋转受阻。我们可以从单链的理想模型出发来理解高分子链的内旋转受阻。我们假定理想链足够长以便在统计时可采取一些必要的近似，甚至忽略链间（包括沿单链长程）的任何体积排斥和吸引相互作用。因此，这种理想单链也常常被称为"虚幻链"（phantom chains）或"无扰链"（unperturbed chains）。我们实际上只考虑沿单链近程的相互作用，首先是最柔顺的自由连接链（freely jointed chain），即沿链的键相互自由连接，可以任意取向甚至与前一个键重叠。然而实际上，在高分子单链主干上相互连接的共价键并不能发生自由任意取向，例如如图 1.1 所示的碳-碳键之间有固定的夹角 $\theta=180°-109°28'$。角度 θ 是采用前一个键的取向作为参考的键角补角。高分子链仍然有足够的活动能力，这是因为下一个键可以绕着前一个键在固定键角的条件下发生内旋转。我们可以假定下一个键发生自由的内旋转，这种描述被称为自由旋转链（freely rotating chain）模型。

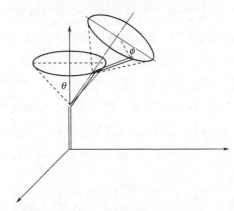

图 1.1　单链主干上的键以固定的键角绕前一个键发生的内旋转示意图

内旋转通常由于取代侧基之间的范德华相互作用而遇到阻碍。因此，更合理的理想链模型是受阻旋转链（hindered rotating chain）模型。如图 1.1 所示，我们取前面第二个键在内旋转面上的投影作为参考，来定义内旋转角 ϕ。我们可以把高分子链含碳主干上的某一个碳-碳键看作是乙烷的衍生物 $CH_2R—CH_2R$，两个 R 取代基是两侧其余部分的高分子链，彼此体积都很大，因而发生相互排斥。如图 1.2 所示，我们可观察到亚稳的旁式构象（gauche，表示为左 g^+，右 g^-）

和更稳定的反式构象（trans，表示为 t）。这三种热力学稳定或亚稳的构象在构
象统计过程具有较大的概率，在进行简化统计时可提取出来作为沿链的近邻构象
分布的代表态，这种简化统计方法被称为旋转异构态模型（rotational-isomer-
ism-state model，RISM）[6,7]。Flory 在他的相关著作中给出了许多利用这种模
型来计算链构象的例子[8]。

　　图 1.2 中的内旋转势能曲线显示有两个表征势能变化的参数具有统计物理学
意义上的重要性，一个是从反式到旁式构象转变的势能净变化 $\Delta\varepsilon$，另一个是这
种转变的势能位垒 ΔE。高分子链热力学意义上的非柔顺性即所谓的静态柔顺性
（static flexibility），可以从 $\Delta\varepsilon$ 值相对于热涨落的能量 $k_B T$（k_B 是玻耳兹曼常数）
的大小来反映。当 $k_B T \gg \Delta\varepsilon$ 时，t、g^+ 和 g^- 有几乎相同的概率出现，我们得到
柔顺的无规线团。而当 $k_B T \ll \Delta\varepsilon$ 时，t 状态变得更受欢迎，并使得高分子链倾向
于伸展，伸展链最可能出现在结晶态。我们可以把这样的热转变看作是由链的非
柔顺性驱动的结晶相转变。这在本书的后面部分还将详细介绍。静态柔顺性决定
链构象变化的数目。一方面，高分子链的非柔顺性通常可以采用持续长度（per-
sistence length）来表示，该方法也普遍适用于其他由于静电相互作用、共轭键、
双螺旋 DNA 结构等所带来的非柔顺性。持续长度理论上可定义为沿第一个

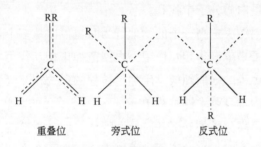

(a) 两个R取代基碳绕碳-碳键内旋转

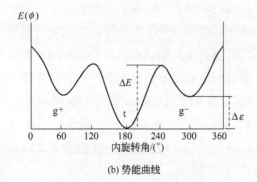

(b) 势能曲线

图 1.2　乙烷衍生物 CH_2R—CH_2R 两个 R 取代基绕碳-碳
键内旋转及其势能曲线示意图

键方向上链末端的投影长度，$b_p = b_0 \exp(\Delta\varepsilon/k_B T)$。

另一方面，高分子链动力学意义上的非柔顺性即所谓的动态柔顺性（dynamic flexibility），可以从势能位垒 ΔE 值相对于热能 $k_B T$ 的大小来表征。当 $k_B T \gg \Delta E$ 时，高分子链很容易改变其构象，意味着高分子链处在流体状态，具有较高的活动能力。而当 $k_B T \ll \Delta E$ 时，高分子链将很难改变其构象，意味着分子链被冻结在玻璃态。我们可以把这样的热转变看作是由链的动态非柔顺性所导致的玻璃化转变。动态柔顺性决定链构象变化的能力

1.3.2　高分子链间复杂的相互作用

高分子链的非柔顺性主要反映的是分子链内相互作用。然而沿着高分子链，每个包含多元化学基团的重复单元还可以同时携带多种链间相互作用，例如范德华相互作用、氢键相互作用、分子间络合相互作用、库仑静电相互作用、与金属的配位相互作用、π-π 相互作用以及亲水/疏水相互作用等。在合适的物理条件下，每一种相互作用均可对高分子的物理行为起着决定性的影响。因此，随着物理条件的变化，局部链间的这种多重相互作用就有可能驱动分层次的自发的结构重组，就像自组装大分子中发生多重相转变行为那样，这样，高分子就可随着复杂环境的变化而灵活地调节其结构和功能，这方面最典型的例子可以在生命环境中具有生物活性的蛋白质分子中找到。

每一种相互作用在决定高分子的物理行为时也可以从多个角度起到不同的作用。一个典型的例子是范德华相互作用。根据范德华相互作用模型，链间相互作用可以大致描述为短程的强的硬核排斥加上长程的弱的相互吸引作用。

高分子链状结构本身要求链结构单元从每个链单元的两侧连续地链接起来。这一结构特点决定了高分子的局部各向异性特征，即沿着链的方向与垂直链的方向高分子的物理性质会有相当的不同。举例来说，在一个全伸展链的聚乙烯单晶中，由于分子间相互作用沿着链方向的累积可远远大于共价键强度，沿着链方向的理论抗张强度可以基于共价键的强度来估算，其结果可高达 350GPa[9~11]；而垂直链方向的抗张强度则基于次价键（范德华相互作用）的强度来估算，只有不到 4GPa[10]。另外，聚乙烯单晶沿着链方向上的热膨胀系数为负数，而垂直链方向上则为正数[12]。因此，范德华相互排斥和吸引作用均可进一步拆分为各向同性的贡献和各向异性的贡献。

高分子各向同性的体积排斥作用主要决定了高分子在液态中的空间分子排布结构，特别是液态混合物的组合熵。格子模型可以很成功地应用于高分子多组分体系的统计热力学，主要就是因为它能够很好地描述这种由于分子间体积排斥所导致的组合熵。高分子各向异性的体积排斥相互作用与链的非柔顺性密切相关，

被认为是溶致液晶（lyotropic，稀释导致从晶体向液晶转变）高分子有序化转变的主要分子驱动力。

高分子各向同性的相互吸引作用在多组分体系中不同物质之间发生混合时进行了交换，这种交换的净结果在多组分体系的液-液相分离行为中起着决定性的作用，被看作是多组分体系不相容的主要分子驱动力。而高分子各向异性的相互吸引作用被认为是热致液晶（thermotropic，加热导致从晶体向液晶转变）高分子有序化转变的主要分子驱动力。本书后面还会提到，局部各向异性相互吸引作用作为一个合理的模型，也可以很好地描述高分子自发结晶的分子驱动力。

1.4　高分子外在个别结构特点

1.4.1　分子量及其分布

高分子有多"高"？这个通俗的问题实际上是在问高分子的分子量（也即摩尔质量）特点，答案则可以从高分子物理性质随分子量的变化中找到。大多数高分子的物理性质如机械强度、耐热性和流动转变温度等，在低分子量这一端均表现出很显著的随链长增加而增强的特点。但是如图 1.3 所示，随着链长的增加，高分子性质将在高分子量这一侧趋于饱和。因此，在 IUPAC 推荐的高分子定义中特别强调，"一种分子只有当加入或去除一个或几个结构单元对分子的性质带来可忽略的影响时，才可以被看作有较高的分子质量"[2]。

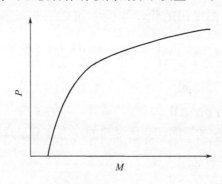

图 1.3　高分子性质在高分子量这一侧趋于饱和示意图

高分子量常常推动物理性质向理想的方向发展。举例来说，全伸展链聚乙烯单晶，其链间相互黏结的作用叠加起来可以使其在沿链方向的抗张强度超过共价键的强度。因此，可根据共价键的强度来估算抗张强度的上限约 350GPa。自由的分子链端往往可看作是晶体中的缺陷，带来高分子晶体平衡熔点随分子量减小而降低。

更高的分子量并不总是带来更有利的物理表现。这主要是因为高分子量的高分子流体总是具有高黏度，而高黏度使高分子材料的生产加工变得很困难，能耗加大。另一方面，当分子量增加到一定程度以后，物理性质的增强达到饱和，再增加高分子量就显得没有必要。所以，对物理性能和可加工性综合考虑，实际的高分子材料的分子量一般控制在一个合理的范围内。

通常在聚合过程中，链的引发、增长和终止对所有的高分子而言步调不一致。因此，高分子存在着分子量的分布，称为分子量的多分散性（polydispersity）。在制备高分子材料时，高分子分子量分布的高端和低端常常值得特别的关注。例如，低分子量级分的聚氯乙烯（polyvinyl chloride，PVC）主要控制加工熔体的流动性，而低分子量级分的聚碳酸酯（PC）则导致加工后的产品颜色变深。超高分子量级分的等规聚丙烯（isotactic polypropylene，iPP）在模塑结晶成核过程中往往起着关键的作用。

对于一个分子量多分散的高分子体系，有必要通过取平均值的办法来表征分子量的相对大小。假定 i 链长级分的链数目为 n_i，其分子量为 M_i，该级分的总质量则为 $W_i = n_i M_i$，于是主要有数均分子量 $M_n \equiv \sum n_i M_i / \sum n_i$ 和重均分子量 $M_w \equiv \sum W_i M_i / \sum W_i = \sum n_i M_i^2 / \sum n_i M_i$。这些不同的定义来源于实验的测量手段的不同。分子量的单位是克每摩尔（g/mol），而人们经常使用的则是 dalton（Da）❶。表征分子量分布宽度的物理量是多分散系数（index of polydispersity），一般可简单地定义为 $d = M_w / M_n$。对于一个单分散的高分子样品，$d = 1$。分子量及其分布的表征在现代的化学实验室可以方便地采用凝胶色谱来测量得到。

另外，还存在黏均分子量 $M_\eta = (\sum W_i M_i^\alpha / \sum W_i)^{1/\alpha}$，其数据从稀溶液测量特性黏度（$\eta = K M_\eta^\alpha$）而得到。当 $\alpha = -1$ 时，$M_\eta = (\sum n_i / \sum n_i M_i)^{-1} = M_n$；当 $\alpha = 1$ 时，$M_\eta = \sum W_i M_i / \sum W_i = M_w$。通常，$\alpha$ 在 $0.5 \sim 1$ 之间，则 $M_n < M_\eta \leqslant M_w$。可见随着测量方法的不同，测量得到的同一高分子样品的分子量也会有所不同。

1.4.2　链的拓扑构造

就像各种五花八门的建筑可以由少数几种砖块堆砌起来一样，包含复杂分子构造的大分子常常以纯高分子链为构造基元来设计并合成出来。了解这些新的复杂大分子的物理性质是现代高分子物理学研究领域的一个重要而活跃的方向。根据从简单到复杂的原则，我们对高分子链常见的拓扑构造作一简要的介绍。

---

❶　$1\text{Da} = 1.67 \times 10^{-24}\text{g}$。

（1）线形高分子和环形高分子　线形高分子和环形高分子的结构特点如图 1.4 所示。

(a) 线形高分子　　　　　　　　　　　　(b) 环形高分子

图 1.4　线形高分子和环形高分子的结构特点示意图

（2）支化（共聚）高分子　支化高分子和树形高分子的结构特点如图 1.5 所示，常用支化度来表示支化的程度。所有的支化如果都从同一根主干上分离出来，这种结构特点的高分子称为梳形高分子（comb-like polymers）。其中由接枝共聚反应得到的，则称为接枝共聚物（graft copolymers）。所有的高分子一端锚定在一个固体基板上，称为系留高分子（tethered polymers），如果所锚定的密度很高，高分子链发生拥挤，则常常称为高分子刷（polymer brushes）。无规支化高分子最典型的例子当属支链淀粉。树形高分子（dendrimers）在链端基发生多重支化，像凯莱树（Cayley tree），也常常称为超支化高分子（hyper-branched polymers）。

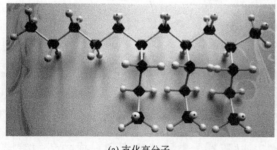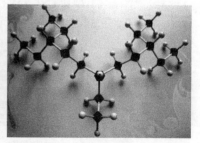

(a) 支化高分子　　　　　　　　　　　　(b) 树形高分子

图 1.5　支化高分子和树形高分子的结构特点示意图

（3）嵌段共聚物（block copolymers）和星形高分子（star-shape polymers，可多臂多组分共聚）　嵌段共聚物和星形高分子的结构特点如图 1.6 所示。可以有两（三、四、多）嵌段共聚物，其性质主要取决于不同组分的摩尔比。嵌段之间的共价键链接导致发生微相分离的畴可以组成纳米尺度分辨率的有序图案，典

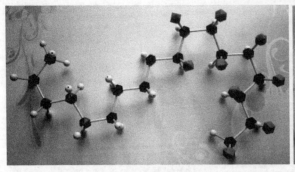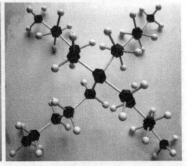

(a) 嵌段共聚物　　　　　　　　　　　　　　　(b) 星形高分子

图 1.6　嵌段共聚物和星形高分子的结构特点示意图

型的如片层状、螺旋状、柱状和球状等。星形高分子每个臂还可以进一步由嵌段共聚物构成。

（4）交联网络和互穿网络（interpenetrated network，IPN）　交联网络和互穿网络的结构特点如图 1.7 所示，交联的程度由交联度来表征。低密度交联的例子有硫化橡胶和胶姆糖等，而高密度交联的例子有酚醛树脂、环氧树脂和不饱和聚酯树脂（其玻璃纤维增强材料俗称玻璃钢）等。互穿网络可通过单体溶胀在另一种高分子网络中发生原位（交联）聚合，从而实现原本不相容的高分子之间在分子水平上的混合。

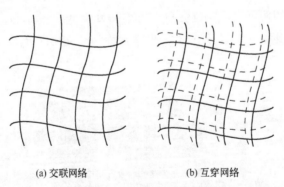

(a) 交联网络　　　　　　　　(b) 互穿网络

图 1.7　交联网络和互穿网络的结构特点示意图

高分子链的拓扑构造的复杂性可以随着人类的想象力和合成技巧的发展而永无止境。一些高分子可以有梯形甚至二维网络状结构。进一步地，以上介绍的结构分类还可以相互组合形成更为复杂的大分子构造。然而，结构设计的目的很大程度上依赖于我们对复杂结构的高分子在特定环境条件下的性质和功能的了解，其基础则是我们对每一个构造基元即纯高分子链的性质的了解。

1.4.3　链的序列不规整性

高分子结晶是一个分子链之间发生紧密堆砌的过程，它对链结构单元之间任何几何上的不匹配都非常敏感，在晶体中这种不匹配则成为缺陷从而破坏晶体结构的完整性。因此，高分子的结晶度常常由于高分子链上的序列不规整性而不能得到发展，结果得到半结晶性高分子。

链的序列不规整性是高分子微结构的一个非常重要的表征量。链序列的不规整性可以是由于重复单元的化学组成不同，也可以是重复单元的构型异构化所致。所谓构型（configuration），特指原子在空间的特定几何排列，改变构型需要破坏化学键才能实现。

化学结构的不规整性作为链序列缺陷常常出现在链主要重复单元可结晶的统计性无规共聚高分子中。以聚乙烯为例，支化短链可以看作是不结晶的共聚链单元。在高密度聚乙烯（high-density polyethylene，HDPE）中，支化概率约是每1000 个主链碳原子出现 3 个支链，而结晶度可高达 90%。在低密度聚乙烯（low-density polyethylene，LDPE）中，支化概率约是每 1000 个主链碳原子出现 30 个支链，而结晶度只能达到约 50%。不同的结晶能力决定了聚乙烯作为材料有不同的应用方向。

高分子主链上的结构重复单元$\leftarrow CH_2—CHR \rightarrow$当 R≠H 时具有结构上的前后不对称性。沿着链的序列结构，重复单元可以有头-头链接和头-尾链接，称为序列异构体（sequence isomerism）。少量的头-头链接常常被看作是大量的头-尾链接结构中的缺陷。

有些高分子如 1,4-聚丁二烯的重复结构单元包含双键，具有顺式（cis）和反式（$trans$）两种构型，如图 1.8 所示，称为顺反异构体（cis-$trans$ isomerism）。在这样的高分子链中，可以有大量的顺式结构杂有少量的反式缺陷，或者大量的反式结构杂有少量的顺式缺陷。

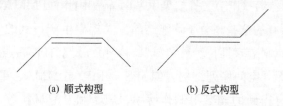

(a) 顺式构型　　　　　　(b) 反式构型

图 1.8　1,4-聚丁二烯顺式（cis）和反式（$trans$）构型示意图

高分子的重复单元还会有空间不规整性，其来源于所谓的旋光异构体（optical-isomerism），其属于立体异构体（stereo-isomerism）。高分子主链上碳原子的四个取代基均不相同（两侧链具有不同的长度）时，就具有旋光活性，取代基从小到

大排列，满足左手定则标记为 R，满足右手定则标记为 S。每条具有规整序列结构的高分子链存在一个中心对称镜面，如图 1.9 所示，一半链是 R，而另一半链是 S，因而具有内消旋结构。所以，一般等规序列高分子不具有旋光活性。

RRRRRRRR······|······SSSSSSSSSSS

图 1.9   普通等规序列高分子的旋光活性具有中心镜面

如果我们把高分子链主链上的碳原子以全反式构象伸展开来，就可以直接从侧基取向的不一致来观察序列结构的空间不规整性，如图 1.10 所示。典型的旋光异构体结构序列有等规（isotactic）、间规（syndiotactic）和无规（atactic）等。在链序列中，前后两个重复单元旋光异构体一致，表示为 meso 或 m，而交错则表示为 racemic 或 r。这样，等规高分子序列可以用 mmmm 来表示，间规序列则可以用 rrrr 来表示。高分子链的短序列组成目前已经可以采用核磁共振光谱（NMR）来测量表征。

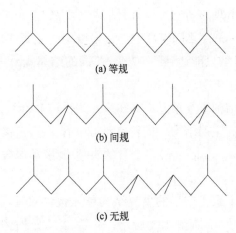

(a) 等规

(b) 间规

(c) 无规

图 1.10   高分子链旋光异构体典型的三种序列结构示意图

常见的由配位聚合得到的具有规整空间序列结构的高分子有等规聚丙烯（iPP）、等规聚苯乙烯（iPS）、等规聚甲基丙烯酸甲酯（iPMMA）和间规聚苯乙烯（sPS）等，所有的这些高分子均能结晶。大规模生产得到的 iPP 可用作通用塑料和工程塑料，制造家具、玩具和塑料周转箱等要求有较高强度的制品。许多非晶高分子具有无规空间序列结构，如 aPS、aPP、aPMMA、聚乙酸乙烯酯等。由大规模悬浮聚合得到的 aPS 可制作薄膜、瓶子和发泡材料等。当然也有极个别例外的情况，如无规序列的聚乙烯醇，其较小的侧基之间由于特殊氢键相互作用仍然可以结晶，无规序列的聚丙烯腈，其强大的极性侧基相互作用也可以导致结晶，但是这里主要还是侧基自身的结晶行为，结晶驱动力与高分子主链序列结构无关。

　　某些杂链高分子的重复单元包含有内在的旋光活性基团，例如在聚丙烯醇和聚乳酸中，其可以有 D 型和 L 型之分，二者一半兑一半可以消除产物的旋光活性，称为外消旋（racemate）。

参 考 文 献

[1] Staudinger H. Macromolecular Chemistry: Nobel Lecture. The Royal Swedish Academy of Sciences, Stockholm, 1953. http: //www. nobelprize. org/nobel _ prizes/chemistry/laureates/1953/staudinger-lecture. pdf.

[2] Jenkins A D, Kratochvíl P, Stepto R F T, Suter U W. Glossary of basic terms in polymer science (IUPAC Recommendations 1996). Pure Appl Chem, 1996, 68: 2287-2311.

[3] Wunderlich B. Macromolecular Physics. Vol 3. Crystal Melting. NY: Academic, 1980.

[4] Wunderlich B. Thermal Analysis. NY: Academic Press, 1990.

[5] de Gennes P G. Soft matter. Rev Mod Phys, 1992, 64: 645-648.

[6] Volkenstein M V. Configurational Statistics of Polymer Chains. NY: Interscience, 1963.

[7] Birshtein T M, Ptitsyn O B. Conformations of Macromolecules. NY: Interscience, 1966.

[8] Flory P J. Statistical Mechanics of Chain Molecules. NY: Interscience, 1969.

[9] Shimanouchi T, Asahina M, Enomoto S. Elastic moduli of oriented polymers. I. The simple helix, polyethylene, polytetrafluoroethylene, and a general formula. J Polym Sci, 1962, 59: 93-100.

[10] Sakurada I, Ito T, Nakamae K. Elastic moduli of the crystal lattices of polymers. J Polym Sci Part C: Polym Symp, 1966, 15: 75-91.

[11] Shauffele R F, Shimanouchi T. Longitudinal acoustical vibrations of finite polymethylene chains. J Chem Phys, 1967, 47: 3605-3610.

[12] Davis G T, Eby R K, Colson J P. Thermal expansion of polyethylene unit cell: Effect of lamella thickness. J Appl Phys, 1970, 41: 4316-4326.

第2章 结晶热力学和相态

2.1 有序相转变的热力学

按照 Ehrenfest 的热力学相转变定义,高分子结晶(crystallization)和熔融(melting)是典型的一级相变过程。本体无序相和结晶相之间在热力学平衡时的自由能相等,即:

$$F_c = F_m \tag{2.1}$$

但是在某个温度发生结晶和熔融转变时,本体体系的体积、内能和熵在无序相和结晶相之间都会发生跃变:

$$S_c \neq S_m \tag{2.2}$$

$$V_c \neq V_m \tag{2.3}$$

由基本的热力学关系方程:

$$dF = -SdT + VdP \tag{2.4}$$

得

$$S = -\left(\frac{\partial F}{\partial T}\right)_P \text{ 和 } V = \left(\frac{\partial F}{\partial P}\right)_T \tag{2.5}$$

可以知道对于一级相变,自由能 F 的一阶偏导数发生不连续的变化。如果自由能 F 的一阶偏导数连续而二阶偏导数不连续则表明是二级相变。至今自然界发生的绝大多数相变都是一级或二级相变,所以也可以相应地称为不连续相变和连续相变。

发生在无序相和结晶相这两个平衡态之间热力学可逆的结晶和熔融转变的温度就称为热力学平衡熔点 T_m^0(equilibrium melting point)。此时,自由能变化为:

$$\Delta F_m = \Delta Q_m - T_m^0 \Delta S_m = 0 \tag{2.6}$$

可知平衡熔点为:

$$T_m^0 = \Delta Q_m / \Delta S_m \tag{2.7}$$

高分子无序相也常常称为无定形相(amorphous phase),其自由能随温度而变化,与结晶相(crystalline phase)的自由能曲线相交时,如图 2.1 所示,就决定了结晶和熔融的平衡相转变温度。

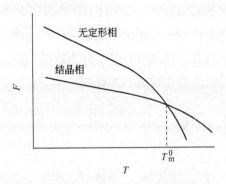

图 2.1 高分子无定形相和结晶相的自由能随温度变化的曲线示意图

在高分子结晶和熔融时往往相应地有大量的相变潜热释放出来和吸收进去。我们可以使用差示扫描量热仪（differential scanning calorimetry，DSC）对这一过程进行实验观测，测量得到热流速率（热流型 DSC）或补偿功率（功率补偿型 DSC）：

$$\frac{\mathrm{d}Q}{\mathrm{d}t}=\frac{\mathrm{d}Q}{\mathrm{d}T}\times\frac{\mathrm{d}T}{\mathrm{d}t}=C_p v_T \tag{2.8}$$

在升温速率 v_T 恒定时，对于一级相变，将测得一个峰形曲线。如图 2.2(a) 所示，升温测得熔融峰。对于小分子样品，标准的方法是取峰形起点为熔点。由于高分子通常存在一个很宽的熔程，一般取峰顶温度作为高分子实际测量得到的熔点 T_m。降温则测得结晶峰温 T_{cc}（T_c on cooling），实验观测发现 T_{cc} 总是低于 T_m。相变的体积-温度曲线也如此，如图 2.2(b) 所示，这种迟滞回线（hysteresis loop）是一级相变行为的重要表现特征。结晶温度距离平衡熔点越大，结晶态与非晶态之间的自由能差别就越大，结晶的热力学驱动力也就越大。我们可定义过冷度为：

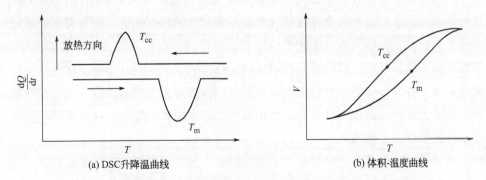

(a) DSC升降温曲线　　　　　　　　　　(b) 体积-温度曲线

图 2.2　DSC 升降温曲线显示在 T_{cc} 处结晶和在 T_m 处熔化过程及体积-
温度曲线显示结晶和熔融的迟滞回线示意图

$$\Delta T = T_m^0 - T_c \tag{2.9}$$

一般高分子开始结晶的 ΔT 达二三十度，而小分子开始结晶的 ΔT 通常才两三度，过冷度是结晶需要成核过程来引发晶体生长的机理的反映，而高分子所表现出来的高过冷度现象与其特殊的链状分子行为特征有关，即与后面所要介绍的通过链内成核形成结晶链折叠亚稳态行为有关。

2.2　多重有序相态

高分子链完全无序时所处的状态通常称为无定形态（amorphous state），这是非晶高分子本体和结晶高分子熔体中链无序交织时的状态。目前较好的分子描述模型是无规线团（random coil）模型。该模型由 Kuhn[1] 以及 Guth 和 Mark[2] 首先给出了定量化的描述，由 Flory[3] 进一步推广到本体高分子的无定形态。无规线团的线性尺寸 R 与链长 n 满足标度律关系特征：

$$R \propto n^{1/2} \tag{2.10}$$

这在 20 世纪 70 年代初被小角中子散射实验（small-angle neutron scattering，SANS）所证实。该实验是利用氘原子与氢原子对中子束有不同的散射截面积，存在较明显的散射强度反差，少量氘化的链分散在大量氢化链中，就像高分子稀溶液小角光散射可测出高分子的线团尺寸那样，从而验证了以上的尺寸标度律。

但是，又有大量的实验观察表明在无序态中存在着短程有序区，范围尺度约为几十埃❶。Robertson[4] 发现在保持无扰尺寸不变的情况下让无规线团充分地缠绕贯穿，只能堆砌到晶体密度的 65%，而玻璃态高分子本体密度高达晶体的 85%～95%，所以必然存在短程的协同有序密堆砌。于是，出现了许多包含局部有序的线团模型，但这些模型的共同缺点是无法用数学的语言来描述。实际上，在熔体或黏流态中必然会有伴随热涨落的某种程度的密度涨落，而高密度区将对应于实验所观察到的发生分子密堆砌的短程有序区。在低温的高分子玻璃态中，短程有序被冻结下来，这构成我们对玻璃态结构的定义，而且无规链序列结构的非晶高分子并非短程链序列也无规，其可以平行排列成有序的微畴，所以在低温的高分子无定形态液体中必然会产生小范围的分子链有序堆砌。这种堆砌不影响整条高分子链的无扰构象。

高分子链由于其各向异性的分子结构特点，存在很明显的取向增强现象。对

❶　1Å=0.1nm。

于完全有序的晶体结构，我们已经知道沿链的方向发生破坏的首先是化学键，垂直链方向则以次价键范德华作用为主，因而：

$$E_{/\!/} \gg E_\perp \tag{2.11}$$

对于各向同性的本体无序态，各个方向上主要都是范德华作用，使其总的机械强度并不高。但是如果分子链发生均一的取向，只要有更多的化学键偏向取向方向从而减少次价键的贡献，就可以提高这个方向的机械强度。

实际生活中利用取向提高强度的高分子材料随处可见。一维取向的例子有合成纤维、尼龙丝、打包带等，工艺过程称为牵伸；二维取向的例子有合成薄膜、塑料瓶、纸、无纺布等，工艺过程有双轴拉伸、吹塑等。一般取向工艺后还有一道退火工艺，目的是使无序区的链段解取向，消除内应力带来的变形。解取向分两个步骤，较快的一步是局部链段解取向，然后是较慢的一步，整链解取向，后者往往需要加热到流动温度 T_f 或熔点 T_m 以上才明显。所以要保持高分子链的取向状态，退火温度不能高于 T_f 或 T_m。

解取向伴随着结晶将导致体积剧烈收缩，这一特性可被利用来制备热收缩膜和卷曲纤维等。例如不对称冷却中空聚酯 PET 纤维，使纤维两侧结晶度不同，然后退火使纤维发生卷曲，切割后再退火能产生更大的三维卷曲，这就是 Du Pont 公司的 Dacron 纤维，它可以取代羽绒和棉花作为保暖材料，填充滑雪衫和被褥，也可填充枕头、玩具和椅垫等。

发生一定程度取向有序的高分子材料，其取向度可以通过定义取向函数 P 来表征：

$$P = (3\langle \cos^2\theta \rangle - 1)/2 \tag{2.12}$$

式中，θ 为高分子键的取向角；$\langle \cos^2\theta \rangle$ 是对所有高分子键的系综平均。统一取向的 $\theta = 0°$ 时，$P = 1$。高分子在无序态时 θ 可以在 $0 \sim 2\pi$ 之间平均地取任意值，$\langle \cos^2\theta \rangle = 1/3$，因此 $P = 0$。

拉伸外力作用只是使高分子发生取向有序的途径之一，所得到的状态也还不是热力学稳定状态，需要结晶态将其固定下来。高分子在合适的热力学和分子结构条件下还会发生自发的取向有序，甚至具有热力学稳定性，这包括众所周知的液晶态（liquid crystal state）有序相。这种介于无序相和完全有序的结晶相之间的中间相态（mesomorphic）可以统称为介晶相（mesophase）。

介晶相到熔体的转变，称为清亮点 T_i（clearing temperature 或 isotropization point）。如图 2.3 所示，稳定的介晶相自由能变化曲线给出与结晶相和无定形相自由能曲线相交的点，分别对应结晶/熔融温度 T_c 和清亮点 T_i。沿着自由能最低状态，可以看出从高温无序相冷却下来，高分子首先经液晶有序化转变

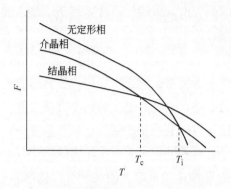

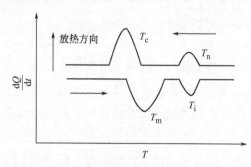

图 2.3　稳定的介晶相的自由能变化
与无定形相和结晶相的自由能曲线相截

图 2.4　DSC 升降温曲线显示高温区有一个
介晶相出现的结晶和熔化过程示意图

T_n 进入介晶相，然后再由结晶 T_c 进入结晶相。

　　如图 2.4 所示，当我们采用 DSC 观测出现介晶相的高分子样品时，可以观察到升温和降温过程中，稳定的介晶相都会在高温区带来另一个热力学转变，对应介晶相和无序相之间的相变。具有这种表现的介晶相有时也称为双向型介晶相（enantiotropic mesophase）。

　　从高温无序态冷却下来再升温时，经常还会在 DSC 扫描曲线上看到介晶相不对称地出现，如图 2.5 所示，即介晶相与无序相之间的转变只在降温时才出现，而在升温过程中却不再出现。这种现象的介晶相可以称为单向型介晶相（monotropic mesophase）。这种介晶相的出现很大程度上是由于动力学效应，其在热力学上是亚稳的。如图 2.6 所示，由于高分子结晶通常需要很大的过冷度，在亚稳的过冷熔体中可以出现自由能较低的介晶相，因而其在降温过程中可以被观察到。而在升温过程中，亚稳的介晶相不再出现，在低温区自由能最低的结晶

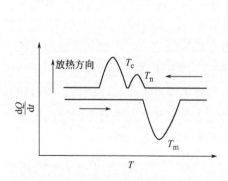

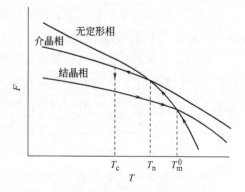

图 2.5　DSC 升降温曲线显示只有降温时
高温区有一个介晶相出现的结晶
和熔化过程示意图

图 2.6　亚稳介晶相的自由能变化与无定形
相和结晶相的自由能曲线相截
（箭头标示升降温的不对称性）

态将直接进入高温区自由能最低的无序相中。

　　高分子常见的介晶态结构是液晶和构象无序晶（condis crystal）。液晶主要发生取向有序。分子结构中通常都带有棒状或碟状具有很大的空间各向异性形状的刚性介晶基元（mesogen）。对高分子而言，这些基元可以接驳在主链上，构成主链液晶高分子（main-chain liquid-crystal polymers）；也可以接驳在侧链上，构成侧链液晶高分子（side-chain liquid-crystal polymers）。北京大学的周其凤课题组合成了介晶基元近距离侧接在主链上形成所谓的"甲壳"型液晶高分子（mesogen-jacked liquid-crystal polymers），丰富了液晶高分子的种类和物理性质[5,6]。棒状介晶基元所产生的液晶其基本的相态结构有向列型（nematic）、近晶型（smectic）和胆甾型（cholestic）三种。如图 2.7 所示，向列型液晶相中介晶基元发生了长程一致的取向，近晶型液晶则更进一步地将介晶基元约束在层状结构中，而胆甾型液晶是向列型液晶层在横向发生取向的周期性变化。盘状分子（disk-like molecules）堆砌成取向有序，可以形成一维纵向位置无序横向六方排列的结构称为柱晶相（columnar phase）。两亲性分子在溶液中由于界面作用易生成近晶相，例如各种洗涤剂、磷脂等，后者是生物膜的主要成分，而生物膜构成了各种生命过程的重要场所。

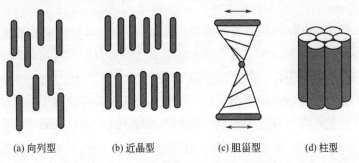

(a) 向列型　　　　　(b) 近晶型　　　　　(c) 胆甾型　　　　(d) 柱型

图 2.7　向列型（nematic）、近晶型（smectic）、胆甾型（cholestic）
和柱型（columnar）有序结构示意图

　　Bassett 等人[7]在高温高压区发现聚乙烯的广角 X 射线衍射（WAXD）图谱有单一的衍射纹，对应于六方晶相（hexagonal phase），而不同于 PE 通常的正交晶相（orthorhombic phase）。Bassett 和 Turner[8]还通过差热分析仪（DTA）在位分析，发现在高压区晶体熔融出现二重峰，分别对应正交晶和六方晶的相转变，于是得 P-T 相图，如图 2.8 所示。三相点 $P(Q)$ 与 PE 分子量有关，分子量越大，$P(Q)$ 越低[9]。

　　有几种高分子也被发现了类似的相图，如聚四氟乙烯[10,11]、聚三氟氯乙烯[12]、聚对二甲苯[13]、取代聚硅氧烷[14]、聚硅烷[15]和反式聚丁二烯[16]等。

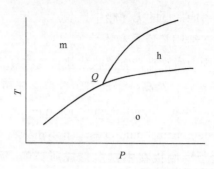

图 2.8　聚乙烯在高温高压下出现中介相的相图示意图

[图中 h 为六方晶相，o 为正交晶相，m 为熔体相，Q 为三相点，$P(Q)$＝3.5kbar（1bar＝10^5 Pa）]

通常六方相密度比正交相要小，这在高压下是不利于体系的自由能降低的，但由于高压六方相存在相当的无序性，使得：

$$\frac{S_h-S_o}{S_m-S_o}>\frac{V_h-V_o}{V_m-V_o} \tag{2.13}$$

式中，S 为熵；V 为体积；h、o、m 分别对应六方晶相、正交晶相和熔体相，于是 h 相和 o 相之间 TS 的变化足以抵消 PV 的变化，因而在高压下，相当无序的六方相可以稳定存在，Wunderlich 称这种相为构象无序相（condis crystal）晶体[17]。

构象无序（condis）的英文名称是由 conformational disorder 每个英文单词头三个字母拼接而成的。构象无序晶是链状分子所特有的一种介晶相结构，拥有大部分的位置和取向有序，接近于高分子晶体中的分子堆砌结构。形成构象无序晶的高分子通常带有较小的侧基基团，其整体链轮廓是伸展有序排列的，构象无序晶的有序结构在某种程度上也属于液晶的一种。此时聚乙烯每 100 个碳原子可以有约 37 个旁式构象[18]，与熔体中的链构象接近，所以链具有相当的活动能力，外形伸展，并沿垂直链方向发生六方密堆，其结构特征表现为近似于通常由碟状液晶基元所产生的柱晶（columnar）。如图 2.9 所示，整体聚乙烯链取向和位置（六方）有序，但局部链构象无序，分子链可沿链轴方向发生滑移运动。聚四氟乙烯常压下在 303K 到熔点 600K 之间的状态也可以认为是构象无序晶，这是从其流体动力学行为类似于近晶型液晶特点而得出的结论[19]。Ungar 总结了出现高温六方相或近六方相的一系列线型柔性链高分子、支化高分子和无规共聚高分子，将它们归入柱状液晶相，即链的侧向长程位置有序而沿链的方向长程无序，从而发展了构象无序晶的概念[20]。

实际发生的有序化转变常常产生的是亚稳的有序相形态。这里有必要首先介绍一下 Ostwald 阶段定律（Ostwald rule of stages 或 Ostwald step rule）。这个先

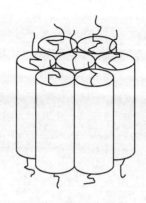

图 2.9　聚乙烯高温高压下生成六方相有序结构示意图

验性的定律告诉我们，任何系统从一个平衡相态转变到另一个平衡相态总是经过亚稳态。亚稳态就是局部自由能最低但是总体上自由能不算最低的状态[21]。体系在亚稳态逗留的时间取决于局部自由能最小所达到的深度。高分子发生的折叠链结晶就是一种典型的亚稳态。由于亚稳态的出现，体系的相变往往不能发生完全，导致高分子的半结晶态（semi-crystalline state）。这时，有序亚稳相和无序相将并存于体系中，即使是单组分物质也具有复杂的多重相结构。

2.3　多组分体系结晶相图

　　广义的说法，多组分高分子体系包括溶液（高分子和小分子混合）、共聚（高分子和高分子通过化学键连接）、共混（高分子和高分子混合）、复合材料（高分子和固体材料复合）等体系。狭义的定义，多组分高分子体系主要指高分子合金，包括共聚（copolymer）和共混（blend）两部分，前者有嵌段（block）共聚和接枝（graft）共聚高分子，后者有物理共混（如熔融共混、溶液浇铸和胶乳共混等方式）以及化学共混［如互穿网络（IPN）或者分子复合体（polymer complex）］。复旦大学的江明课题组发现，引入分子间特殊相互作用能实现物理共混向分子复合的转化，从而提高多组分体系的微观相容性[22]。多组分高分子本体相结构的复合状态，使得我们能够以热力学为基础，以动力学为手段，控制多相结构，利用各相的交织结构优势互补，达到各相性能优化组合的目的，实现材料的多功能化。例如高抗冲聚苯乙烯（HIPS）以聚丁二烯（PB）的高弹性来弥补聚苯乙烯（PS）脆性的不足，达到高强高韧的效果，如图 2.10 所示，此时 PB 球状分散相中还存在 PS 的分散相，二者交织在一起，实现各自性能优势的互补。

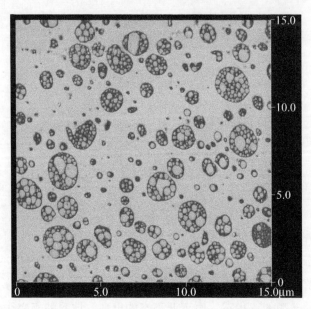

图 2.10　高抗冲聚苯乙烯样品的原子力显微镜照片[23]

（PB 分散在 PS 连续介质中，内部还包含 PS 介质）

　　在多组分高分子体系中的结晶热力学也受多组分混合热力学的影响。如图 2.11 所示，高分子的平衡熔点在高分子溶液中随浓度减小而降低，并在某个浓度与液态相分离曲线相交，产生稀相、浓相和结晶相共存的偏晶（monotectic）三相点。我们在后面将讨论这种结晶和液态相分离的相互作用及其对结晶形态的影响。在三相点的稀溶液侧，溶液从高温冷却下来时首先发生相分离，冷却到一定温度时才开始出现结晶；而在浓溶液侧，溶液将首先发生结晶，冷却到一定温度时结晶发生的程度将伴随相分离而大幅度增加。高分子共混物体系的相图除了其熔点降低曲线由于混合熵很小表现为斜率要小得多之外，与高分子溶液体系差不多。嵌段共聚物也有同样的结晶与微相分离的竞争过程，当微相分离先发生时，结晶就是一个受限于纳米尺度层状、柱状或球状微相区内发生的行为。微相区为晶区在样品中特定的空间分布图案提供了一个模板。我们将在后面进一步加以介绍。

　　当高分子溶液中高分子的结晶伴随着溶致（lyotropic）液晶而出现时，高分子溶液的相图如图 2.12 所示。溶致液晶产生特征的双相（biphasic）行为，即在高温高浓度区表现为溶液和液晶相共存的热致（thermotropic）液晶相转变行为，但在低温低浓度区出现溶致液晶的两相共存相图，产生一个三相点。液晶的两相共存相图进一步与结晶相图曲线相交产生另一个三相点 z。

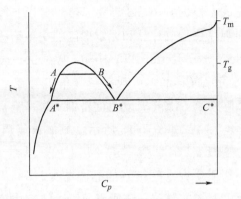

图 2.11 高分子溶液结晶和相分离共存的相图[24]

(两种相变曲线相交产生三相点 B^*)

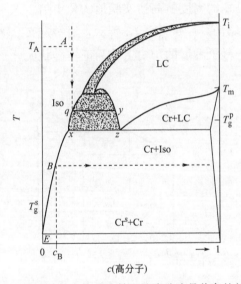

图 2.12 高分子溶液结晶和热致液晶以及溶致液晶共存的相图[24]

(两种相变曲线相交产生三相点 z)

在单组分相结构的基础上对多组分体系的相结构进行分析,需要进一步根据相图来了解平衡相态共存的热力学条件,实际体系中动力学条件也是不可忽略的重要因素,相转变所产生的各种亚稳态为我们提供了丰富多彩的多组分高分子体系自组装和复合织态结构,也因此允许我们在更宽广的范围内可以根据结构特点来调节高分子体系的物理性能。

2.4 晶相的结构表征

高分子结晶通常由于链缠结、链结构不规整、结晶形态特殊、热力学熵残余等原因不能充分完成，根据 Ostwald 阶段定律，实际上得到的是半结晶亚稳态，在高分子本体中则往往生成片晶和无定形区的交替结构。如果采用广角 X 射线衍射（wide-angle X-ray/electron diffraction，WAXD）或电子衍射（electron diffraction，ED）来研究结晶样品，可观察到广角衍射峰，说明高分子晶体中存在周期性的重复点阵格子，点阵的最小重复单元为晶胞，由衍射峰位可确定晶胞参数 a、b、c、α、β、γ。如图 2.13 所示，显然重复周期性点阵结构只可能出现在片晶内部，一般 a、b、c 值不超过几十埃。早在 1920 年，Herzog 和 Jancke 就采用 X 射线衍射研究了纤维素的晶体结构[25,26]。然而，对于完全拉直总长达几千埃甚至上万埃的高分子链而言，不可能整个分子链像小分子那样作为点阵点成为晶胞结构的单元，而只能是沿链的局部链单元构成重复空间结构，否则高分子晶相的密度将高达实验值的几十倍。这一发现最先由 Meyer 和 Mark 于 1928 年提出[27]，如图 2.13 所示，通常定义 c 轴沿链轴的方向。此想法的提出在高分子科学发展的历史上曾为证实链状大分子结构的存在起到了关键性的作用。

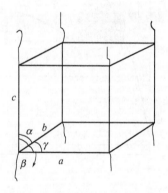

图 2.13　高分子晶相结构表征的晶胞示意图

　　晶胞结构可以分解为两个基本因素，即对称性模板（motif）及其重复排列方式（repetitions cheme）。模板反映了基本的链空间重复单元，即链构象，而重复排列方式则是模板的对称操作，即链间排列的方式。相应地，高分子链在晶区中的原子排列结构大多遵循以下两个原则。

　　原则一：在晶格中的链采取最稳定的空间螺旋构象。如图 2.14 所示，链的旋转异构有反式（T）和左右旁式（G+、G-）三种，例如聚乙烯的最稳定构象为全反式 TTTT，而等规聚丙烯由于不对称侧基取代，TTTT 就会发生大侧基之间的体积排斥作用，彼此错开 120° 是最有利的构象排列，即 TG+TG+ 或 TG-TG-。这样每隔三个重复单元，侧基转一圈回到起始旋转位置，沿 c 轴发生的位移就是 c 的大小，Natta 最早计算出约为 6.5Å。

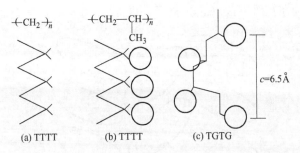

图 2.14　聚乙烯和等规聚丙烯螺旋链构象结构示意图

　　这种螺旋形构象是高分子晶体中较普遍的链构象结构，例如 DNA 的双螺旋结构就是根据这一原则推测出来的，这一工作为开创分子生物学做出了划时代的贡献[28]。Flory 曾计算过一系列高分子的最稳定构型序列[29]。等规聚丙烯的这种螺旋形构象可表示为 H3/1，而聚乙烯的 zigzag 构象也可看作为 H2/1 螺旋构象，表示每两个重复结构单元转一圈。早在等规聚烯烃尚未得到大量生产的 1942 年，Bunn 就提出了 3/1 螺旋结构的基本设想[30]。这一设想随后由 Natta 和 Corradini 在真实的等规聚丙烯结晶相中得到证实[31,32]。3/1 螺旋构象只适用于侧基较小的聚烯烃，如果取代基位阻增大，螺旋就扩张，因而聚苯乙烯为 3/1 螺旋构象，聚萘基乙烯就取 4/1 螺旋构象。等规聚丙烯的 3/1 螺旋构象有时也表示成 2×3/1，这里 2 表示每个重复单元主链上的原子数，3/1 表示转一圈的重复单元数为 3。例如聚四氟乙烯的螺旋构象可以表示成 1×13/6。

　　原则二：螺旋链倾向于发生最密堆砌。不同取代基有不同的螺旋链构象，决定了链上各原子和基团的空间几何方位，也因此决定了其密堆方式。例如聚乙烯沿链轴看，zigzag 链呈椭圆形，这就决定了其密堆方式为正交晶系，如图 2.15 所示。聚乙烯的晶胞参数 $a=7.40$Å，$b=4.93$Å，$c=2.534$Å[33]。长轴方向经历了两层堆砌，所以 a 轴约为 b 轴的两倍，链轴 c 方向为固定键角的两个 zigzag 碳-碳键的投影长度。聚丙烯的螺旋可以有两种彼此相反的方向，最低能量的单斜晶体是由 3/1 螺旋结构以旋转左右手方向交替发生镜像性的（enantiomorphous）堆砌而成，如图 2.16 所示。该 3/1 螺旋结构决定了链轴截面方向上的形状是三角形，而三角形长棒的堆砌以交错取向为最密结构，例如类似于机场免税商店柜台上经常可看到的瑞士三角巧克力的排布。高分子链堆砌而成的晶体不超过七种基本外形，对应晶体的七种晶系，由于 c 轴为化学键作用，与 a 和 b 轴方向上的次价键作用有本质的不同，所以 $c \neq a$、$c \neq b$，高分子晶体不会出现立方晶系。我们知道，在低对称体系中，从一个结构单元出发采用对称操作如旋转、反演、镜像、平移及其相互组合可以找到晶胞中的另一个结构单元，七种晶系具体还可分类成 14 种布拉维（Bravais）格子，进而 32 种点阵，甚至 230 种空间群。

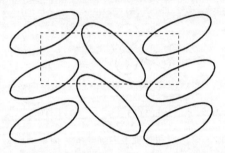

图 2.15   聚乙烯晶体沿链轴方向观察的分子链排列结构示意图

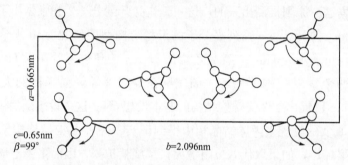

图 2.16   等规聚丙烯单斜晶沿链轴方向观察的分子链排列结构示意图[32]

聚酰胺（nylon）分子间氢键作用导致链采取平面锯齿形（zigzag）构型序列，链排列成片状，所有氢键在同一片层内，片层之间则依赖彼此的范德华相互作用而堆积，非常容易发生滑移，类似于石墨结构，但尺寸范围要小得多。如图 2.17 所示为尼龙-6 的典型片层状氢键分布结构。

对约 150 种高分子结晶体的统计结果表明，在七种晶系中正交和单斜约占总数的 2/3，三方、四方和六方约占 1/4，三斜占 1/7，没有立方晶系。细心的读者可能已经发现上面各分数加和大于 1，这是因为存在同质多晶（polymorphism）现象，即一种高分子可在最稳定的密堆方式之外还出现多种亚稳的密堆方式[35]。在合适的条件下，结晶可能由于动力学有利而生成亚稳密堆方式，然后再逐步转变成更稳定的密堆。如等规聚丙烯可出现 α-晶（单斜、最稳定）、β-晶（六方）和 γ-晶（三方），如图 2.18 的 WAXD 图谱所示，不同晶型可能由于动力学效应所致，也可由相应的成核剂引发结晶生成。

等规聚丙烯的 α-晶结构为左右手方向的螺旋交替堆砌，而 β-晶全部是由左手螺旋堆砌而成，如图 2.19 所示，所以从 α-晶到 β-晶的转换需要螺旋链的重新取向[37]。等规聚丙烯的 β-晶最早由 Keith 等人所发现[38]，其螺旋链堆砌结构直到 1994 年才真正被解释清楚[39]。β-晶可以被看作是一种有利于晶体生长的相对于

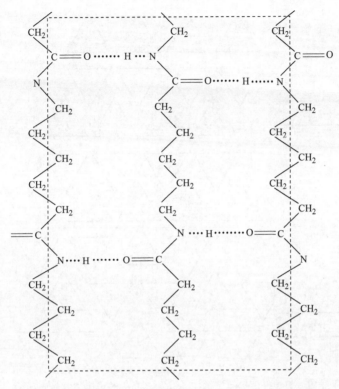

图 2.17　尼龙-6 的 α-晶中链堆砌形成氢键片层结构[34]

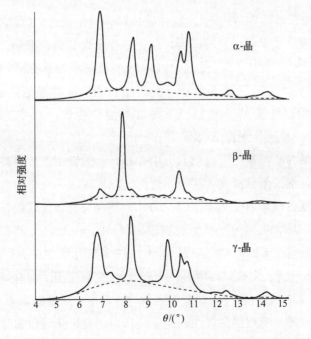

图 2.18　等规聚丙烯三种同质多晶型的 WAXD 图谱示意图[36]

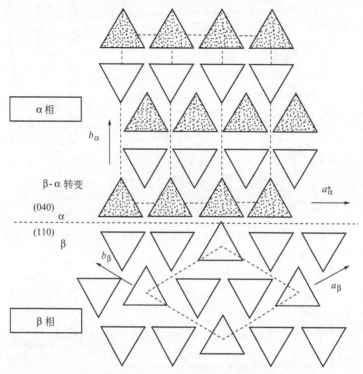

图 2.19　等规聚丙烯螺旋链在 α-晶和 β-晶中的堆砌方式示意图[37]

（实心三角与空心三角有不同的螺旋方向）

α-晶而言的"错误"堆砌结构[40]。这种受挫结构（frustrated structure）常常是螺旋链堆砌出现同质多晶现象的原因，广泛存在于聚烯烃、聚酯、纤维素衍生物和聚肽的晶体生长过程中[41]。等规聚丙烯的 γ-晶最早由 Addink 和 Beintema 所发现[42]，随后被确定为三方晶型[36]，为每生长两层 α-晶晶面后 a、c 轴交换取向附生的高度受挫结构[43]，在低温下与 α-晶混合生长，而在高压下更容易获得[44]，也比较容易从共聚物中获得[45]。

长链聚乙烯在高温高压下出现六方中介相，而短链聚乙烯在高温时由于链的原位快速转动，椭圆形截面变为圆形，此时链间堆砌成为交错的六方格子排列柱晶，这样我们就可以理解受热膨胀时，为什么烷烃类物质往往由正交晶型格子转变为六方格子，后者也称为石蜡烃的旋转相（rotaryphase）。聚乙烯在应力作用下还会出现空间群为 C2/m 的单斜晶体[47]。许多高分子在应力作用下也会出现新的多晶型。聚对苯二甲酸乙二醇酯（PET）在拉伸作用下会有倾斜的近晶型 C 结构出现在低温结晶之前[48]。聚偏氟乙烯（PVDF）通常的 α-晶由于内部极性基团相互抵消，不具有很强的极性，高温高压电场驻极化可以通过分子内运动转变为极性较强的 δ-晶，但极性更好的是其全反式构象平行堆砌起来的 β-晶，如图

2.20 所示，可通过拉伸或引入共聚合链单元来得到，后者使得 PVDF 及其共聚物表现出很好的铁电性能[46]。

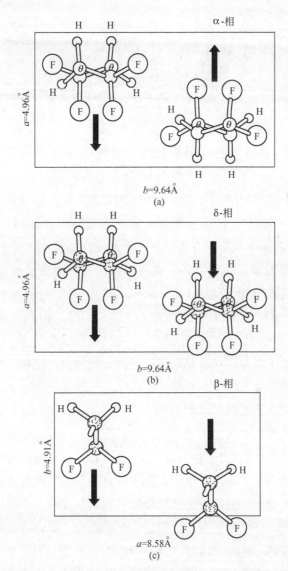

图 2.20　聚偏氟乙烯三种同质多晶型的分子排列及其极性基团取向示意图[46]

当等规聚丙烯的 β-晶由特殊的 β-成核剂引发时，常常有 α-晶混合生成，为了评价成核剂的引发效率，可以根据如图 2.21 所示 WAXD 图谱，用 β-晶的 K 值来表征，其定义如下：

$$K = \frac{H_{\beta 300}}{H_{\beta 300} + H_{\alpha 110} + H_{\alpha 040} + H_{\alpha 140}} \qquad (2.14)$$

式中，K 是 β-晶的最强峰高在其与 α-晶的三个最强峰高的和中所占的相对分数。

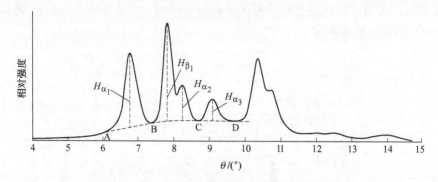

图 2.21　α-晶和 β-晶混合生长的 WAXD 图谱示意图[36]

（图中的衍射峰高 H 用于计算 β-晶的 K 值）

等规聚丙烯在快速淬冷到低温时，由于均相成核发生得很快，会出现大量纳米尺度的不规整 α-晶粒[49]，起初不那么合理地被称为介晶相（smectic phase）或中介相（mesophase）[50]，但在高温下并不能观察到其作为一种单独的稳定相或亚稳相存在于液态和 α-晶态之间，其可以看作是一种由于过量成核事件发生之后的晶体生长受挫结构（frustration structure）。类似的现象也存在于左旋聚乳酸（PLLA）低温结晶得到的 α'-晶态，其接近 α-晶，但晶粒很小，构象相当无序，升温也能转化为更稳定的 α-晶[51]。受挫结构从稳定晶型结构的 WAXD 图谱发生偏离反映了高分子结晶早期可以允许大量的位错存在于晶相中，更稳定的规整晶格结构将在克服成核位垒所生成晶体的等温退火过程中来实现。

在确定未知高分子晶体的相结构时，实验上一般是先采用 X 射线或电子单晶衍射得到沿着链取向方向上的重复周期性，其他方向上的衍射可通过旋转样品而消除，由此结合晶体模型构造和几何计算的检验来得到链的有序构象结构，从而推算出化学构型序列。大多数生命高分子的复杂序列结构就是通过衍射图案指纹区的仔细研究而得到的。高分子链的堆砌可以以六方相为原则，六方堆砌是圆柱结构的最密堆积，在粉末衍射谱上给出一个最强峰，对应六方密堆面。准六方将产生两到三个强峰，例如 PE 的（110）和（200）面，对应四方或其他晶格。把链构象和密堆方式结合起来，我们就可以得到高分子晶体的晶胞结构参数，从而确定其晶相结构。

以上高分子晶相结构的确定原则清楚地表明，导致高分子链发生结晶有序的热力学相互作用来源主要有两个方面，一个是链的构象有序，另一个是分子链的紧密堆砌。有时两个方面的条件不必同时满足，例如构象无序晶的出现就不满足第一条。如果分子链间的相互作用足够强，例如聚乙烯醇的侧基氢键和聚丙烯腈的侧基强极性作用，其结晶可以不再要求链的立构序列规整性。有关不同化学细节的高分子结晶相结构的详细介绍可以参考 Tadokoro 的专著[52]。

参　考　文　献

[1]　Kuhn W. Uber die gestalt fadenfoermiger molekuele in loesungen. Kolloid Z Z Polymere, 1934, 68: 2-15.

[2]　Guth E, Mark H. Zur innermolekularen statistik, insbesondere bei ketten-molekuelen I. Monatschefte fur Chemie, 1934, 65: 93-121.

[3]　Flory P J. Principle of Polymer Chemistry. Ithaca, NY: Cornell University Press, 1953.

[4]　Robertson R E. Polymer order and polymer density. J Phys Chem, 1965, 69: 1575-1578.

[5]　Zhou Q F, Li H M, Feng X D. Synthesis of liquid-crystalline polyacrylates with laterally substituted mesogens. Macromolecules, 1987, 20: 233-234.

[6]　Wang X J, Zhou Q F. Liquid Crystalline Polymers. Singapore: World Scientific, 2004.

[7]　Bassett D C, Block S, Piermarini G J. A high-pressure phase of polyethylene and chain-extended growth. J App Phys, 1974, 45: 4146-4150.

[8]　Bassett D C, Turner B. On the phenomenology of chain extended crystallization in polyethylene. Phil Mag, 1974, 29: 925-955.

[9]　Hikosaka M, Minomura S, Seto T. Melting and solid-solid transition of polyethylene under pressure. Japan J Appl Phys, 1980, 19: 1763-1769.

[10]　Melillo L, Wunderlich B. Extended chain crystals: Ⅷ. Morphology of polytetrafluoroethylene. Kolloid Z Z Polymere, 1972, 250: 417-425.

[11]　Bassett D C, Davitt R. On crystallization phenomena in polytetrafluoroethylene. Polymer, 1974, 15: 721-728.

[12]　Miyamoto Y, Nakafuka C, Takemura T. Crystallization of polychlorotrifluoroethylene. Polymer J, 1972, 3: 122-128.

[13]　Isoda S, Kawaguchi A, Katayama K I. High-temperature phases of poly (p-xylylene). J Polym Sci Polym Phys Ed, 1984, 22: 669-679.

[14]　Godovsky Y K, Papkov V S. Thermotropic mesophases in element-organic polymers. Adv Polymer Sci, 1989, 88: 129-180.

[15]　Schilling F C, Bovey F A, Lovinger A J, Zeigler J M. Characterization of poly (di-n-hexylsilane) in the solid state. Ⅱ. Carbon-13 and silicon-29 magic-angle spinning NMR studies. Macromolecules, 1986, 19: 2660-2663.

[16]　Hikosaka M, Rastogi S, Keller A, Kawabata H J. Investigations on the crystallization of polyethylene under high pressure: Role of mobile phases, lamellar thickening growth, phase transformations, and morphology. Macromol Sci Pt B Physics, 1992, 31: 87-131.

[17]　Wunderlich B, Grebowig J. Thermotropic mesophases and mesophase transitions of linear, flexible macromolecules. Adv Polym Sci, 1984, 60/61: 1-59.

[18]　Grossmann H P. Investigation of conformational transitions in cycloalkanes, especially $(CH_2)_{22}$. Polymer Bulletin, 1981, 5: 137-144.

[19]　Starkweather H W. A comparison of the rheological properties of polytetrafluoroethylene below its melting point with certain low-molecular smectic states. J Polym Sci, Polym Phys Ed, 1979, 17: 73-79.

[20]　Ungar G. Thermotropic hexagonal phases in polymers: Common features and classification. Polymer, 1993, 34: 2050-2059.

[21]　Ostwald W. Studien über die bildung und umwandlung fester körper. Zeitschrift für Physikalische Chemie, 1897, 22: 289-330.

[22] Jiang M, Li M, Xiang M L, Zhou H. Interpolymer complexation and miscibility enhancement by hydrogen bonding. Adv Polym Sci, 1999, 146: 121-196.

[23] Liu J. AFM applications in petrochemical polymers. Microscopy and Microanalysis, 2003, 9 (Suppl 2): 452-453.

[24] Keller A. Morphology of polymers. Pure &. Applied Chem, 1992, 64: 193-204.

[25] Herzog R O, Jancke W. Roentgenspektrographische beobachtungen an zellulose. Zeitschrift fur Physik, 1920, 3: 196-198.

[26] Herzog R O, Jancke W. Ueber den physikalischen aufbau einiger hoghmolekularer organischer verbindungen. Ber Dtsch Chem Ges, 1920, 53: 2162-2164.

[27] Meyer K H, Mark H. Über den bau des kristallisierten anteils der zellulose. Ber Deutsch Chem Ges, 1928, 61: 593-613.

[28] Watson J D, Crick F H C. A structure for deoxyribose nucleic acid. Nature, 1953, 171: 737-738.

[29] Flory P J. Statistical Mechanics of Chain Molecules. New York: Interscience, 1969.

[30] Bunn C W. Molecular structure and rubber-like elasticity. I. The crystal structures of β gutta-percha, rubber and polychloroprene. Proc R Soc London A, 1942, 180: 40-66.

[31] Natta G, Corradini P. Conformation of linear chains and their mode of packing in the crystal state. J Polymer Sci, 1959, 39: 29-36.

[32] Natta G, Corradini P. Structure and properties of isotactic polypropylene. Nuovo Cimento Suppl, 1960, 15: 40-67.

[33] Bunn C W. The crystal structure of long-chain normal paraffin hydrocarbons: The 'shape' of CH_2 group. Trans Faraday Soc, 1939, 35: 482-491.

[34] Holmes D R, Bunn C W, Smith D J. The crystal structure of polycaproamide: Nylon 6. J Polymer Sci, 1955, 17: 159-173.

[35] Wunderlich B. Macromolecular Physics. Vol 1. Crystal Structure, Morphology, Defects. New York: Academic, 1973: 68.

[36] Turner-Jones A, Aizlewood J M, Beckett D R. Crystalline forms of isotactic polypropylene. Makromolekulare Chemie, 1964, 75: 134-154.

[37] Lotz B. α and β phases of isotactic polypropylene: A case of growth kinetics 'phase reentrency' in polymer crystallization. Polymer, 1998, 39: 4561-4567.

[38] Keith H D, Padden F J, Jr Walter N M, Wyckoff H W. Evidence for a second crystal form of polypropylene. J Appl Phys, 1959, 30: 1479-1484.

[39] Meille S V, Ferro D R, Brückner S, Lovinger A J, Padden F J. Structure of beta-isotactic polypropylene: A long-standing structural puzzle. Macromolecules, 1994, 27: 2615-2622.

[40] Lotz B, Wittmann J C, Lovinger A J. Structure and morphology of polypropylenes: A molecular analysis. Polymer, 1996, 37: 4979-4992.

[41] Cartier L, Spassky N, Lotz B. Structures frustrées de polymèrs chireaux. C R Acad Sci Paris Sér II b, 1996, 322: 429-435.

[42] Addink E J, Beintema J. Polymorphism of crystalline polypropylene. Polymer, 1961, 2: 185-193.

[43] Brückner S, Meille S V. Non-parallel chains in crystalline γ-isotactic polypropylene. Nature, 1989, 340: 455-457.

[44] Campbell R A, Phillips P J, Lin J S. The gamma phase of high-molecular-weight polypropylene: 1. Morphological aspects. Polymer, 1993, 34: 4809-4816.

[45] Brückner S, Meille S V, Petraccone V, Pirozzi B. Polymorphism in isotactic polypropylene. Progress in Polymer Science, 1991, 16: 361-404.

[46] Lovinger A J. Ferroelectric polymers. Science, 1983, 220: 1115-1121.

[47] Teare P W, Holmes D R. Extra reflections in the X-ray diffraction pattern of polyethylenes and polymethylenes. J Polym Sci, 1957, 24: 496-499.

[48] Ran S, Wang Z, Burger C, Chu B, Hsiao B S. Mesophase as the precursor for strain induced crystallization in amorphous poly (ethylene terephthalate) film. Macromolecules, 2002, 35: 10102-10107.

[49] Corradini P, Petracone V, De Rosa C, Guerra G. On the structure of the quenched mesomorphic phase of isotactic polypropylene. Macromolecules, 1986, 19: 2699-2703.

[50] Natta G, Peraldo M, Corradini P. Smectic mesomorphous modification of isotactic polypropylene. Rend Accad Naz Lincei, 1959, 26: 14.

[51] Zhang J M, Duan Y X, Sato H, Tsuji H, Noda I, Yan S K, Ozaki Y. Crystal modifications and thermal behavior of poly (L-lactic acid) revealed by infrared spectroscopy. Macromolecule, 2005, 38: 8012-8021.

[52] Tadokoro H. Structure of Crystalline Polymers. New York: Wiley-Interscience, 1979.

第3章　结晶统计热力学和平衡熔点性质

3.1　微观相互作用模型的建立

上一章的宏观热力学描述了高分子从熔体到晶体的热力学相转变，但不反映其分子结构特征依赖性的信息。为了由高分子链微观的分子结构物理参数来预测高分子的结晶性质，有必要从统计物理学的角度来描述结晶热力学。首先要了解高分子结晶的分子驱动力，即从分子层次上来理解高分子为什么会自发地发生结晶，然后采用统计热力学来定量地建立起高分子微观的分子结构参数与结晶宏观热力学性质之间的联系。

我们知道，普通小分子结晶的分子驱动力是分子间的相互吸引作用，它使得分子有寻求最密堆砌的倾向。而高分子结晶相结构的组装原则已经告诉我们，高分子结晶的分子驱动力来自于沿链的短程构象相互作用和链密堆所导致的分子间相互作用势的降低。

1956年，Flory[1]认为链构象稳定在高分子结晶驱动力中是最主要的，而链间相互作用是次要的，于是忽略链间相互作用，从高分子溶液经典的格子模型出发，发展出半柔顺链高分子溶液的格子统计热力学理论。如图3.1所示，对于半柔顺链的格子模型，Flory假设沿链的每一对键接如果出现非共线构象就有构象能参数 E_c 能量的升高。就其物理意义而言，E_c 对应于但不直接等于前面所介绍的聚烯烃反式构象和旁式构象之间的势能差 $\Delta\varepsilon$，反映了高分子链的热力学柔顺性。为了表征高分子链的有序状态，Flory定义了无序度参数（disorder parameter）f，即平均每条链上旁式构象所占的分数。在配位数为 q 的格子空间中，沿高分子链两个键的连接可以看作是沿格子行走留下的轨迹，当后一步与前一步方向一致时，该轨迹代表使链伸展的反式构象，势能较低；当后一步走其他 $q-2$ 个不一致的方向时，则为旁式构象，势能较高。根据玻耳兹曼分布，可以计算出无序度参数，即：

$$f = \frac{(q-2)\exp\left(-\dfrac{E_c}{kT}\right)}{1+(q-2)\exp\left(-\dfrac{E_c}{kT}\right)} \tag{3.1}$$

式中，k 为玻耳兹曼常数；T 为热力学温度。在无限高的温度（$T \rightarrow \infty$），体系在热力学意义上处于无热状态时，$f = (q-2)/(q-1)$，如果 q 足够大，f 就接近于 1，反映体系的完全无序。在绝对低温时，$f \rightarrow 0$，所有的高分子链构象伸展开来，体系变得完全有序。当高分子本体的自由能随温度降低等于零时，Flory 半柔顺链的统计热力学计算得到 $f \approx 0.63$，此时对应一个自发的热力学有序化转变，其温度就可预测平衡熔点。

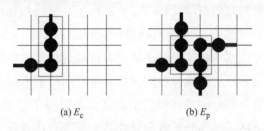

(a) E_c　　　　　　　(b) E_p

图 3.1　格子链局部较低势能的链内构象和链间堆砌示意图

Flory 当时认为，分子内能的贡献，即构象能的降低将带来高分子链的平行堆砌和排列。这一有序化转变的机理类似于棒状分子溶致液晶的转变机理。导致液晶有序化的刚棒分子也称为介晶基元。如果我们把高分子结晶的分子驱动力与液晶分子作类比，就会发现一般结晶高分子链并不具有像介晶基元那样大的各向异性结构特征。Flory 认为，随着温度的降低，分子链倾向于充分地伸展以降低构象势能，这样将逐步增强局部分子链的各向异性，直至在低温区 $f \approx 0.63$ 时发生自发的有序化堆砌转变。

Flory 在这里所考虑的有序化转变是基于 Onsager 的棒状液晶分子的有序化转变理论。1949 年 Onsager[2] 考虑分子间各向异性的体积排斥相互作用，实际为流体力学相互作用，来解释稀溶液浓缩时出现液晶的溶致液晶（lyotropic liquid crystal）转变。当棒状分子的浓度高到一定程度时就会发生拥挤，彼此之间在转动时会感应到对方的存在，由此使自身的自由运动受阻，出现熵损失。当一部分液晶分子以较高的浓度平行排列起来以便腾出空间给其余的液晶分子自由转动时，就可以有效地增加体系的总熵。通俗地说，就是以牺牲局部的无序来"顾全大局"，得到总体的熵增加，由此产生两相共存的溶致液晶相结构。然而，由于棒状分子大多拥有稳定的共轭化学键结构，例如 N_2O ———— $C \equiv C$ ———— NH_2 ，电子云可以离域分布，分子的极化率有较大的各向异性。1958～1960 年，Maier 和 Saupe[3] 考虑采用分子间各向异性的色散力相互吸引作用来解释浓溶液或本体中的热致液晶（thermotropic liquid crystal）转变。随着温度的降低，棒状分子体系为了降低分子间取向相关的相互吸引作用势能，将出现自发的有序化转变。一般情况下，分子间相互排斥和吸引作用这两种机理可以结合起来一起考虑，这样就可以很好地解释基本的液晶有序化转变行为并计算多组分体系的相图[4~11]。

实际上，Flory 的半柔顺链统计理论并没有包含由于构象能降低导致局部链伸展所带来的各向异性排斥体积相互作用的贡献，所计算的体系自由能也仅仅包含链内构象能，并由此可预测由于链的刚性所带来的平衡熔点升高。但是由于该理论忽略了实际上对自发的有序化转变起关键作用的链间相互作用，所预测的熔点性质与实际体系的结晶行为还是不能很好地符合。要进一步考虑链间相互作用，主要的困难在于经典的格子模型不容易直接表达结晶过程中分子间的密堆相互作用。如果考虑高分子链结晶是各向异性分子之间的密堆砌，则有可能克服这一技术上的困难。所有高分子晶体中的密堆砌都是以分子链平行排列为特征的，这使得我们可以假设格子链高分子各向异性的平行排列代表分子间势能最低的密堆砌，从而在格子模型中采用分子链局部键之间的平行排列相互作用参数 E_p 来表达反映分子链局部发生密堆的分子间相互吸引作用，如图 3.1 所示[12]。

如图 3.2 的计算机模拟结果所示，如果仅仅考虑链内相互作用 E_c，本体高分子链从高温冷却下来时在自由能等于零的 $f = 0.63$ 处实际上并未发生自发的有序化转变，而是在这附近开始逐渐被冻结下来。只有同时考虑链间相互作用 E_p，体系才能够在冻结之前表现出一个典型的一级有序化相转变，无序度参数

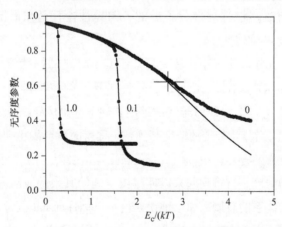

图 3.2　不同 E_p/E_c 值（标示在图中曲线附近）的降温无序度曲线[12]　[图中数据点线为在 32^3 立方格子中无热混合浓度为 0.9375 和链长为 32 的格子模型链的动态蒙特卡罗模拟（详见本书附录）所得到的结果，降温步骤为 $E_c/(kT)$ 从零开始以步长 0.02 增加，每步松弛 500MC 周期（蒙特卡罗周期）。图中曲线为根据式（3.1）计算得到的平衡态结果，其中对应于计算模拟体系，$q = 26$。图中十字指示 Flory 理论所预测在 $f = 0.63$ 处的平衡有序化相转变点]

的陡降说明了结晶有序化转变的出现。当然，由于 E_p 的加入，平衡相转变点也相应地向高温处（图中左侧曲线）移动。有关链的非柔顺性所导致的玻璃化转变已经有了较深入的计算机模拟研究[13]。早期的蒙特卡罗模拟研究也发现引入局部取向相关的相互作用力可以改善液晶有序化转变的一级相变特征[14,15]。近年来，同时考虑 E_c 和 E_p 的计算机模拟研究可以复现许多实验中观察到的高分子结晶学现象[16]。我们将在本书后面的各个章节进一步展开介绍。

Flory 的半柔顺链统计热力学理论已经很好地考虑了分子链构象能对体系自由能的贡献。如果在此基础之上，再进一步考虑类似驱动热致液晶相转变那样的分子间平行排列相互作用所带来的分子间势能降低，就可以对照高分子结晶相结构的两个组装原则，同时引入链内势能和链间势能的降低，比较全面地来描述高分子结晶的热力学分子驱动力。

3.2 平均场统计处理计算高分子溶液的配分函数

3.2.1 格子模型和平均场假定

我们以高分子溶液体系为例，来介绍如何从微观相互作用参数出发来统计计算与结晶有关的高分子体系的热力学性质。凝聚态物理学告诉我们，液体的结构主要是由分子的体积排斥相互作用所决定的，分子间的相互吸引作用只是起到了局部结构微调的作用[17]。通俗地讲，分子在空间的排布就是"一个萝卜一个坑"。不同组分的化合物相互混合时就发生彼此分子所占的空间位置之间的交换，从而带来混合熵和混合焓的变化。这就是为什么经典的格子模型可以很好地用来描述液体多组分分子体系混合热力学的变化[18~20]。

根据统计物理学原理，要计算体系的热力学量，我们实际上需要计算体系的配分函数，即按照空间和能量的分布计算所有可能的分子排布方式数的总和。接着由玻耳兹曼关系可以将配分函数转化为体系的自由能。我们知道微观状态服从玻耳兹曼分布，分子的空间排布方式的简并数与局部的分子能量密切相关。然而体系的分子数目是如此之大，使得我们不可能直接数出所有可能的微观分子排布方式并同时考虑其具体的能量状态，只能引入一些合理的假定和近似来简化统计计算。最常用的一个基本假定是平均场假定（mean-field assumption），即假定微观状态的分子空间排布方式对所有的分子来说平均上有相同的概率，而同时每个分子局部受到的所有其他分子施加的作用力可以形象地用一个空间均匀的场来表示。这样做的一个直接的好处是我们可以把按照空间分布的分子排布数与按照能量分布的分子数分开来加以计算，分别对应宏观体系的熵和焓的变化。这意味着体系总的自由能所对应的配分函数可以按照混合熵和混合焓的贡献分别加以计算。

3.2.2　混合熵的计算

我们首先来看两组分溶液体系混合熵的变化。对两组分小分子体系可以采用格子模型来描述，如图3.3所示，当一个组分的 n_1 分子（占据 n_1 个格点）和另一个组分的 n_2 分子（占据 n_2 个格点）相互均匀混合构成总数（总体积）为 $n=n_1+n_2$ 的分子体系时，分子的体积排斥相互作用决定了两组分分子各自在空间的排布方式的增加，这部分组合熵的热力学贡献代表了混合熵的主要变化，其配分函数的表达式为：

$$Z_{comb}=\frac{n!}{n_1!\ n_2!}\approx\left(\frac{n}{n_1}\right)^{n_1}\left(\frac{n}{n_2}\right)^{n_2} \tag{3.2}$$

式中，约等号表示在这里我们使用了 Stirling 近似（$\ln A!\approx A\ln A-A$），该近似只对较大的分子数才有效。

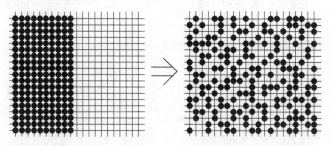

图 3.3　反映两组分小分子溶液均匀分享空间的格子模型示意图

如图3.4所示，当以上的两组分体系中的一个组分是链长为 r（连续占据 r 个格点，意指体积是另一组分小分子的 r 倍）的高分子时，式(3.2) 的表达式就不够准确了，因为这里面还应当包含高分子链的构象熵的变化。Meyer 最早采用格子模型来计算高分子链构象熵的变化[21,22]。Flory[23,24] 和 Huggins[25~27] 从各自的角度出发分别得到了较为简单合理的结果，即著名的 Flory-Huggins 公式中混合熵的贡献。

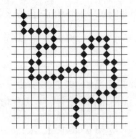

图 3.4　高分子链的格子模型示意图

为了便于理解，我们采用相对简单的 Flory 方法把混合熵的计算结果在这里再推导一遍。对于占据 n_1 个格点的小分子与 n_2 条（每条链连续占据链长为 r 的格点）高分子链，其排布在总体积为 $n = n_1 + rn_2$ 的格子空间中均匀混合得到高分子溶液。如图 3.5 所示，我们以完全有序的相分离的状态作为计算的出发点，即体系的热力学参考基态，此处的所有热力学量均为零。

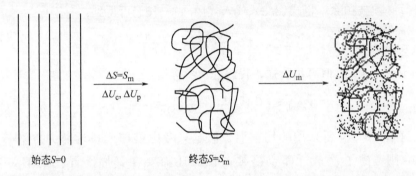

图 3.5 采用平均场假定分别从完全有序的基态开始计算混合熵和混合焓示意图

我们可以抽取一条典型的链来计算其混合熵的变化。假定已经有 j 条链（j 小于 n_2）任意地放入体积为 n 的格子空间中去，还有 $n-rj$ 数目的空格尚未填充。现在我们开始放第 $j+1$ 条链，并计算其总的放法数。第一个链单元既可以是链头，也可以是链尾，放入剩余的空格中去有 $n-rj$ 种放法。第二个链单元必须放在第一个链单元的周围，假定格子的配位数为 q，Flory 采用均匀混合假定（random mixing approximation），每个配位格点为空的平均概率就等于格子空间中空格的体积分数 $(n-rj-1)/n$，于是可以得到第二个链单元在第一个链单元周围可能的放法数为 $q(n-rj-1)/n$。从第三个链单元起，类似于非立即返回的无规行走模型（non-reversing random walk model），每个链单元必须放在前一个链单元周围，但是不与更前一个链单元重叠，这样可以走的方向数有 $q-1$ 个，于是其放法数为 $(q-1)(n-rj-i)/n$，这里 i 是指放入从第三个链单元（$i=2$）开始的第 $i+1$ 个链单元。第 $j+1$ 条链总的放法数则是所有链单元具体放法数的乘积，即：

$$W_{j+1} = \frac{q}{2}(n-rj)\frac{n-rj-1}{n}\sum_{i=2}^{r-1}(q-1)\frac{n-rj-i}{n}$$

$$= \frac{q(q-1)^{r-2}(n-rj)!}{2n^{r-1}(n-rj-r)!} \tag{3.3}$$

这里 2 是指从链头和链尾分别开始计算得到的结果重复所带来的对称因子。从统计的角度来看，第 $j+1$ 条链是总数 n_2 条链中的一个具有普遍意义的链的代表。放完所有的高分子链以后，剩下的空格可以看作是被溶剂分子所占，单一种类的溶剂分子彼此不可区分，总的放法数为 1，因此溶液混合的组合配分函数就等于所有 n_2 条链在空间 n 中的放法总数，即：

$$Z_{\text{comb}} = \frac{1}{n_2!} \sum_{j=0}^{n_2-1} W_{j+1} \tag{3.4}$$

这里 $n_2!$ 是指每加入一条新的高分子链与原有的链彼此不可区分所带来的重复计算必须被扣除，将式(3.3) 代入式(3.4)，我们可得到：

$$Z_{\text{comb}} = \frac{q^{n_2}(q-1)^{n_2(r-2)}n!}{2^{n_2}n^{n_2(r-1)}n_2!n_1!} \tag{3.5}$$

采用 Stirling 近似简化公式，我们进一步得到：

$$Z_{\text{comb}} \approx \left(\frac{n}{n_1}\right)^{n_1}\left(\frac{n}{n_2}\right)^{n_2}\left[\frac{q(q-1)^{r-2}}{2e^{r-1}}\right]^{n_2} \tag{3.6}$$

在这里，Flory 所采用的均匀混合假定只考虑链单元最近邻的空格[23,24]，Huggins 则考虑了该最近邻空格被占据后还需要在其周围寻找到下一个空格[25~27]，这种连续找到两个空格的考虑虽然更精确，但也更复杂。所得到的复杂结果是把式(3.6) 中的自然数 e 置换成一个收敛的指数形式 $(1-2/q)^{-(q/2-1)}$，当 $q \gg 1$ 时，其结果就趋向于自然数[28]。Milchev 甚至还推导出了连续找到 r 个空格的近似结果[29,30]。然而不管怎样，Flory 的推导相比之下还是最简单明了的，值得继续采用。

对于半柔顺链，由于构象能的出现，偏离了随机行走。向前走所对应的反式构象相对于沿其他方向行走的旁式构象有较低的势能，势能差为 E_c。于是，从放入第三个链单元开始，每个链单元原先发生随机行走的 $q-1$ 个方向中，如果向前直走，构象能不变，如果走入其他方向，则构象能就升高 E_c。这样就可以构造一个构象配分函数：

$$z_c \equiv 1 + (q-2)\exp\left(-\frac{E_c}{kT}\right) \tag{3.7}$$

将式(3.6) 中代表无规行走的 $q-1$ 取代为 z_c，式(3.6) 就可描述半柔顺链的组合熵，即：

$$Z_{\text{comb}} \approx \left(\frac{n}{n_1}\right)^{n_1}\left(\frac{n}{n_2}\right)^{n_2}\left(\frac{qz_c^{r-2}}{2e^{r-1}}\right)^{n_2} \tag{3.8}$$

值得注意的是，这里由于引入了半柔顺链的构象配分函数，对应于构象自由能的贡献，式(3.8) 不再纯粹反映熵的变化，其结果已经包含了构象能的贡献。Gibbs 和 DiMarzio 的玻璃化转变热力学理论曾经误将其作为一个纯熵来处理，导出了总自由能等于零处对应于类似二级相转变的玻璃化相转变的结论[31~33]。现在学术界已经普遍对玻璃化转变的动力学本质达成了共识，摒弃了热力学转变的学术观点。

3.2.3 混合焓的计算

接下来，我们计算溶液混合焓，同经典的 Flory-Huggins 公式推导一样，考虑混合前和混合后净的分子间相互作用能的变化，首先考虑各向同性的相互吸引作用。这里我们采用经典的似化学近似（quasi-chemical approximation），定义混合能为：

$$B \equiv E_{12} - \frac{E_{11} + E_{22}}{2} \tag{3.9}$$

式中，E 是分子对相互作用势能；下标"1"和"2"分别代表溶剂和高分子链单元。我们知道，体系中共有 rn_2 个链单元，每个链单元有 $q-2$ 个最近邻位置可以被溶剂分子所占据，这里忽略了链端基的贡献，考虑沿链的每个链单元前后与两个链单元相连接，如图 3.6 所示。由均匀混合假定可以知道，$q-2$ 近邻位置中每个位置被溶剂分子占据的概率为空间中溶剂分子的体积分数 n_1/n，于是由平均场假定可知，每个链单元与溶剂分子的这部分混合相互作用能对混合体系总配分函数的贡献为：

$$z_{\mathrm{m}} \equiv \exp\left[-(q-2)\frac{n_1}{n} \times \frac{B}{kT}\right] \tag{3.10}$$

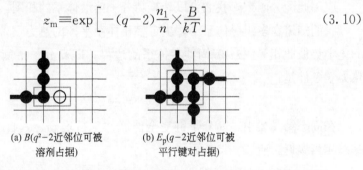

(a) $B(q^2-2$近邻位可被溶剂占据)　　(b) $E_{\mathrm{p}}(q-2$近邻位可被平行键对占据)

图 3.6　格子链局部势能变化的链单元与溶剂分子混合对和链间平行堆砌示意图

我们由此可以进一步定义独立于溶剂浓度的混合相互作用参数为：

$$\chi \equiv (q-2)\frac{B}{kT} \tag{3.11}$$

也就是所谓的 Flory-Huggins 相互作用参数。当这个参数与实验结果进行比较时，通常会发现其仍然有浓度依赖性。Bawendi 和 Freed 提出了对该参数进行 $1/q$ 和 $1/T$ 的高级展开来校正这一浓度依赖性[34]。

在混合焓中，伴随着链构象的变化，高分子链在基态发生的平行有序堆砌也将被破坏，由此带来分子间相互作用势能的另一部分变化。我们假定相对于基态，每一对平行排列的键变得非平行时将带来势能 E_{p} 的升高。体系中总共有 $(r-1)n_2$ 个键，每个键有 $q-2$ 个最近邻平行键位可以被其他键占据，这里我们同样忽略链端基的特殊性，扣除了沿链前后两个连接键的贡献，如图 3.6 所示。每个近邻平行键位被占据的概率同样为格子空间中键占据所有键位的体积分数。由于格子空间中共有 $qn/2$ 个键位可以被总数为 $(r-1)n_2$ 个键所占据，键的平均占据概率就是 $2(r-1)n_2/(qn)$。这里计算的是在一个键周围找到平行键堆砌的概率，相应的非平行键堆砌的概率与其发生互补关系。于是，由平均场假定可知，每个键与周围其他键发生非平行堆砌所带来的相互作用能的变化对混合体系总配分函数的贡献为：

$$z_{\mathrm{p}} \equiv \exp\left\{-\frac{q-2}{2}\left[1-\frac{2(r-1)n_2}{qn}\right]\frac{E_{\mathrm{p}}}{kT}\right\} \tag{3.12}$$

式中，分母 2 是配对相互作用的统计对称因子。

3.2.4　配分函数及溶液相图的计算

综合以上式(3.8)、式(3.10) 和式(3.12) 所得到的计算结果，我们将混合熵和混合焓组装到配分函数中，可以写出高分子溶液混合体系总的配分函数为：

$$Z = \left(\frac{n}{n_1}\right)^{n_1}\left(\frac{n}{n_2}\right)^{n_2}\left(\frac{q}{2}\right)^{n_2} \mathrm{e}^{-(r-1)n_2} z_{\mathrm{c}}^{(r-2)n_2} z_{\mathrm{m}}^{m_2} z_{\mathrm{p}}^{(r-1)n_2} \tag{3.13}$$

应用此配分函数，我们可以计算高分子溶液体系的相图。

我们知道在多组分体系中，决定多相体系平衡的热力学条件是高分子在各相的化学势彼此相等。对液-固共存体系的边界，即高分子平衡熔点，应当满足的热力学条件是：

$$\mu^{\mathrm{c}} - \mu^0 = \mu^{\mathrm{m}} - \mu^0 \tag{3.14}$$

在固态结晶相中，高分子链完全伸展并平行堆砌，其自由能 ΔF^{c} 与热力学基态相当接近，所以：

$$\mu^{\mathrm{c}} - \mu^0 = \frac{\partial \Delta F^{\mathrm{c}}}{\partial n_2} = \frac{\Delta F^{\mathrm{c}}}{n_2} \approx 0 \tag{3.15}$$

而在液态溶液相中，高分子链的自由能 ΔF^{m} 可以根据溶液混合态的配分函数来进行计算，即：

$$\mu^{\mathrm{m}} - \mu^0 = \frac{\partial \Delta F^{\mathrm{m}}}{\partial n_2} = -kT\frac{\partial \ln Z}{\partial n_2} \tag{3.16}$$

将式(3.15) 和式(3.16) 代入式(3.14)，我们得到：

$$\frac{\partial \ln Z}{\partial n_2} = 0 \tag{3.17}$$

将式(3.13) 以及体系的链长、浓度和能量参数代入，解此方程，就可以得到高分子溶液在特定浓度下的液-固共存平衡熔点 T_{m}，再对一系列浓度分别进行计算，我们就可以得到液-固共存的理论相图曲线。

对于液-液相分离曲线，我们仍然从两相平衡的热力学条件出发来进行计算。我们将液态相分离所产生的共存的浓相和稀相分别标为 a 和 b，相对于混合前的本体，各相化学势的变化应当满足相互平衡的热力学条件，则：

$$\begin{cases} \Delta\mu_{1a} = \Delta\mu_{1b} \\ \Delta\mu_{2a} = \Delta\mu_{2b} \end{cases} \tag{3.18}$$

要进一步进行计算，我们首先需要得到混合溶液相对于混合前本体的混合自由能的变化，根据玻耳兹曼关系有：

$$\Delta F_{mix} = F_{solution} - F_{bulk} = -kT(\ln Z - \ln Z_{n_1=0}) \tag{3.19}$$

将式（3.13）代入上式，我们可以得到简化的结果：

$$\frac{\Delta F_{mix}}{kT} = n_1\ln\phi_1 + n_2\ln\phi_2 + n_1\phi_2\left[(q-2)\frac{B}{kT} + \left(1-\frac{2}{q}\right)\left(1-\frac{1}{r}\right)^2\frac{E_p}{kT}\right] \tag{3.20}$$

式中，ϕ_1 和 ϕ_2 分别为溶剂和高分子的体积分数。式（3.20）在形式上与著名的 Flory-Huggins 公式一致，只是相互作用参数项中多出了高分子链局部平行排列相互作用的势能贡献，反映了高分子的结晶能力对混合热力学的影响。在下一章，我们将进一步讨论这种影响。将式（3.20）应用于式（3.18）中，解联立方程，就可以分别得到浓相和稀相的平衡浓度以及相应的温度，再改变一系列温度，从而可进一步得到两相共存的双节线（binodal line）相图。

3.3　高分子平衡熔点的性质

3.3.1　对内在链结构特点的依赖性

由于在平衡态相转变时动力学速度变得无限慢，直接测量高分子的平衡熔点在现实中是不可能的。目前主要的办法是测量亚稳态片晶的熔点，然后外推可得到高分子的平衡熔点。由于不同的实验室制备片晶的手段不同，文献中报道的平衡熔点也会稍微有点不同，详细可见《聚合物手册》[35]，但这不影响我们对平衡熔点性质进行讨论。我们首先来看高分子的分类结构特点，即反映链柔顺性的链内相互作用参数 E_c 和反映结晶分子驱动力的链间相互作用参数 E_p 对高分子本体的平衡熔点的决定性影响。早在 1955 年，Bunn 就注意到链的柔顺性和链间相互作用对高分子熔点的影响[36]。接下来有许多人努力总结出高分子的熔点对链化学结构的依赖关系[37~41]。主要的结果与早期 Bunn 的判断基本一致。

在无限长链高分子本体条件下，$r \to \infty$，$n_1 = 0$，$n = rn_2$，对式（3.13）进行玻耳兹曼关系 $F = -kT\ln Z$ 转换，可得到本体高分子无序态相对于有序基态的自由能，即：

$$\frac{F}{nkT} = 1 - \ln z_c + \frac{(q-2)^2}{2q} \times \frac{E_p}{kT} \tag{3.21}$$

在高分子的本体平衡熔点处，无序态的自由能与有序基态一致，都为零，由 $F=0$ 可以进一步得到：

$$1 + (q-2)\exp\left(-\frac{E_c}{kT_m}\right) = \exp\left[1 + \frac{(q-2)^2}{2q} \times \frac{E_p}{kT_m}\right] \tag{3.22}$$

为了简化计算，我们忽略左边通常较小的第一项 1，这样近似得到高分子平衡熔点与分类结构特点的分子能量参数之间的关系，即：

$$T_m \approx \frac{E_c + \frac{(q-2)^2}{2q}E_p}{k\ln(q-2) - k} \tag{3.23}$$

式(3.23) 的简单正比关系有助于我们根据高分子链的化学结构来判断彼此之间的熔点高低。一方面，E_c 越大，链越刚性，高分子的熔点 T_m 就越高。对聚烯烃而言，较大的取代侧基使得高分子链的内旋转越困难，会对应于较高的熔点，例如：$\leftarrow CH_2—CHR\rightarrow_n$，R＝H，聚乙烯，$T_m=146℃$；R＝$CH_3$，聚丙烯，$T_m=187℃$；R＝$CH(CH_3)_2$，聚 3-甲基-1-丁烯，$T_m=304℃$。

如果主链有刚性基团，例如：$\leftarrow CH_2\rightarrow_n$，聚乙烯，$T_m=146℃$；中间带一个苯环，$\leftarrow CH_2—\bigcirc—CH_2\rightarrow_n$，聚对二甲苯，$T_m=375℃$；中间带共轭结构的大苯环，$\leftarrow\bigcirc\rightarrow_n$，聚对苯，$T_m=530℃$。

另一个相互比较的例子是：$\leftarrow CH_2CH_2—OCO—C_6H_{12}—OCO\rightarrow_n$，聚己二酸乙二酯（polyethylene adipate），$T_m=52℃$；$\leftarrow CH_2CH_2—OCO—\bigcirc—OCO\rightarrow_n$，聚对苯二甲酸乙二醇酯（polyethylene terephthalate，PET），$T_m=265℃$；$\leftarrow CH_2CH_2—OCO—\bigcirc\bigcirc—OCO\rightarrow_n$，聚对萘二甲酸乙二醇酯（polyethylene naphthalene-2,6-dicarbonoxylate，PEN），$T_m=355℃$。

有些刚性链的熔点甚至超过它们的热化学分解温度，以至于在通常条件下，这些高分子不可能被观测到有液态的出现。

另一方面，E_p 越大，意味着链结构越规整，取代侧基越短或对称取代，有利于分子间堆砌，对应的高分子熔点 T_m 也就越高。例如：$\leftarrow CH_2—CHR\rightarrow_n$，R＝$CH_3$，聚丙烯，$T_m=187℃$；R＝$CH_2CH_3$，聚 1-丁烯，$T_m=138℃$；R＝$CH_2CH_2CH_3$，聚 1-戊烯，$T_m=130℃$；R＝$CH_2CH_2CH_2CH_3$，聚 1-己烯，

$T_m = -55℃$。

侧基取代的基团极性越强，对应的高分子熔点也越高，例如：$\leftarrow CH_2—CHR)_n$，R＝H，聚乙烯，$T_m = 146℃$；R＝Cl，聚氯乙烯，$T_m = 227℃$；R＝CN，聚丙烯腈，$T_m = 317℃$。

另一个相互比较的例子是：聚己二酸己二酯（polyhexamethylene adipate），$T_m = 56℃$；聚己二酰己二胺（polyhexamethylene adipamide，nylon66），$T_m = 265℃$。

尼龙有较高的熔点是因为聚酰胺分子间有较强的氢键相互作用，而且不同重复单元长度的聚酰胺结晶相结构中氢键密度越高，熔点也就越高。CF_2 极性基团之间较强的相互作用导致聚四氟乙烯（PTFE）有较高的熔点，而链内较小的构象能则使得 PTFE 在高温区会出现构象无序晶。

基于同样的格子链模型的计算机模拟已经可以用来定量地检验平均场理论的结果。我们采用本书附录所介绍的基于格子链模型的动态蒙特卡罗模拟方法，将高浓体系从高温以较慢的速率逐步冷却下来，由体系中的一层有序模板引发晶体生长，结晶的起始温度接近热力学平衡熔点，可以作为计算机模拟测量得到的熔点。这样得到的熔点可以进一步与完全相同体系的理论预测的熔点进行比较。如图 3.7 所示就是一个例子[16]，随着 E_p/E_c 的增加，链长为 32 的高浓格子链溶液的约化熔点 kT_m/E_c 也几乎线性增加，由于高浓溶液接近于本体，结果符合式（3.23）的预测，特别是没有平均场假定的计算机模拟给出的结果与有平均场假定的理论计算预测定量地符合得很好，证明了以上高分子溶液格子统计理论中平均场处理的有效性。

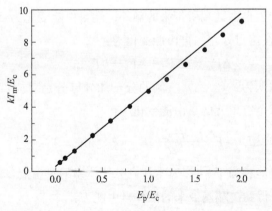

图 3.7　随 E_p/E_c 变化的链长为 32 的高分子平衡熔点 T_m[16]　[曲线由式（3.17）出发计算接近于本体 0.9375 浓度无热（$B=0$）溶液的高分子平衡熔点，数据点是动态蒙特卡罗模拟在 32^3 的格子空间中由同样浓度的体系得到的结果]

混合相互作用参数χ已经被广泛地应用于高分子多组分体系的液态相分离行为的研究中。E_c 与真实链化学结构的定量关系可根据旋转异构态模型由高分子链在晶体和无定形相中的构象解析来得到，在 Flory 的专著中有一些成功的例子[42]。E_p 与真实链化学结构的定量关系可以根据式(3.23)，将右侧分子和分母作为相应的 ΔH_m 和 ΔS_m 的贡献，由实验测量已知的 T_m 和 ΔH_m 可估算出 q 的大小，再进一步结合文献中 E_c 的值估算出 E_p。表 3.1 是几种常见高分子的内在结构参数的估算结果[43]。等规聚丙烯的 E_p/E_c 比值最小，分子间相互作用对晶态稳定性相对较小的贡献也许是其容易犯堆砌错误并出现多晶型结构的内在原因。

表 3.1　几种高分子热力学实验数据及微观相互作用参数的估算

高分子	平衡熔点 T_m^0/K	熔融热 $\Delta H_m/(J/mol)$	重复单元所含键数	q_{eff}	构象能 $E_c/(J/mol)$	平行排列能 $E_p/(J/mol)$	E_p/E_c
聚乙烯	419	4016.64	1	10.6	2092	549.90	0.263
聚四氟乙烯	605	4100.82	1	8.1	2928.8	509.57	0.174
全同聚丙烯	459	8786.4	2	29.2	6276	197.67	0.031
聚甲醛	457	9800	2	37.8	6276	207.29	0.033
聚环氧乙烷	342	8660	3	59.1	418.4	298.61	0.714

注:计算中气体常数 R 取值为 8.314J/(mol·K)，1cal=4.184J，$T(K)=T(℃)+273(K)$。

3.3.2　对外在结构特点分子量的依赖性

现在我们来看高分子熔点对链的个别结构特点的依赖关系。首先是分子量效应。我们知道当分子量增大时，高分子的熔点也会升高，并逐步达到饱和[44,45]。Flory 和 Vrij 假定高分子熔化时自由能的变化可分两个方面的贡献[46]，首先是无限长的链从晶体中熔化出来的自由能变化，每个链单元为 ΔF_u，然后将其切割成有限链长时产生自由链端所带来的额外链端自由能变化为 ΔF_e，以及链构象熵变化 $\ln r$。于是在熔点处总的自由能变化为：

$$\Delta F_m = r\Delta F_u + \Delta F_e - kT_m\ln r = 0 \tag{3.24}$$

如果我们近似认为式(3.23)右侧的分子和分母分别对应每个链单元的熔融焓和熔融熵，则每个链单元的自由能变化为：

$$\Delta F_u = E_c + \frac{(q-2)^2}{2q}E_p - kT[\ln(q-2)-1] \tag{3.25}$$

链端基的自由能相当于 $r=2$ 时本体高分子体系的自由能，由式(3.13)化简（$n_1=0$，$r=2$）可得到链端基带来的额外自由能为：

$$\Delta F_e = \frac{(q-2)(q-1)}{2q}E_p - kT_m(\ln q-1) - 2\Delta F_u \tag{3.26}$$

将式(3.25)和式(3.26)代入式(3.24)就可以得到 Flory-Vrij 公式所预测

的平衡熔点。图 3.8 是理论计算得到的随链长变化的平衡熔点，与 Flory-Vrij 半
经验关系式预测的熔点进行比较，包括计算机模拟得到的相应结果[16]。计算机
模拟测量熔点的方法与图 3.7 一致。从图 3.8 可以看出，从半定量的角度来看，
理论和模拟结果符合得较好。由于 Flory-Vrij 公式与实验结果已经有了较一致的
比较结果[47]，这样，我们的理论和模拟结果可以说与实验结果也相符合。

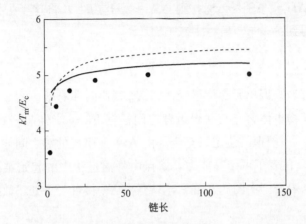

图 3.8　高分子本体熔点与链长的依赖关系[16]　[图中实线为 0.9375
浓度的无热混合溶液根据式(3.17) 计算得到的平衡熔点，虚线为根据
Flory-Vrij 公式得到的结果，数据点为相应体系在 32^3 格子空间中的动
态蒙特卡罗模拟结果]

3.3.3　对外在结构特点链序列规整性的依赖性

对于无规共聚物体系，少量的序列不规整链构型连接随机地分布在规整的链
序列当中。链序列的不规整性既可以是化学结构不同，也可以是几何连接或空间
对称性不一致。如果把这些链序列不规整性看作是不能结晶的杂质，与结晶序列
共存自然地带来高分子平衡熔点的降低。我们设定无规序列链单元不参与结晶，
可以看作是共聚单元，表示为 B，规整链单元可以发生结晶，表示为 A。目前，
由于对无规共聚物体系的平衡态热力学统计处理存在一定的困难，还不能用式
(3.17) 来计算无规共聚物的平衡熔点，我们将在第 13 章继续讨论理论处理的具
体困难。实际上半经验的理论处理早已存在。1955 年，Flory 提出可以把 A-B 无
规共聚物看作为均匀混合的理想溶液[48]，B 单元含量少，可看作是溶质，由
Rault 定律可以得到溶剂的化学势降低与其摩尔分数有关，即：

$$\mu_A^m - \mu_A^0 = RT_m \ln X_A \tag{3.27}$$

式中，R 为气体常数；X_A 为链单元 A 的摩尔分数。另一方面，从熔体到晶
体有化学势变化，则：

$$\mu_A^c - \mu_A^m = \frac{\Delta G_m}{N_A} = \Delta H_u - T\Delta S_u \tag{3.28}$$

式中，N_A 为 A 单元总数；u 指链单元。由于共聚单元 B 被排斥在晶区之外，于是对纯 A 组分，在其平衡熔点 T_m^0 处有热力学平衡，则：

$$\mu_A^c - \mu_A^0 = \Delta H_u^0 - T_m^0 \Delta S_u^0 = 0 \tag{3.29}$$

若 $\Delta H_u^0 \approx \Delta H_u$，$\Delta S_u^0 \approx \Delta S_u$，则 $\Delta S_u \approx \Delta H_u / T_m^0$，将这个近似关系代入式 (3.28)，我们得到：

$$\frac{1}{T_m} - \frac{1}{T_m^0} = -\frac{R}{\Delta H_u} \ln X_A \tag{3.30}$$

此公式只有当共聚单元含量很少，即 X_B 很小时才有效。图 3.9 显示了计算机模拟无规共聚物本体熔点与共聚组分之间根据 Flory 半经验公式 [式 (3.30)] 所表达的关系[12]。模拟时假定只有全部由 A 单元组成的键之间才有平行排列相互作用势能 E_p，代表了可结晶能力，熔点由降温过程中的起始结晶温度作为近似的测量结果来表征。由图 3.9 可见，只有在 X_A 接近于 1 处，数据才表现出较好的线性。

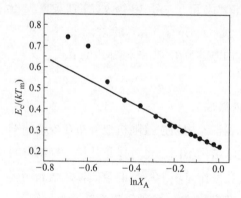

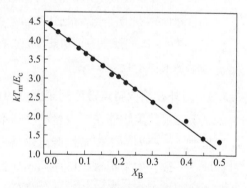

图 3.9　链长为 16 的无规共聚物在 16^3 格子中的动态蒙特卡罗模拟得到的熔点随等规链单元摩尔分数的变化关系[12] [根据式 (3.30) 表示。图中的直线用于引导视线]

图 3.10　链长为 16 的无规共聚物在 16^3 格子中的动态蒙特卡罗模拟得到的熔点随不等规链单元摩尔分数的变化关系[12] [根据式 (3.31) 的形式表示数据。图中的直线用于引导视线]

Flory 所处理的是化学序列无规共聚物，Coleman 进一步发现以上处理对立构无规共聚物也适用[49]。1966 年，Colson 和 Eby 则更多地考虑共聚单元 B 作为结晶缺陷分布在等规序列 A 的晶区里[50]，得出：

$$T_m = T_m^0 \left(1 - \frac{\Delta H_B}{\Delta H_u} X_B \right) \tag{3.31}$$

式中，ΔH_B 为共聚 B 单元在 A 晶区里的缺陷熔融热。这样的结果与实验结果符合得比较好[51]。图 3.10 显示了计算机模拟无规共聚物本体熔点与共聚组分之间根据式(3.31) 所表达的关系，由于计算机模拟中没有拒绝 B 单元存在于 A 晶体中，在较宽的组分范围内可看到较好的线性预测关系[12]。

3.3.4　对多组分体系浓度的依赖性

在高分子材料加工中，往往要添加小分子的有机溶剂如增塑剂和脱模剂等，这些添加剂将有效地降低高分子的熔点，此为熔点降低效应。1949 年，Flory 首先采用溶液热力学理论得出半经验的熔点降低公式[52]。Flory 由 Flory-Huggins 公式推导出在溶液体系中的化学势变化为：

$$\mu_2^L - \mu_2^0 = RT_m[\ln\phi_2 - (r-1)\phi_1 + r\chi\phi_1^2] \approx rRT_m(-\phi_1 + \chi\phi_1^2) \quad (3.32)$$

而在高分子结晶相这一侧的熔融化学势变化与式(3.29) 相似，则：

$$\mu_2^0 - \mu_2^S = \Delta H_m^0(1 - T_m/T_m^0) \quad (3.33)$$

式中，ΔH_m 为每摩尔高分子的熔融焓。当两相存在热力学平衡时，化学势相等，式(3.32) 和式(3.33) 左右分别相加，并等于零，可得到：

$$\frac{1}{T_m} - \frac{1}{T_m^0} = \frac{R}{\Delta H_u}(\phi_1 - \chi\phi_1^2) \quad (3.34)$$

此公式预测的高分子熔点与少量溶剂的浓度之间的依赖关系在实验体系中得到了较好的验证[53,54]。

式(3.34) 告诉我们，溶质和溶剂之间的相互作用参数决定了熔点随溶剂含量升高而降低的速度。溶剂质量越好，溶解能力越强，熔点降低得就越快。

现在我们从式(3.17) 出发可以直接计算格子链体系高分子溶液的熔点降低曲线，并与相同体系的计算机模拟结果进行直接的比较。图 3.11 给出了链长为 32 的高分子溶液体系在 32^3 格子空间中具有不同的混合相互作用能时得到的理论计算结果[55]。图 3.12 给出了相同溶液体系动态蒙特卡罗模拟得到的平衡熔点[55]。模拟采用高温逐步冷却的办法，由溶液体系中植入的一层有序模板引发结晶生长，这样结晶的起始温度可以很好地避免初级成核所需要的过冷度要求，因此接近于热力学平衡熔点，可用来代表计算机模拟测量得到的熔点。从图 3.11 确实可以看到，B 越负，溶剂相容性越好，熔点下降得越快。定量地比较图 3.11 和图 3.12 可以看出，相同条件下得到的曲线大致处在相同的坐标位置，说明理论和模拟定量上很好地相符。由此，模拟结果验证了基于平均场假定的理论处理。然而，两幅图存在一处明显的不符，即图 3.11 的理论曲线只有一个会聚点，处在当浓度趋向 1 时，而图 3.12 的模拟曲线显示存在另一个会聚点，处在接近于 1 的浓度附近。这第二个会聚点的出现可以归因于相互作用参数的浓度依赖性。实际上，图 3.11 的理论曲线假定相互作用参数没有浓度依赖性，因而不会出现第二个会聚点。

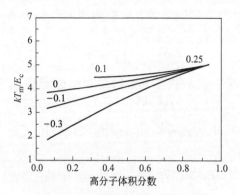 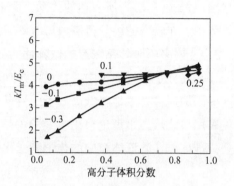

图 3.11　根据式(3.17)计算得到的链长为 32 的高分子溶液体系的熔点与高分子浓度的关系[55]（E_p/E_c =1，图中标出不同的约化混合相互作用能 B/E_c 相应的曲线）

图 3.12　动态蒙特卡罗模拟得到的与图 3.11 相同体系的熔点与高分子浓度的关系[55]（$E_p/E_c=1$，图中标出不同的约化混合相互作用能 B/E_c 相应的曲线）

　　我们可以按照式(3.34)的关系对计算机模拟得到的数据点作进一步的处理，结果如图 3.13 所示[55]，可以看到，对应于同一个约化能量参数，数据点很好地表现出如式(3.34)所预测的线性关系。由拟合曲线代入式(3.34)得到公式中的 χ 相互作用参数所包含的有效配位数 $q_{eff} \approx 54.0$，可以发现其比模拟所对应的格子体系配位数 $q=26$ 大得多，并且 ΔH_u 也与 B 相互作用参数相关。

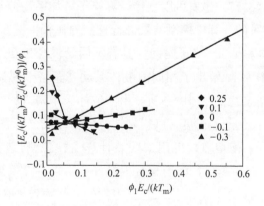

图 3.13　对图 3.12 所示的模拟数据按照式(3.34)进行重组后得到的结果[55]｛$[E_c/(kT_m^0)]$ 值选择在约 0.2 处。图中标出不同 B/E_c 值所对应的曲线，直线是相应的一组数据点线性拟合得到的结果｝

　　共混高分子体系中那些熔体相容但结晶后不容的少量高分子稀释剂，也会带来熔点的降低，也可推导出类似的公式[56]：

$$\frac{1}{T_m} - \frac{1}{T_m^0} = -\frac{R}{\Delta H_u}\left[\ln\phi_2/r_2 + \left(\frac{1}{r_2} - \frac{1}{r_1}\right)\phi_1 + \chi\phi_1^2\right] \tag{3.35}$$

有关共混物中相分离对结晶的影响，我们将在下一章继续进行讨论。

其他关于亚稳态高分子片晶的熔点性质以及流动等预取向行为的影响，我们将在后面的章节继续展开讨论。

参 考 文 献

[1] Flory P J. Statistical thermodynamics of semi-flexible chain molecules. Proc Roy Soc London A, 1956, 234: 60-73.

[2] Onsager L. The effects of shape on the interaction of colloidal particles. Ann NY Acad Sci, 1949, 51: 627-659.

[3] Maier W, Saupe A. A simple molecular-statistical theory of the nematic liquid crystalline phase Ⅰ, Ⅱ. Z Naturforsch, 1959, 14a: 882-900; 1960, 15a: 287-292.

[4] Jaehnig F. Molecular theory of lipid membrane order. J Chem Phys, 1979, 70: 3279-3290.

[5] Ronca G, Yoon D Y. Theory of nematic systems of semiflexible polymers. Ⅰ. High molecular weight limit. J Chem Phys, 1982, 76: 3295-3299.

[6] Ronca G, Yoon D Y. Theory of nematic systems of semiflexible polymers. Ⅱ. Chains of finite length in the bulk. J Chem Phys, 1984, 80: 925-929.

[7] ten Bosch A, Maissa P, Sixon P. Molecular model for nematic polymers in liquid crystal solvents. J Chem Phys, 1983, 79: 3462-3466.

[8] ten Bosch A, Maissa P, Sixon P. A landau-de gennes theory of nematic polymers. J Phys Lett (Paris), 1983, 44: 105-112.

[9] Khokhlov A R, Semenov A N. On the theory of liquid-crystalline ordering of polymer chains with limited flexibility. J Stat Phys, 1985, 38: 161-182.

[10] Gupta A M, Edwards S F. Mean-field theory of phase transitions in liquid-crystalline polymers. J Chem Phys, 1993, 98: 1588-1596.

[11] Lekkerkerker H N W, Vroege G J. Lyotropic colloidal and macromolecular liquid crystals. Phil Trans R Soc Lond Ser A, 1993, 344: 419-440.

[12] Hu W B. The melting point of chain polymers. J Chem Phys, 2000, 113: 3901-3908.

[13] Weber H, Paul W, Kob W, Binder K. Small-angle excess scattering: Glassy freezing or local orientational ordering? Phys Rev Lett, 1997, 78: 2136-2139.

[14] Baumgaertner A. Orientational ordering of flexible trimers on the square lattice. J Chem Phys, 1984, 81: 484-487.

[15] Baumgaertner A. Phase transitions of semiflexible lattice polymers. J Chem Phys, 1986, 84: 1905-1908.

[16] Hu W B, Frenkel D. Polymer crystallization driven by anisotropic interactions. Adv Polym Sci, 2005, 191: 1-35.

[17] Rowlinson J S. Introductory structure and properties of simple liquids and solutions: A review. Faraday Disc Chem Soc, 1970, 49: 30-42.

[18] Guggenheim E A. Mixtures. Oxford: Clarendon, 1952.

[19] Flory P J. Principles of Polymer Chemistry. Ithaca, NY: Cornell University Press, 1953: 495.

[20] Prigogine I. The Molecular Theory of Solution. Amsterdam: North-Holland, 1957.

[21] Meyer K H. Entropy of mixing for systems with long-chain compounds and its applications. Z Phys Chem B, 1939, 44: 383-391.

[22] Meyer K H. Properties of polymers in solution: Statistical interpretations of the thermodynamic properties of binary liquid systems. Helv Chim Acta, 1940, 23: 1063.

[23] Flory P J. Thermodynamics of high polymer solutions. J Chem Phys, 1941, 9: 660-661.

[24] Flory P J. Thermodynamics of high polymer solutions. J Chem Phys, 1942, 10: 51-61.

[25] Huggins M L. Solutions of long-chain compounds. J Chem Phys, 1941, 9: 440.

[26] Huggins M L. Some properties of solutions of long-chain compounds. J Phys Chem, 1942, 46: 151-158.

[27] Huggins M L. Thermodynamic properties of solutions of long-chain compounds. Ann N Y Acad Sci, 1942, 43: 1-32.

[28] Flory P J. Treatment of disordered and ordered systems of polymer chains by lattice methods. Proc Natl Acad Sci USA, 1982, 79: 4510-4514.

[29] Milchev A I. On the statistics of semiflexible polymer chains. C R Acad Bulg Sci, 1983, 36: 1415-1418.

[30] Wittmann H P. On the validity of the Gibbs-DiMarzio theory of the glass transition of lattice polymers. J Chem Phys, 1991, 95: 8449-8458.

[31] Gibbs J H. Nature of the glass transition in polymers. J Chem Phys, 1956, 25: 185-186.

[32] Gibbs J H, DiMarzio E A. Nature of the glass transition and the glassy state. J Chem Phys, 1958, 28: 373-383.

[33] DiMarzio E A, Gibbs J H. Chain stiffness and the lattice theory of polymer phases. J Chem Phys, 1958, 28: 807-913.

[34] Bawendi M G, Freed K F. Systematic corrections to Flory-Huggins theory: Polymer-solvent-void systems and binary blend-void systems. J Chem Phys, 1988, 88: 2741-2756.

[35] Brandrup J, Immergut E H. Polymer Handbook. John Wiley & Sons, 2005.

[36] Bunn C W. The melting points of chain polymers. J Polym Sci, 1955, 16: 323-343.

[37] Lenz R W. Organic Chemistry of Synthetic High Polymers. New York: Interscience, 1967: 91.

[38] Wunderlich B. Macromolecular Physics. Vol 1. Crystal Structure, Morphology, Defects. New York: Academic, 1973: 68.

[39] Tadokoro H. Structure of Crystalline Polymers. New York: Wiley, 1979: 15.

[40] Sperling L H. Introduction to Physical Polymer Science. 2nd edn. New York: Wiley, 1992: 261.

[41] Pan Y, Cao M Y, Wunderlich B // Brandrup J, Immergut E H (eds). Polymer Handbook. 3rd edn. New York: Wiley, 1989: 376.

[42] Flory P J. Statistical Mechanics of Chain Molecules. NY: Interscience, 1969.

[43] 周新文, 马禹, 张军, 胡文兵. 高分子平衡熔点的统计热力学及相关分子能量参数的计算. 高分子通报, 2009, 7: 1-7.

[44] Wunderlich B. Macromolecular Physics. Vol. 3. Crystal Melting. New York: Academic, 1980: 27.

[45] Mandelkern L. Crystallization of Polymers. Vol 1. Equilibrium Concepts. 2nd edn. Cambridge: Cambridge University Press, 2002: 42.

[46] Flory P J, Vrij A. Melting points of linear-chain homologs: The normal paraffin hydrocarbons. J Am Chem Soc, 1963, 85: 3548-3553.

[47] Broadhurst M G. The melting temperature of the *n*-parafins and the convergence temperature for polyethylene. J Res Nat Bur Stand, 1962, 66a: 241-249.

[48] Flory P J. Theory of crystallization in copolymers. Trans Faraday Soc, 1955, 51: 848-857.

[49] Coleman B D. On the properties of polymers with random stereo-sequences. J Polym Sci, 1958, 31: 155-164.

[50] Colson J P, Eby R K. Melting temperatures of copolymers. J Appl Phys, 1966, 37: 3511-3514.

[51] Sanchez I C, Eby R K. Thermodynamics and crystallization of random copolymers. Macromolecules, 1975, 8: 638-641.

[52] Flory P J. Thermodynamics of crystallization in high polymers. IV. A theory of crystalline states and fusion in polymers, copolymers, and their mixtures with diluents. J Chem Phys, 1949, 17: 223-240.

[53] Mandelkern L. Crystallization of Polymers. New York: McGraw-Hill, 1964: 38.

[54] Prasad A, Mandelkern L. Equilibrium dissolution temperature of low molecular weight polyethylene fractions in dilute solution. Macromolecules, 1989, 22: 914-920.

[55] Hu W B, Mathot V B F, Frenkel D. Lattice model study of the thermodynamic interplay of polymer crystallization and liquid-liquid demixing. J Chem Phys, 2003, 118: 10343-10348.

[56] Nishi T, Wang T T. Melting point depression and kinetic effects of cooling on crystallization in poly (vinylidene fluoride) -poly (methyl methacrylate) mixtures. Macromolecules, 1975, 8: 909-915.

第4章 结晶与多组分液态相分离的相互作用

4.1 溶液中的热力学相互作用

结晶和多组分液态相分离是材料的物理化学研究中最基本的两种相变。对高分子多组分体系而言也是如此。例如在高分子溶液中，液态相分离将与结晶发生热力学相互竞争，产生如图 2.14 所示的三相点。早在 1946 年，Richards 就开始对高分子溶液中结晶和相分离的相互作用进行了研究[1]。随后，许多实验研究均报道了既发生结晶也发生液态相分离的高分子溶液体系相图[2~4]和共混体系相图[5,6]。相关的实验进展在程正迪的专著中有所总结[7]。热力学竞争对高分子结晶的形态将产生很重要的影响[8,9]，人们可利用结晶相转变将液态相分离所产生的连续相结构固定下来成为冻胶[10]，用于制备特定均匀多孔结构的膜材料[11~14]。该途径目前已商业化用于制备各种孔径和功能的水处理膜。

在上一章，我们已经介绍了对应于高分子溶液中的液态相分离，主要的分子驱动力是链单元与溶剂分子之间的混合相互作用 B；而对应于高分子结晶，主要的分子驱动力是高分子链间局部的平行排列相互作用 E_p。实际上，B 反映的是混合时液态内聚能的变化，即把两个链单元从相距很远处移动到近邻位置所发生的势能变化，而 E_p 反映的是近邻的链单元发生进一步有序密堆砌时的势能变化。二者可以看作是分子间不同层次的相互作用势能的变化，因而可以分开来各自作为独立的能量参数加以调节。于是我们可以根据格子统计热力学理论通过调节这两个能量参数，来改变液态相分离和结晶的理论相图，研究两种相变彼此之间的热力学相互作用。

以上的理论预测还可以采用基于格子模型链的动态蒙特卡罗模拟在相同的模型体系和平行的热力学条件下来进行比较验证。在理论计算过程中，假设所有的相变均发生在均匀溶液当中，即计算一种相变的相图往往假定另一种相变并不存在，不考虑实际发生的两种相变动力学上的相互竞争和影响。我们可以利用分子模拟来进一步研究实际的相变动力学过程，特别是高分子结晶成核过程及其对结晶形态的影响，这构成了下一节的内容。在这一节我们主要比较理论和模拟对相变热力学相互作用的研究结果[15]。

在平衡熔点处，由于有序和无序这两个平衡态之间发生转变的自由能位垒是如此之高，使得成核速率变得无限慢。实验上要测量平衡熔点也只能采用间接的方法。因此，在动态的分子模拟中要得到可以与理论计算结果相比较的平衡熔点，需要采用一定的技巧。我们知道，高分子无序态从高温冷却下来经过平衡熔点以后，往往还需要很大的过冷度来引发初级成核结晶。如果我们事先在体系中放入一块面积足够大的有序的模板作为结晶的初级核，引发结晶就不需要很大的过冷度，因而在降温过程中开始结晶的温度就会相当接近于平衡熔点。如图 4.1 所示，我们在立方格子的高分子溶液体系中沿着面对角线方向引入两层由伸展链组成的有序模板。如图 4.2 所示，在高分子亚浓溶液中逐步冷却下来的无序度变化曲线告诉我们，当体系中存在一个结晶模板时，起始的结晶温度将大幅度移向高温。该方法有效地避免了初级结晶成核所带来的温度过冲，可以测量计算机模拟的有限小体系的近似平衡熔点。

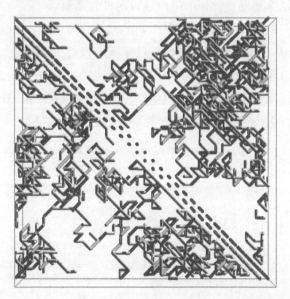

图 4.1　在 32^3 立方格子中链长为 32、浓度为 0.0625 的高分子溶液
体系中沿面对角线引入两层由固定不动的伸展链所组成的模板[15]

（视角为沿模板上伸展链的立体透视）

类似地，如果体系发生液态相分离，该有序链密集的模板也可以引发液态相分离，避免相分离过程中需要的初级成核过程。这里我们需要定义一个表征混合程度的参数以便追踪体系的液态相分离过程，这一参数可以称为混合度参数（mixing parameter），即每个链单元周围格子被溶剂分子所占据的平均分数。该

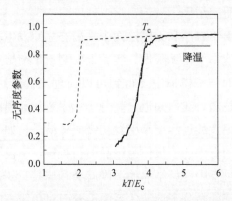

图 4.2　如图 4.1 所示的高分子溶液体系降温过程中的无序度曲线（实线）[15]

（图中虚线为没有模板时体系的降温曲线）

定义的参数对较宽的浓度范围内发生的相分离均很敏感。在降温过程中相分离的起始温度就是模拟测量得到的两相共存温度。由此我们可以得到分子模拟的相图结果，以便与理论计算得到的相图结果进行定量的比较。

　　图 4.3 显示一组从式(3.17) 出发得到的理论预测相图，针对的体系是链长为 32 的立方格子高分子溶液体系。该理论相图可以得到如图 4.4 所示的模拟结果的半定量检验。在相同的坐标比例尺下，比较图 4.3 和图 4.4 的结果，我们可以看到在热力学相互作用参数值平行对应时，理论曲线和模拟相图曲线大致在相同的位置出现，再次验证了平均场假定在理论处理中的有效性。

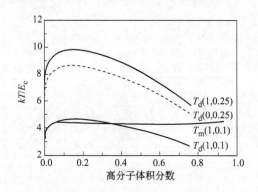

图 4.3　链长为 32 的立方格子高分子溶液在 32^3 空间中的理论热力学相图曲线[15]

（图中 T_d 指液态相分离两相共存温度，T_m 指液固共存平衡熔点。

括号中的参数对分别为 E_p/E_c 和 B/E_c）

　　从图 4.3 和图 4.4 还可以看出，E_p 值设为零时，不会出现液固转变，而当 $E_p/E_c=1$ 时，液固转变出现了，表明结晶相转变主要由 E_p 来驱动。此时，液态相分离曲线也向上漂移，证明 E_p 对液态相分离也有贡献。这一贡献也可以从

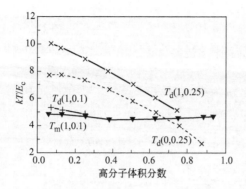

图 4.4　链长为 32 的立方格子高分子溶液在 32^3 空间中模拟测量得到的相图曲线[15]

（图中 T_d 指液态相分离两相共存温度，T_m 指液固共存平衡熔点。

括号中的参数对分别为 E_p/E_c 和 B/E_c）

混合自由能表达式［式(3.20)］中相互作用能的构成项看出来。当 E_p/E_c 的值从 1 变为 0 时，相分离曲线下移幅度还不算很大，而当 B/E_c 值从 0.25 减小到 0.1 时，相分离曲线向下漂移的幅度就要大得多，表明液态相分离相图主要是由 B 来控制的。当 B/E_c 值足够大时，体系从高温冷却下来时总是先发生液态相分离，然后在低温区才看到结晶相转变的出现。相分离曲线的下移也带来其与液固共存相图曲线所截的三相点向稀溶液一侧移动，因此结晶有序化相转变在降温过程中将占据大部分的浓度范围。随着 B/E_c 的进一步减小，可以预见相分离曲线将埋没在液固共存曲线以下，成为亚稳的液态两相共存相图。当 B/E_c 变为负值，即溶剂成为良溶剂时，进一步变化将导致高分子溶液体系最终只有液固相转变，不会再出现液态相分离行为。

溶剂的品质也反过来影响平衡熔点由于稀释所带来的降低。图 3.11 和图 3.12 就比较了理论预测与计算机模拟结果，证明了理论预测所采用的平均场假定的有效性。

4.2　高分子溶液相分离对结晶成核的加速作用

我们知道结晶通常需要在熔点以下较大的过冷度时才会发生，此时如果附近存在亚稳的液态相分离，后者就会对结晶成核带来显著的影响。对简单的球形胶粒和蛋白质结晶的研究显示，在相分离的临界点附近的浓度涨落将降低成核位垒，大大加速结晶成核过程[16~18]。对高分子溶液体系的研究也可以得到类似的结果。

如图 4.5 所示的相图设计了三种链长为 32 的高分子溶液体系，其在浓度

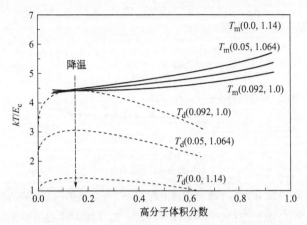

图 4.5　链长为 32 的高分子溶液在 64^3 立方格子中的理论计算相图[19]

[三种溶液体系设计的能量参数对分别为 B/E_c 和 E_p/E_c，T_m 为液固平衡

熔点（实线），T_d 为液态相分离的两相共存曲线（虚线）。图中点线箭头指示

三种溶液在浓度 0.15 处降温下来由分子模拟观察相变行为]

0.15 处有共同的平衡熔点，但是在此之下却有不同的液态相分离临界点[19]。$B/E_c=0.092$ 的溶液体系临界点最高，$B/E_c=0.05$ 的溶液体系次之，$B/E_c=0$ 的溶液体系最低。高分子溶液沿着这个浓度从高温冷却下来时，预期第一个体系将先发生液态相分离，然后再结晶，而第三个体系将只发生结晶，不会出现液态相分离。动态蒙特卡罗分子模拟可以用来很好地检验这一动态相转变过程并比较不同体系的结晶特点。

　　如图 4.6 所示是动态蒙特卡罗模拟得到的程序降温结晶度曲线，可以看到第一个溶液体系的样品确实先发生相分离，随后的结晶过程则发生在较高的温度，说明结晶成核被加速。第三个体系的样品发生结晶的温度最低，显示不受液态相分离的任何影响。第二个体系的样品介于二者之间，说明其在相分离的临界点附近受到浓度涨落的影响，结晶速率有所加快，但不如第一个体系的样品那么明显。

　　如果我们把这三个体系浓度为 0.15 的溶液样品从高温快速冷却到同一个温度，比较其等温结晶过程。三个样品具有相同的平衡熔点和结晶温度，也即具有相同的过冷度，这意味着相同的结晶热力学条件。我们选择一个较高的结晶温度 $kT/E_c=2.857$，这个温度对第三个样品而言结晶相当困难，后者可作为参照物来比较前两个样品的结晶过程及其结晶形态。如图 4.7 的等温结晶曲线所示，第一个样品立刻发生结晶，第二个样品稍慢，第三个样品需要等待一个成核诱导期才开始结晶。这里的等温结晶行为与图 4.6 给出的信息一致，即如果以第三个样品作为参照物，第一和第二个样品中的结晶速率由于同时存在的液态相分离而大

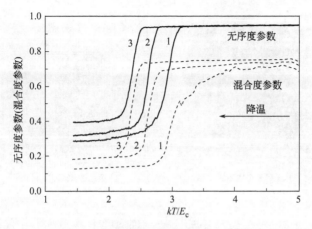

图 4.6　如图 4.5 所设计的体系在浓度 0.15 处冷却下来得到的

三个溶液体系样品的分子模拟结果[19]　[图中实线

是无序度参数，反映结晶过程，虚线是混合度参数，反映相分离过程。

降温程序为 $E_c/(kT)$ 从零开始逐步增加，步长 0.002，每步 500MC 周期]

1—$B/E_c=0.092$，$E_p/E_c=1.0$；2—$B/E_c=0.05$，$E_p/E_c=1.064$；

3—$B/E_c=0.0$，$E_p/E_c=1.14$

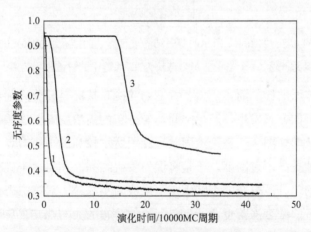

图 4.7　如图 4.6 所示三个溶液体系在浓度 0.15 的样品

快速冷却到 $kT/E_c=2.857$ 时的等温结晶曲线[19]

1—第一个样品；2—第二个样品；3—第三个样品

大加快。这样的等温结晶过程所得到的结晶形态也完全不同。如图 4.8(a)～(c)
所示，第一个样品主要得到的是均匀分布在空间中的小晶粒；第三个样品则只生
成一个大单晶，由于该单晶的生长消耗了溶液中的高分子链，改变了溶液中的高
分子浓度，使得更多的单晶无法继续被引发出来；第二个样品则介于第一和第二
个样品之间，显示分散分布的中等大小的晶体。

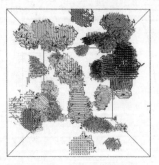
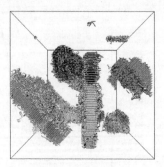

(a) 第一个体系的样品　　　　　(b) 第二个体系的样品

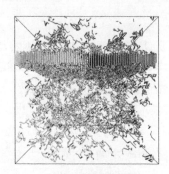

(c) 第三个体系的样品

图 4.8　如图 4.7 所示的等温结晶过程得到的结晶形态图[19]

（立方框架边长为 64 个格子。每个链长为 32 的链中的键被标示为细小柱子）

　　对第一个体系的样品而言，由于我们的淬冷直接穿过相分离临界点，相分离将以旋节线分解的方式发生，产生空间均匀分布的高浓度畴。这些畴由于高分子浓度较高，对应于如图 4.5 理论液固共存相图所示较高的平衡熔点，在等温结晶过程中则相应地提高了过冷度，于是将优先发生结晶。其将由于旋节线相分解所产生的空间中均匀分散分布的小畴固定下来成为小晶粒。对第二个体系的样品而言，临界点附近的浓度涨落也会产生空间均匀分布的大畴，其富集了高分子，从而加速结晶并将畴的空间分布固定下来。由此可见，通过引入结晶成核前优先发生的液态相分离，我们可以利用两种相变动力学上的竞争来调控结晶过程中所产生的晶粒大小及其空间分布。

　　如果分子量较大，每个高分子就会穿过多个由液态相分离伴随结晶所产生的小晶粒，这样的结构冻结下来就会形成由小晶粒和分子链所构成的三维冻胶网络。可以预见，网络的结构主要是由均相结晶成核过程所控制的。实际的高分子样品通常包含有许多固体的杂质如合成催化剂、灰尘和添加剂等。这些杂质在高温下会起到成核剂的作用引发异相结晶成核，因而只有在较低的温度下，高分子体系自发的均相结晶成核才显得比较重要。

如图 4.9 所示理论设计的另外三种链长为 128 的高分子溶液体系,与图 4.5 类似,它们在浓度 0.125 处有共同的平衡熔点,但是在熔点之下却有不同的液态相分离温度[20]。这里我们重点研究低温区的均相成核结晶如何受亚稳的液态相分离影响。首先我们需要定义一个发生均相结晶成核的动力学温度。为此,我们追踪降温过程中晶粒数随温度的变化。由于液体中热涨落不断产生有序的小畴。对晶粒的定义取决于其大小,即所包含的平行排列键数,我们人为规定只有当平行排列键数超过 9 时,热涨落产生的有序畴才能算晶粒。在高温区还没有发生自发的均相成核时,该晶粒数接近于零,一旦成核发生,该晶粒数就会迅速增加。我们取增加的起始温度为均相成核的动力学温度。如图 4.10 所示为在浓度 0.125 处依次降温的三个体系的晶粒数曲线。可以看出,C1 由于有液态的相分离加速结晶成核,起始结晶的温度最高,C3 没有这一加速作用,起始结晶的温度最低。起始温度的读取来自于低温区的晶粒数曲线延长相交于零轴所截的温度。

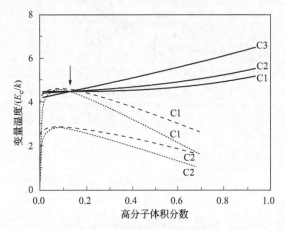

图 4.9　链长为 128 的高分子溶液在 64^3 立方格子中的理论计算相图[20]

(三种溶液体系设计的能量参数对分别为:C1,$B/E_c=0.076$ 和 $E_p/E_c=1$;

C2,$B/E_c=0.03$ 和 $E_p/E_c=1.072$;C3,$B/E_c=-0.1$ 和 $E_p/E_c=1.275$。

实线为液固平衡熔点,虚线为液态相分离的两相共存曲线,点线为液态相分离的旋节线。

图中箭头指示三种溶液在浓度 0.125 处降温下来由分子模拟来观察相变行为)

对一系列的高分子浓度分别读取均相结晶成核的动力学温度,我们就可以得到三个体系高分子溶液均相结晶成核的动力学相图曲线。如图 4.11 所示是分子模拟得到的成核动力学相图曲线与理论相图的比较。可以看出,在高浓度区,三个体系的高分子溶液结晶成核温度一致地随浓度降低而降低,但是与理论旋节线相交后,C1 和 C2 体系先后出现水平线,表明不再受浓度的影响,这是因为在高

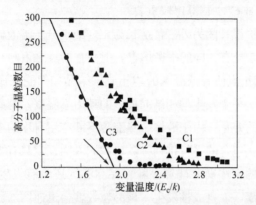

图 4.10　在浓度 0.125 处对应图 4.9 中三个高分子溶液体系的降温晶粒数曲线[20]

(图中直线引导视线，箭头指示均相成核的起始温度)

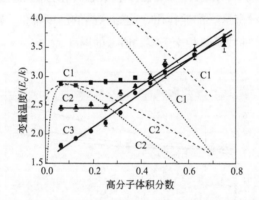

图 4.11　链长为 128 的高分子溶液在 64^3 立方格子中的理论计算

相图与模拟得到的均相成核动力学相图的比较[20]

(理论相图曲线同图 4.9。图中直线标示出来引导视线)

温冷却下来时，首先发生了液态相分离，只有相分离产生的高浓度畴达到一定浓度所对应的过冷度时，结晶成核才会自发地发生。与高浓度区的曲线外推结果相比，水平线区发生结晶成核的起始温度要高得多，说明了液态相分离对结晶成核的引发和促进作用。由于水平线起始于旋节线，这说明液态相分离主要是以旋节线分解的机理对结晶成核发生促进作用。这里存在一个竞争机制，由于均相结晶成核的速率较快，只有不需要等待的旋节线分解相分离才能够赶上结晶成核并对其发生作用，在旋节线相图曲线外侧，相分离从亚稳的溶液中以成核的方式被引发，往往需要一段孕育期，因而赶不上结晶成核速率，对后者没有什么影响。

　　我们选择在水平线区的浓度 0.125 将 C2 和 C3 样品淬冷到 C2 的水平线之下 $kT/E_c=1.5$ 处观察等温结晶过程。如图 4.12 所示，由于温度较低，二者均很快发生了结晶成核，但是可以看出，C2 仍然比 C3 稍微快一些。在这么低的温度

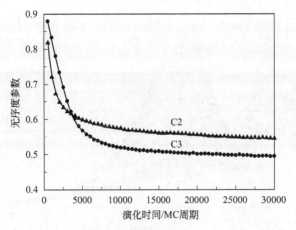

图 4.12　C2 和 C3 体系高分子溶液在浓度 0.125、温度 $kT/E_c=1.5$
处的等温结晶曲线[20]

下，体系已经能够自发地发生快速的均相成核，液态相分离是否仍然在 C2 中起作用使其比 C3 快一些呢？于是我们对这一等温结晶过程的早期进行了结构分析。

我们采用与光散射实验结果相对应的集团结构因子（collective structure factor）的一维结果对结晶成核的早期过程进行结构分析，其被定义为[21]：

$$S(q,t)=\frac{1}{3L^3}\sum_{j,k}\exp(iqr_{jk})\langle\sigma(r_j,t)\sigma(r_k,t)\rangle \tag{4.1}$$

式中，q 是 $2\pi/L$ 的整数倍的波矢；L 是格子空间线性尺寸；t 是时间；如果格子被链单元占据，$\sigma=1$，否则 $\sigma=0$，对空间中所有间距为 r 的格子对 j 和 k 进行加和。我们收集了 200 个不同随机数序列下得到的平行模拟体系并对其取平均。结果显示在图 4.13(a) 和（b）。由图 4.13(a) 可见，C2 样品结构因子的演化具有典型的旋节线分解相分离机理的特征。随时间演化，散射强度不断增大。如果我们按照 Cahn-Hilliard 线性理论[22]对开始几个 q 值处的结构因子随时间的演化重新进行处理，如图 4.14 所示，可以看到较好的时间指数关系。更进一步地，曲线斜率服从 Cahn-Hilliard 理论对旋节线分解机理的预测，如图中插图所示。这说明在 C2 样品中，即使在低温快速成核结晶，在早期仍然存在一个旋节线分解相分离过程。相比之下，如图 4.13(b) 所示的 C3 样品的结构因子随时间的演化规律完全不同。结构因子先略微降低，然后再升高，并且最大值逐步移向小 q 值，显示一个典型的成核生长过程。早期结构因子的略微降低可能是出于溶液浓度涨落对淬冷到低温的自然反应，因为在低温下涨落幅度增大，频率会降低，导致结构因子略降。

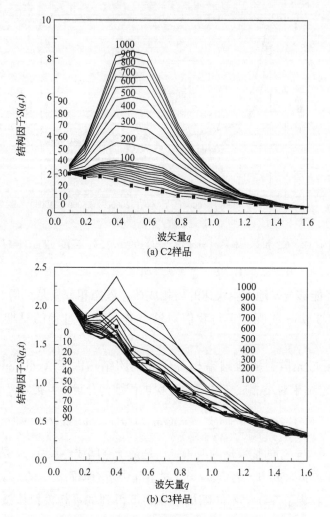

图 4.13　如图 4.12 所示的 C2 和 C3 样品等温结晶过程早期

随时间演化的集团结构因子曲线[20]

（图中对应曲线纵向所标示的时间单位为 MC 周期。

起始态曲线带有方块点）

　　C2 和 C3 等温结晶结束后得到的结晶形态也有所不同。图 4.15 显示结晶结束后得到的结构因子曲线。在 $q=0.39$ 处的散射峰对应特征距离约 16.1 个格子长度，反映晶粒空间分布的长周期，C2 明显比 C3 要尖锐。在 $q=0.59$ 处的散射峰对应特征距离约 10.6 个格子长度，反映晶粒的尺寸大小，C2 则明显比 C3 要强得多。通过比较可以看出，C2 样品中包含较多的尺寸更均一、空间分布更均匀的小晶粒。图 4.16 直接统计计算了晶粒的尺寸分布，C2 确实比 C3 有更多的小晶粒。

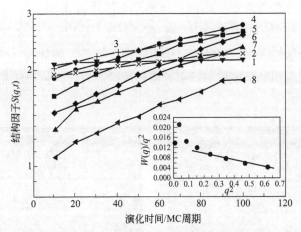

图 4.14　图 4.13（a）中开始八个 q 值处结构因子的时间指数依赖关系[20]（插图为按照 Cahn-Hilliard 线性理论对图中曲线斜率 W 进一步处理的结果。直线标示出来引导视线）

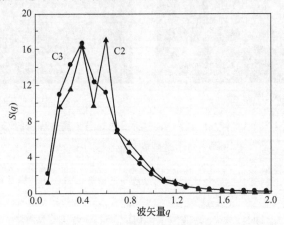

图 4.15　C2 和 C3 样品经过图 4.12 所示的等温结晶过程后的结构因子曲线[20]

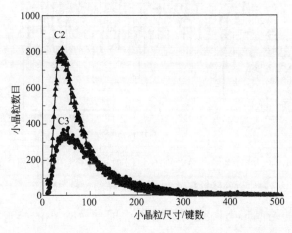

图 4.16　C2 和 C3 样品经过图 4.12 所示的等温结晶过程后的晶粒大小分布曲线[20]

晶粒的空间分布可以更直接地从结晶形态图中看出来。图 4.17(a) 和（b）分别显示格子空间中的晶粒形状及其分布。可见，C2 样品中晶粒更多、空间分布更均匀。符合结构因子给出的表征结果。由此说明，旋节线分解相分离可以用来调控低温下的均相结晶成核以及由此得到的结晶形态，从而使晶粒空间分布更均匀。

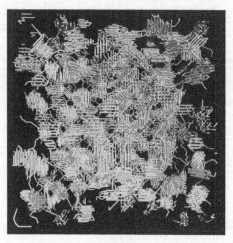

(a) C2样品　　　　　　　　　　　　(b) C3样品

图 4.17　C2 和 C3 样品经过图 4.12 所示的等温结晶过程后的形态图[20]
（图中每个键画成灰色小圆柱体）

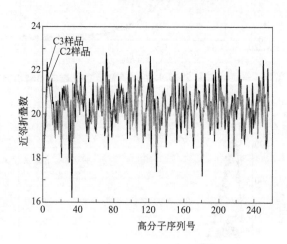

图 4.18　顺序 256 条链经过图 4.12 所示的等温结晶过程后的
发生近邻链折叠对 200 个独立样品的平均数[20]

从图 4.17 的结晶形态图还可以看出，即使这么小的接近真实高分子纳米尺度的小晶粒，晶体中仍然存在大量的近邻链折叠，而不是通常所想象的作为冻胶交联结构的缨状微束晶（fringed-micelle）。这说明结晶成核对链发生近邻折叠具有积极的促进作用，符合后面章节所描述的链内成核模型的特点。如果对每条链发生近邻折叠的数目进行统计，如图 4.18 所示，就会发现结晶早期的旋节线分解相分离对链折叠几乎没有什么影响，C2 和 C3 的结果基本重合。这说明了高分子结晶和相分离均取材于局部的高分子链，不会发生大幅度的链构象调整。

4.3 结晶有序化相互作用对共混物相分离的增强作用

在两组分高分子共混物中，如果某一组分能发生结晶，那么类似于高分子溶液中的结晶和液态相分离的相互作用也会存在。有所不同的是，在高分子共混物中，由于分子量很高，混合熵变得非常小，这样决定高分子相容性的主要因素就是混合焓。根据式（3.20）混合自由能的表达式可知，混合焓也包括结晶分子驱动力的贡献。这意味着，即使两高分子组分的化学结构相似，无热混合 $B=0$，如果有一个组分倾向于结晶，混合体系的自由能就有可能大于零，导致不相容。化学结构相似的共混物体系发生不相容的现象，常见的有乙烯基不均匀共聚物（heterogeneous copolymer）[23~27]，其中一部分高分子序列规整性好，另一部分高分子序列规整性差，所以前者结晶能力强于后者。计算机模拟也观察到了这类共聚物中的不相容性。我们将在第 13 章详细介绍[28]。

首先我们来看共混物高分子体系混合配分函数[29]。假定对称高分子共混物有均一的分子量 r，其中不可结晶（$E_p=0$）组分的分子数为 n_1，可结晶（$E_p\neq0$）组分的分子数为 n_2，则类似于式（3.17）我们有配分函数为：

$$Z=\left(\frac{n}{n_1}\right)^{n_1}\left(\frac{n}{n_2}\right)^{n_2}\left(\frac{q}{2}\right)^{n_1+n_2}\mathrm{e}^{-(n_1+n_2)(r-1)}z_{\mathrm{c}}^{(n_1+n_2)(r-2)}z_{\mathrm{p}}^{n_2(r-1)}z_{\mathrm{m}}^{n_2 r} \quad (4.2)$$

式中

$$z_{\mathrm{c}}=1+(q-2)\exp\left(-\frac{E_{\mathrm{c}}}{kT}\right)$$

$$z_{\mathrm{p}}=\exp\left\{-\frac{q-2}{2}\left[1-\frac{2n_2(r-1)}{qn}\right]\frac{E_{\mathrm{p}}}{kT}\right\}$$

$$z_{\mathrm{m}}=\exp\left[-\frac{n_1 r}{n}\times\frac{(q-2)B}{kT}\right]$$

于是，与式（3.20）相似，共混物混合自由能的表达式为：

$$\frac{\Delta f_{\mathrm{mix}}}{k_{\mathrm{B}}T}=\frac{\phi_1}{r}\ln\phi_1+\frac{\phi_2}{r}\ln\phi_2+\phi_1\phi_2\left[(q-2)\frac{B}{k_{\mathrm{B}}T}+\left(1-\frac{2}{q}\right)\left(1-\frac{1}{r}\right)^2\frac{E_{\mathrm{p}}}{k_{\mathrm{B}}T}\right] \quad (4.3)$$

从式(4.3)可以看出，由于链长 $r \gg 1$，前两项混合熵的贡献与链长成反比，几乎可以忽略不计。这时，即使 $B=0$，如果 $E_p \neq 0$，共混物体系的混合自由能仍然有可能大于零，导致共混物不相容。

图4.19显示链长为128的高分子对称共混物体系在 64^3 立方格子中按照式(4.2)和式(4.3)得到的理论计算相图。这里假设链非常柔顺，$E_c=0$，无热混合 $B=0$，温度由约化温度 $E_p/(kT)$ 反映出来。由理论计算结果可见，液态相离发生在很高的温度区间。从高温冷却下来时，共混物将不可避免地先发生相离，然后再结晶。图4.20的计算机模拟降温曲线确实证明了这一预测。升降温曲线均反映出高温区存在独立的相分离[29]。

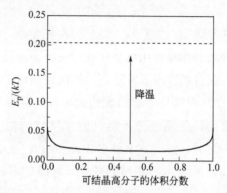

图4.19　根据式(4.2)和式(4.3)计算得到链长为128的对称共混物理论相图[29]

（这里 $E_c=0$，$B=0$，体系在 64^3 立方格子空间中占据的密度为0.9375。

图中实线是两相共存 binodal 线，虚线是液固共存线）

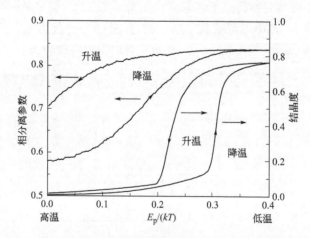

图4.20　对应图4.19对称共混物体系的模拟升降温曲线[29]

[图中水平箭头指示相应曲线所对应的坐标轴。结晶度定义为周围平行排列键数

大于5的键的分数。温度变化程序为 $E_p/(kT)$ 以步长0.002、每步300MC周期变化]

　　这种由共混物中组分之间结晶能力的不同所带来的液态相分离还可以找到更多的实际例子。高分子立构序列规整性的不同就是很好的例子。实验研究发现，等规聚丙烯和无规聚丙烯熔体在短链时共混是相容的[30,31]，但是在更长一些的链时冷却到等规聚丙烯平衡熔点以下共混就不相容了[32]，很长的链甚至在平衡熔点以上也不相容[33]。类似地，无规聚丙烯和间规聚丙烯之间不相容[31,34]，甚至等规聚丙烯和间规聚丙烯之间也不相容[35]。这种不相容性就可以归结为组分之间在特定温度下结晶能力的不同所致。当链长比较小时，混合熵占主导地位，体系还是可以相容的。Mattice 研究组的计算机模拟也提出间规聚丙烯反式 C—C 键的平行堆砌可能导致其与等规聚丙烯或无规聚丙烯之间的不相容性[36,37]。然而，实验在另一种体系中，即无规聚苯乙烯和等规聚苯乙烯之间[38]以及无规聚苯乙烯和间规聚苯乙烯之间[39,40]均未发现不相容。这可能是由于聚苯乙烯的链刚性比聚丙烯强，对应较高的平衡熔点，从高温冷却下来时首先发生了结晶，而非液态相分离。

　　以上的处理还只是平均场理论对均匀无序态的理论计算。实际的共混物体系还存在热涨落。在结晶相转变点附近，可以预期结晶有序的热涨落对共混物的相分离还有增强作用。这一点可以从理论与模拟相图结果的比较上看出来。图 4.21 显示在远离平衡熔点曲线时，液态相分离的双节线理论相图与模拟得到的相图基本一致，但是当 B/E_c 值变得较小时，相分离相图接近平衡熔点，模拟得到的相图明显偏移向理论相图的上方，说明模拟体系中的相分离得到了增强[41]。

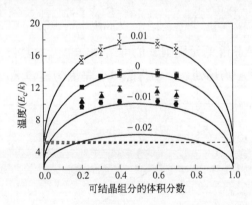

图 4.21　链长为 32 的对称共混物体系在 32^3 立方格子空间中的理论

双节线相图和模拟相图的比较[41]（$E_p/E_c=1$。图中

标示 B/E_c 的不同值，从上到下依次对应曲线和数据组）

　　图 4.22 则进一步显示对于液态相分离的旋节线理论相图和模拟相图在远离平衡熔点时彼此符合，但是当其接近平衡熔点时，模拟体系中的相分离比理论预测要在较高的温度区间出现。这种偏移可以归结为混合体系中可结晶高分子组分

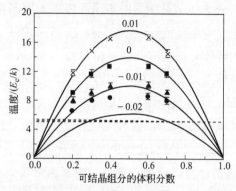

图 4.22　链长为 32 的对称共混物体系在 32^3 立方格子空间中的
理论旋节线相图和模拟相图的比较[41]（$E_p/E_c = 1$。
图中标示 B/E_c 的不同值，从上到下依次对应曲线和数据组）

在接近平衡熔点时有序热涨落的逐步增强，其将促进液态相分离的发生。

热涨落的强度可以由计算体系的比热容反映出来。一方面，我们定义发生平行键排列的等容比热容为：

$$\frac{C_V(\text{parallel})}{k} = \frac{\langle E^2 \rangle - \langle E \rangle^2}{4} \left(\frac{E_c}{kT}\right)^2 \left(\frac{E_p}{E_c}\right) \tag{4.4}$$

式中，E 为每个可结晶键周围发生平行排列的其他可结晶键的数目；$\langle E^2 \rangle$、$\langle E \rangle$ 是系综平均。另一方面，我们还定义相分离的等容比热容为：

$$\frac{C_V(\text{demixing})}{k} = (\langle M^2 \rangle - \langle M \rangle^2)\left(\frac{E_c}{kT}\right)^2 \left[\frac{B}{E_c} + \frac{1}{q}\left(1 - \frac{1}{r}\right)^2 \frac{E_p}{E_c}\right]^2 \tag{4.5}$$

式中，M 为可结晶链单元周围其他可结晶链单元的数目。这里我们采用了式(4.3)中混合热的平均场处理，不再除以 4 是因为链单元-溶剂接触对数目正

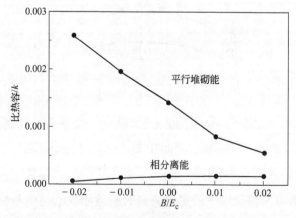

图 4.23　可结晶组分浓度为 0.4 的共混物体系在图 4.21 所示的相应相分离起始
温度处测得的平行键排列比热容和相分离比热容[41]（$E_p/E_c = 1$）

好是链单元-链单元接触对数目变化的一半。图 4.23 给出可结晶组分浓度为 0.4 的共混物体系在模拟观察到的双节线处测量得到的相分离比热容和结晶比热容。可以看出随着 B/E_c 值的降低，体系逐渐接近相应的平衡熔点，于是反映结晶热涨落的平行排列比热容越来越强。而相分离比热容由于处于相分离的起始温度，大家的结果都差不多。结晶热涨落强到一定程度，就会对液态相分离产生增强作用。我们知道，在临界点附近的涨落一般与链长成反比，这里采用的链长比较短，所以涨落效果显著，当链长足够大时，这种增强效应就不会很强了。这种不同相互作用对液态相分离临界点附近浓度涨落的耦合效果需要进一步加以研究。

4.4 不相容体系界面对结晶成核的增强作用

在高分子共混物中，不仅结晶能力的不同会影响液态相分离，液态相分离也会反过来影响结晶成核。我们在高分子溶液体系中讨论的热力学及动力学相互作用同样适用于高分子共混物体系。除此之外，近年来实验还发现，在从高温冷却下来时如果体系先发生液态相分离后结晶，随着体系在高温区退火发生相分离的时间越来越长，淬冷到低温区结晶成核的速率会越来越快，并且结晶多数在相分离的界面处被引发[42,43]。我们知道，这种异相结晶成核多数是由于体系中包含的固体杂质如催化剂、灰尘和添加剂等提供外来界面而引发[44]。这些杂质有可能随相分离而在界面处被富集起来。另一种可能就是高分子共混物相分离界面自身对结晶成核有增强作用。为了证明后一种可能性的存在，我们采用了计算机模拟来验证[45]。

图 4.24(a) 显示链长为 16 的对称共混物体系先在高温发生相分离然后降温结晶，早期可看到旋节线分解产生的连续相界面附近出现小晶粒[45]。如果把相分离进一步强化，产生一对平行的相界面，我们就可以定量研究初级结晶成核的位置，以及小晶粒的取向。如图 4.24(b)～(d) 依次显示 edge-on（链轴平行于界面）、flat-on（链轴垂直于界面）和倾斜取向的小晶粒。我们关心的是成核能力，所以在高温区无序态中的热涨落产生的最大晶粒往往最有可能幸存下来成为晶核。我们统计了最大晶粒的中心出现的位置分布，如图 4.25 所示，可以看到当 $B=0$ 时，最大晶粒几乎是一个高平台分布，而当 $B>0$ 之后，最大晶粒才呈现为双峰分布，反映界面诱导结晶成核的倾向。图 4.26 进一步统计最大晶粒的尺寸分布，可以看到当 $B>0$ 时，最大晶粒的尺寸与 $B=0$ 时相比明显增大，然而 $B>0$ 的这些结果彼此之间相差却不大，这可能是与浓相高分子的浓度彼此相近有关。

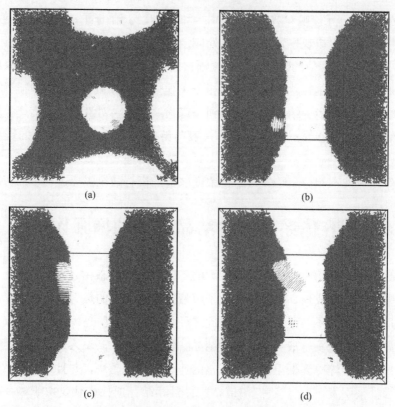

图 4.24　链长为 16 的对称共混物体系先发生相分离然后等温结晶得到的形态图[45]
（图中不能结晶的键全被标示为黑色小圆柱；周围超过 11 个平行排列键的
可结晶键被标示成灰色小圆柱）

（a）先在 $4.0E_c/k$ 发生相分离 50000MC 周期，然后在 $3.95E_c/k$ 等温结晶 80000MC 周期
得到的形态图（$E_p/E_c=1$，$B/E_c=0.3$）；（b）～（d）先在 $4.0E_c/k$ 发生相分离 200000MC 周期，
然后在 $3.95E_c/k$ 分别等温结晶 22000MC 周期、29400MC 周期和 43400MC 周期得到的形态图
（$E_p/E_c=1$，$B/E_c=0.5$，不结晶组分被人为引导到两侧，产生平行界面）

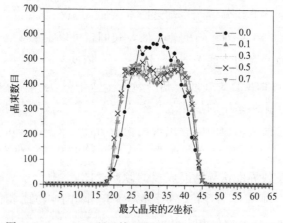

图 4.25　如图 4.24(b)～(d) 所示体系在 $4.0E_c/k$ 热涨落产生的最大晶粒位置
分布曲线[45]（对应不同的 B/E_c 值）

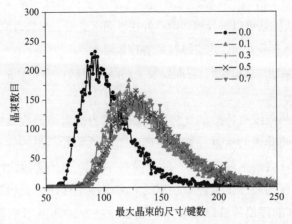

图 4.26　如图 4.24(b)~(d) 所示体系在 $4.0E_c/k$ 热涨落产生的最大晶粒尺寸

分布曲线[45]（对应不同的 B/E_c 值）

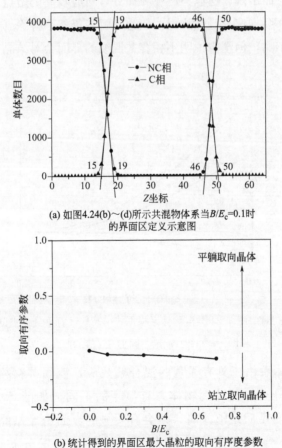

(a) 如图4.24(b)~(d)所示共混物体系当B/E_c=0.1时
的界面区定义示意图

(b) 统计得到的界面区最大晶粒的取向有序度参数

图 4.27　共混物体系当 $B/E_c=0.1$ 时的界面区定义示意图及界面区

最大晶粒的取向有序度参数[45]

　　如果我们如图 4.27(a) 所示定义界面区为浓度变化曲线与浓度恒定曲线所截出来的位置范围，我们就可以统计那些中心处在界面区的最大晶粒取向有序度参数。我们以界面的法向为参考方向，定义晶粒的有序度参数为 $(3\langle\cos^2\theta\rangle-1)/2$，结果示于图 4.27(b)。由此结果可以判断，界面处发生的结晶成核没有特别的取向优势，平均取向有序度接近于零。

　　界面区最大晶粒没有特殊的优势取向说明了界面对结晶成核的促进作用来自于某种焓的贡献而非熵的贡献。如果是熵的贡献，例如平滑的界面导致链构象伸展并平行于界面，会产生倾向 −0.5 的取向有序度特点。这种焓的贡献可以理解为在界面处不相容的高分子组分对晶相的热力学稳定作用，其将导致平衡熔点的升高。如图 4.28 的理论计算结果显示，确实，在导致体系不相容的混合相互作用参数时，熔点随稀释不仅不下降，反而升高。这种稀释只有在界面处才会由于与另一组分的接触而出现，所以只有在界面处，对应较高的熔点，有效过冷度较大，结晶成核速率会加快。当然这里的热力学解释仍然不排除真实体系中会有杂质对结晶成核的影响，但至少说明不相容共混物的界面会对结晶成核有一个促进作用。

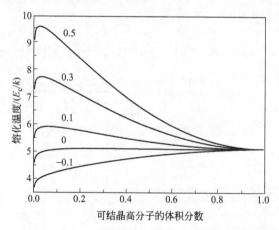

图 4.28　对应图 4.24 共混物体系根据式(4.2) 计算平衡熔点的理论
相图[45]（图中标示不同 B/E_c 值的曲线）

　　高分子溶液体系由于具有显著的混合熵效应，液固共存相图曲线随着稀释作用先降低后升高，与共混物体系有显著的不同，如图 4.29 所示，这意味着只有当溶剂的品质足够差时，才会有明显的界面诱导结晶成核效应[46]。如图 4.30 所示，分子模拟统计最大晶核出现的位置分布确实可看到当 $B/E_c=0.4$ 和 0.5 时会出现双峰分布，与理论相图预测的结果（浓相熔点低于界面熔点）相当一致。

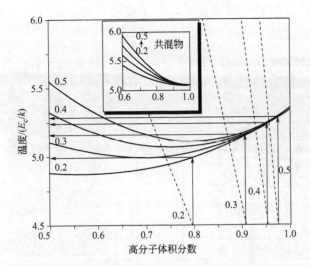

图 4.29　分别根据式(3.17) 和式(3.20) 计算得到的链长为 128 的高分子
溶液体系在一系列 B/E_c 条件下的理论相图 $(E_p/E_c=1)$[45]［图中实曲线为液固共存
曲线，虚曲线为双节线。直线和箭头指示的是温度 $4.5E_c/k$ 处的浓相体系所对应的
熔点，与界面（假设浓度 0.5）处的理论熔点进行比较，当 B/E_c 为 0.4 和 0.5 时较低］

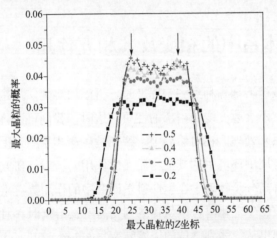

图 4.30　如图 4.29 所示几个体系在 $4.5E_c/k$ 热涨落产生的最大晶粒位置
分布曲线[46]（对应不同的 B/E_c 值）

　　实验中确实看到在不良溶剂的稀溶液中，高分子结晶会产生碗状的晶
体[47~49]。这可能是由于分离出来的高分子浓相区域呈球形液滴分布[50,51]，当
界面诱导结晶在较低的温度发生时，大量的晶粒沿着部分球形界面分布，消耗完
浓相区的高分子后，就会呈现出碗状形貌。聚谷氨酸苄酯 ［poly(γ-benzyl-L-glu-
tamate)］也容易在不良溶剂中生成半个六角形的结晶形貌[52,53]。实验观测到在
高温区，由于晶粒较少，晶体得以充分生长，界面诱导结晶会产生较为粗糙的表

面，而在低温区表面则平滑得多[9]，分子模拟可以验证这一效果，如图 4.31所示。

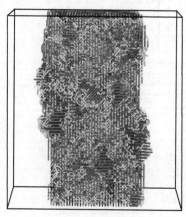 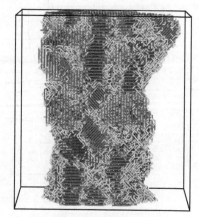

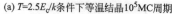

(a) $T=2.5E_c/k$条件下等温结晶10^5MC周期　　　　(b) $T=3.5E_c/k$条件下等温结晶1.3×10^5MC周期

图 4.31　从溶液中相分离出来的高分子发生等温结晶的形貌图[46]

($E_p/E_c=1$，$B/E_c=0.5$，平行排列的键数大于 5 的键构成结晶

有序区，被标示成黑色小圆柱体，其他非晶的键则被标示成灰色小圆柱体)

4.5　单链体系中的相变及其相互作用

当高分子溶液被溶剂稀释到一定程度时，再添加溶剂，只是继续分离一个个孤立的单链线团，不会改变线团内部的性质，这时，我们可以将高分子链当成一个独立的单链体系来处理。在自然界中，特别是生命体系中，生命大分子大多以稀溶液中的单链与周围环境中的其他物质发生作用。所以，研究单链的基本相变行为，对我们理解高分子物理学在生命科学研究中的作用具有重要意义。

当溶剂的品质发生变化时，即从良溶剂变为不良溶剂时，对应体系的相分离行为，单链将表现出从线团到微球的塌缩转变（coil-globule collapse transition），如图 4.32(a) 和 (b) 之间的变化。在转变点附近，单链甚至会表现出部分塌缩的一个熔融微球状态（molten globule state），具有中心浓度高、外缘浓度低的核-壳结构（core-shell structure）[54]。

另外，当温度降低时，具有规整链结构的高分子单链也会结晶，单链单晶最早由我国的卜海山课题组成功地制备出来并进行了很好的表征[55]，随后由计算机模拟进一步证实均聚的高分子单链可以发生结晶[56~58]。实际上，蛋白质发生链的 beta 折叠就可以看成是一个单链体系内发生的结晶行为。由于单链体系相

(a) 线团状态，$B/E_p = -0.1$，
$kT/E_p = 2.174$

(b) 熔融微球状态，$B/E_p = 0.1$，
$kT/E_p = 3.289$

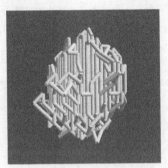

(c) 单链单晶状态，$B/E_p = 0.1$，
$kT/E_p = 2.289$

图 4.32 链长为 512 的单链动态蒙特卡罗模拟得到的形态图[60]

对简单，其自由能随结晶发生的程度的变化也可以由格子模型的动态蒙特卡罗模拟来加以计算[59]。结果在平衡熔点附近也观察到晶粒表面发生部分熔化的核-壳结构，如图 4.32(a) 和 (c) 之间的变化。由此可见在平衡的相转变点附近，如果链不是特别长，在微球和晶粒的表面上发生部分的溶（熔）化可以稳定界面，降低体系的总自由能。

在单链体系这样小的系统中，也可以发生液态相分离和结晶的相互作用[58]。如图 4.33 所示，在降温过程中，我们定义每个键周围发生平行排列的平均分数作为体系内能的变化标志，其所指示的发生结晶的起始温度为 T_{cry}，同时定义混合度参数所指示的发生塌缩转变的起始温度为 T_{col}，在不同的能量参数比之下，我们可以得到如图 4.34 所示的动力学相转变相图。在图 4.34 中我们同时比较根据高分子溶液平均场理论计算得到的临界相分离曲线以及由线团内临界链单元浓度计算得到的平衡熔点相图，可以看到除了与模拟结果有一个向上的平行位移，定性上理论预测结果与模拟相当一致。

由于单链体系相对比较简单，采用动态蒙特卡罗模拟可以计算单链整个结晶

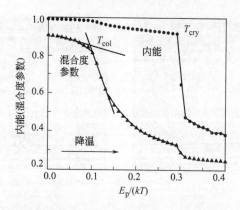

图 4.33　链长为 512 的单链格子体系在 128^3 立方格子中动态蒙特卡罗模拟

得到的内能和混合度参数降温曲线[60]　[$B/E_p = 0.3$。

降温程序为 $E_p/(kT)$ 从零开始以 0.01 步长逐步增加，每步松弛 10^6 MC 周期]

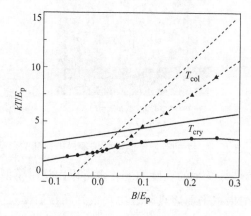

图 4.34　链长为 512 的单链体系发生塌缩转变 T_{col} 和结晶 T_{cry} 的相图[60]

（虚线为根据平均场理论计算得到的液态相分离的临界点曲线，实线为由

单链线团内链单元临界浓度计算得到的液固共存曲线）

度变化过程中的自由能分布。计算的细节在附录中有所介绍。在设定的能量参数下，我们可以调节不同的温度观测自由能分布曲线的变化，并找到单链体系的平衡熔点，此时线团态与结晶态两侧的自由能最低点处在同一水平线上。如图 4.35 所示，对一系列设定的 B/E_p 值，自由能分布曲线均显示一个线团与结晶态之间的自由能位垒。在平衡熔点时的自由能位垒高度反映了单链发生链内结晶成核的速率大小。如果我们把这一平衡位垒与相图作比较，如图 4.36 所示，就会发现自由能位垒在开始三相点附近突然下降，表明塌缩转变可以大大加速单链的结晶成核过程。这与我们在 4.2 节所介绍的高分子溶液体系相变的动力学相互作用结果一致。

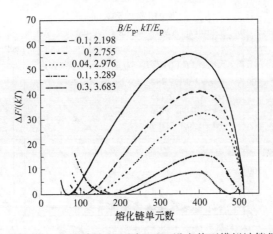

图 4.35　链长为 512 的单链在不同 B/E_p 设定值下模拟计算得到的在
平衡熔点处的自由能变化随熔化程度而变化的曲线[60]

(熔化程度由熔化链单元数来表示，其被定义为周围平行排列键数少于 5 的键的数目)

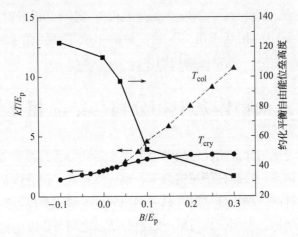

图 4.36　平衡熔点处自由能位垒高度变化与模拟得到的动力学相图的比较[60]

　　图 4.36 的结果如果与蛋白质 beta 链折叠的生成机理联系起来，也许有助于我们理解蛋白质的基本物理机理。单链结晶态对应于蛋白质的自然态（native state），单链无序态对应于非自然态（denatured state），如图 4.37 所示，如果单链结晶成核伴随着一个临界点附近的塌缩转变，成核速率就会大大加快。蛋白质折叠问题存在一个著名的 Levinthal 佯谬[61]，即一个蛋白质分子没有足够的时间遍历所有的状态才寻找到其自然态，肯定存在一个折叠通道（folding pathway）使得蛋白质折叠大大加快。Daggett 和 Fersht 总结了蛋白质折叠模型[62]，发现可以归结为两类：一类直接形成二级结构，然后进行细节组装，称为框架模式（framework mode）；另一类通过疏水塌缩过程实现折叠，称为疏水塌缩模式

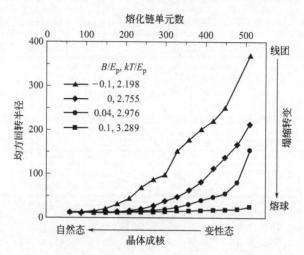

图 4.37　在设定的能量参数和平衡熔点处均方回转半径随熔化程度而变化[60]

（hydrophobic-collapse mode）。他们提出两类模式可以用一种统一的模式来描述，即成核-凝聚机理（nucleation-condensation），实际上正好对应于结晶与塌缩转变在单链体系中的相互作用。因此，如图 4.36 所揭示的加速机理也许为 Levinthal 佯谬提供了一个基本的物理图像。

4.6　嵌段共聚物体系中相分离与结晶相互作用

我们上面所讨论的相变相互作用的例子主要是高分子溶液和共混物体系，属于分子间多组分体系。在高分子长链内部，也可以构成多组分体系，例如两嵌段共聚物，高分子链的一端组分可以与另一端组分发生微相分离，形成纳米尺度的图案化规整相区结构。微相分离与某一端组分结晶之间可以发生竞争，如果微相分离先发生，其主宰了组分结构的分布，接下来发生的就是纳米尺度的受限结晶；如果结晶先发生，其将主宰组分结构的分布，并形成与前一途径不同的结晶形貌。

对分子内多组分体系相变相互作用的理解，关键在于了解由于出现了不同组分之间的嵌段连接，对二元共混物体系相变的影响。图 4.38 比较了对称的二元共混物和相应的对称两嵌段共聚物在不同 B/E_c 和 E_p/E_c 条件下的平衡熔点[63]。结果可以将熔点划分为两个 B/E_c 值区域。共混物的两个区域边界处在 $B=0$ 处，表明右侧区域先发生了相分离，所有的液固相变均发生在同一个浓相区里，所以熔点不随 B 值而变，而左侧区域则发生在均匀混合物中，熔点随 B 值而变化。共聚物将相应的两个区域的边界移到了 $B/E_c=0.1$ 处，表明由于嵌段的连接作

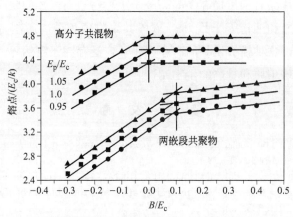

图 4.38　分子模拟得到的对称二元共混物和相应的两嵌段共聚物
在不同 B/E_c 条件下的平衡熔点[63]（图中每个组分分子或嵌段
包含 16 个链单元，分别给出三个 E_p/E_c 的结果，直线段用于引导视线）

用，相分离变得更加困难，这可归结为微相畴大量的界面接触以及高分子链分处界面两侧的伸展所带来的体系自由能升高。共聚物右侧区域对 B 值呈现较弱的依赖性，这是由于微相畴边界处不同组分链单元之间的混合相互作用所致。E_p/E_c 反映的是结晶的分子驱动力大小，所以其可上下平行移动熔点曲线。

图 4.39 展示了经过两种不同途径所得到的相当不同的结晶形貌[63]。第一种途径［图 4.39(a)］在等温结晶之前先发生微相分离，产生交替排列的层状微畴，使得结晶受限于层状微畴中，高温下的受限结晶产生高度取向有序的 flat-on 片晶[64]。第二种途径［图 4.39(b)］则直接发生均匀相区中的等温结晶，均相初级成核产生随机取向的片晶，远远不如第一种途径得到的片晶堆砌那么有

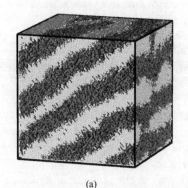
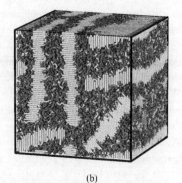

(a)　　　　　　　　　　　(b)

图 4.39　分子模拟所得到的对称嵌段共聚物的等温结晶形貌图[63]
［每个键标示成小圆柱体，可结晶组分 16-mer（$E_p/E_c=1$）标示成灰色，
不结晶组分（$E_p/E_c=0$）则标示成黑色］
(a) $B/E_c=0.2$，$T=4.1E_c/k$ 条件下先发生微相分离，后发生结晶；
(b) $B/E_c=-0.2$，$T=2.9E_c/k$ 条件下先发生结晶

序。有序堆砌的片晶有利于提高半晶高分子工程塑料对气体的阻隔性能，可运用于包装膜、塑料瓶和油箱等产品[65]。嵌段共聚物微相分离所制备的模板决定了晶区的空间分布，这种模板诱导的有序区生长广泛存在于自然界的生物矿化过程中，例如甲壳、珐琅质和骨骼的生物制造[66]。

参 考 文 献

[1] Richards R B. The phase equilibria between a crystalline polymer and solvents. Trans Faraday Soc, 1946, 42: 10-28.

[2] Flory P J. Principles of Polymer Chemistry. Ithaca, NY: Cornell University Press, 1953.

[3] He X W, Herz J, Guenet J M. Physical gelation of a multiblock copolymer. Macromolecules, 1987, 20: 2003-2009.

[4] Aerts L, Berghmans H, Koningsveld R. Relation between phase behaviour and morphology in polyethylene/diphenyl ether systems. Makromol Chem, 1993, 194: 2697-2712.

[5] Wang H, Shimizu K, Kim H, Hobbie E K, Wang Z G, Han C C. Competing growth kinetics in simultaneously crystallizing and phase-separating polymer blends. J Chem Phys, 2002, 116: 7311-7315.

[6] Matsuba G, Shimizu K, Wang H, Wang Z G, Han C C. Kinetics of phase separation and crystallization in poly (ethylene-ran-hexene) and poly (ethylene-ran-octene). Polymer, 2003, 44: 7459-7465.

[7] Cheng S Z D. Phase Transitions in Polymers. Amsterdam: Elsevier, 2008.

[8] Inaba N, Sato K, Suzuki S, Hashimoto T. Morphology control of binary polymer mixtures by spinodal decomposition and crystallization. 1. Principle of method and preliminary results on PP/EPR. Macromolecules, 1986, 19: 1690-1695.

[9] Schaaf P, Lotz B, Wittmann J C. Liquid-liquid phase separation and crystallization in binary polymer systems. Polymer, 1987, 28: 193-200.

[10] Keller A. Aspects of polymer gels. Faraday Discuss, 1995, 101: 1-49.

[11] Lee H K, Myerson A S, Levon K. Nonequilibrium liquid-liquid phase separation in crystallizable polymer solutions. Macromolecules, 1992, 25: 4002-4010.

[12] Graham P D, McHugh A J. Kinetics of thermally induced phase separation in a crystalizable polymer solution. Macromolecules, 1998, 31: 2565-2568.

[13] Guenet J M. Contributions of phase diagrams to the understanding of organized polymer-solvent systems. Thermochimica Acta, 1996, 284: 67-83.

[14] Berghmans H, De Cooman R, De Rudder J, Koningsveld R. Structure formation in polymer solutions. Polymer, 1998, 39: 4621-4629.

[15] Hu W B, Mathot V B F, Frenkel D. Lattice model study of the thermodynamic interplay of polymer crystallization and liquid-liquid demixing. J Chem Phys, 2003, 118: 10343-10348.

[16] ten Wolde P R, Frenkel D. Enhancement of protein crystal nucleation by critical density fluctuations. Science, 1997, 277: 1975-1978.

[17] Talanquer V, Oxtoby D W. Crystal nucleation in the presence of a metastable critical point. J Chem Phys, 1998, 109: 223-227.

[18] Sear R P. Nucleation of a noncritical phase in a fluid near a critical point. J Chem Phys, 2001, 114: 3170-3173.

[19] Hu W B, Frenkel D. Effect of metastable liquid-liquid demixing on the morphology of nucleated polymer crystals. Macromolecules, 2004, 37: 4336-4338.

[20]　Zha L Y, Hu W B. Homogeneous crystal nucleation triggered by spinodal decomposition in polymer solutions. J Phys Chem B, 2007, 111: 11373-11378.

[21]　Fried H, Binder K. The microphase separation transition in symmetric diblock copolymer melts: A Monte Carlo study. J Chem Phys, 1991, 94: 8349-8366.

[22]　Binder K, Stauffer D. Theory of first-order phase transitions. Rep Prog Phys, 1987, 50: 783-859.

[23]　Alamo R G, Graessley W W, Krishnamoorti R, Lohse D J, Londono J D, Mandelkern L, Stehling F C, Wignall G D. SANS investigation of melt-miscibility and phase separation in blends of linear and branched polyethylenes as a function of the branch content. Macromolecules, 1997, 30: 561-566.

[24]　Hill M J, Barham P J. Liquid-liquid phase separation in blends containing copolymers produced using metallocene catalysts. Polymer, 1997, 38: 5595-5601.

[25]　Fu Q, Chiu F C, McCreight K W, Guo M, Tseng W W, Cheng S Z D, Keating M Y, Hsieh E T, DesLauriers P J. Effects of the phase-separated melt on crystallization behavior and morphology in short chain branched metallocene polyethylenes. J Macromol Sci, Phys B, 1997, 36: 41-60.

[26]　Chen F, Shanks R, Amarasinghe G. Miscibility behavior of metallocene polyethylene blends. J Appl Polym Sci, 2001, 81: 2227-2236.

[27]　Wang H, Shimizu K, Kim H, Hobbie E K, Wang Z G, Han C C. Competing growth kinetics in simultaneously crystallizing and phase-separating polymer blends. J Chem Phys, 2002, 116: 7311-7315.

[28]　Hu W B, Mathot V B F, Frenkel D. Phase transitions of bulk statistical copolymers studied by dynamic Monte Carlo simulations. Macromolecules, 2003, 36: 2165-2175.

[29]　Hu W B, Mathot V B F. Liquid-liquid demixing in a polymer blend driven solely by the component-selective crystallizability. J Chem Phys, 2003, 119: 10953-10957.

[30]　Lohse D. The melt compatibility of blends of polypropylene and ethylene-propylene copolymers. Polym Eng Sci, 1986, 26: 1500-1509.

[31]　Maier R D, Thomann R, Kressler J, Muelhaupt R, Rudolf B. The influence of stereoregularity on the miscibility of poly (propylene). J Polym Sci, Part B: Polym Phys, 1997, 35: 1135-1144.

[32]　Wang Z G, Phillips R A, Hsiao B S. Morphology development during isothermal crystallization. I. Isotactic and atactic polypropylene blends. J Polym Sci, Part B: Polym Phys, 2000, 38: 2580-2590.

[33]　Silvestri R, Sgarzi P. Miscibility of polypropylenes of different stereoregularity. Polymer, 1998, 39: 5871-5876.

[34]　Haliloglu T, Mattice W L. Detection of the onset of demixing in simulations of polypropylene melts in which the chains differ only in stereochemical composition. J Chem Phys, 1999, 111: 4327-4333.

[35]　Thomann R, Kressler J, Setz S, Wang C, Muelhaupt R. Morphology and phase behavior of blends of syndiotactic and isotactic polypropylene: 1. X-ray scattering, light microscopy, atomic force microscopy, and scanning electron microscopy. Polymer, 1996, 37: 2627-2634.

[36]　Clancy T C, Putz M, Weinhold J D, Curro J G, Mattice W L. Mixing of isotactic and syndiotactic polypropylenes in the melt. Macromolecules, 2000, 33: 9452-9463.

[37]　Xu G Q, Clancy T C, Mattice W L. Increase in the chemical potential of syndiotactic polypropylene upon mixing with atactic or isotactic polypropylene in the melt. Macromolecules, 2002, 35: 3309-3311.

[38]　Yeh G S Y, Lambert S L. Crystallization kinetics of isotactic polystyrene from isotactic-atactic polystryene blends. J Polym Sci, Part A-2, 1972, 10: 1183-1191.

[39]　Ermer H, Thomann R, Kressler J, Brenn B, Wunsch J. Miscibility behavior of syndio-tactic and atactic polystyrene. Macromol Chem Phys, 1997, 198: 3639-3645.

[40]　Woo E M, Lee M L, Sun Y S. Interactions between polystyrenes of different tacticities and thermal evidence for miscibility. Polymer, 2000, 42: 883-890.

[41]　Ma Y, Hu W B, Wang H. Polymer immiscibility enhanced by thermal fluctuations to-ward crystalline order. Phys Rev E, 2007, 76: 31801.

[42]　Zhang X H, Wang Z G, Muthukumar M, Han C C. Fluctuation-assisted crystallization: In a simultaneous phase separation and crystallization polyolefin blend system. Macromo-lecular Rapid Commun, 2005, 26: 1285-1288.

[43]　Zhang X H, Wang Z G, Dong X, Wang D J, Han C C. Interplay between two phase transitions: Crystallization and liquid-liquid phase separation in a polyolefin blend. J Chem Phys, 2006, 125: 24907 (1-10).

[44]　Cormia R L, Price F P, Turnbull D. Kinetics of crystal nucleation in polyethylene. J Chem Phys, 1962, 37: 1333-1340.

[45]　Ma Y, Zha L Y, Hu W B, Reiter G, Han C C. Crystal nucleation enhanced at the dif-fuse interface of immiscible polymer blends. Phys Rev E, 2008, 77: 61801.

[46]　Zha L, Hu W B. Understanding crystal nucleation in solution-segregated polymers. Poly-mer, 2009, 50: 3828-3834.

[47]　Khoury F, Barnes J D. The formation of curved polymer crystals: Poly (4-methylpen-tene-1). J Res Natl Bur Stand A, 1972, 76: 225-252.

[48]　Khoury F, Barnes J D. The formation of curved polymer crystals: Polyoxymethylene. J Res Natl Bur Stand A, 1974, 78: 95-127.

[49]　Barnes J D, Khoury F. The formation of curved polymer crystals: Polychlorotrifluoro-ethylene. J Res Natl Bur Stand A, 1974, 78: 363-373.

[50]　Hay I L, Keller A. Polymer deformation in terms of spherulites. Colloid Z Z Polym, 1965, 204, 43-74.

[51]　Garber C A, Geil P H. Solution crystallization of poly-3,3-bis (chloromethyl) oxacy-clobutane. J Appl Phys, 1966, 37: 4034-4040.

[52]　Price C, Harris P A, Holton T J, Stubbersfield R B. Growth of lamellar crystals of poly (γ-benzyl-L-glutamate). Polymer, 1975, 16: 69-71.

[53]　Price C, Holton T J, Stubbersfield R B. Crystallization of poly (γ-benzyl-L-glutamate) from dilute solutions of hexafluoroisopropanol. Polymer, 1979, 20: 1059-1061.

[54]　Hu W B. Structural transformation in the collapse transition of the single flexible ho-mopolymer model. J Chem Phys, 1998, 109: 3686-3690.

[55]　Bu H S, Pang Y W, Song D D, Yu T Y, Voll T M, Czornyj G, Wunderlich B. Single-molecule single crystals. J Polym Sci, Part B: Polym Phys, 1991, 29: 139-152.

[56]　Kavassalis T A, Sundararajan P R. A molecular dynamics study of polyethylene crystalli-zation. Macromolecules, 1993, 26: 4144-4150.

[57]　Yang X Z, Qian R Y. Molecular dynamics simulation of the crystal nucleation behavior of a single chain touching a substrate surface. Macromolecular Theory and Simulations, 1996, 5: 75-80.

[58]　Fujiwara S, Sato T. Molecular dynamics simulations of structural formation of a single polymer chain: Bond-orientational order and conformational defects. J Chem Phys, 1997, 107: 613-622.

[59]　Hu W B, Frenkel D, Mathot V B F. Free energy barrier to melting of single-chain poly-

mer crystallite. J Chem Phys，2003，118：3455-3457.

[60]　Hu W B，Frenkel D. Effect of the coil-globule transition on the free-energy barrier for intra-chain crystal nucleation. J Phys Chem，Part B，2006，110：3734-3737.

[61]　Levinthal C. Are there pathways for protein folding? J Chem Phys，1968，65：44-45.

[62]　Daggett V，Fersht A R. Is there a unifying mechanism for protein folding? Trends in Biochemical Science，2003，28：18-25.

[63]　Ma Y，Li C，Cai T，Li J，Hu W B. Role of block junctions in the interplay of phase transitions of two-component polymeric systems. J Phys Chem B，2011，115：8853-8857.

[64]　Hu W B，Frenkel D. Oriented primary crystal nucleation in lamellar diblock copolymer systems. Faraday Discuss，2005，128：253-260.

[65]　Lemstra P J. Confined polymers crystallize. Science，2009，323：725-726.

[66]　Currey J D. Hierarchies in biomineral structures. Science，2005，309：253-254.

第二部分　高分子结晶动力学

第 5 章 结晶成核动力学

5.1 成核原理及基本模式

对绝大多数高分子结晶过程而言，最终得到的产物都是热力学上亚稳的半结晶态。这种晶区和非晶区交织在一起的状态赋予了高分子材料既硬且韧的力学特性，显著地不同于金属、陶瓷和玻璃等无机材料。高分子材料的性能与高分子的半结晶织态结构密切相关，而调控结晶形态结构的关键因素是高分子结晶的动力学。因此，在了解高分子的结晶形态之前，有必要先了解高分子结晶的动力学以及通常的数据处理方法。

高分子结晶是一个典型的一级相转变，结晶新相从亚稳的无序相中的产生要经过所谓的成核生长的机理，即先成核后生长。正是成核才需要比较大的过冷度，一旦成核后晶体即可快速生长。在无序相中结晶首先由密度涨落产生有序的小区域，但是由于两相界面带来的额外的高表面自由能使体系的总自由能升高，只有当有序区尺寸足够大，释放的晶格热足以克服表面能对总自由能的不利贡献时，结晶才能自发地进行下去，这就是成核过程（nucleation process）[1]。

Gibbs 早在 1878 年就指出，处于晶体表面的原子所得到的势能降低不足以补偿其有序化带来的熵损失，具有较高的自由能[2]。由于表面自由能的升高，在平衡熔点处不会发生自发的结晶相转变，后者只有在一定的过冷度下才能发生。

$$\Delta T = T_m - T_c \tag{5.1}$$

假设结晶温度为 T_c，结晶体系自由能的变化包括焓和熵两部分的贡献：

$$\Delta G_c = \Delta H_m - T_c \Delta S_c \tag{5.2}$$

如图 5.1 所示，处于晶区 1 中的粒子，结晶势能降低大于其熵损失，自由能将降低；处于晶区表面 2 的粒子，结晶势能的降低不足以补偿其熵损失，自由能将升高；在熔体 3 中的粒子，自由能不发生变化。自由能表面存在的过剩自由能用比表面自由能 σ 来表示：

$$\sigma = \frac{\Delta G_{surface}}{A} \tag{5.3}$$

A 为总表面积，这样总自由能就可以表示为：

$$\Delta G = -\Delta g \times \frac{4}{3}\pi r^3 + \sigma \times 4\pi r^2 \tag{5.4}$$

这里假设 r 为单个球形晶区的半径，Δg 为单位体积熔融自由能，与温度有关，只有在 r 足够大时，Δg 项的降低才能抵消 σ 项的升高，从而使 $\Delta G < 0$，如图 5.1 右侧所示。若把核的生长看作是核的长大速度 v_c 与消融速度 v_m 竞争的结果，则有：当 $r < r^*$ 时，$v_c < v_m$；当 $r = r^*$ 时，$v_c = v_m$；当 $r > r^*$ 时，$v_c > v_m$。

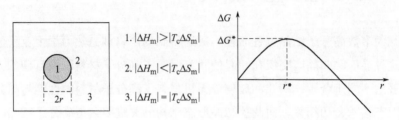

图 5.1　无序相中产生新的结晶相所带来的自由能变化示意图
1—晶区；2—晶区表面；3—熔体

驱使核生成的力主要是局部密度的涨落，当涨落产生的高密度核尺寸小于 r^* 时，其作为晶胚（embryo）很快消融掉，只要晶胚尺寸达到一个临界值 r^*，晶体生长速率超过消融速率，该晶胚就能进一步生长而稳定存在，从而存活下来引发结晶生长。ΔG^* 称为临界核生成自由能（free energy for critical nucleus），由于近似地有：

$$\Delta g = \Delta h - T_c \Delta s \approx \Delta h - T_c \frac{\Delta h}{T_m} = \Delta h \frac{T_m - T_c}{T_m} \propto \Delta T \tag{5.5}$$

这里假定单位体积的熔融焓和熔融熵在熔点附近对温度不敏感。如果远离熔点，Hoffman 建议乘上一个 T_c/T_m 校正项[3]，随后又建议只乘上 $2T_c/(T_m + T_c)$ 的校正项[4]。我们经过简单的推导［式(5.4) 对 r 求一阶导数等于零］就可以得到：

$$r^* = \frac{2\sigma}{\Delta g} \propto \Delta T^{-1} \tag{5.6}$$

$$\Delta G^* = \frac{16\pi\sigma^3}{3\Delta g^2} \propto \Delta T^{-2} \tag{5.7}$$

根据成核发生的空间位置不同可能存在三种基本的成核类型，如图 5.2 所示。初级成核（primary nucleation）是"无中生有"的过程，在三维空间中通过热涨落产生新的相区以便成核，若假定理想的新相呈立方体形，则需要产生 6 个新的晶核表面；次级成核（secondary nucleation）则发生在自身晶体的表面上，在光滑的前沿表面上要继续向前推进，生成新的一层晶体需要二维成核，在无序相中理想地产生 4 个新的晶核表面，相对初级成核势能位垒较低，因而能较快地发生，此时通过类似圆形二维成核的简单推导可以得到：

$$\Delta G^* \propto \Delta T^{-1} \tag{5.8}$$

三级成核（tertiary nucleation）则发生在晶体的台阶处，相当于一维成核，只产生 2 个新的晶核表面，产生的新表面越少，成核速率就越快，也就越不容易被观察到。

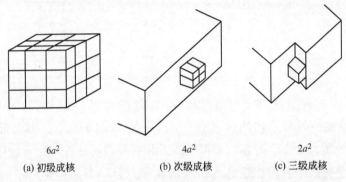

$6a^2$	$4a^2$	$2a^2$
(a) 初级成核	(b) 次级成核	(c) 三级成核

图 5.2　根据成核所发生的场所有三种基本的成核类型示意图

（a 表示成核体的线性尺寸）

最慢的步骤通常成为结晶过程中一连串顺序发生的步骤的瓶颈，初级成核作为成核现象最容易在高温区过冷度较小时直接被实验观察到。初级成核又进一步可分为均相成核（homogeneous nucleation）和异相成核（heterogeneous nucleation）两大类。

（1）均相成核　均相成核就是自身分子的三维成核，其生成的晶体的形态特点是在结晶过程中不断有新球晶产生，球晶的尺寸大小不均一。链状高分子的一个基本特点是分子结构的局部各向异性，即沿着链的方向和垂直链的方向性质会差别很大。因此高分子晶核可以被描述为由一些高分子链茎杆所组成的柱状束，如图 5.3 所示，假设其半径为 r，长为 l，链侧表面自由能为 σ，链端表面自由能为 σ_e，于是生成这样一个晶核所带来的自由能变化为：

$$\Delta G = -\pi r^2 l \Delta g + 2\pi r l \sigma + 2\pi r^2 \sigma_e \tag{5.9}$$

此自由能变化对 r 和 l 分别取最小值，可以得到临界自由能：

$$\Delta G^* = \frac{8\pi\sigma^2\sigma_e}{\Delta g^2} \propto \Delta T^{-2} \tag{5.10}$$

此时

$$r^* = \frac{2\sigma}{\Delta g} \propto \Delta T^{-1} \tag{5.11}$$

$$l^* = \frac{4\sigma_e}{\Delta g} \propto \Delta T^{-1} \tag{5.12}$$

因此对于最优化的临界核尺寸，其长径比为：

$$\frac{l^*}{r^*} = \frac{2\sigma_e}{\sigma} \tag{5.13}$$

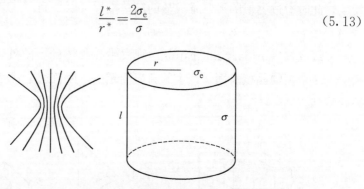

图 5.3　高分子链茎杆组成的柱状晶束核示意图

均相成核在高分子体系中的实现可以有两条基本的途径，如图 5.4 所示[5,6]。一条途径是分子内成核（intramolecular nucleation），因为通常核的尺寸比高分子线团尺寸要小得多，局部链的近邻折叠即可成核，所有的链茎杆在柱端被近邻折叠折回来，所以也称为折叠链成核；另一条途径是分子间成核（intermolecular nucleation），即来自不同高分子的局部链平行排列成核，所有的链茎杆继续从柱端延伸出去，由于链构象逐渐无序化需要占据更多的截面积，彼此会发生表面拥挤而发散开来，所以也称为缨状微束（fringed micelle）成核。对于聚乙烯折叠链成核，Hoffman 等人曾经估算出晶核侧表面能约为 11.8erg/cm²❶，而折叠端表面能约为 90erg/cm²[7]。这样根据式(5.13)，最优化的临界晶核的长径比约为 15.3，可见典型的高分子晶核呈长棒状。各向同性的无序态中通过密度涨落要产生长径比如此之大的临界核，可能并不容易。对于缨状微束成核，Flory 最早计算了其自由能变化[67]，由于无序的链在柱端表面发生拥挤不能自由活动，有较大的构象熵损失，Zachman 曾经估算聚乙烯这样的柱端表面能带来额外约为 245erg/cm²[6,8,9]的表面能，于是最优化的临界缨状微束晶核的长径比高达 2×(245+90)/11.8=56.8，这种纤维形状显然对初级成核极为不利。缨状微束成核相对于折叠链成核而言，不仅具有更高的自由能位垒，而且在几乎各向同性的无序态中要通过涨落自发产生这样大长径比的晶核也很困难。所以高分子结晶成核出于动力学的需要会自发地选择自由能位垒较小且容易通过局部的热涨落来实现的折叠链成核。同样的原则也适用于晶体生长过程中的次级成核速率控制步骤，高分子链将倾向于优先生成折叠链亚稳态晶体，基本的结晶形态是片晶，然后再经过一个缓慢的退火过程逐渐增厚生成伸展链晶体。这样的动

---

❶　1erg/cm² = 10⁻³ N/m。

力学选择机制可以被称为高分子结晶链折叠原理，如图 5.5 所示[10]。从高分子结晶的热力学看，最稳定的晶体是完全伸展链晶体，但要无规线团从本体中迅速生成这种大尺寸的晶体通常是不可能的，只有例如聚乙烯在几千个大气压❶和二百多度高温中才能观察到伸展链晶体，常温常压下能较快生成的是亚稳的较小尺寸的折叠链晶体，由折叠链晶体再退火增厚生成伸展链晶体，链折叠成核结晶是高分子结晶总是需要较大过冷度的原因。

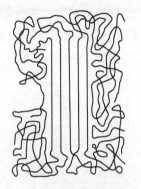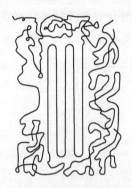

(a) 分子间成核(缨状微束成核)　　　(b) 分子内成核(折叠链成核)

图 5.4　高分子两种典型的成核方式示意图[6]

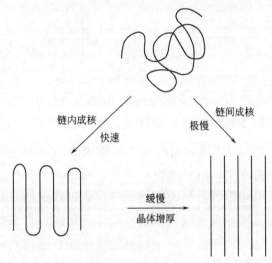

图 5.5　高分子结晶链折叠原理示意图[10]

(链折叠亚稳态的出现是动力学选择分子内成核路线的结果)

Cormia 等人[11]把聚乙烯熔体在热硅油中分散成微米级尺寸的小熔滴，然后

----

❶　1atm＝101325Pa。

缓慢降温，若熔滴中发生成核，结晶生长就只限于该熔滴中，通过偏光显微镜就可以统计发生成核结晶的熔滴数目，从而得到成核速率，结果如图 5.6 所示。图中 n 为已成核结晶微滴数，n_0 是总微滴数，可见在过冷度 ΔT 达到 45℃ 以前，只有少量借助外来杂质表面的异相成核，$\Delta T > 55$℃（约 86℃ 以下）才发生均相成核，通常本体聚乙烯在 120℃ 就可发生自发结晶，说明其主要是靠异相成核来引发的。通过均相成核速率的测量可以证明临界自由能位垒的过冷度依赖关系，同时可以得到表面自由能参数值。然而，采用这一实验方法所得到的比表面能值通常比预期的要大得多[3]，可能实际所发生的均相成核未必正好越过临界的自由能位垒，而是比该位垒要高一些。要在各向同性的液体中通过热涨落自发地产生最优化长径比的细长晶核，的确不是一件很容易的事。

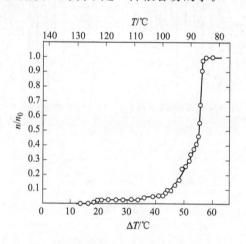

图 5.6　发生结晶的聚乙烯熔滴分数随温度的变化[11]
（在 100℃ 以上的降温速率为 0.5℃/min，在 100℃ 以下为 0.17℃/min）

　　（2）异相成核　异相成核就是在现成的外来介质表面上成核，类似于次级成核，可以少产生两个新的晶核表面，通常商品高分子中总含有少量聚合催化剂、填料、灰尘和人为添加的成核剂等杂质，在这些杂质提供的外来表面上可以引发异相成核。异相成核生成的晶体的形态特点是球晶或片晶的尺寸往往较均一，若杂质表面活性不一，引发成核也有先后，球晶尺寸就会大小不一，但在结晶过程中外来表面用完后会观察到不再产生新的晶粒，如图 5.6 的高温区行为所示。

　　我们也假定异相成核在平滑的外来介质表面生成长方柱形核来计算其临界尺寸和自由能，如图 5.7 所示，仍假定其截面宽度为 a，厚度为一个原子层厚 b_0，长为 l，链侧表面自由能为 σ，链端表面自由能为 σ_e，于是生成这样一个晶核所带来的自由能变化为：

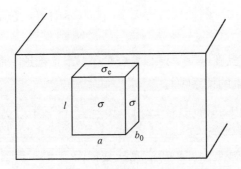

图 5.7　在外来介质表面发生异相成核示意图

$$\Delta G = -ab_0 l\Delta g + 2b_0 l\sigma + al\Delta\sigma + 2ab_0\sigma_e \quad\quad (5.14)$$

式中，$\Delta\sigma = \sigma + \sigma_{cs} - \sigma_{ms}$；$\sigma_{cs}$ 为晶体与基底的比表面能；σ_{ms} 为原来熔体与基底的比表面能。此自由能变化对 a 和 l 分别取最小值，可以得到临界自由能：

$$\Delta G^* = \frac{4b_0^2 \sigma\sigma_e}{b_0\Delta g - \Delta\sigma} \quad\quad (5.15)$$

临界核尺寸为：

$$a^* = \frac{2b_0\sigma}{b_0\Delta g - \Delta\sigma} \quad\quad (5.16)$$

$$l^* = \frac{2b_0\sigma_e}{b_0\Delta g - \Delta\sigma} \quad\quad (5.17)$$

从这里可以看出，若外来表面与高分子晶体相近，$\Delta\sigma \approx 0$，则：

$$\Delta G^* = \frac{4b_0\sigma\sigma_e}{\Delta g} \propto \Delta T^{-1} \quad\quad (5.18)$$

即临界成核位垒的温度依赖性与次级成核行为相似。

（3）自成核　实际高分子体系由于大多数晶体的亚稳态性，使得在体系熔化温度时，仍有极少数特别稳定的晶粒幸存下来，它们在温度降低时可为成核提供现成的外来表面，这就是自成核（self-nucleation）或称自晶种（self-seeding）现象。

在自身分子组成的晶粒表面发生的异相成核称为自成核，由于几乎不需要克服表面能差别带来的位垒，也称为无热成核（athermal nucleation），均相成核或其他粒子表面的异相成核均为有热成核（thermal nucleation）。

Keller 等人在研究 80℃聚乙烯从邻二甲苯稀溶液中结晶生成片晶的形态时发现，只要溶解处理温度不很高，生成的单晶形态很均一，在片晶的电镜照片中可看到中心存在的小晶粒，证明由其引发成核生长[12]。自成核的概念是由 Blundell、Keller 和 Kovacs 于 1966 年提出来的[13]。

Vidotto 等人研究了熔体中的自成核现象，他们用膨胀计研究聚乙烯和聚 1-丁烯经过不同熔融温度热处理后的等温结晶动力学，发现热处理温度越低，结晶速率越快，显然这是由于热处理时有更多的晶粒未熔解，在结晶温度下引发自成核所致[14]。

如果在某一熔融温度以上不再有晶粒幸存下来，把这一温度标为 T_s，PE 的分子量与 T_s 存在如下的关系[12]：

M_n/Da	2.6×10^6	2.4×10^5	7.6×10^4	6.8×10^4
T_s/℃	105.5	102	98.5	95

由此可见，分子量越高，生成的晶体越稳定，T_s 也就越高。实验中早就发现，PE 的分子量越高，熔点也就越高[15,16]，所以通常引发自成核的晶粒主要由高分子量级分的分子所生成。

自成核与在外来杂质表面上的异相成核有以下区别。

① 定义的区别。

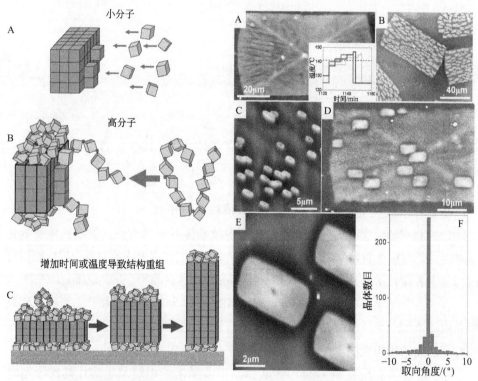

(a) 高分子折叠链片晶增厚示意图　　　　(b) 原子力显微镜高度图

图 5.8　聚二茂铁二甲基硅烷（PFS）薄膜单晶熔融重结晶过程中，
由于片晶内部增厚不均匀，局部幸存的晶区通过自晶种引发生成
取向和尺寸大小均一的小单晶[17]

② 稀溶液结晶形态的区别。自成核生成单一尺寸的单晶，异相成核往往生

成片晶的堆积体。

③ 成核速率与结晶温度 T_c 的关系的区别。自成核几乎与 T_c 无关，而异相成核随 T_c 变化较大，这可能是异相成核自身尺寸大小不一，ΔT 较大时小粒子表面也能引发成核所致。

近年来，高分子薄膜单晶的熔融重结晶实验中发现，如果熔融温度不很高，折叠链单晶内部由于片晶退火过程增厚得到的厚度不均匀，某些部位的晶区能够幸存下来，作为自晶种引发新的小单晶的生长，这些小单晶能够克隆母单晶的取向，具有取向和尺寸大小均一的特点，如图 5.8 所示[17]。该技术可应用于制备功能性有机高分子的晶体，均一的尺寸和取向将有利于特殊铁电和铁磁等功能的有效叠加。

5.2　成核动力学

从定量的角度来看，成核速率与临界自由能位垒呈负指数依赖关系。这一关系最早由 Volmer 和 Weber 于 1926 年发现[18]。Becker 和 Döring 进一步提出还要考虑分子短程进入晶体的扩散项[19]。Turnbull 和 Fisher 则明确推导出了前置因子 I_0[20]，得到临界核生成速率：

$$I = I_0 \exp\left(-\frac{\Delta E + \Delta G^*}{kT}\right) \tag{5.19}$$

式中，ΔE 为结晶单元短程扩散越过结晶相界面的运动活化能；ΔG^* 为临界核生成自由能；k 为 Boltzmann 常数；T 为温度。

扩散位垒可由简单的 Vogel-Fulcher 方程计算[21~23]：

$$\frac{\Delta E}{kT} = a + \frac{b}{T - T_0} \tag{5.20}$$

式中，a 和 b 为常数；T_0 为分子运动的冻结温度。对高分子也可用 Williams-Landel-Ferry 方程来计算[24]：

$$\frac{\Delta E}{kT} = \frac{2.07 \times 10^3}{51.6 + T - T_g} \tag{5.21}$$

式中，T_g 为玻璃化转变温度，当然对不同高分子，式中常数可以有所变化。

由临界成核自由能公式(5.10)可知，温度越高，越接近于高分子的平衡熔点，临界成核自由能位垒越高，成核速率就越慢；而由式(5.21)可知，温度越低，越接近于玻璃化转变温度，分子运动的活化能位垒就越高，成核速率也越慢。因此，在接近熔点 T_m 的高温区，主要是 ΔG^* 阻碍了成核结晶；而在玻璃化转变温度 T_g 附近的低温区，则主要是 ΔE 阻碍了成核结晶，总的成核速率 I

与温度 T 的关系就在 T_g 和 T_m 之间呈铃铛形（bell-shape）曲线，如图 5.9 所示。

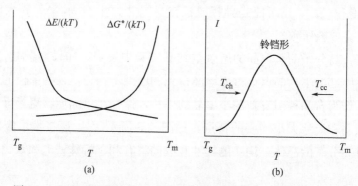

图 5.9　位垒的温度依赖性及其对结晶成核速率的控制效果示意图

　　结晶过程包括成核和晶体生长两部分，实验中通常发现二者对温度的依赖关系是一致的，在一定的过冷度范围内，晶体生长受生长表面次级成核的控制，具体见后面的片晶生长动力学介绍。因此，结晶速率 R 也表现出与成核速率 I 一样的温度依赖性。根据其最大结晶速率 R_{max} 的大小可以把结晶高分子大致地分为两类：一类 R_{max} 很低，使得高分子在冷却时能经过 T_{max} 而几乎不结晶，如 PET、PC 和 iPS 等；另一类 R_{max} 很高，很难在快速冷却时得到几乎完全无定形的高分子，如 PE、PEO、POM 等。PC 由于其具有很高的 T_g（180℃），接近熔点，因而很容易得到其透明的玻璃态，并以此特性可制作透明的防护板和塑料瓶，得到广泛的应用。

　　PET 样品在结晶热分析时，若从高温熔体冷却下来，DSC 曲线可得一结晶峰 T_{cc}（crystallization on cooling），称为热结晶峰。如果熔体淬冷后从低温开始程序升温，在经过玻璃化转变点以后，可以从 DSC 曲线上看到又出现一结晶峰 T_{ch}（crystallization on heating），称为冷结晶峰，如图 5.10 所示，在两结晶峰温附近进行 Avrami 等温结晶动力学研究，可测得半结晶时间 $t_{1/2}$，其与结晶温度的关系如图 5.9 的铃铛形曲线所示，说明从较大的温度区间来看，总结晶速率主要是由成核速率所决定的。

　　对一系列分子量的聚丁二酸乙二酯初级成核速率的研究发现，存在 I/I_{max} 对 T/T_{imax} 的主曲线，如图 5.11 所示[66]。相应的实验中甚至发现，聚丁二酸乙二酯的最大成核速率与最大结晶速率存在两个分子量依赖范围，在低分子量范围可能以伸展链结晶的链间成核方式为主，而在高分子量范围则以折叠链结晶的链内成核方式为主，如图 5.12 所示。有关分子量效应对高分子结晶成核和生长速率的影响，我们在第 7 章将具体展开介绍。

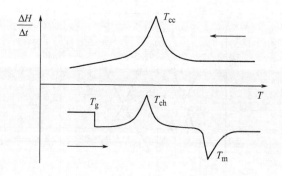

图 5.10　PET 样品 DSC 升降温曲线的典型表现示意图

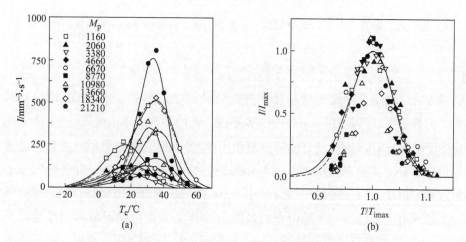

图 5.11　样品测量得到的初级成核速率与温度的关系曲线及
对最大成核速率及其温度进行约化处理得到的主曲线现象

（a）聚丁二酸乙二酯（PESU）一系列分子量样品测量得到的初级成核速率与温度的关系曲线；

（b）对数据根据最大成核速率及其此时的温度进行约化处理得到的主曲线现象

　　近年来，有一些研究提出高分子结晶成核之前的熔体中可能存在预有序结构，排除实验样品中潜在的杂质多组分和分子量多分散体系发生相分离、异相成核和取向拉伸诱导相变等复杂因素，主要的观点来自于小角 X 射线散射实验对纯高分子本体样品的观测。Imai 等人发现 PET 在玻璃化转变温度之上发生等温冷结晶时，在结晶成核之前的诱导期会出现尺度更大的符合相分离特点的散射信号[25,26]，由此他们提出高分子链段的取向涨落以旋节线分解的相分离方式引发高分子的结晶成核[27,28]，并得到他们自己的解偏振光散射和小角中子散射（SANS）实验支持[29]。Terrill 等人也观察到 iPP 熔体等温结晶成核的早期，SAXS 会比 WAXD 稍微提前一些出现信号[30,31]，王志刚等人也观察到了相同的现象，但发现两种信号均服从相同的结晶成核动力学特点，并将该现象归因于两

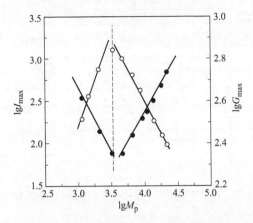

图 5.12　聚丁二酸乙二酯（PESU）一系列分子量样品测量得到的最大初级
成核速率和最大结晶生长速率随分子量的标度关系存在两个相当不同的区域[66]
（图中空心点是最大初级成核速率，实心点是最大结晶生长速率）

种仪器方法对结晶早期出现少量晶体的探测灵敏度差别[32]。提高 WAXD 的灵敏度 4 个数量级以后，Heeley 等人确实发现二者的差别基本消失[33]。王浩采用小角中子散射 SANS 实验没有能够重复出 Imai 等人观察到的早期散射信号，他认为包括 SAXS 实验观测结果在内，如果空白校正被过度扣除，容易导致意外散射信号的出现[34]。在低分子量 PE 中，Sirota 等人发现长链烷烃在结晶成核早期会集结成束，经过一个液晶中介相过渡态[35,36]，从而使结晶成核过冷度几乎消失[37]。但是随着分子链束的增长，一旦超过 120 个碳原子，不再观察到介晶相的出现，此时分子链在结晶成核时开始发生链折叠，需要比较大的过冷度，所以中介相只可能出现在非常小的涨落区域（约 20 个碳原子链长），对长链分子的结晶成核自由能可能没有直接的贡献[38,39]。

　　高分子结晶成核之前可能出现的取向涨落以旋节线分解的方式引发高分子结晶成核这一想法激发了理论学家的研究兴趣。Olmstead 等人提出在低温由于链的刚性增强，伸展链构象序列的取向有序涨落如果与密度涨落耦合起来，就可以导致大尺度的旋节线分解动力学现象，这种"相分离"可以埋没在液固相共存曲线之下，在一定过冷度时诱导加速结晶成核的发生[40]。Gee 等人采用分子动力学模拟观察到在 PVDF 600K 和 PE 450K 的高温下几十纳秒时间尺度的结晶过程符合旋节线分解的特点[41]，虽然实际对应的样品体系根本不可能在如此高温下这么快结晶。Muthukumar 等人采用布朗动力学分子模拟观察单链结晶先形成几个串起来的链段束，其结构因子变化也符合旋节线分解的动力学特点[42]，为此他们提出连接链段束之间的链的构象熵损失是高分子结晶成核的主要自由能位垒来源[43]。Milner 采用自洽场理论计算了聚乙烯结晶成核经过一个旋转中介相的自由能变化，与正交晶体相比有较低的表面自由能，即结晶成核位垒[44]。

5.3　成核剂和成核促进剂

高分子材料在加工成型时，有时要人为地提高其成核结晶速率。成核结晶速率的加快可以达到以下有利的效果。

① 提高结晶度，改善材料的总体性能。

② 缩短加工成型周期，提高生产效率。

③ 控制结晶形态，通常大球晶的生成导致材料硬而脆，加入成核剂使球晶变小可以改善这一点。

④ 使结晶更完善，提高制品的尺寸稳定性。

由结晶成核的自由能变化表达式(5.9) 可知，欲加快结晶成核速率，可考虑自由能的降低，即结晶的热力学驱动力。最直接的加快自由能降低步伐的办法是降低温度，但这往往带来结晶过快，结晶度和形态控制不好，或者温度太低分子链被冻结。第二种办法是减小体系的结晶熵变，使高分子链体系先发生高速流动预取向，例如增加挤出机螺杆转速和扭矩，但是这一途径的促进结晶效果有限。第三种办法是降低结晶成核的表面能位垒，这常常是通过少量结晶添加剂来实现，这些结晶添加剂称为成核剂（nucleation agent）。在低温区结晶需要加快分子运动速度，这常常是通过少量的另一种结晶添加剂来实现，即所谓的成核促进剂（nucleationaccelerator）。下面我们将分别加以介绍。

（1）成核剂　成核剂适用于在热结晶峰温区成型的高分子材料，通过人为地引入外来表面，使 ΔG 位垒下降，故评价标准如下。

① T_{cc} 越高越好。

② 球晶形态小而密。

Binsbergen 从聚丙烯的两千多种成核剂中总结出以下有利于提高成核结晶速率的规律[45]。

① 成核剂的化学结构最好一端相容于高分子熔体，另一端不容于高分子熔体。

② 成核剂是表面粗糙的固体或先于高分子而结晶。

③ 在高分子熔体中有很好的分散性。

④ 各向异性的成核剂粒子引发高分子取向附生成核结晶。

T_{cc} 与添加剂无线性关系，加入量太多反而会影响材料的力学性能，一般都在 5% 以下。虽然 Binsbergen 指出,好的成核剂应与高分子本体有好的接触性,但并未给出更具体的成核机制。Wittman 和 Lotz 经过细致的研究,发现取向附生生长（epitaxy growth）是高效成核剂引发结晶生长的本征模式[46,47]。他们把蒽和对三联苯作为聚乙烯的成核剂加以研究,在其大而薄的单晶表面上生长出一层高分子膜,X 射线衍射表明该膜有高度的取向性,这只能用 PE 晶体和基底有二维晶格匹配来解释,例如,与蒽这种稠环体系的（001）面匹配的是 PE 的（100）面,而与聚苯接触的是 PE 的（110）面,这是因为聚苯的晶格参数相对 PE 的（100）面而言太大了,二者无法匹配。Koutsky 等人最早发现卤化碱盐对聚甲醛、聚丙烯和聚环氧丙烷溶液结晶的取向附生诱导作用[48]。Parikh 和 Phillips 对吖啶的成核引发机理研究证实了稠环芳香烃的（001）面与 PE 是同晶型的[49]。每个成核剂晶粒至少有两个晶面与 PE 晶面匹配,这就导致了 PE 的取向附生结晶生长。通常成核剂对 PE 和 PP 同样有效是因为这两种高分子彼此有相匹配的晶面,在 PP 表面上实际已观察到 PE 的取向结晶[50]。脂肪族聚酯和聚酰胺由于其晶体密堆与 PE 非常相似,与成核剂也有晶格匹配[51]。

Thierry 等人研究了 1,3-二亚苄基山梨糖醇、2,4-二亚苄基山梨糖醇作为聚烯烃的高效成核剂的成核引发机理,发现其首先生成冻胶网络,然后网上纤维再引发高分子的取向附生以成核结晶[52]。

也有的成核剂如云母、滑石粉和有机盐类,通过与聚酯发生化学反应,产生离子化链端基,后者聚集起来可以有效地诱导聚酯的结晶成核[53]。

（2）成核促进剂　当高分子材料在较低的模温下（冷结晶峰温区）成型时,虽然降温过程中已有相当程度的热结晶,但进一步结晶时受 ΔE 活化位垒阻止链运动而较慢,导致高分子不能充分结晶,这将影响制品的尺寸稳定性,因为未结晶部分在制品脱模后,仍将继续结晶导致体积不均匀收缩。加入少量成核促进剂（类似增塑剂）为链运动提供自由体积可使 ΔE 位垒下降,成型时结晶速率加快。故其评价标准如下。

① T_{ch} 越低越好。

② T_g 越低越好,但 T_g 太低将影响材料的耐热性能,故成核促进剂也不能加入太多[54]。

一般成核剂和成核促进剂可同时加入,这种成核添加体系的评价标准是 $\Delta T_c = T_{cc} - T_{ch}$ 越大越好,同时不明显影响材料的其他性能。这种体系的一个典型应用是 PET 工程塑料。PET 由于结晶速率较慢,如果在短期内得不到足够的结晶度,产品力学性能和尺寸稳定性就得不到保证。我们希望其能首先从高温冷却下来时快速结晶,然后在玻璃化转变温度附近保温成型,以进一步快速结晶完全。前者需要添加成核剂，后者则需要添加成核促进剂。目前可以找到许多工程塑料有关这方面添加剂的技术配方和专利。

5.4 链内成核模型

我们说高分子链结晶成核从动力学上倾向于选择链内折叠成核的方式以降低成核的表面自由能位垒。如果我们进一步考虑链内折叠的发生机制，就有必要来看一看单链的结晶行为。对于单链体系，其结晶行为就是一个典型的链内结晶过程。单链单晶的实验观测是中国科学家在这一领域的一个重要贡献[55~58]。卜海山等人首先把极稀的高分子溶液喷洒到热水表面上让溶剂挥发掉，从而制备单链粒子，然后采用 LB 膜技术将其富集后在透射电子显微镜下观察到了单晶电子衍射和单晶形态。计算机分子模拟研究也很容易地观察到单个高分子链可以自发地发生折叠结晶[43,59~62]。实际上，如果考虑蛋白质的 beta 折叠片是一种由氢键连接起来的单链结晶体系，那么在自然界已经广泛存在了单链单晶的例子。对于单链单晶而言，由于小体系与外界有重要的界面接触，热力学最稳定的状态不再是伸展链，而是规整折叠起来的单晶。这样做一方面可以最大限度地产生链内平行排列堆砌，降低分子内相互作用势能，另一方面可以最小限度地与外界发生接触，降低较高的表面自由能。

利用第 3 章所介绍的简单的格子链模型，我们可以来估算单链体系发生结晶的自由能变化[63]。我们以单链深埋在完全有序的高分子晶体中的链伸展状态作为自由能处于零的参考基态，根据经典成核理论来计算链长为 N 的自由能随熔化键的数目 n 的变化为：

$$\Delta F = \Delta f n + \sigma (N-n)^{2/3} \tag{5.22}$$

式中，右侧第一项代表体自由能的变化；第二项代表表面自由能的变化。比表面能参数 σ 吸收了所有的前置因子，每个熔化键的自由能变化可由简单的格子模型进行估算，即：

$$\Delta f = \frac{q-2}{2} E_\mathrm{p} - kT \ln(q-1) \tag{5.23}$$

式中，第一项指每个键共有 $q-2$ 个平行排列的键，分母 2 为对称因子，熔化的 n 个键所构成的部分无序态链的构象可以假定类似于无立即回返的无规行走模型，其构象总数为 $(q-1)^n$；第二项即为平均每个键熔化所得到的构象熵。我们可以看到，这里有两个参数 σ 和 T 需要确定下来。

当无序态和有序态之间的自由能相等时，体系就达到了热力学平衡转变温度，即：

$$\Delta f_e = \sigma N^{-1/3} \tag{5.24}$$

如图 5.13 所示，自由能对 n 取一阶导数等于零即得到平衡自由能位垒：

$$\Delta F_e = \frac{4\sigma^3}{27\Delta f_e^2} \tag{5.25}$$

此时只剩下一个参数 σ 需要确定下来，可通过计算机模拟的数据拟合得到。

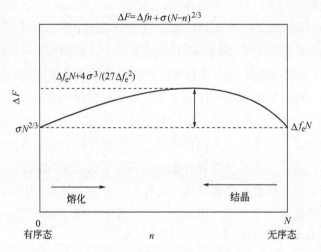

图 5.13 处于热力学平衡转变的单链自由能随熔化键数目 n 变化示意图[63]

同样可以计算单链在某一温度下结晶有序化的自由能位垒，即临界转变态与初始无序态之间的自由能差，得到：

$$\Delta F_c = \frac{4\sigma^3}{27\Delta f^2} \tag{5.26}$$

从这里得到两个基本结果，一个是链内初级成核的自由能位垒与过冷度的平方成反比，另一个是该位垒与链长无关。前者与基本的初级成核温度依赖性特点相一致。后者则相当特别，因为凭直觉总是链单元越多越容易结晶成核。反过来，单链熔化的自由能位垒，即临界转变态与初始结晶态之间的自由能差则与链长密切相关，即：

$$\Delta F_m = \frac{4\sigma^3}{27\Delta f^2} + \Delta f N - \sigma N^{2/3} \tag{5.27}$$

我们对单链格子体系进行了直接的动态蒙特卡罗模拟研究[63]。图 5.14 是包含 1024 个链单元的单链体系结晶态和无序态图像。图 5.15 则是结晶态与无序态之间自由能变化的计算结果，具体的计算方法见附录最后一节。

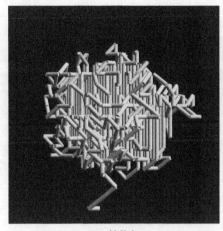 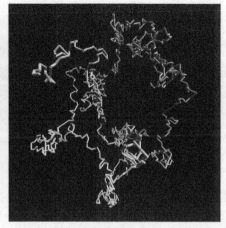

(a) 结晶态　　　　　　　　　　　　(b) 无序态

图 5.14　包含 1024 个链单元的单链体系结晶态和无序态图像

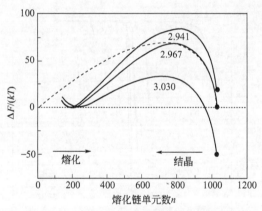

图 5.15　包含 1024 个链单元的单链熔化自由能变化分布曲线[63]

[图中曲线附近标注相应的温度 kT/E_p。虚线是根据式(5.22)

拟合模拟得到的平衡自由能位垒，$\sigma = 15E_p$]

　　我们对平衡相转变温度时的自由能位垒根据式(5.22)进行拟合得到 $\sigma =$ $15E_p$。此结果根据式(5.25)应用于其他链长的单链体系，也符合得较好，如图 5.16 所示。

　　我们还在固定的温度 $T = 2.174E_p/k$ 处计算了不同链长的单链的自由能分布曲线，如图 5.17 所示，确实如式(5.26)所预测的所有的结晶自由能位垒几乎相同，与链长无关，而反方向如式(5.27)所预测的熔融自由能则与链长密切相关。

　　可以预料，不同链长的单链体系在降温时将会在同一个温度发生自发结晶，而升温时则在不同温度发生自发熔融。链长越大，熔化温度越高。模拟结果如图 5.18 所示，确实对于链长大于 64 的单链体系，降温结晶发生在几乎同一个温

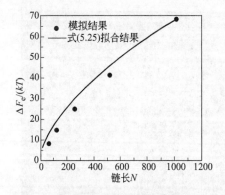

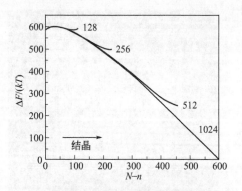

图 5.16　不同链长的单链体系平衡自由能
位垒的模拟结果与拟合结果对照图[63]

图 5.17　不同链长的单链体系在
$T = 2.174 E_p/k$ 处自由能随剩余
的结晶键数变化的分布曲线[63]
（图中曲线为动态蒙特卡罗模拟计算结果）

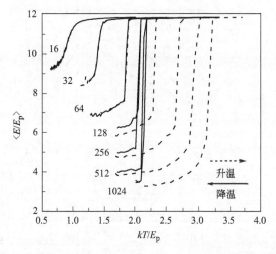

图 5.18　不同链长（标注在曲线附近）的单链体系平均结晶能模拟降温和升温曲线[63]
（平均结晶能的定义为 $12-p$，p 为每个键周围平行排列的键数。升降温程序
为 kT/E_p 每变化 0.01 步长松弛 10^6 MC 周期）

度，而升温则发生在所预期的不同温度。

　　但是对于链长 64 及其以下的短链体系，降温和升温的结晶能变化曲线几乎在同一条线上，不再显示热滞回线。这是否意味着短链体系发生了可逆的连续相转变呢？如果我们考察链长 64 在温度 $T = 1.845 E_p/k$ 处的等温结晶能变化曲线，如图 5.19 所示，就会看到单链体系实际上在结晶态和无序态之间跳来跳去，我们统计得到的平均结晶能反映的是单链处在两个状态之间的相对概率的变化。当链长比较短时，平衡自由能位垒将低于热涨落能，结晶和熔化不

再有明显的阻碍，所以热滞回线不再出现。但是体系的相转变仍然是典型的一级相变。

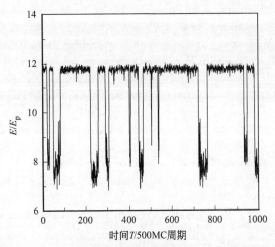

图 5.19　链长 64 的单链体系在温度 $T=1.845E_p/k$ 处的
等温结晶能变化模拟曲线[63]

　　实验观测数据也表明高分子初级成核的自由能位垒与链长无关。对聚乙烯熔体结晶的研究表明，无论对伸展链晶体[64]还是对折叠链晶体[65]，初级成核速率的分子量依赖关系均可归结为扩散控制的过程。

　　作为总结，高分子长链发生链内初级成核从而折叠结晶是动力学选择的结果。单链体系的链内结晶自然地发生链折叠，简单的模型计算不仅给出了可靠的成核位垒温度依赖性，也预测了其独立于分子链长的特点，后者得到了分子模拟和实验结果的证实。

　　链内成核并不排斥链间成核的存在。在许多特殊的结晶体系中，例如特别短的链、特别刚性的链、拉伸取向的链或者同步聚合的链，也容易见到链间成核主导的结晶，同时在这些情景下链折叠不再是一个常见的结果。这反映了链折叠与链内成核之间的内在必然联系。

参 考 文 献

[1]　Kelton K F. Crystal Nucleation in Liquids and Glasses // Solid State Physics. Vol. 45. Ehrenreich H, Seitz F, Turnbull D, ed. Boston: Academic Press, 1991: 75-177.

[2]　Gibbs J W. On the equilibrium of heterogeneous substances. Trans Connect Acad Arts Sci, 1878, 3: 343-524.

[3]　Hoffman J D. Thermodynamic driving force in nucleation and growth processes. J Chem Phys, 1958, 29: 1192-1193.

[4]　Hoffman J D, Miller R L. Kinetics of crystallization from the melt and chain folding in po-

lyethylene fractions revisited: Theory and experiment. Polymer, 1997, 38: 3151-3212.

[5]　Price F P. Nucleation in Polymer Crystallization // Nucleation. Zettlemoyer A E, ed. New York: Dekker, 1969: 405-488.

[6]　Wunderlich B. Macromolecular Physics. Vol. 2. Crystal Nucleation, Growth, Annealing. New York: Academic Press, 1976.

[7]　Hoffman J D, Miller R L. Kinetic of crystallization from the melt and chain folding in polyethylene fractions revisited: Theory and experiment. Polymer, 1997, 38: 3151-3212.

[8]　Zachmann H G. Der einfluss der konfigurationsentropie auf das kristallisations und schmelzmerhalten von hochpolymeren stoffen. Kolloid Z Z Polym, 1967, 216-217: 180-191.

[9]　Zachmann H G. Statistiche thermodynamik des kristallisierens und schmelzens von hochpolymeren stoffen. Kolloid Z Z Polym, 1969, 231: 504-534.

[10]　Hu W B. Intramolecular Crystal Nucleation // Lecture Notes in Physics: Progress in Understanding of Polymer Crystallization. Strobl G, Reiter G, ed. Berlin: Springer-Verlag, 2007, 714, 47-63.

[11]　Cormia F L, Price F P, Turnbull D. Kinetics of crystal nucleation in polyethylene. J Chem Phys, 1962, 37: 1333-1340.

[12]　Keller A, Willmouth F M. Self-seeded crystallization and its potential for molecular weight characterization. I. Experiments on broad distributions. J Polym Sci, Part A2, 1970, 8: 1443-1456.

[13]　Blundell D J, Keller A, Kovacs A J. A new self-nucleation phenomenon and its application to the growing of polymer crystals from solution. J Polym Sci, Part B, 1966, 4: 481-486.

[14]　Vidotto G, Levy D, Kovacs A J. Cristallisation et fusion des polymères autoensemencés. I. Polybutène-1, polyéthylène et polyoxyéthylène de haute masse moléculaire. Kolloid Z Z Polymere, 1969, 230: 289-305.

[15]　Broadhurst M G. The extrapolation of the orthorhombic N-parafiin melting properties to very long chain lengths. J Chem Phys, 1962, 36: 2578-2582.

[16]　Flory P J, Vrij A. Melting points of linear-chain homologs: The normal paraffin hydrocarbons. J Am Chem Soc, 1963, 85: 3548-3553.

[17]　Xu J J, Ma Y, Hu W B, Rehahn M, Reiter G. Cloning polymer single crystals through self-seeding. Nature Materials, 2009, 8: 348-353.

[18]　Volmer M, Weber A. Nucleus formation in supersaturated systems. Z Phys Chem (Leipzig), 1926, 119: 277-301.

[19]　Becker R, Döring W. Kinetische behandlung der keimbildung in übersättigten dämpfen. Ann Physik, 1935, 24: 719-752.

[20]　Turnbull D, Fisher J C. Rate of nucleation in condensed systems. J Chem Phys, 1949, 17: 71-73.

[21]　Vogel H. The law of the relation between the viscosity of liquids and the temperature. Physik Z, 1921, 22: 645-646.

[22]　Fulcher G A. Analysis of recent measurements of the viscocity of glasses. J Am Chem Soc, 1925, 8: 339-355.

[23]　Tammann G, Hesse W. Die abhängigkeit der viscosität von der temperatur bie unterkühlten flüssigkeiten. Z Anorg Allg Chem, 1926, 156: 245-257.

[24]　Williams M L, Landel R F, Ferry J D. The temperature dependence of relaxation mech-

anisms in amorphous polymers and other glass-forming liquids. J Am Chem Soc, 1955, 77: 3701-3707.

[25] Imai M, Mori K, Mizukami T, Kaji K, Kanaya T. Structural formation of poly (ethylene terephthalate) during the induction period of crystallization: 1. Ordered structure appearing before crystal nucleation. Polymer, 1992, 33: 4451-4456.

[26] Imai M, Mori K, Mizukami T, Kaji K, Kanaya T. Structural formation of poly (ethylene terephthalate) during the induction period of crystallization: 2. Kinetic analysis based on the theories of phase separation. Polymer, 1992, 33: 4457-4462.

[27] Imai M, Kaji K, Kanaya T. Orientation fluctuations of poly (ethylene terephthalate) during the induction period of crystallization. Phys Rev Lett, 1993, 71: 4162-4165.

[28] Imai M, Kaji K, Kanaya T. Structural formation of poly (ethylene terephthalate) during the induction period of crystallization. 3. Evolution of density fluctuations to lamellar crystal. Macromolecules, 1994, 27: 7103-7108.

[29] Imai M, Kaji K, Kanaya T, Sakai Y. Ordering process in the induction period of crystallization of poly (ethylene terephthalate). Phys Rev B, 1995, 52: 12696-12704.

[30] Terrill N J, Fairclough P A, Towns-Andrews E, Komanschek B U, Young R J, Ryan A J. Density fluctuations: The nucleation event in isotactic polypropylene crystallization. Polymer, 1998, 39: 2381-2385.

[31] Ryan A J, Fairclough P A, Terrill N J, Olmsted P D, Poon W C K. A scattering study of nucleation phenomena in polymer crystallization. Faraday Discuss, 1999, 112: 13-29.

[32] Wang Z G, Hsiao B S, Sirota E B, Agarwal P, Srinvas S. Probing the early stages of melt crystallization in polypropylene by simultaneous small- and wide-angle X-ray scattering and laser light scattering. Macromolecules, 2000, 33: 978-989.

[33] Heeley E L, Maidens A V, Olmsted P D, Bras W, Dolbyna I P, Fairclough J P A, Terrill N J, Ryan A J. Early stages of crystallization in isotactic polypropylene. Macromolecules, 2003, 36: 3656-3665.

[34] Wang H. SANS study of the early stages of crystallization in polyethylene solutions. Polymer, 2006, 47: 4897-4900.

[35] Sirota E B, Herhold A B. Transient phase-induced nucleation. Science, 1999, 283: 529-532.

[36] Kraack H, Sirota E B, Deutsch M. Measurement of homogeneous nucleation in normal-alkanes. J Chem Phys, 2000, 112: 6873-6885.

[37] Sirota E B. Supercooling and transient phase induced nucleation in n-alkane solutions. J Chem Phys, 2000, 112: 492-500.

[38] Kraack H, Deutsch M, Sirota E B. n-Alkane homogeneous nucleation: Crossover to polymer behavior. Macromolecules, 2000, 33: 6174-6184.

[39] Kraack H, Sirota E B, Deutsch M. Homogeneous crystal nucleation in short polyethylenes. Polymer, 2001, 42: 8225-8233.

[40] Olmsted P D, Poon W C K, McLeish T C B, Terrill N J, Ryan A J. Spinodal-assisted crystallization in polymer melts. Phys Rev Lett, 1998, 81: 373-376.

[41] Gee R H, Lacevic N, Fried L. Atomistic simulations of spinodal phase separation preceding polymer crystallization. Nature Materials, 2006, 5: 39-43.

[42] Muthukumar M, Welch P. Modeling polymer crystallization from solution. Polymer, 2000, 41: 8833-8837.

[43] Muthukumar M. Molecular modelling of nucleation in polymers. Phil Trans R Soc Lond A, 2003, 361: 539-556.

[44] Milner S T. Polymer crystal-melt interfaces and nucleation in polyethylene. Soft Matter, 2011, 7: 2909-2917.

[45] Binsbergen F L. Heterogeneous nucleation in the crystallization of polyolefins. Part 1. Chemical and physical nature of nucleating agents. Polymer, 1970, 11: 253-267.

[46] Wittman J C, Lotz B. Epitaxial crystallization of polyethylene on organic substrates: A reappraisal of the mode of action of selected nucleating agents. J Polym Sci, Phys, 1981, 19: 1837-1851.

[47] Wittman J C, Lotz B. Epitaxial crystallization of aliphatic polyesters on trioxane and various aromatic hydrocarbons. J Polym Sci, Phys, 1981, 19: 1853-1864.

[48] Koutsky J A, Walton A G, Baer E. Epitaxial crystallization of poly (oxymethylene), polypropylene, and poly (propylene oxide) from solution on cleaved surfaces of alkali halides. J Polym Sci, Plym Lett Ed, 1967, 5: 177-183.

[49] Parikh D, Phillips P J. The mechanism of orientation of acridine in oriented polyethylene. J Chem Phys, 1985, 83: 1948-1851.

[50] Gohil R M. Synergism in mechanical properties via epitaxial growth in polypropylene-polyethylene blends. J Polym Sci, Phys, 1985, 23: 1713-1722.

[51] Wittman J C, Hodge A M, Lotz B. Epitaxial crystallization of polymers onto benzoic acid: Polyethylene and paraffins, aliphatic polyesters, and polyamides. J Polym Sci, Phys, 1983, 21: 2495-2509.

[52] Thierry A, Fillon B, Straupe C, Lotz B, Wittmann J C. Polymer nucleating agents: Efficiency scale and impact of physical gelation. Prog Colloid Polym Sci, 1992, 87: 28-31.

[53] Legras R, Mercier J P, Nield E. Polymer crystallization by chemical nucleation. Nature, 1983, 304: 432-434.

[54] 卜海山, 庞燕婉, 胡文兵. 聚对苯二甲酸乙二酯结晶的成核促进剂. 复旦学报: 自然科学版, 1991, 30 (1): 1-7.

[55] Bu H S, Pang Y W, Song D D, Yu T Y, Voll T M, Czornnyj G, Wunderlich B. Single molecule single crystals. J Polym Sci, Part B: Polym Phys, 1991, 29: 139-152.

[56] Shi S, Chen E, Hu H, Bu H, Zhang Z. Morphology of single-chain single crystals of poly (ethylene oxide). Macromol Rapid Commun, 1995, 16: 77-80.

[57] Bu H S, Shi S H, Chen E Q, Hu H J, Zhang Z, Wunderlich B. Single-molecule single crystals of poly (ethylene oxide). J Macromol Sci, Phys B, 1996, 35: 731-747.

[58] Liu L Z, Su F Y, Zhu H S, Li H, Zhou E L, Yan R F, Qian R Y. Single-chain single crystals of gutta-percha. J Macromol Sci, Phys B, 1997, 36: 195-203.

[59] Kavassalis T A, Sundararajan P R. A molecular-dynamics study of polyethylene crystallization. Macromolecules, 1993, 26: 4144-4150.

[60] Yang X Z, Qian R Y. Molecular dynamics simulation of the crystal nucleation behavior of a single chain touching a substrate surface. Macromol Theory Simul, 1996, 5: 75-80.

[61] Fujiwara S, Sato T. Molecular dynamics simulations of structural formation of a single polymer chain: Bond-orientational order and conformational defects. J Chem Phys, 1997, 107: 613-622.

[62] Hu W B, Frenkel D, Mathot V B F. Free energy barrier to melting of single-chain polymer crystallite. J Chem Phys, 2003, 118: 3455-3457.

[63] Hu W B, Frenkel D, Mathot V B F. Intramolecular nucleation model for polymer crys-

tallization. Macromolecules, 2003, 36: 8178-8183.

[64]　Nishi M, Hikosaka M, Ghosh S K, Toda A, Yamada K. Molecular weight dependence of primary nucleation rate of polyethylene. I. An extended chain single crystal. Polym J, 1999, 31: 749-758.

[65]　Ghosh S K, Hikosaka M, Toda A. Power law of nucleation rate of folded-chain single crystals of polyethylene. Colloid Polym Sci, 2001, 279: 382-386.

第6章　晶体生长动力学

6.1　晶体生长的基本模式

在高分子结晶成核之后，紧接着就是高分子晶体的生长。高分子的基本晶体形态结构特点是片晶，片晶的生长动力学基本上决定了高分子主要的结晶形貌特征。片晶作为晶体的一种，其符合晶体生长的基本规律，人们已经在小分子的结晶学领域积累了大量的知识，使得我们在讨论高分子的片晶生长规律时得以充分地借鉴[1]。

如图 6.1 所示，晶体生长可以大致分为以下几个主要步骤。

① 结晶单元扩散到结晶表面并附着。

② 沿表面扩散到台阶处并附着。

③ 沿台阶扩散到坎坷处并附着，此时结晶单元进入了最稳定的晶格位置。

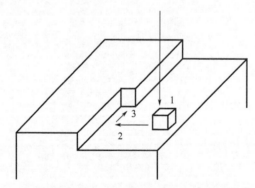

图 6.1　结晶单元进入晶体生长前沿的主要步骤示意图

1—结晶单元扩散到结晶表面并附着；2—沿表面扩散到台阶处并附着；

3—沿台阶扩散到坎坷处并附着，此时结晶单元处进入了最稳定的晶格位置

以上循序过程的每一步附着又包括了接触处的脱溶、吸附和释放结晶热等步骤。这些步骤是连贯进行的，而最终表现出的结晶生长速率则受这些顺序步骤中最慢的一步所控制，这一步通常称为速率控制步骤（rate-determining step）。这一控制步骤由于成为整个结晶过程的瓶颈而最容易被实验所观察到。这也是我们调控结晶速率及其形态的重要切入点。所以研究结晶生长过程最首要的任务就是

要找出结晶动力学控制步骤。大致地区分开来，控制结晶生长的基本机制主要有两类，分别称为扩散控制（diffusion-controlled）和界面控制（interface-controlled）。

6.1.1　扩散控制生长

在较大的过冷度（或过饱和度）下快速结晶时，晶体生长往往会受到长程的热扩散或结晶介质扩散（杂质或溶剂则反向扩散）的控制，即前面介绍的序列步骤中的第一个步骤。在气相或过饱和稀溶液中结晶，多为结晶介质扩散控制，而固态沉淀或熔体结晶多发生热扩散控制。通过解扩散方程可以得到晶体生长速率。

根据一维扩散的菲克（Fick）定律，结晶单元扩散速率通量为：

$$J = D \frac{\Delta C}{\Delta x} \tag{6.1}$$

式中，D 为扩散系数；C 为结晶单元浓度；x 为到晶体生长前沿的距离；$\Delta C / \Delta x$ 为浓度梯度。对于球面生长模型，我们用 r 来代表球形生长前沿到球心的距离。于是结晶单元的扩散率为：

$$\frac{dn}{dt} = 4\pi r^2 J = 4\pi r^2 D \frac{dC}{dr} = -4\pi D \frac{C_1 - C_2}{1/r_1 - 1/r_2} \tag{6.2}$$

式（6.2）假定 $r_1 = r$ 处达到平衡浓度，即 $C_1 = C^*$，而无穷远处 $r_2 = \infty$ 为本体浓度，即 $C_2 = C$，则：

$$\frac{dn}{dt} = 4\pi r D (C - C^*) \tag{6.3}$$

晶体生长的线速度为：

$$\frac{dr}{dt} = \frac{dnv/(4\pi r^2)}{dt} = \frac{vD(C - C^*)}{r} \tag{6.4}$$

式中，v 为结晶单元的摩尔体积。对式（6.4）积分，得到：

$$\int r \, dr = \int vD(C - C^*) \, dt \tag{6.5}$$

即

$$r \propto t^{1/2} \tag{6.6}$$

于是晶体生长的线速度为：

$$V = \frac{dr}{dt} \propto t^{-1/2} \tag{6.7}$$

实验观测到聚乙烯的二甲苯稀溶液 [0.01%（质量分数），$M_n = 1.2 \times 10^5 \text{Da}$] 在 80℃结晶，其晶体尺寸 r 与时间 t 呈非线性关系[2]，说明是扩散控制的结晶生长动力学机制，如图 6.2 所示。

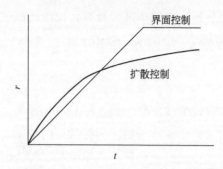

图 6.2　晶体线性尺寸 r 随时间 t 变化的两种基本模式示意图

6.1.2　界面控制生长

此时结晶生长的动力学控制步骤发生在结晶生长的前沿表面上，主要特点之一是生长速率不随时间而变化，也有三种情况，即次级成核、螺旋式生长和粗糙界面生长。

（1）生长表面次级成核　次级成核控制的例子同样存在于聚乙烯的二甲苯稀溶液中，当结晶温度 $T_c = 92.2℃$ 时，晶体尺寸 r 变化与时间 t 呈线性关系[2]，晶体生长的线速度为常数，如图 6.2 所示。

次级成核是在晶体生长表面上发生的二维成核，成核速率 i 也满足基本的如上一章所描述的成核速率公式：

$$i = i_0 \exp\left(-\frac{\Delta E + \Delta G^*}{kT}\right) \tag{6.8}$$

式中，i_0 是与温度无关的常数；ΔE 是界面扩散活化能位垒；ΔG^* 是临界核生成自由能位垒。

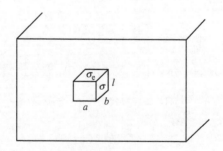

图 6.3　晶体生长前沿表面发生二维次级成核示意图

在高温区，成核速率 i 通常取决于 ΔG^*。我们来计算理想晶核的临界自由能位垒 ΔG^*，如图 6.3 所示，假定只有一个分子层生长，层厚 b 保持不变，宽度为 a，长度为 l，侧表面能为 σ，上下表面能为 σ_e，在有链折叠的高分子次级成核时，σ_e 称为端表面能，则表面晶胚的生成自由能为：

$$\Delta G = 2bl\sigma + 2ab\sigma_e - abl\Delta g \tag{6.9}$$

临界点时自由能变化对 a 和 l 的导数均等于零，处于马鞍点，则解得：

$$a^* = \frac{\sigma}{\Delta g} \tag{6.10}$$

$$l^* = \frac{2\sigma_e}{\Delta g} \tag{6.11}$$

$$\Delta G^* = \frac{4b\sigma\sigma_e}{\Delta g} \tag{6.12}$$

通常 $\Delta g \propto \Delta T$，则：

$$\Delta G^* \propto \Delta T^{-1} \tag{6.13}$$

表面成核后接着发生沿表面的侧向铺展生长，此时控制表面扩展速率 s 的步骤是结晶单元在表面的扩散速率。

$$s = R_A^0 \exp\left(-\frac{Q_A}{kT}\right) - R_D^0 \exp\left(-\frac{Q_D}{kT}\right) \tag{6.14}$$

式中，Q_A 是结晶单元到达的活化能；Q_D 是结晶单元离开生长面的活化能；R_A^0、R_D^0 是相应的速率常数，显然在平衡熔点 T_m 时，$s=0$，则：

$$\frac{R_A^0}{R_D^0} = \exp\left(-\frac{Q_D - Q_A}{kT_m}\right) \tag{6.15}$$

$Q_D - Q_A = \Delta Q$ 为结晶表面生长的过剩能，代入式（6.14），有：

$$s = R_A^0 \exp\left(-\frac{Q_A}{kT}\right)\left[1 - \frac{R_A^0}{R_D^0}\exp\left(-\frac{\Delta Q}{kT}\right)\right] = R_A^0 \exp\left(-\frac{Q_A}{kT}\right)\left[1 - \exp\left(-\frac{\Delta Q \Delta T}{kTT_m}\right)\right] \tag{6.16}$$

在 ΔT 很小时，有：

$$s \approx \frac{R_A^0 \Delta Q \Delta T}{kTT_m}\exp\left(-\frac{Q_A}{kT}\right) \tag{6.17}$$

即

$$s \propto \Delta T \tag{6.18}$$

Hillig[3] 发现金属晶体生长存在两个温度区域（regime）。在 regime Ⅰ，ΔT 较小时，$s \gg i$，此时次级成核是晶体生长的速率决定步骤，前沿推进速率为：

$$v \propto i \tag{6.19}$$

而在 regime Ⅱ，ΔT 较大时，$s \sim i$，此时表面铺展速率影响前沿推进速率，假定前沿面积为 L，前沿推进速率 $v = b/\tau$，τ 为前沿推进一层距离 b 所需要的次级成核周期，$1/\tau = Li$，而前沿面积主要由表面铺展所提供，$L = (s\tau)^2$，于是 $1/\tau = (s\tau)^2 i$，$1/\tau = (s^2 i)^{1/3}$，即：

$$v \propto (s^2 i)^{1/3} \tag{6.20}$$

金属晶体生长的两个温度区域如图 6.4
所示。Frank[4]对一维铺展的片晶生长前沿
进行计算，给出在 regime Ⅱ 时前沿的推进
速率为：

$$v \propto (si)^{1/2} \tag{6.21}$$

对高分子体系而言，次级成核的速率公
式中的扩散活化能 ΔE 通常采用 WLF 方程
来估算[5]，但在考虑稀溶液的独立链松弛
时采用描述本体链松弛的 WLF 方程就有问
题。对于熔点附近较小过冷度就能结晶的高
分子例如 PE 和 PP，由于此时主要是成核

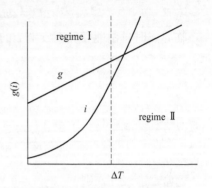

图 6.4　金属晶体生长的两个
温度区域示意图（g 代表横向
铺展速率；i 代表成核速率）

位垒为主而活化能的计算方式影响就较小，所以可用一"普适"的常数来简化计
算[6]，但对有较大结晶温度范围的高分子例如 PET、聚硅氧烷（polysiloxanes）
和顺式聚异戊二烯（cis-polyisoprene），当扩散项控制大部分结晶过程时，这种
近似未必合适，而此时 WLF 方程被证明是最有效的[7]。

（2）螺旋式生长　在 ΔT 很小时，i 也很小，生长前沿发生次级成核比较困
难，常可观察到晶体以螺旋生长方式为主，此时晶体生长起源于生长晶面上的螺
旋位错（screw dislocation），其避免了平滑表面的次级核生成所需要的温度和密
度涨落，如图 6.5 所示。围绕一个中心，位错侧面以 s 的速率生长，每转一圈，
晶面长一层 b，所以轴向生长速率为：

$$v = \frac{b\omega}{2\pi} \tag{6.22}$$

式中，ω 是角速度，只有在光滑的晶体生长前沿产生临界次级核尺寸的螺旋
位错才能起到次级核的作用进一步生长，因此：

$$\omega = \frac{s}{a^*} \tag{6.23}$$

代入式(6.22) 得：

$$v = \frac{bs}{2\pi a^*} \tag{6.24}$$

这里，$s \propto \Delta T$，$a^* \propto \Delta T^{-1}$，所以轴向生长速率为：

$$v \propto \Delta T^2 \tag{6.25}$$

这一结果已得到小分子晶体生长实验的证实。最后生成的形态像阿基米德螺
旋线，有两个相反的螺旋方向。这种情况也称为动力学控制的生长。

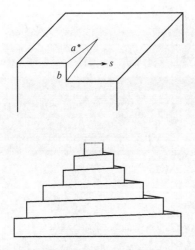

图 6.5　螺旋位错的产生和螺旋生长示意图

在高分子片晶中实际发生的螺旋式生长并不是出于真正的螺旋位错，而是生长前沿出现不平整所带来的片晶位错生长。这种螺旋生长并不能避免片晶生长前沿可能遇到的次级成核位垒，但是可以有效地避免初级成核从而带来更多的片晶同时生长。此时 b 为螺旋位错的伯格斯矢量，v 是沿片晶垂向的生长速率。Barnes 和 Price[8] 测量了最小的螺旋位错生长尺寸，其比该温度下的临界尺寸 a^* 大得多，当然形态上观测到的稳定最小尺寸是要比临界核尺寸大一些，因为后者处于自由能最高点，并不能稳定存在。如图 6.6 和图 6.7 分别是聚甲醛和聚乙烯溶液结晶生成的螺旋堆砌的片晶。这种螺旋生长的引发机制有很多讨论。其对片晶进一步堆砌形成球晶结构具有重要意义。我们在后面章节介绍关于单晶到多晶的转变时再进一步展开。

（3）粗糙界面生长　有两种情况导致生长界面变得相当粗糙。一种是当过冷度非常小时，T_c 接近 T_m，热涨落相当大，由于较大界面熵的存在使得平衡界面变得很粗糙，界面上的结晶单元很不稳定，出现频繁的进出，这称为热力学粗糙化（thermodynamic roughening）。图 6.8 显示计算机模拟在高温区单链在平面有序模板上结晶时发生的表面热力学粗糙化现象。

另一种是当过冷度非常大时，临界核尺寸接近于零，晶体生长几乎无成核阻碍，导致生长晶面变得很粗糙，这称为动力学粗糙化（kinetic roughening）。Lauritzen-Hoffman 理论所描述的 regime Ⅲ 片晶生长情形就接近于动力学粗糙化。当生长表面粗糙时，表面的铺展速率决定了前沿的推进速率，晶体线生长速率与过冷度成正比。如图 6.9 所示为较小的过冷度和较大的过冷度两个极端条件下的晶体生长粗糙化控制的线生长速率温度依赖性。

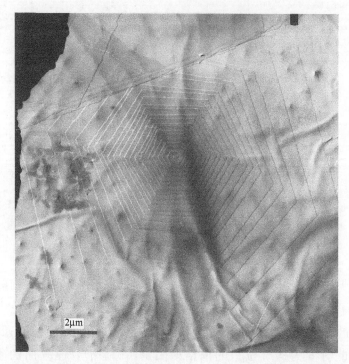

图 6.6　聚甲醛在邻苯二甲酸二甲酯溶液中生长出来的螺旋堆砌的片晶的电镜照片[9]

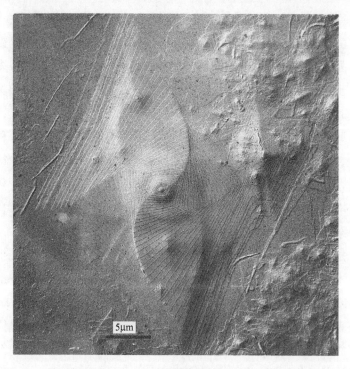

图 6.7　聚乙烯稀溶液中生长出来的螺旋堆砌的片晶的电镜照片[10]

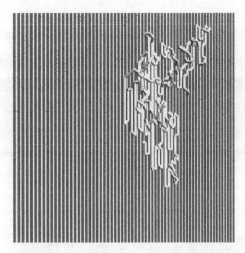

图 6.8　单链有 512 个链单元在 $T=3.7E_c/k$ 结晶达到饱和时 $(1.048\times10^6\,\text{MC}\,\text{周期})$ 吸附在平坦的基板上发生热力学粗糙化现象 $(E_p/E_c=1$。动态蒙特卡罗模拟结果，模拟方法介绍见附录)

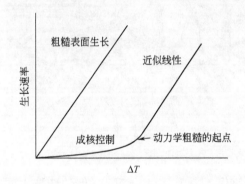

图 6.9　晶体生长速率在过冷度两个极端值下表现出的热力学和动力学粗糙化生长[11]

6.2　高分子折叠链片晶

6.2.1　折叠链片晶模型

由于链缠结、链的拓扑构造、序列结构规整性、结晶动力学以及热力学残留熵等多种因素的影响，使得我们一般不能从无定形高分子本体中得到完全伸展有序并且结晶度达 100% 的晶体。由 Ostwald 阶段定律和链折叠原理可知，通常我们所得到的高分子结晶体仍将是一个亚稳态晶体，那么高分子链只发生部分结晶的话，将是如何组成晶区相形态的呢？

对高分子结晶基本形态结构的认识有一个相当长的历史过程。最初人们发现结晶度只有约 30% 的聚烯烃高分子表现得比非晶高分子更柔韧而富有弹性，不透明，就像硫化橡胶一样，且分子链长远远大于晶粒的尺寸（100~400Å），于是对照硫化橡胶的结构认为里面存在物理交联结构，晶粒就像橡胶交联点一样。1930 年 Hermann 等人由 X 射线散射观察到几百埃尺寸的晶粒，提出了缨状微束模型（fringed micelle model），如图 6.10 所示[12,13]。此后，随着显微技术的发展，1945 年 Bunn 和 Alcock 观察到沿径向处处相等的球晶是高分子晶体的主要形态特征[14]，但是当时人们很难想象由缨状微束晶如何排列成球晶，即缨状微束模型还不能解释本体中广泛存在的尺寸达几千埃的球晶结构。

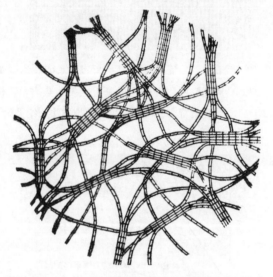

图 6.10　高分子结晶区的缨状微束模型示意图[13]

　　直到 20 世纪 50 年代，由于 Ziegler-Natta 催化剂技术的发展，线型立构规整的高分子被大量合成出来，人们才得到结晶度高于 80% 形态更为规则的聚烯烃高分子晶体，这么高的结晶度区域很难再用物理交联点来描述，而更可能是结晶聚集体，间杂少量的无定形区。特别是人们可以在稀溶液中制备一种厚 100~200Å，长宽各达几千埃的高分子单晶，其被称为片晶（lamella）。Jaccodine[15]、Keller[16]、Fischer[17] 和 Till[18] 等人分别通过电镜及电子衍射观察了稀溶液和本体生长的厚约 100Å 的聚乙烯薄片晶，如图 6.11 所示。Keller 首先通过电子衍射证明链轴垂直于片晶平面，由于片晶表面平整光滑，且厚度比高分子链总长度小 1 个数量级，他引入了 Storks 的近邻折叠链的概念[19]，来解释链取向、片晶尺寸、结晶度、表面堆积密度等现象。于是近邻折叠链模型（adjacent folding model）诞生了，如图 6.12 所示。这一模型在稀溶液单晶中得到了小角中子散射实验的证实，短链高分子熔体的整数次折叠链片晶也是近邻折叠链存在的有力证据。

(a) 生长的单晶　　　　　　　　　　　　　　　(b) 电子衍射图案

图 6.11　聚乙烯稀溶液生长的单晶及其电子衍射图案[16]

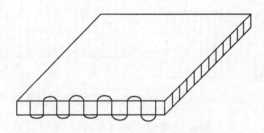

图 6.12　高分子的折叠链模型示意图

　　1962 年 Flory[20]考虑到由于高分子特别是聚乙烯结晶速率很快，不可能有足够的时间都规整折叠，因此在片晶表面上应当存在很大程度的无序性，所以他提出了片晶的"插线板"模型，即链穿出片晶后不必立即回到近邻位置，而是无规地连接到别的片晶或本片晶的其他较远的位置。Mandelkern[21]鉴于片晶间存在很多的分子连接，片晶表面存在一个过渡区，进一步发展成区间插线板模型（interzonal switchboard model），如图 6.13 所示。折叠和非折叠两种学术观点曾经发生过激烈的争论（Faraday Discuss. Chem Soc，1979，Vol. 68.），问题的焦点在于片晶中的高分子链是否近邻折叠，或者说在多大程度上是近邻折叠的。

　　如果分子链是全部近邻规整折叠的话，其分子轮廓将成为约 100Å 厚的薄片，在小角中子散射（SANS）的帮助下，可测出线团回转半径的变化，因为 SANS 可分辨出氘代的分子链在氢代本体中的形状，在中子束照射下，氘原子相对于氢原子有大得多的散射截面（约 10 倍），产生相反差，相界面就会对入射波发生相干散射。在不同的散射矢量 q 值范围内，我们可以得到相应尺寸的信息，如下所示：

	小角 SANS	中角 IANS	广角 WANS
$q/\text{Å}$	0.003~0.03	0.03~0.3	0.3~5
尺寸/Å	200	20~100	<20
信息	回转半径	茎杆排列	茎杆相关性

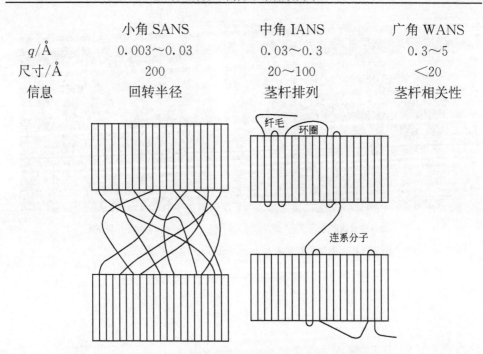

图 6.13　高分子链构象在片晶堆砌结构中示意图

在 q 值较小时，对高斯链团从理论上由 Guinier 近似公式可测量得到链团的均方回转半径。SANS 比小角光散射的优越之处就在于，其不仅可测稀溶液中链团的均方回转半径，还可测本体中少量氘代分子链团的均方回转半径。Ballard 等人[22]测量了一系列高分子无序态本体的均方回转半径，结果符合 Flory 关于线团无扰构象的预测。

中子散射法推广到高分子结晶体，溶液结晶和熔体结晶的结果大不相同。

（1）溶液结晶　PE 在二甲苯中 70℃结晶，其均方回转半径相对熔体要小得多[23]，且 PE 链均在同一层片晶内[24]，因此如果分子链沿某晶面排成薄片状的话，由于其空间各向异性并不大，所以该薄片序列也应该是折叠的，薄片内存在大量的近邻折叠已被中子散射在中角度区的结果所证明[25]，如图 6.14 所示，分子链近邻折叠，且分布在近邻的两三层晶面内，形成所谓的超折叠（superfolding）。

Spells[25]和 Jing[27]等人通过氘代物的红外光谱也得到了近邻折叠的结果。硝化/GPC（凝胶渗透色谱）技术[28,29]给出了更明确的证据，即硝酸蚀刻 PE 单晶，在相当长一段蚀刻时间都在 GPC 上得到分子量为 1∶2 的两个峰，对应链折叠长度及其两倍值，或者多重峰，表明近邻折叠的存在，且折叠端分布在较厚的区域内。

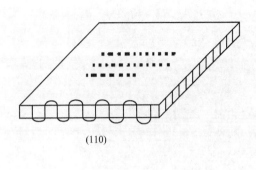
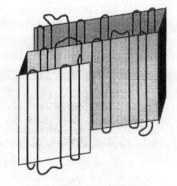

(a) 折叠端在片晶中的分布   (b) 折叠链形成超折叠排列

图 6.14 折叠链的茎杆分布在片晶中形成超折叠示意图[26]

Wittman 和 Lotz[30] 发展出一种形态学方法，可以直接检验片晶表面的规整性。他们把短链 PE 分子通过热钨丝蒸发沉积到单晶表面上，其将自发富集并结晶，晶体沿片晶的折叠表面而取向。如果表面是无序态的非近邻折叠为主，这种沉积有序就不会被观察到。如图 6.15 所示，事实上观察到了分区域的取向有序，表明高分子单晶中大量近邻折叠的存在，并且折叠端的取向分扇区（sectorization）。通过原子力显微镜的仔细观察也显示单晶表面的折叠端倾向平行于生长前沿[31]。类似的结果也得到了计算机模拟单晶生长的支持[32]。

Ungar 等人[33] 研究了超长正烷烃的溶液结晶，发现了片晶厚度倾向于链长的整数分之一，从而证明了近邻规整折叠的存在，其主导了片晶厚度，并且正烷烃链长只有在 150 个碳原子以上才发生折叠。

（2）熔体结晶 PE 熔体结晶氘代链易分凝出来[34]，样品一般淬冷到低温结晶以防止这一分凝现象的出现。小角度区散射结果发现结晶 PE 链的分子外形几乎与熔体中的无扰尺寸一样，回转半径与分子量之比近于常数[35]。iPP[36] 和 PEO[37] 缓慢结晶也得到同样的结果，为此 Flory 和 Yoon[38] 根据类似于 Fischer 所提出的"凝固"（solidification）模式[39] 来解释熔体结晶的机理，即链不需要经过长程的运动即伸展进入晶区，如图 6.16 所示。

对散射中角度区（IANS）的测量结果反映了链在片晶中的排列方式，对此的不同解释是链折叠问题争议的焦点。Yoon 和 Flory[40] 通过蒙特卡罗模拟拟合的方法给出 PE 晶体非近邻折叠的解释，但无法避免仲出片晶链的拥挤问题，Guttman 等人[41] 甚至由此算出无规折叠将使片晶表面链密度是晶区的两倍，Frank[42] 指出如果不考虑晶区和完全无定形区的过渡区，由于链的空间体积排除效应，片晶表面至少需要 70% 的近邻折叠。当然，过渡区的存在使得这一极限

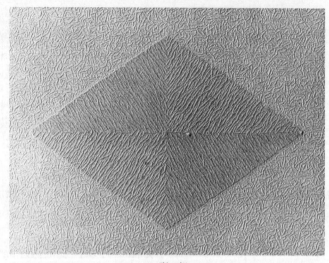

(a) 聚乙烯

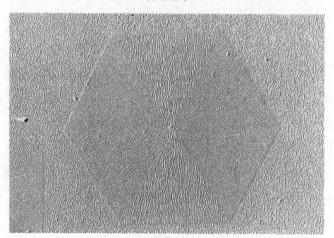

(b) 聚氧乙烷

图 6.15　聚乙烯和聚氧乙烷单晶表面烯烃蜡沉积附生结晶示意图[30]

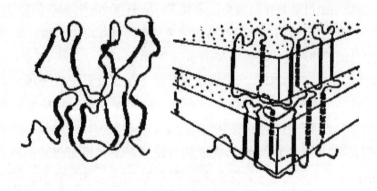

图 6.16　高分子本体结晶就近凝固模式示意图[39]

可以低得多。Sadler[43] 给出了另一种蒙特卡罗模拟拟合解释，认为可以有 30%～50% 的近邻折叠。红外光谱的研究表明，沿（110）晶面，PE 熔体结晶中约 30%～40% 的折叠是近邻的，但每次连续不超过三个茎杆[27]。

无论是很快还是缓慢地从熔体中结晶，分子链的整体构象外形接近于无规线团，但许多茎杆穿插在片晶中，其中相当部分是附近区折叠的，当然可以想象，片晶表面将会有许多连系其他片晶的分子（tie molcules）、带自由端基的纤毛（cilia）和一些非近邻折叠环圈（loops）。如图 6.17 所示是聚乙烯与短链烯烃混合物中生成的球晶经过洗脱短链烯烃后得到的结晶形态，可以看到片晶之间存在大量的连接微纤，意味着连系分子的存在[44]。现在认为在低温区快速结晶产生的链构象可能如 1983 年 Hoffman 所讨论的可变簇模型（variable cluster model）[45]，链折叠以附近折叠（neighboring folding）而非最近邻折叠为主，这符合近年来 SANS 的研究结果。这样片晶表面有近邻折叠、环圈、纤毛和连系分子并存，如图 6.13 所示。Fischer 也从中子散射实验结果的解释中总结出链折叠成簇（cluster）分布的结论[46]。看来"无规折叠"和"完全近邻折叠"都未必妥当，"附近区折叠"（nearby re-entrant）可能是最好的描述。Fischer 等人[47] 提出了宽间隔茎杆簇模型（widely spaced stem clusters），即某一分子链穿过同一层片晶的茎杆（处于片晶中的链序列）组成一簇，一个分子链可以由几簇茎杆组成，其分处不同但邻近的片晶层，每一簇茎杆主要是附近区折叠。这一模型已在熔体结晶的 PE[48]、PP[48]、PEO[46] 和 PET[49] 中得到中子散射实验的证明，例

图 6.17　聚乙烯与短链烯烃混合物中生成的球晶经过
洗脱短链烯烃后得到结晶形态的电镜照片[44]

如分子相对质量 4.6×10^4 的 PE 链的中子散射分析表明，平均每个分子链有 2.7 个茎杆簇，每簇茎杆若按线型排列有约 5.2 个茎杆，平均间距 14.3Å，近邻折叠茎杆间距约 5Å，可见以附近区折叠为主。

然而短链高分子在较小过冷度时从熔体结晶可以生成整数次近邻规整折叠的片晶，已经存在大量的实验证据支持这一结果，我们将在有关片晶生长的独特动力学现象的介绍时再给出更详细的说明。

如果对高分子的结晶形态结构按照不同尺度划分层次的话，可以如下所示：

序列规整—————折叠链————————片晶——————球晶

一级结构　　　　　二级结构　　　　　三级结构　　　　　四级结构

近程结构　　　　　远程结构　　　　　　　　　聚集态结构→

　　　　　　链结构　　　　　　　　　　　　超分子结构→

6.2.2　片晶的界面区

Flory 早就指出高分子的晶区与液态区的边界不同于小分子体系之处就在于其不是很尖锐[50]。片晶平面［(001) 面］法线方向的晶区和完全无定形区之间的过渡区域称为界面区（interfacial zone），界面区对结晶高分子的力学行为有重要影响，对界面区的研究可以为我们理解高分子材料的变形、物理老化、剪切屈服和银纹等现象提供重要信息。

通常认为使得链伸展排列的结晶驱动力将把链从其无定形区域中抽出去，而正是链间的缠结作用阻碍了链的及时抽出，于是后者产生的热力学驱动力将与结晶驱动力达到平衡，这一驱动力当然来自一种链团变形的弹性能，二者"拔河"的结果是在晶区附近产生变形的橡胶态，其有部分的取向性和刚性而不同于完全无定形区，又有相当的无序性而不同于晶区，故称为界面区，因其过渡性和不均匀性，还不能称其为相。另一种可能的机制是处于过渡区的链类似于超过临界交叠浓度的高分子刷，链构象由于发生表面拥挤而发生一定程度的取向变形，但是由于一端受到晶区的约束又不能随意改变构象。

如图 6.18 所示是计算机模拟在本体中生长出来的单层片晶，其下侧存在基板，片晶上侧存在相当厚度的由参与该片晶生长的高分子链为主的非晶区。

在界面区中，晶体的有序将逐渐消失。采用基于平衡链构象模型的平均场理论[51~55]和蒙特卡罗分子模拟[56~58]已经对此区域加以深入的研究，Dill 则进一步将之纳入普遍的无序-有序界面类型之中[59]。对于聚乙烯，片晶折叠面的剩余表面自由能的理论计算值约为 $50 \sim 65 erg/cm^2$[51]。本体结晶的聚乙烯理论界面区厚度约为 10~30Å[55]。但是这些理论计算没有考虑链缠结等结晶限制因素。实际高分子的表面能和界面区厚度与晶区链螺旋构象、温度和分子量均相关。对于聚乙烯，相对分子质量为 $10^4 \sim 10^6$ Da，界面区厚度从 14Å 增加到约 25Å[60]。界面自由能也随着分子量增加而增大[61]。另外，核磁[62~64]、热分析[65]、小角中子散射[66]、拉曼光谱[67~69]、介电松弛[70,71]以及电镜观察[72~74]都给出了界面区存在的证据。

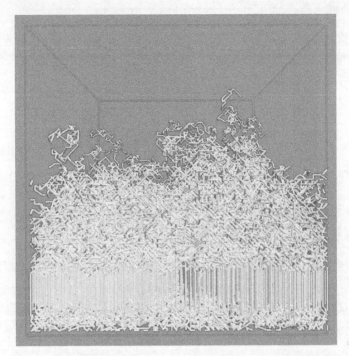

图 6.18　动态蒙特卡罗模拟 64^3 立方格子链长 128 的高分子本体在高温下由两侧模板引发生长的单层折叠链片晶，只有参与该片晶的链被画出来［底部是一层中性硬墙阻挡分子链穿过，而左右两侧具有循环边界条件（未发表结果）］

　　Boyer[75,76]研究了一系列高分子的双重玻璃化转变现象，发现高温区的 T_g 与结晶度密切相关，如图 6.19 所示，因而将其归结为晶区与非晶区之间的界面区的玻璃化转变。虽然玻璃化转变温度作为强度量与作为广延量的界面区多少应该没有直接的关系，结晶度的增大也许显著改变了界面区高分子链的受限程度。Struik 利用界面区宽分布的玻璃化转变温度的概念（extended glass transition）来解释半结晶高分子的力学松弛和物理老化现象[77]。

　　Menczel 和 Wunderlich 注意到半结晶高分子在玻璃化转变时随结晶度的增加，迟滞回线现象逐渐消失，同时热容的变化比根据结晶度计算的变化要小一些[78,79]。于是，他们提出把无定形部分分为两部分，即硬无定形部分（rigid amorphous fraction，RAF）和可动无定形部分（mobile amorphous fraction，

MAF)。Schick 等人提出可动无定形部分的百分数可以由玻璃化转变时半结晶高分子热容的变化除以完全无定形高分子热容的变化来得到[80]，即：

$$x_{\mathrm{MAF}} = \frac{C_{p,\,\mathrm{semicrystalline}}}{C_{p,\,\mathrm{amorphous}}} \times 100\%$$
(6.26)

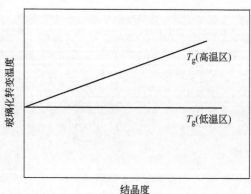

图 6.19　半结晶高分子的双重玻璃化转变温度与结晶度之间的关系[75,76]

相应的结晶度 x_{C} 可以由 X 射线衍射或热分析等方法来得到，于是如图 6.20 所示，硬无定形部分所占的百分数为：

$$x_{\mathrm{RAF}} = 1 - x_{\mathrm{MAF}} - x_{\mathrm{C}}$$
(6.27)

将界面区描述为硬无定形区，为我们以三部分相区结构的贡献来理解半结晶高分子的物理性质提供了一条基本思路[81~85]。

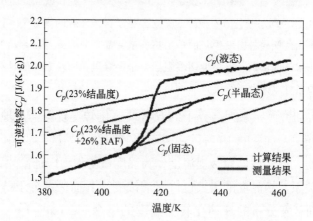

图 6.20　半结晶 PC 在玻璃化转变区的可逆热容测量结果[81]

6.2.3　片晶的厚度及其来源

　　片晶的厚度是对片晶的形态进行结构表征的重要物理量之一。由于高分子晶体在厚度这一维上的尺寸有限，很大程度上决定了其熔点低于高分子晶体的平衡热力学熔点。因而对厚度的了解是了解高分子晶体的实际熔点及其熔化行为的前提条件之一。

通常对片晶结构的讨论是基于折叠链模型，分子链垂直于片晶平面，所以，片晶厚度 l 也即是链的折叠长度。但是链茎杆并不总垂直于片晶，例如 PE 链随着结晶温度的降低将发生从 $19°\sim20°$ 角到 $40°$ 角的倾斜[86,87]，这时链的折叠长度 (fold length) 或茎杆长度 (stem length) 就不等于片晶厚度，而要按倾斜程度进行换算。我们首先介绍片晶厚度的主要测量方法，然后是依据这些方法所得到的主要结论，并从理论上阐释其来源。

(1) 片晶厚度的测量方法

① 电子显微镜 (EM)　此方法是对电镜放大图像的直接观测统计，主要的困难是晶区和非晶区的反差太小，样品在电子束轰击下不稳定及局部观测图像的非代表性，为克服这些困难也发展了相应的方法。

a. 蚀刻拓片法　主要是对 PE 采用高锰酸钾蚀刻，无定形部分先被蚀刻掉，表面露出晶体部分，经清洗干净后一次复型金属金及碳膜支持，在电镜下就可看到其拓片形貌。

b. 超薄切片染色法　将样品先切成很薄的片层 (约 $0.01\mu m$ 厚)，然后用重金属过氧化物染色，如 OsO_4、RuO_4，无定形部分优先被染色，从而增大与晶区部分的反差。也有对聚烯烃用氯磺酸染色无定形区以增大反差的方法。详细内容应参阅 Sawyer 和 Grubb 合著的《Polymer Microscopy》[88]。

Voigt-Martin 等人[89]通过 EM 方法得到结果的统计直方图与小角 X 射线散射的结果进行比较，证明了 EM 定量方法的可靠性。值得一提的是近年来发展起来的原子力显微镜，其高分辨率图像可清晰地显示样品表面的片晶条纹，但这是表面形貌，由于片晶表面过渡区的存在，条纹的宽度并不代表片晶的厚度。

② 小角 X 射线散射 (SAXS)　该方法依据于极小角度下测得的衍射纹，根据布拉格 (Bragg) 定律 $L=\lambda/(2\sin\theta)$，θ 为散射角的 $1/2$，L 对应于较长的重复周期，在片晶平行堆积的情况下，如图 6.21 所示，$L=l_a+l_c$，即 L 由片晶厚度 l_c 和片晶间无定形区厚度 l_a 加和所决定，这就需要根据结晶度对 L 进一步分解，较精确的分解应考虑其分布的对应性。因为片晶的堆砌程度不高，不能指望这一方法对稀溶液中的晶体和熔体中的不完善片晶很有效。在退火时，片晶有增厚效应，无定形区也会变化，所以在结晶度不高时，长周期 L 可能会掩盖片晶厚度的真实变化。

③ Raman 低频光谱　此方法依据于茎杆沿链的取向方向低频振动，这称为纵向声学模 (longitudinal acoustic mode，LAM)，其振动频率为：

$$\mu = \frac{1}{2l}\sqrt{\frac{E}{\rho}} \qquad\qquad (6.28)$$

式中，E 为分子力常数；ρ 为密度。由于 μ 较小，同 SAXS 一样，实际测量时对光源的准直性要求特别高。此方法直接测得了链的折叠长度，有时茎杆并不垂直于片晶平面，而有些倾斜，这样测得的结果就不等于片晶厚度，所以需要结合其他方法进一步测定其倾角[90]。

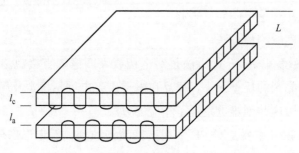

图 6.21　片晶堆砌周期性厚度定义示意图

（2）片晶厚度的主要测量结果　由以上方法测量高分子片晶的厚度与分子量及结晶温度的关系，主要得到以下结论。

① 片晶厚度主要与结晶温度有关，在高温区近似地有：

$$l = \frac{c_1}{\Delta T} + c_2 \qquad\qquad (6.29)$$

而低温区则保持近乎常数，如 PE 约 100Å，如图 6.22 所示[91,92]。

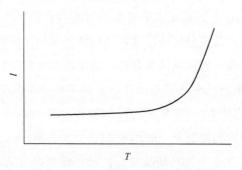

图 6.22　片晶厚度随温度变化示意图

② 片晶厚度的分布与结晶温度有关，结晶温度越高，分布越宽；连续降温结晶得到宽分布的片晶厚度[93]；等温退火也产生宽分布的片晶厚度[94,95]。

③ 共聚物和支化聚乙烯的片晶厚度范围在 40～100Å[96]。

④ 折叠链片晶厚度与分子量无关；与溶液浓度也无关[97,98]。

⑤ 低分子量级分的分子链结晶有整数次折叠的倾向。我们将在后面章节再

详细介绍。

（3）片晶厚度的决定机制　从热力学上来看，最稳定的高分子晶体应该是完全伸展的链构象排列，然而由于高分子结晶的始态是尺寸小得多的分子线团，最快的结晶方式显然不会使每条链都充分伸展，所以从动力学上看，优先生成的是那些亚稳态折叠构象，导致尺寸较薄的片晶生成。这就是所谓的高分子结晶的亚稳链折叠原理。

如图 6.23 所示，假定片晶厚为 l，长、宽各为 a、b，端表面能为 σ_e，侧表面能为 σ，单位体积熔融自由能为 Δg，则生成该片晶的自由能变化 ΔG 为：

$$\Delta G = 2al\sigma + 2bl\sigma + 2ab\sigma_e - abl\Delta g \tag{6.30}$$

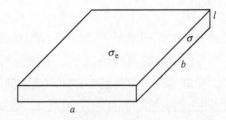

图 6.23　片晶结构和表面能示意图

由于通常 $\sigma \ll \sigma_e$，a、$b \gg l$，所以：

$$\Delta G \approx 2ab\sigma_e - abl\Delta g \tag{6.31}$$

该片晶要稳定存在，至少 $\Delta G \leqslant 0$，则近似地有：

$$l_{\min} \geqslant \frac{2\sigma_e}{\Delta g} \tag{6.32}$$

即晶格能刚好足以克服片晶两侧折叠端表面能的升高。这是片晶厚度的热力学解释。

从式（6.30）出发，ΔG 对 $V = abl$ 取导数等于零也得到片晶生长前沿的临界厚度：

$$l^* = \frac{2\sigma_e}{\Delta g} \tag{6.33}$$

这表示生长前沿如果达不到这一基本厚度，片晶将熔化。虽然这一片晶厚度与热力学解释的结果刚好一致，但这里给出的是动力学解释。我们在本章后面将介绍更具体的片晶生长动力学理论描述。

实际生成的亚稳的片晶厚度要比临界厚度稍微大一些，即：

$$l = l_{\min} + \delta l = \frac{2\sigma_e}{\Delta g} + \delta l \tag{6.34}$$

式中，δl 是小量的 l 增值。由：

$$\Delta g \approx \frac{\Delta h \Delta T}{T_{\mathrm{m}}} \tag{6.35}$$

得

$$l = \frac{2\sigma_{\mathrm{e}} T_{\mathrm{m}}}{\Delta h \Delta T} + \delta l \tag{6.36}$$

如果忽略 δl 的影响，临界片晶厚度将决定片晶的熔点偏离热力学平衡熔点的程度，可以得到：

$$T_{\mathrm{m}} = T_{\mathrm{m}}^{0} - \frac{2\sigma_{\mathrm{e}} T_{\mathrm{m}}^{0}}{l \Delta h} \tag{6.37}$$

该公式也称为 Gibbs-Thomson 熔点降低公式。正是由于片晶厚度有一个较宽的分布，导致高分子晶体熔化会出现在一个较宽的温度范围，这一范围称为熔程（melting range）。

晶体生长时的厚度到底是由式(6.32)的热力学机制还是由式(6.33)的动力学机制所决定的？有一个巧妙设计的实验给出了很直接的判据支持动力学机制。这个实验就是在溶液中生长单晶时，控制温度在两个值之间交替变化，每个温度给予相同的时间让晶体生长（isochronous decoration），如果结晶生长的厚度只与温度有关，与整个晶体的热力学稳定性无关，厚度也会发生交替变化，形态上就容易被观察到。图 6.24 证明确实如此，由此可见，高分子晶体的生长厚度是由生长前沿的临界动力学稳定性所决定的。这一技术设计最先由 Bassett 和 Keller 于 1962 年提出[99]，Dosiere 等人首先做出同心的聚乙烯菱形单晶[100]，图 6.24 是近年来 Tian 等人由原子力显微镜观察到的同心单晶[101]。

(a) 原子力显微镜高度图像

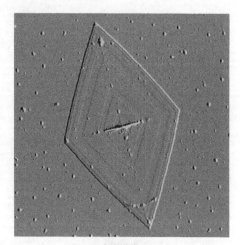
(b) 振幅图像

图 6.24　交替改变温度导致交替厚度的聚乙烯片晶生长[101]

（扫描范围 $20\mu m \times 20\mu m$，扫描高度 40nm）

式(6.33)所预测的临界片晶生长厚度正好是初级成核式(5.12)所预测的初始核厚度的一半。这意味着在单层片晶被临界核引发生长之后，晶核尚有多余的厚度在上方或下方再引发新的一层片晶生长，但要引发更多的片晶生长就不容易了，这一现象已经被 Geil 所注意到[102]。

6.3　片晶生长动力学

6.3.1　次级成核作为速率决定步骤

晶体的生长速率通常是通过测量晶体一维尺寸 R 随时间 t 的变化而得到的。晶体尺寸 R 对球晶而言是其半径或直径随时间的变化，对单晶而言是片晶外缘生长的线速度，这都可以得到被称为晶体线生长速率（linear growth rate）的结果，即：

$$v = \frac{\mathrm{d}R}{\mathrm{d}t} \tag{6.38}$$

测量 v 的方法取决于晶体的大小范围。较小的晶体采用激光小角光散射法（SALS），较大的晶体则在偏光显微镜（PLM）下直接测量。大量的实验观测发现，本体高分子中片晶生长速率大多随时间变化保持不变，与测量的时间无关，反映了界面控制的机理，主要是次级成核机理，并且在高温区，$\Delta G^* \propto \Delta T^{-1}$。早在折叠链片晶发现之前的 1955 年，Flory 和 McIntyre 就猜想球晶线生长速率受成核过程控制[103]。对半结晶高分子样品，结晶速率与 T_c 的关系也反映了成核控制的特点，呈铃铛形，如图 6.25 所示。这一现象最早由 Burnett 和 McDevit 由测量尼龙-66 和尼龙-6 的球晶线生长速率随温度的变化而得到，他们由此也提出了次级成核控制球晶生长的观点[104]。常压下 PET 熔体结晶用小角光散射（SALS）测量，也可得到铃铛形温度曲线[105]。这样的例子在结晶高分子体系中很常见。

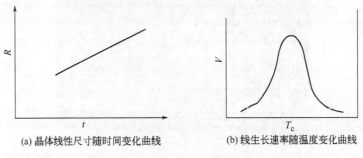

(a) 晶体线性尺寸随时间变化曲线　　　(b) 线生长速率随温度变化曲线

图 6.25　晶体线性尺寸随时间变化曲线以及线生长速率

随温度变化曲线示意图

　　Wunderlich[106]在聚乙烯熔体中的自晶种实验发现，在有晶种存在的131.2℃，120h 都未发生结晶生长，此时仍存在一定的过冷度；在 128℃，则48h 内则几乎完全结晶，这说明晶体生长仍有一定过冷度的要求。更确切地说，是热力学驱动力的要求。

　　形态观察表明，聚乙烯伸展链片晶侧表面部分熔融重结晶后生长薄得多的片晶，并不依照原有的片晶厚度，如图 6.26 所示，说明折叠链片晶在伸展链晶侧表面经过了新的次级成核生长[107]。类似的现象也普遍存在于串晶结构之中，我们将在后面章节再详细介绍。

(a) 折叠链晶生长之前

(b) 折叠链晶生长之后

图 6.26　伸展链晶脆断表面在折叠链晶生长之前和之后的电镜照片[107]

片晶侧表面前沿向前推进的线生长速率实际上可看作是在不断的热涨落过程中前沿向前推进的速率和向后熔化的速率之间相互竞争的净结果。如果我们采用次级成核作为片晶前沿生长和熔化的速率决定步骤，二者都历经同一个成核自由能位垒，但方向相反，则二者之间净的成核自由能位垒之差 ΔG 将决定二者的生长竞争结果，即[108]：

$$v = v_{\text{growth}} - v_{\text{melting}} = v_{\text{growth}}\left(1 - \frac{v_{\text{melting}}}{v_{\text{growth}}}\right) - v_{\text{growth}}\left(1 - \exp-\frac{\Delta G}{kT_{\text{c}}}\right) \quad (6.39)$$

假定净自由能差很小，对上式中的指数项引入 Maclaurin 系列公式 $[\exp(x) = 1 + x + x^2/2 + x^3/6 + \cdots + x^i/i! + \cdots]$ 展开，只取第一项近似，我们可得到：

$$v \approx v_{\text{growth}}\frac{\Delta G}{kT_{\text{c}}} = v_{\text{growth}}(l - l_{\min})\frac{b^2\Delta g}{kT_{\text{c}}} \quad (6.40)$$

这里晶体生长净的自由能主要反映在超出 $l_{\min}$ 的那部分剩余片晶厚度；b 为片晶内部的茎杆平均间距；Δg 为单位体积熔融自由能的变化。我们可以把上式中受次级成核位垒控制的 v_{growth} 看作为片晶生长的位垒项，而将其他项归结为片晶生长的驱动力项[108]。由此可见，当温度较低时，$l > l_{\min}$，上式的净速率为正，片晶前沿将生长；反之，净速率为负，片晶前沿将熔化。

Frank 和 Tosi 指出晶体生长的前沿可能存在一个迅速增厚的过程[109]。这样片晶的侧表面前沿的剪影就像一个楔子，前段薄后段厚，逐渐过渡，如图 6.27所示。Wunderlich 在高温高压下采用电镜观察到高度增厚的 PE 片晶生长前沿存在一个增厚的过程[110]。Bassett 提出在常温常压下的片晶生长前沿也同样存在这样一个增厚过程[111]。近来，采用先进的扭转敲击原子力显微镜技术，Hobbs等人[112]已经清楚地看到聚乙烯片晶生长前端的楔形结构，如图 6.28 所示。这样在晶体生长的前沿，我们可以把高分子链的晶体生长或熔化过程想象成为先历经一个次级成核位垒，接着晶体迅速增厚达到 $l_{\min}$ 之后获得净的自由能，从而得以稳定下来。

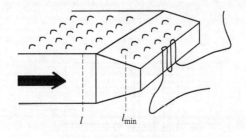

图 6.27　片晶侧面生长的楔形前沿示意图（片晶生长前沿历经一个成核位垒后，

迅速增厚超过最低厚度，然后稳定下来）

图 6.28　剪切 PE 薄膜的扭转敲击原子力显微镜高度图[112]
（黑圈指示片晶生长前端的楔形结构）

有关片晶生长的位垒项的描述，有基于次级成核的 Lauritzen-Hoffman 理论及其后续发展出二维生长的 Hikosaka 理论，也有同样基于次级成核的链内成核理论，还有一些基于非次级成核的概念模型，我们将在下面一一展开介绍。

6.3.2　Lauritzen-Hoffman 理论

晶体生长的次级成核模型描述的是晶体生长前沿发生二维成核，以引发新的一层晶面的生长，有时也称为表面成核（surface nucleation）模型。Lauritzen-Hoffman（LH）理论[113,114]基于如下几点假定。

① 在高分子片晶的生长前沿平滑表面发生次级成核，沿边缘铺展生成二维单晶。

② 成核生长的折叠长度 l 保持不变（图 6.29），每个茎杆宽 a_0，厚 b_0，v 为已生长的茎杆数。

③ 各种状况下茎杆数 N_v 达稳态分布，$\dfrac{\mathrm{d}N_v}{\mathrm{d}t}=0$。

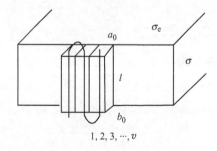

图 6.29　LH 模型关于晶体生长前沿折叠链茎杆示意图

④ 每个茎杆生长进入晶格历经一个活化态，在此活化态只有部分（ϕ 分数）吸附的茎杆进入晶格（图 6.30）。

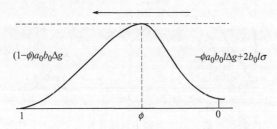

图 6.30　每个茎杆生长进入晶体前沿时历经的自由能位垒示意图 [最高处为活化态，熔化过程历经晶态 $(1-\phi)a_0b_0l\Delta g$ →活化态 $\phi a_0b_0l\Delta g$ →吸附态 $-2b_0l\sigma$ →无序态线团，实际上，熔化与结晶过程可逆，即晶态 B_0 →活化态←无序态 A_0]

已生长 v 个茎杆的表面核为：

$$\Delta G = 2b_0l\sigma + 2(v-1)a_0b_0\sigma_e - va_0b_0l\Delta g \tag{6.41}$$

$v=1$ 时，茎杆生长速率为：

$$A_0 = \beta\exp\left(-\frac{2b_0l\sigma - \phi a_0b_0l\Delta g}{kT}\right) \tag{6.42}$$

熔化速率（不考虑侧表面）为：

$$B_0 = \beta\exp\left[-\frac{(1-\phi)a_0b_0l\Delta g}{kT}\right] \tag{6.43}$$

$v>1$ 时，茎杆生长速率为：

$$A = \beta\exp\left(-\frac{2a_0b_0\sigma_e - \phi a_0b_0l\Delta g}{kT}\right) \tag{6.44}$$

熔化速率 $B=B_0$。β 在这里称为动力学前置因子，根据式(5.19) 有：

$$\beta = \frac{kT}{h}\exp\left(-\frac{\Delta E}{kT}\right) \tag{6.45}$$

式中，ΔE 为链段短程扩散越过晶面所需克服的活化能。这时茎杆数 v 与 ΔG 的关系如图 6.31 所示，表明了次级成核控制机制。

我们来计算茎杆生长的通量 S。由稳态假定：

$$S = N_0A_0 - N_1B = N_1A - N_2B = N_2A - N_3B = \cdots \tag{6.46}$$

$v>1$ 时　　　　　$$S = N_vA - N_{v+1}B \tag{6.47}$$

则　　$$N_{v+1} = \frac{A}{B}N_v - \frac{S}{B} = \left(\frac{A}{B}\right)^2 N_{v-1} - \left(\frac{A}{B}\right)\frac{S}{B} - \frac{S}{B}$$

$$= \left(\frac{A}{B}\right)^v N_1 - S\frac{\left(\frac{A}{B}\right)^v - 1}{A-B} = \left(\frac{A}{B}\right)^v\left(N_1 - \frac{S}{A-B}\right) + \frac{S}{A-B} \tag{6.48}$$

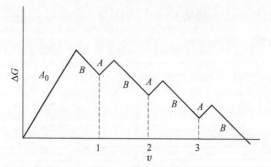

图 6.31 LH 模型描述前沿链折叠生长随茎杆数变化的自由能示意图

通常 $A > B$，v 很大时，由于茎杆总数有限，N_{v+1} 不可能很大，就好比许多人爬楼梯，处在第几级台阶上的人数应当与该台阶次序数无关，所以应使第一项 v 指数前的系数等于零，即：

$$N_1 - \frac{S}{A-B} = 0 \qquad (6.49)$$

由此得

$$S = N_0 A_0 \left(1 - \frac{B}{A}\right) \qquad (6.50)$$

代入 A_0、A、B 诸项可得：

$$S = N_0 \beta \exp\left[-(2b_0\sigma - \phi a_0 b_0 \Delta g_{\mathrm{f}})\frac{l}{kT}\right]\left[1 - \exp\left(\frac{2a_0 b_0 \sigma_{\mathrm{e}} - a_0 b_0 l \Delta g_f}{kT}\right)\right]$$

$$(6.51)$$

第一个指数项使 S 随片晶厚度 l 减少而增大，但第二个括号项又使 S 随 l 减少而减少，总的结果是在某个 l 值附近 S 最大，这种厚度的片晶生长最快，因而所有的茎杆长度的平均值将收敛于某一值，如图 6.32 所示。

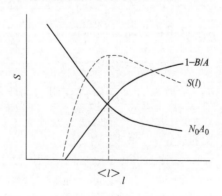

图 6.32 茎杆通量随茎杆长度而变化示意图

不同的片晶生长层有不同但均匀的厚度 l，$S(l)$ 的大小表明了厚为 l 的片晶层生长的概率，以此为配分项，对 l 在最小的值 $l_{\min}$ 和最大的可能值 ∞ 之间取平均，得所有片晶中链茎杆的平均折叠长度：

$$\langle l \rangle = \frac{\int_{l_{\min}}^{\infty} l S(l) \mathrm{d}l}{\int_{l_{\min}}^{\infty} S(l) \mathrm{d}l} \tag{6.52}$$

由 $l_{\min} = 2\sigma_e / \Delta g$，把 $\langle l \rangle$ 写成 $2\sigma_e / \Delta g + \delta l$ 的形式，可得：

$$\delta l = \frac{kT}{2b_0 \sigma} \times \frac{2 + (1 - 2\phi) a_0 \Delta g / (2\sigma)}{[1 - \phi a_0 \Delta g / (2\sigma)][1 + (1 - \phi) a_0 \Delta g / (2\sigma)]} \tag{6.53}$$

对稀溶液中生长的等规聚苯乙烯，其 l 与结晶温度 T 的理论关系与实验数据拟合最好的是 $\phi = 0.382$[115]，通常的高分子 ϕ 在 $1/3$ 左右甚至更小。

由于 δl 的分母部分有可能等于零，这就带来了新的问题，即所谓的 "δ 灾变"（δ-catastrophe），此时 $\phi a_0 \Delta g = 2\sigma$，即：

$$\Delta T = \frac{2\sigma T_m^0}{a_0 \phi \Delta h} \tag{6.54}$$

对 PE 近似取 $\sigma = 12\text{erg/cm}^2$，$T_m^0 = 420\text{K}$，$a_0 = 5 \times 10^{-8}$ cm，$\Delta h = 2.5 \times 10^9 \text{erg/cm}^3$，得 $\Delta T \approx 80.6/\phi$，若 ϕ 取 $1/3$，ΔT 达 242K，实验上是不可能实现在如此大的 ΔT 下的结晶的。

问题的关键在于 ϕ 必须足够小，以至于可认为茎杆活化态仍处于无序构象态，可用统计方法处理，此时构象熵 $\Delta S_a = \Delta s / C_\infty$，$\Delta s$ 为单位链段熔融熵，C_∞ 为链的极限特征比，即 θ 状态的均方末端距与 $n l_u^2$ 之比，n 为链节数，l_u 为单位链节长，C_∞ 反映了链的柔顺性。这样，侧比表面自由能 σ 的来源被认为主要是熵的贡献，$2b_0 l \sigma = T \Delta S_a a_0 b_0 l$，$\sigma = a_0 T \Delta s / (2C_\infty)$。由 $\Delta s = \Delta h / T_m$，得：

$$\sigma = \frac{a_0 \Delta h T}{2C_\infty T_m} \tag{6.55}$$

这已在 PE、iPS、PP 和 PLA 等样品中被验证是合理的[116]。

LH 理论规定每一片晶生长层按固定不变的 l 值成核生长，不同的片晶生长层之间厚度可以有涨落，但假定 l 在成核生长时保持不变，这一假定是不现实的，实际上片晶厚度 l 肯定有涨落，由此也相应地发展有涨落理论。Frank 和 Tosi[109] 允许生长过程中 l 发生一次变化，若成核产生 l 大于其平均值，则涨落导致 l 变小，反之则变大，从而 l 收敛于 $\langle l \rangle$，这起因于动力学的基本特性，晶核越薄，则成核速率 I 越大，但随后的生长则越慢（极端地，$l = 2\sigma_e / \Delta g$ 时，生长速率为零），所以总的结晶速率导致平均厚度的出现。Lauritzen 和 Passaglia[117] 则提出了允许每个茎杆在生长时长度有涨落的理论，作为普遍的多组分链一维生长速率理论[118] 的发展。以上理论都得到了 $l = c_1 / \Delta T + c_2$ 的结果，也都存在 δ 灾变的问题，相比之下，LH 理论的结果是最简单的[119]。

沿着这一思路更细致的模型应该考虑近邻折叠以外的链构象情况，Sanchez

和 DiMarzio 考虑了纤毛的出现及其对次级成核的影响[120]。在茎杆生长进入晶格时，若沿链的下一个茎杆尚未来得及折回来，其生长晶格位置就已被其他链的茎杆占据，就产生了纤毛（cilia）。显然这种纤毛若足够长，就会对下一层晶面生长的次级成核有所贡献，若纤毛更长，会在较远处折回同一层片晶形成环套（loops）或进入另一层片晶形成片晶间连系分子（ties）。

LH 理论还能进一步半定量地解释 regime 现象，即不同结晶温区成核自由能位垒对过冷度倒数有不同的线性依赖性规律。需要说明的是，解释 regime 现象实际上只需要如式（6.8）这样的成核速率公式就可以了，并不需要引入解释片晶厚度时所需要的具体次级成核发生机制的假设。我们将在下一章再详细介绍这一高分子片晶生长特殊的动力学现象。

LH 理论虽然解释了片晶厚度和 regime 转变现象，其基本假定却显得过于粗糙。例如 LH 理论将次级成核位垒的高度与片晶厚度直接联系起来，而实际的片晶生长前沿在克服次级成核位垒之后有一个即时的增厚过程，那么实际上在早期克服位垒时就不可能知道后期增厚能够达到多少厚度。假想主要的自由能位垒由第一个茎杆来承担，而不考虑生长前沿表面成核的二维生长过程也不大合理。

6.3.3　伸展链晶的二维生长理论

Wunderlich 和 Arakawa[107,110,121,122]最早研究了大于 3kbar 条件下 PE 的高压结晶，得到了脆、硬的结晶度近 100% 的晶体，电子显微镜观察发现片层状晶粒结构，其截面如图 6.33 所示[123]，链垂直于片晶，厚度从 0.1μm 到数微米，最厚处可以达到甚至超过分子伸展链长，说明链可充分伸展[124]。

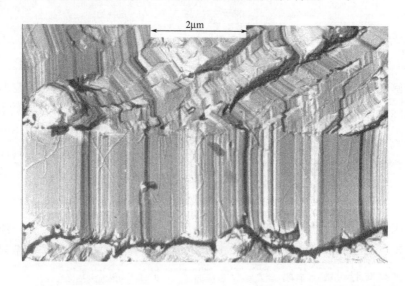

图 6.33　聚乙烯高温高压（493K，480MPa）下得到的伸展链片晶的电镜观察结果[123]

　　Wunderlich 等人还进一步观察了片晶生长的前沿[110,125]，发现片晶生长前沿的楔形厚度分布形态，如图 6.34 所示，并提出了高压下折叠链增厚生长机制[126]，如图 6.35 所示。在片晶生长的最前端是分子成核或次级成核，然后发生快速的增厚，直至发展成为成熟的伸展链晶体。

图 6.34　聚乙烯高温高压下生长的伸展链片晶脆断面的电镜观察[110]

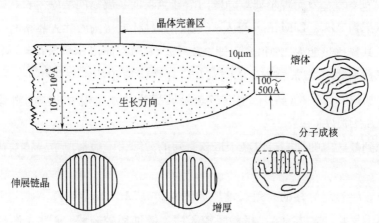

图 6.35　伸展链片晶增厚生长示意图[126]

　　在片晶生长前沿为折叠链成核生长，记为 FCC（folded-chain crystal），在经过增厚完善之后，链充分伸展，为全伸展或少数几次折叠，记为 ECC（extended-chain crystal）。Hikosaka 根据对高压下 PE 链的 ECC 和 FCC 生长过程的研究结果，基于 Lauritzen-Hoffman 和 Frank-Tosi 的次级成核生长机制，提出了进一步考虑链滑移扩散模型的次级成核生长机制[127,128]。

　　Hikosaka 提出结晶生长的基本单元应该是结构重复单元，而不是已伸展的片段，在引入成核速率公式时，不仅要考虑临界核的生成自由能 ΔG^*，也要考虑链短程扩散超过生长界面的活化能位垒 ΔE，成核生长也不再是沿平坦结晶生长面的一维侧向生长，而是沿链的侧向和纵向的二维生长。如图 6.36 所示，结晶生长可以看作是沿链的重复单元依次进入晶格的过程。

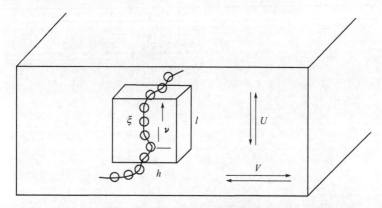

图 6.36　片晶生长前沿二维次级成核示意图

　　图 6.36 中侧向扩散速率为 V，纵向增厚速率为 U。这样重复单元进入晶格可以有两种方式：一种是从侧面沿链依次卷入（reeling-in）晶格，要克服的扩散位垒记为 ΔE_s；另一种是通过晶区内滑移至端面实现纵向增厚生长，需克服的扩散位垒记为 ΔE_e。DiMarzio 等人[129] 曾计算过纤毛从侧面并入晶格时的扩散位垒 ΔE_s，其要比热能 kT 小得多，即 $\Delta E_s \ll l\,(kT)$，而滑移扩散位垒 $\Delta E_e = Kl$，即滑动摩擦系数 K 与折叠长度 l 的乘积，在较密堆积的正交晶相中，链滑移相当困难，所以 $\Delta E_e > l\,(kT)$，但在较疏松堆积的六方晶相中，链的滑移相当容易，则 $\Delta E_e \ll l\,(kT)$。

　　考虑到晶区中的缺陷可以减少滑移牵涉的范围，一般情况下，可写成：

$$\Delta E_e = \xi l^{\nu} \tag{6.56}$$

　　式中，l^{ν} 为链滑移的有效长度。如图 6.36 所示，$0 < \xi < l$，$0 < \nu < l$ 是晶区有序程度的反映，六方（h）相晶区较无序，链堆积较疏松，ξ 和 ν 都较小，而正交（o）相晶区较有序，链紧密堆积，ξ 和 ν 都较大，出于简便起见，假定 $\xi \approx \nu$，接下来定义生长步骤 m，假定达临界成核自由能 ΔG^* 时为第一步，$m=1$，其后每生长一个重复单元即为一步，由成核速率公式，得到：

$$I = I_0 \exp\left\{-\left[\frac{\Delta E}{k(T-T_g)} + \frac{\Delta G^*}{kT}\right]\right\} \tag{6.57}$$

定义为
$$\Delta G^m = \frac{G_m}{kT} + \frac{\Delta E_m}{k(T-T_g)} \tag{6.58}$$

则生长过程的自由能 ΔG^m 如图 6.37 所示。

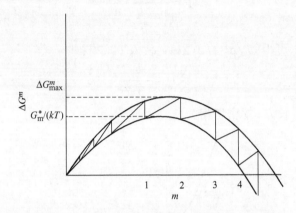

图 6.37　片晶增厚生长次级成核自由能变化示意图

从第二步起，每个生长单元都要克服扩散位垒，随着步骤增加，晶体增厚，需要克服的 ΔE^m 特别是 ΔE_e^m 也越大，而 ΔG^m 在越过临界点后随步骤增加将越来越低，二者将相互制约。Hikosaka 基于 Frank-Tosi 的理论推导出临界核生成速率为：
$$i = i_0 P_i P_s \tag{6.59}$$

式中，P_i 是次级晶核的生长概率；P_s 则是晶核的存活概率。
$$P_i = \exp(-\Delta G_{\max}^m) \tag{6.60}$$
$$P_s = \left[\sum_{m-0}^{\infty} \exp(\Delta G^m - \Delta G_{\max}^m) \right]^{-1} \tag{6.61}$$

由次级成核的临界条件可得 $l^* = 2\sigma_e/\Delta g$, $h^* = 2\sigma/\Delta g$, $\Delta G^* = 4\sigma\sigma_e b/\Delta g$, 其中，$h$ 为二维晶核侧向宽度，l 为纵向厚度，b 为生长晶层厚度。

引入生长方式参数 χ，使得 U、V 以 $l = Ah^\chi$ 方式生长，A 为常数，反映了 U、V 的相对大小。$\chi = 0$，$U \ll V$，片晶将以厚度不变的方式侧向生长，l^* 表明应生成 FCC；$\chi = 1$，$U \approx V$，片晶将以侧向和端向同时生长，应生成 ECC；而 $\chi \to \infty$，$U \gg V$，片晶将以端向生长为主，将生成针状晶或纤维晶，如图 6.38 所示，可见 χ 值的大小将决定片晶的生长形态，LH 理论以 l 不变的方式生长将无法解释 ECC 的生长机理。从下面的结果则可看出 χ 值的大小将由 ξ 和 ν 所决定。

扩散活化能部分 ΔE^m 可进一步细分成 E_e^m 和 E_s^m，则有：
$$\exp\left[\frac{\Delta E}{k(T-T_g)}\right] = P\exp\left[\frac{\Delta E_e^m}{k(T-T_g)}\right] + (1-P)\exp\left[\frac{\Delta E_s^m}{k(T-T_g)}\right] \tag{6.62}$$

式中，P 为重复单元在端表面生长的概率。假设二维生长的晶粒 $N=hl$，则 $PdN=hdl$，由 $dN=hdl+ldh$ 可得：

$$P=\cfrac{1}{1+\cfrac{l}{h}\times\cfrac{dh}{dl}}\qquad(6.63)$$

由 $l=Ah^{\chi}$，可得 $dh/dl=h/(\chi l)$，代入上式得：

$$P=\frac{\chi}{1+\chi}\qquad(6.64)$$

可见 P 与生长方式 χ 密切相关。

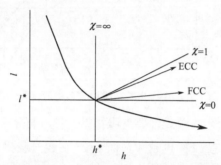

图 6.38　片晶生长厚度 l 与次级核宽度 h 之间几种典型的关系示意图

我们固定 $\xi=\nu$ 值，可以计算不同 χ 值 $\Delta G^{m}(N)$-N 曲线，从而看出生长方式将如何受 $\xi=\nu$ 值影响，如图 6.39 所示。图 6.39(a) 的 $\xi=\nu=0.66$，ΔE^{m} 相对 ΔG^{m} 项较大，生长受动力学项控制，在越过 $\Delta G^{m}_{\max}$ 之后晶粒生长以较低的自由能为主要方式，在图 6.39(a) 以 χ 较小的 FCC 为主；图 6.39(b) 的 $\xi=\nu=0.35$，ΔE^{m} 相对较小，片晶生长为 ΔG^{m} 控制，即热力学项控制，以 χ 较大的 ECC 为主。

成核速率 i-χ 曲线也受 $\xi=\nu$ 值的影响，从而决定了 $i_{\max}$ 的生长方式，如图 6.40(a) 所示，图 6.40(a) 的 $\xi=\nu=0.66$，ΔE^{m}_{e} 比 ΔE^{m}_{s} 大，P 对 P_{i} 的贡献较明显，但对 P_{s} 的影响不明显，导致 i 受 P 的影响即 χ 的作用较大，$i_{\max}$ 对应的 χ 较小，以 FCC 生长为主。图 6.40(b) 的 $\xi=\nu=0.35$，ΔE^{m}_{e} 与 ΔE^{m}_{s} 的大小相近，P 的作用被抵消，所以 P_{i} 几乎不受 χ 影响，导致 $i_{\max}$ 对应较大的 χ，生长以 ECC 为主。

由此可见，$\xi=\nu$ 值较大，晶区较为有序，使得次级成核速率对应的 χ 值较小，片晶倾向于 FCC 生长，例如正交相、单斜晶相或三斜晶相等；而 $\xi=\nu$ 值较小，晶区较无序，使得片晶倾向于以 χ 值较大的方式生长，即 ECC，例如六方晶相或准六方晶相。

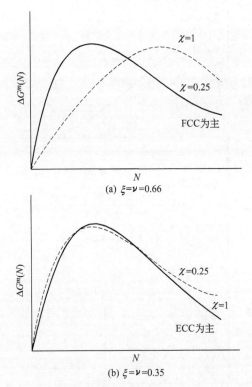

图 6.39　增厚生长次级成核总位垒与次级核尺寸之间的关系示意图

(N 为结晶生长链节数)

Hikosaka 指出[128]，由滑动扩散模型可知，正交相晶体中，片晶越厚，链滑移的阻力将越大，最终阻止片晶的进一步增厚，也避免了 δ 灾变的发生，这一结论与实验观察结果一致。但是，当片晶以 FCC 生长时，ΔE^m 较大，似乎是扩散动力学控制成核生长，这样就不能解释实验所观察到的 $\lg G \infty (T\Delta T)^{-1}$ 的现象，也得不出 regime 转变。

Keller 等人提出的中介相增厚生长机理表明，生长前沿随着片晶的增厚出现中介相到稳定相的转变，从而决定了片晶的厚度[130]。Hikosaka 这里提出的二维成核生长机理可以解释片晶厚度在三相点附近对过冷度的依赖关系[131]。

6.3.4　链内成核理论

聚乙烯和其他一些高分子还存在分子分凝的现象，即高分子量级分比低分子量级分优先结晶（我们在后一章将详细介绍）。对此，Hoffman 设想每个高分子链在进入晶体时还遇到一个额外的自由能位垒，与分子链长有关[132]。Lindenmeyer 和 Peterson 也讨论过类似的想法[133]。Wunderlich 和 Mehta 提出了分子成核（molecular nucleation）的概念来解释分子量效应[134~137]，最初的设想来

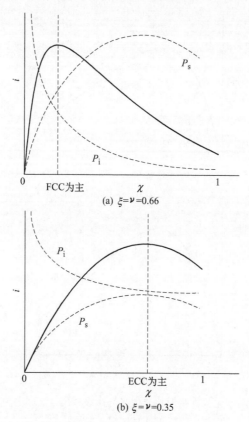

图 6.40　成核速率与χ的依赖关系受$\xi=\nu$值影响示意图

自于高分子结晶总是需要较大的过冷度，以便初级核和次级核尺寸都小于高分子的线团尺寸，说明其依赖于局部的分子链实现分子内成核。近年来单链单晶的研究证实了这一想法的可能性[138]。但仅靠原始观念上的次级核对分子量的鉴别作用不可能实现高度的分子分凝，因此假定每个分子在进入晶体时都需经过成核过程，只有足够长的分子才能折叠成核达到临界尺寸，这就是分子成核，如图6.41所示。当高分子链长不足以生成稳定次级核尺寸时，就会重新熔解下来，从而被更长链的晶体生长排斥出来。

在生长前沿晶面上分子成核的自由能为：

$$\Delta G = -abl\Delta g + 2bl\sigma + 2(n-1)ab\sigma_e + 2ab\sigma_e' \qquad (6.65)$$

同次级成核类似，σ_e'代表链尾端的表面自由能，由于多了这一项，使得临界核生成自由能位垒为：

$$\Delta G^* = \frac{4b\sigma\sigma_e}{\Delta g} + 2ab\sigma_e' \qquad (6.66)$$

临界核大于普通的次级核，因而分子成核成为结晶速率控制步骤。分子成核

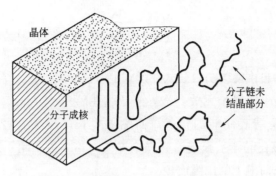

图 6.41　在折叠链片晶侧向生长的前沿表面上发生

次级成核时的分子成核示意图[139]

理论也能够解释结晶和熔融的互为不可逆性，这是多分散性高分子的特殊现象之一。

Prime 和 Wunderlich[140]曾计算了同样厚度时伸展短链晶体和折叠长链晶体的熔点，发现折叠链晶体比同样厚度的伸展链晶体更稳定，熔点更高，所以在晶体生长表面上，长链折叠生长具有更大的过冷度，将优先生长，或者说以分子成核方式生长。

然而，当高分子的分子量很大时，不太可能需要整条链只在第一次发生的次级成核事件中就能决定是否加入晶体中。按照上一章的高分子结晶链折叠原理，是否晶体生长前沿每一次的次级成核都是一个链内成核主导的过程呢？本书作者及其合作者提出，所有的次级成核主要由分子链内发生的成核过程来主导[141,142]，在前面讨论成核动力学时，我们已经提到初级成核时，这种链内成核是链折叠的动力学来源。那么在次级成核时也完全有可能占据动力学主导地位，从而在高分子结晶过程中生成基本的片晶形态。

我们在讨论单链成核动力学时，已经计算了初级成核的理论模型并得到了计算机模拟的定量检验。现在我们假设单链在二维光滑生长前沿表面上发生次级成核，这时根据经典的结晶成核理论，自由能的变化为：

$$\Delta F = \Delta f n + \sigma (N-n)^{1/2} \tag{6.67}$$

式中，表面自由能仍采用 σ 来表示；N 是总的连接链单元的键数；n 为处于熔融态的键数；每个高分子键的熔融自由能采用 Δf 表示。相应地，我们得到结晶成核的自由能位垒为：

$$\Delta F_c = \frac{\sigma^2}{4\Delta f} \tag{6.68}$$

以及得到平衡自由能位垒为：

$$\Delta F_e = \frac{\sigma^2}{4\Delta f_e} \tag{6.69}$$

此时　　　　　　　　　　　$$\Delta f_e = \sigma N^{-1/2} \tag{6.70}$$

可以看到两种自由能位垒表达式在形式上一模一样。临界结晶成核的自由能位垒在固定的温度下与链长无关。临界晶粒线性尺寸 $a^* = \sigma/(2\Delta f)$，假定这里的比表面能主要是端表面能的贡献，而临界生长厚度 $l^* = 2\sigma/\Delta f$，则 $a^* = l^*/4$。即临界晶核在晶体生长前沿必须增厚约 4 倍才能稳定下来。这说明链内成核是发生在生长前沿上的二维成核。

Hoffman 等人最先发现次级成核的自由能位垒与分子量无关[143]，随后 Hoffman 提出了一个长链"卷入"（reeling-in）模型来解释分子量效应[144,145]。Nishi 等人研究了一系列分子量级分 PE 的伸展链晶的线生长速率，发现其主要由扩散项控制，而成核位垒项则与分子量无关[146]，类似的结果在 PE 的折叠链晶的线生长速率中也观察到[147]。

式（6.69）给出链长为 N 的每条高分子链的二维单链单晶平衡熔点。换句话说，在每个结晶温度下都存在一个临界分子链长 N_c。对于一个分子量多分散的高分子样品，链长低于 N_c 的高分子级分将不能通过链内次级成核生长进入晶体，只有链长高于或等于 N_c 的高分子级分才能进入晶体并幸存下来。不同链长的高分子链发生链内成核时的自由能变化曲线如图 6.42 所示[148]。这就解释了高分子晶体生长的分子分凝现象。我们在下一章还会进一步展开介绍这一特殊的高分子结晶动力学现象。

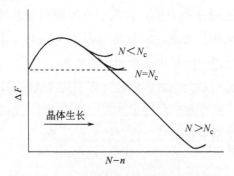

图 6.42　不同链长高分子发生链内成核的自由能变化示意图[148]（N_c 为临界链长）

分子分凝现象只有在很高的结晶温度，即很小的过冷度下才能被观察到，此时临界分子链长很大，接近样品的分子链长。在通常较低的结晶温度下，临界分子链长可能远小于整条分子链长，链内成核完成后，沿链的结晶生长可能由于许多原因而很快被终止，剩下不结晶的链长仍大于临界分子链长，可以再次发生链内成核[141]。于是每条链可以发生多次链内成核行为，如图 6.43 所示。连续的链内成核发生在同一层片晶的不同位置则产生环圈,发生在不同的片晶层,则产生连系分子。如图 6.44 所示,在低温下高分子本体快速结晶,每一条高分子长链可能穿过多个片晶或多次穿过同一个片晶,从而不会损失整体链构象的标度律。这样一幅图像符合 Hoffman 所讨论的可变簇模型[45]。从成核发生的概率以及分子总链长的信息,我们有可能预测发生链内成核的平均次数,以及环圈、纤毛和连系分子的平均长度等统计结果,从而了解片晶表面无定形层的厚度信息。

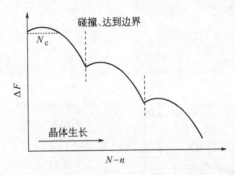

图 6.43　沿同一条长链发生多次链内成核示意图[141]

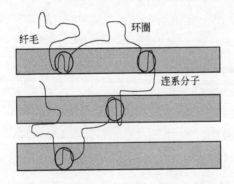

图 6.44　一条高分子长链穿过多层片晶或多次穿过同一层片晶示意图

终止链内晶体生长的原因可以是由于本体中高分子长链之间发生的链缠结,生长前沿次级晶粒的相互碰撞,或者生长前沿有限的面积等。我们在采用动态蒙特卡罗分子模拟观察亚浓溶液的单晶生长时,确实观察到由于晶体生长前沿有限的尺寸,单链在晶体生长的前沿分多个步骤进入晶体中[32]。如图 6.45 所示为某一条包含 512 个链单元的链生长进入单晶的具体过程。结晶单元数的增加曲线表明结晶生长是以多个台阶的方式进行的。

我们先看到第一个台阶对应于单链生长在晶体狭小的 (100) 面上,如图 6.46 所示。这一步生长结束以链折叠铺满该表面为标志。在该表面上没有发生

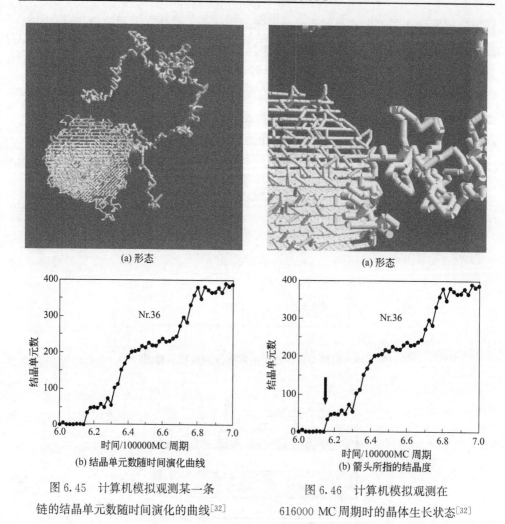

(a) 形态

(a) 形态

(b) 结晶单元数随时间演化曲线

(b) 箭头所指的结晶度

图 6.45　计算机模拟观测某一条
链的结晶单元数随时间演化的曲线[32]

图 6.46　计算机模拟观测在
616000 MC 周期时的晶体生长状态[32]

第二层的生长，接着发生的结晶生长是在（110）面上，如图 6.47 所示。

在（110）生长前沿上折叠链铺展开来，接下来在等候一段时间后，链折回来覆盖第二层（110）面形成超折叠结构，与小角中子散射实验的观测结果一致。如图 6.48 和图 6.49 所示。最后整条链全部进入晶体生长前沿。可见，单链的结晶生长可以分为多个生长步骤。

多个步骤的出现显然与有限的生长前沿面积有关。我们观测了一个对比实验，将这条单链结晶生长到一个足够大的结晶表面上，如图 6.50 所示，结晶单元数的增加一步就完成了。

近年来，高分子物理学的一个重要进展是标度概念得到了普遍的运用[149]。标度概念的物理基础是在热涨落中，作布朗运动的运动单元沿着高分子链有较强的相关性，从而带来链构象的自相似性。在晶体生长前沿的热涨落

/密度涨落也将体现出这种较强的链内相关性，从而可由链内成核主导次级成核过程，这里并不排除偶尔也将其他高分子链也带进来一起成核。从单链成核的角度看，链折叠有利于大大减少该链与外界的接触，一方面降低表面能，另一方面增加局部链的平行排列，降低分子间势能。从总体上来看，这两个方面都有利于降低链内次级成核的自由能位垒。所以链内成核会自然地倾向于选择以链折叠的方式进行。这就解释了链近邻折叠形成片晶这种高分子结晶基本形态结构的动力学来源[142]。

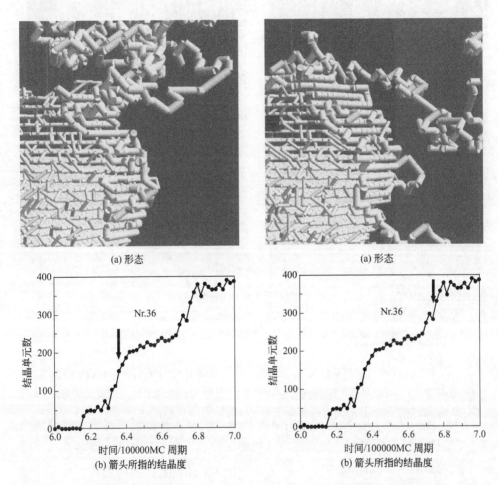

(a) 形态　　　　　　　　　　　　　　　(a) 形态

(b) 箭头所指的结晶度　　　　　　　　　　(b) 箭头所指的结晶度

图 6.47　计算机模拟观测在 636000 MC　　　图 6.48　计算机模拟观测在 674000MC
周期时的晶体生长状态[32]　　　　　　　周期时的晶体生长状态[32]

　　Lotz 等人对单晶内部的孪晶结构观察表明，在每个链折叠扇区的生长前沿，孪晶结构的分布沿着前沿推进的方向可以得到很好的保持，如图 6.51 所示[150]。这说明次级成核很可能只发生在分子线团尺度上，即链内成核模式为主，完全依赖于局部的孪晶前沿结构，不会轻易破坏孪晶的边界。也就是说，不存在大尺度的横向铺展生长，否则孪晶结构将在生长方向上得不到长期的保持。

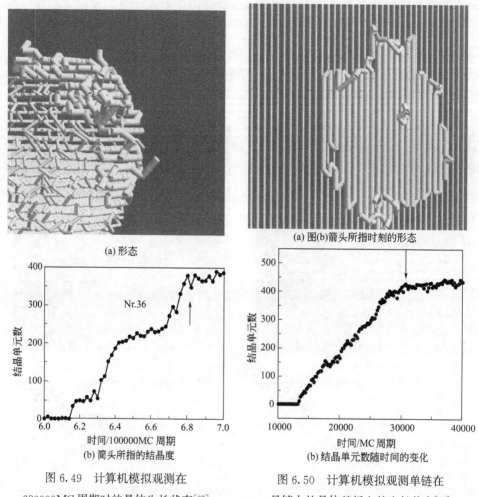

(a) 形态

(a) 图(b)箭头所指时刻的形态

(b) 箭头所指的结晶度

(b) 结晶单元数随时间的变化

图 6.49　计算机模拟观测在
680000MC 周期时的晶体生长状态[32]

图 6.50　计算机模拟观测单链在
足够大的晶体基板上的生长状态[32]

　　Rastogi 等人采用反复的结晶熔融的方法，成功地制备了带有较少链缠结的高分子熔体，以有利于制备具有高度链折叠的片晶，用来熔体拉伸制备超高强度聚乙烯纤维[151]。这种方法所基于的结晶动力学原理，就是链内成核生长所伴随的长链解缠结，以及缠结对高分子结晶链折叠能力的影响。

　　链内成核模型不仅可以解释链折叠的起源[142]、成核位垒的分子量不相关性[141]和片晶熔化动力学[32]，也可以解释分子分凝现象[148]、长短链共结晶[152]、regime 转变[153]和片晶生长内在的半结晶织态结构[154]等高分子晶体生长所特有的现象。我们将在下一章再具体展开介绍。

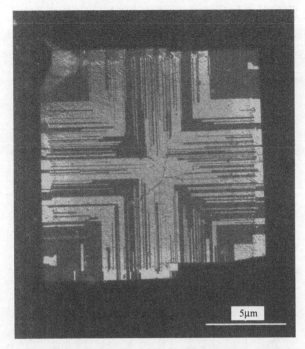

图 6.51　等规聚乙烯基环己烷（PVCH）在角鲨烯稀溶液 220℃条件下
生长单晶的暗场透射电镜照片[150]

6.3.5　其他基于非次级成核的片晶生长模型

6.3.5.1　Sadler-Gilmer 模型

一方面，在高温区当过冷度较小时，聚乙烯单晶（200）生长前沿曲面化，生成叶片状孪晶体，不仅在高分子体系，而且在小分子体系中也发现了这种现象，这是基于平坦表面次级成核生长的 LH 理论所不能直接解释的。另一方面，孪生单晶形态观测也发现了向内凹的一对（110）面，说明平滑的生长前沿不缺侧表面，侧表面自由能不一定会构成前沿推进的主要位垒[155]。Sadler 提出这是由于界面粗糙化导致表面熵的作用所致[156]，其论据主要基于小分子晶体粗糙表面生长出现一维方向的限制从而生成片晶的计算机模拟[157]，然后推广到折叠链晶体的连续生长。当热涨落能 kT 接近 Δg 时，必然会出现微观尺度上的热力学粗糙。为此，他们提出了垂直生长前沿方向的纵向连续生长模型（row model）[158]，如图 6.52 所示。在此生长前沿上，结晶单元随机地加入或去除，并带来自由能的变化。一方面，生成的茎杆越长，则向前推进的动力就越大，推动力与超出临界稳定厚度 l_{min} 的茎杆长度成正比。另一方面，由于前沿吸附了链构象亚稳折叠、环圈等原因"别住"（pinning）了链伸展，因而无法进一步增厚至临界稳定厚度 l_{min}，致使其形成粗糙前沿并阻碍其他能伸展链的吸附（poisoning），生长前沿越厚，链茎杆在达到前沿厚度之前越容易产生亚稳的近邻折叠，如图6.53所示，茎杆长度不会一下子达到前沿厚度，去除错误的链构象需要一定的时间，前沿吸附产生的链构象数呈指数（e^{kl}）增加，但只有伸展的构象（一种）能被接受，故接受的概率为 $P = e^{-kl}$，于是总的生长速率为[159]：

$$G \propto e^{-kl}(l - l_{min})\Delta g/(kT) \tag{6.71}$$

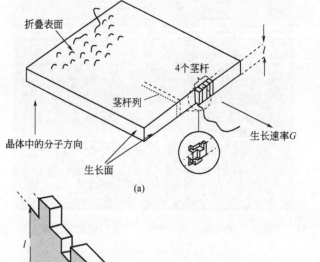

(a)

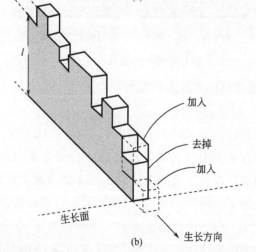

(b)

图 6.52　Sadler-Gilmer 一维纵向连续生长模型（row model）[158]

当然，这里 l_{min} 最好理解为临界生长厚度 l^*，这样片晶生长的厚度主要受动力学控制[160,161]。这里主要位垒项对应于式(6.50)中的 $N_0 A_0$，结晶推动力项对应于 $1 - B/A$。所以 Sadler 和 Gilmer（SG）所提出的模型也称熵位垒模型（entropic barrier model），相应地，Lauritzen-Hoffman 模型称为能位垒模型（enthalpic barrier model）。

于是，由 G 中两项贡献随 l 的综合变化趋势，最大的 G 将位于一定的 l，使得 l 收敛，生成均一厚度的片晶状，如图 6.54 所示[158]。可以得到平均厚度：

$$\langle l \rangle = l_{\min} + \frac{1}{k} \tag{6.72}$$

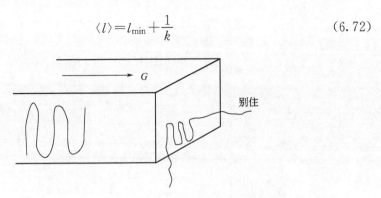

图 6.53　Sadler-Gilmer 连续生长模型别住前沿上结晶的链示意图

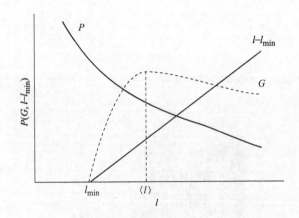

图 6.54　Sadler-Gilmer 模型片晶生长厚度收敛示意图[159]

计算结果显示片晶的平均厚度与过冷度的倒数相关，如图 6.55 所示。这一设想得到了对这一动力学图像直接进行计算机模拟的证实，如图 6.56 所示[162~164]。实际上，如果用临界生长厚度 l^* 来代替临界稳定厚度 $l_{\min}$，这一描述就更合理了。

在 LH 模型的基础上，Point 曾以假定第一个片段越长发生折叠的概率就越大，来避免 δ 灾变的发生[165]。其基本出发点与 SG 模型接近。

同 LH 模型相似，SG 模型也将晶体生长的位垒项与片晶厚度直接联系起来，而没有考虑实际上克服位垒之后片晶的继续增厚过程。另外，弯曲的片晶生长前沿只在 PE 的（200）面上出现，快速生长的（110）前沿并不发生弯曲，也就是说，SG 模型所参照的热力学粗糙情形对描述高分子片晶的生长动力学未必具有普遍意义。

6.3.5.2　中介相增厚生长模型

LH 模型和 SG 模型都认为晶体生长前沿直接生成临界厚度，不存在一个生

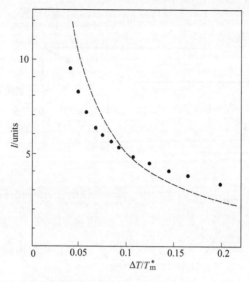

图 6.55　片晶厚度的速率方程计算结果[160]　[曲线为 $T_m^0 / (2\Delta T)$，units 是复合单位]

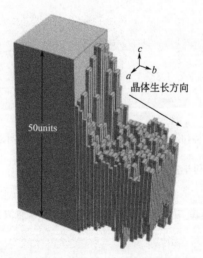

图 6.56　蒙特卡罗模拟茎杆生长自发生成特定厚度片晶示意图[162]

长之后继续增厚的过程。Frank 和 Tosi 早就指出，结晶生长前沿之后可能紧接着有一个增厚过程[109]。

　　我们知道，在聚乙烯的高温高压区结晶，会产生高分子链六方堆砌相结构的中介相晶体。Kowalewski 和 Galeski[166]研究了 PE 的等温压缩导致的结晶和熔融行为，发现在约 3.0kbar 以上开始结晶所需要的过冷度比 2.5kbar 以下小约10℃，说明了六方相晶体（h）在高温高压下比正交相晶体（o）更容易成核结晶。Hikosaka 等人[167]通过 WAXS 和偏光显微镜（PLM）"在位"（in-situ）测试证明，在相图的高压六方相区附近，正交相 PE 晶体将先以六方相生长，然后才在相边界线附近转变为正交相。一旦转变过去，片晶将停止生长。按照伸展链晶的二维成核生长模型可知，h 相生长 ΔG^* 较大，为热力学控制成核生长，生长速率与结晶温度的关系也容易理解了。

Keller 等人[168,169]考虑聚乙烯片晶生长存在明显的增厚过程，提出一个楔形（wedge-shaped）生长前沿模型，如图 6.57 所示，认为在最前沿片晶厚度很薄处，由 Ostwald 阶段定律可知，熔体（L）可能先生成聚乙烯亚稳的六方中介相（h），小晶粒较大的比表面积可能有利于中介相的稳定，即有限尺寸效应（finite-size effect），然后片晶迅速增厚成为稳定的正交相（o），从而决定了基本的片晶生长厚度。这里存在一个三相点 Q，在 Q 点温度之上，熔体直接生成正交相晶体。在这之下，结晶生长前沿厚度较低时可能出现中介相。较为疏松堆积的六方相晶体其端表面的拥挤状况相对正交相片晶要好得多，同时由于链的频繁滑移，端表面也相当粗糙，这就使得 $\sigma_e(h) \ll \sigma_e(o)$，从而有：

$$\frac{\sigma_e(h)}{\Delta h_f(h)} < \frac{\sigma_e(o)}{\Delta h_f(o)} \tag{6.73}$$

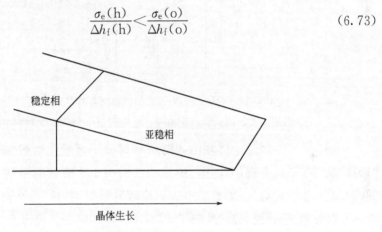

稳定相

亚稳相

晶体生长

图 6.57 聚乙烯片晶楔形生长前沿示意图

由 Gibbs-Thomson 公式（6.37）可知，六方相的 T_m-$1/l$ 曲线斜率比正交相小，在三相点 Q 以下，如图 6.58 所示，片晶生长前沿较薄晶体在增厚过程中将先在 h 相生长，然后经 h-o 转变停止增厚，因而 h-o 转变主要地决定了生成片晶的厚度[170]，已经发现转变温度也符合 Gibbs-Thomson 公式[171]。

在 PT 相图的三相点 Q 以上，$T_m(h)$ 将大于 $T_m(o)$，对聚反式 1,4-丁二烯的研究证明 h-m 线将不与 mo-h 线相交，这里 mo 指反式聚丁二烯的低温单斜（monoclinic）晶相[172]。如图 6.59 所示，从熔体中直接结晶（途径 1）与薄晶体的高温退火（途径 2）将得到同样的结果，即 $1 \sim 2\mu m$ 厚的伸展链片晶。这一模式可以很好地解释聚反式 1,4-丁二烯从中介相的高温退火快速增厚机理。

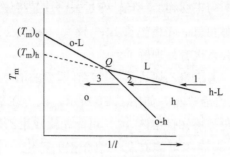

图 6.58　厚度 l 依赖的聚乙烯熔体
结晶相图路线示意图[167]

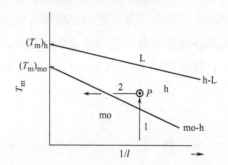

图 6.59　聚反式 1,4-丁二烯结晶增厚模式示意图[168]
（单斜晶体加热退火会迅速增厚，可能经过一个亚稳的六方中介相）

　　Strobl[173~176]将这一多相图式对所有高分子普遍化以解释其研究组所得到的实验观测结果，并提出在片晶的生长前沿由于中介相的出现导致小晶块的产生，如图 6.60 所示。如果对小角 X 射线散射所得到的结晶厚度的倒数对温度作图，可以看到其线性相关，反映了式(6.37) 所预期的片晶厚度的温度依赖关系。对应厚度的熔化温度曲线也线性相关，并与结晶温度线延长相交于某一温度，可认为是三相点 Q。等温退火会带来三相点的移动，如图 6.61 所示，从而可以解释退火过程中片晶厚度变化与其热稳定性之间的关系[174]。

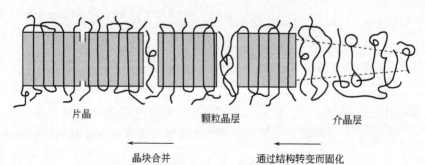

图 6.60　片晶生长前沿出现中介相示意图[173]

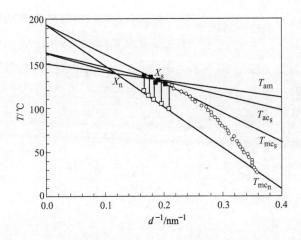

图 6.61 iPP 结晶退火厚度随温度变化的解释[174]（T_{mc_n} 为结晶线，
T_{mc_s} 为重结晶线，T_{ac_s} 为熔化线，T_{am} 为熔体与中介相的转变线）

6.3.5.3 平衡尺寸小晶束生长模型

Allegra[177~180] 从统计热力学理论出发，提出在高分子结晶之前，可能首先在亚稳的无序相中形成中介相的小晶粒或晶束（cluster）。小晶束在溶液中主要是链内结构，在本体和高浓度也包含有不同链的贡献，先生成平衡尺寸，然后再加入晶体中，片晶的厚度由这些小晶束所决定，如图 6.62 所示。

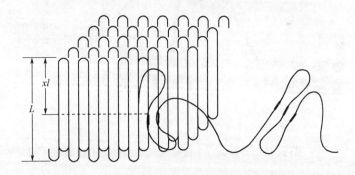

图 6.62 平衡尺寸的小晶束生长进入片晶前沿示意图[177]

Muthukumar 等人[181~183] 则进一步细化了片晶厚度的热力学解释，认为片晶有限的厚度是由于较小晶粒尺寸的最大热力学稳定性所决定的。如图 6.63 所示，结晶的链自发寻找整体热力学自由能最低的折叠长度，虽然在增厚过程中，整数次折叠之间会存在自由能位垒。近年来，采用蒙特卡罗模拟束状晶粒在稀溶液中生长成单晶的动力学，可以较好地解释单晶的形貌特征，如图 6.64 所示[183]。

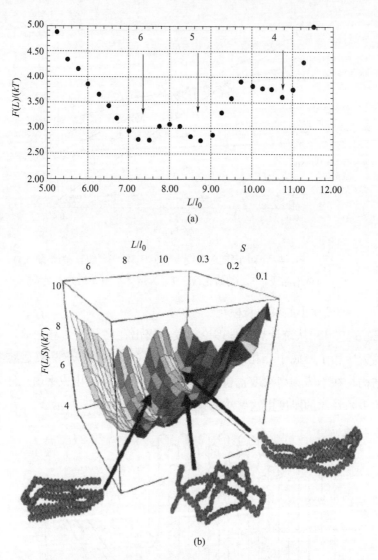

图 6.63　链长 200 个链单元的小晶粒自由能随
折叠长度变化的计算机模拟结果[181]

　　实际上，高分子片晶比临界生长厚度稍微大一些，超出的部分主要由生长前沿及之后的片晶增厚能力所决定。对这一问题的研究应当与片晶的等温退火行为联系起来，我们将在稍后再加以介绍。

　　不同高分子晶体生长的理论模型原则上都遵循小分子的晶体生长规律，要比较它们的有效性，关键还是要看其解释有别于小分子晶体生长的高分子特殊晶体生长动力学现象的能力。我们在下一章将展开介绍高分子晶体生长的一些特殊动力学现象。

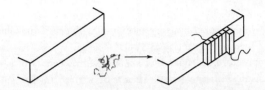

第一步: 折叠+生长同时进行

(a) 传统理论考虑链折叠与生长同时进行

第一步: 折叠 第二步: 聚集

(b) 这里提出分两步走

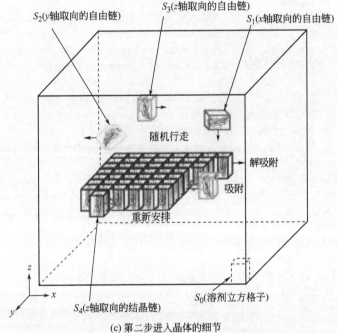

(c) 第二步进入晶体的细节

图 6.64　蒙特卡罗模拟晶束加入单晶生长过程示意图[183]

参 考 文 献

[1] Markov V. Crystal Growth for Beginners. 2nd ed. Singapore: World Scientific, 2003.

[2] Holland V F, Lindenmeyer P H. Morphology and crystal growth rate of polyethylene crystalline complexes. J Polym Sci, 1962, 57: 589-608.

[3] Hillig W B. A derivation of classical two dimensional nucleation kinetics and associated crystal growth laws. Acta Met, 1966, 14: 1868-1869.

[4] Frank F C. Nucleation-controlled growth on a one-dimensional growth of finite length. J

Crystal Growth, 1974, 22: 233-236.

[5] Hoffman J D, Weeks J J. Rate of spherulitic crystallization with chain folds in polychloro-trifluoroethylene. J Chem Phys, 1962, 37: 1723-1741.

[6] Suzuki T, Kovacs A. Temperature dependence of spherulite growth rate of isotactic polystyrene: A critical comparison with the kinetic theory of surface nucleation. Polym J, 1970, 1: 82-100.

[7] Phillips P J, Vatansever N. Regime transitions in fractions of cis-polyisoprene. Macromolecules, 1987, 20: 2138-2146.

[8] Barnes W J, Price F P. Morphology of polymer crystals: Screw dislocations in polyethylene, polymethylene oxide and polyethylene oxide. Polymer, 1964, 5: 283-292.

[9] Reneker D H, Geil P H. Morphology of polymer single crystals. J Appl Phys, 1960, 31: 1916-1925.

[10] Keller A. Regular rotation of growth terraces in polymer single crystals. Colloid & Polym Sci, 1967, 219: 118-131.

[11] Armitstead K, Goldbeck-Wood G. Polymer crystallization theories. Adv Polym Sci, 1992, 100: 219-312.

[12] Herrmann K, Gerngross O, Abitz W. Zur rontgenographischen strukturforschung des gelatinemicells. Z Phys Chem B, 1930, 10: 371-394.

[13] Hermann K, Gerngross O. Die elastizitat des kautschuks. Kautschuk, 1932, 8: 181.

[14] Bunn C W, Alcock T C. The texture of polythene. Trans Farad Soc, 1945, 41: 317-325.

[15] Jaccodine R. Spiral growth steps in C_2H_4 polymers. Nature, 1955, 176: 305-306.

[16] Keller A. A note on single crystals in polymers: Evidence for a folded chain configuration. Phils Mag, 1957, 2: 1171-1175.

[17] Fischer E W. Stufen und spiralfoermiges kristallwachstum bei hochpolymeren. Z Naturf, 1957, 12a: 753-754.

[18] Till P H. The growth of single crystals of linear polyethylene. J Polym Sci, 1957, 24: 301-306.

[19] Storks K H. An electron diffraction examination of some linear high polymers. J Am Chem Soc, 1938, 60: 1753-1761.

[20] Flory P J. On the morphology of the crystalline state in polymers. J Am Chem Soc, 1962, 84: 2857-2867.

[21] Mandelkern L. Crystallization of Polymers. New York: McGraw-Hill, 1964.

[22] Ballard D H, Wignall G D, Schelten J. Measurement of molecular dimensions of polystyrene chains in the bulk polymer by low angle neutron diffraction. Eur Polym J, 1973, 9: 965-969.

[23] Sadler D M, Keller A. Neutron scattering of solution-grown polymer crystals: Molecular dimensions are insensitive to molecular weight. Science, 1979, 203: 263-265.

[24] Sadler D M. Analysis of anisotropy of small-angle neutron scattering of polyethylene single crystals. J Appl Cryst, 1983, 16: 519-523.

[25] Spells S J, Sadler D M, Keller A. Chain trajectory in solution grown polyethylene crystals: Correlation between infra-red spectroscopy and small-angle neutron scattering. Polymer, 1980, 21: 1121-1128.

[26] Gedde U W. Polymer Physics. Dordrecht: Kluver, 1995.

[27] Jing X, Krimm S. Mixed-crystal infrared studies of chain folding in melt-crystallized polyethylene. J Polym Sci, Polym Lett Ed, 1983, 21: 123-130.

[28] Blundell D J, Keller A, Ward I M, Grant I J. Examination of degraded polyethylene sin-

gle crystals by gel permeation chromatography. J Polym Sci, Polym Lett, 1966, 4: 781-786.

[29] Williams T, Blundell D J, Keller A, Ward I M. Gel permeation chromatographic studies of the degradation of polyethylene with fuming nitric acid. I . Single crystals. J Polym, Sci, A-2, 1968, 6: 1613-1619.

[30] Wittman J C, Lotz B. Polymer decoration: The orientation of polymer folds as revealed by the crystallization of polymer vapors. J Polym Sci, Polym Phys Ed, 1985, 23: 205-226.

[31] Nisman R, Smith P, Vancso G J. Anisotropic friction at the surface of lamellar crystals of poly (oxymethylene) by lateral force microscopy. Langmuir, 1994, 10: 1667-1669.

[32] Hu W B, Frenkel D, Mathot V B F. Sectorization of a lamellar polymer crystal studied by dynamic Monte Carlo simulations. Macromolecules, 2003, 36: 549-552.

[33] Ungar G, Stejny J, Keller A, Bidd I, Whiting M C. The crystallization of ultralong normal paraffins: The onset of chain folding. Science, 1985, 229: 386-389.

[34] Schelten J, Ballard D G H, Wignall G D. Chain conformation in molten polyethylene by low angle neutron scattering. Polymer, 1974, 15: 682-685.

[35] Schelten J, Ballard D G H, Wignall C D, Longman G, Schatz W. Small-angle neutron scattering studies of molten and crystalline polyethylene. Polymer, 1976, 17: 751-757.

[36] Ballard D G H, Cheshire P, Longman G W, Shelten J. Small-angle neutron scattering studies of isotropic polypropylene. Polymer, 1978, 19: 379-385.

[37] Allen G, Tanaka T. A small-angle neutron scattering study on poly (ethylene oxide) crystals. Polymer, 1978, 19: 271-276.

[38] Flory P J, Yoon D Y. Molecular morphology in semicrystalline polymers. Nature, 1978, 272: 226-229.

[39] Fisher E W. Studies of structure and dynamics of solid polymers by elastic and inelastic neutron scattering. Pure Appl Chem, 1978, 50: 1319-1341.

[40] Yoon D Y, Flory P J. Small-angle neutron scattering by semicrystalline polyethylene. Polymer, 1977, 18: 509-513.

[41] Guttman C M, DiMarzio E A, Hoffman J D. Calculation of SANS intensity for polyethylene: Effect of varying fold planes and fold plane roughening. Polymer, 1981, 22: 597-608.

[42] Frank F C. General introduction. Disc Faraday Soc, 1979, 68: 7-13.

[43] Sadler D M//The Structure of Crystalline Polymers. Hall I, ed. Barking, UK: Applied Science, 1984: 125.

[44] Keith H D, Padden F J, Vadimsky R G. Intercrystalline links in polyethylene crystallized from the melt. J Polym Sci A-2, 1966, 4: 267-281.

[45] Hoffman J D. Regime III crystallization in melt-crystallized polymers: The variable cluster model of chain folding. Polymer, 1983, 24: 3-26.

[46] Fischer E W. Neutron scattering studies on the crystallization of polymers. Polym J, 1985, 17: 307-320.

[47] Fischer E W. The conformation of polymer chains in the semicrystalline state. Makromol Chem Symp, 1988, 20/21: 277-291.

[48] Fischer E W, Hahn K, Kugler J, Struth U, Born R. An estimation of the number of tie molecules in semicrystalline polymers by means of neutron scattering. J Polym Sci, Phys, Ed, 1984, 22: 1491-1513.

[49] McAlea K P, Schultz J M, Gardner K H, Wignall G D. Ester interchange reactions in poly (ethylene terephthalate): Observation using smallangle neutron scattering. Poly-

mer, 1986, 27: 1581-1584.

[50] Flory P J. Thermodynamics of crystallization in high polymers. Ⅳ. A theory of crystalline states and fusion in polymers, copolymers, and their mixtures with diluents. J Chem Phys, 1949, 17: 223-240.

[51] Flory P J, Yoon D Y, Dill K A. The interphase in lamellar semicrystalline polymers. Macromolecules, 1984, 17: 862-868.

[52] Yoon D Y, Flory P J. Chain packing at polymer interfaces. Macromolecules, 1984, 17: 868-871.

[53] Marqusee J A, Dill K A. Chain configurations in lamellar semicrystalline polymer interphases. Macromolecules, 1986, 19: 2420-2426.

[54] Marqusee J A. Chain configurations in semicrystalline interphases: Chain stiffness. Macromolecules, 1989, 22: 472-476.

[55] Kumar S K, Yoon D Y. Lattice model for crystal-amorphous interphases in lamellar semicrystalline polymers: Effects of tight-fold energy and chain incidence density. Macromolecules, 1989, 22: 3458-3465.

[56] Mansfield M L. Monte Carlo study of chain folding in melt-crystallized polymers. Macromolecules, 1983, 16: 914-920.

[57] Zuniga I, Rodrigues K, Mattice W L. Analytical and Monte Carlo studies of the interfacial region in semicrystalline polymers with first- and second-order intrachain interactions. Macromolecules, 1990, 23: 4108-4114.

[58] Balijepalli S, Rutledge G C. Molecular simulation of the intercrystalline phase of chain molecules. J Chem Phys, 1998, 109: 6523-6526.

[59] Dill K A, Naghizadeh J, Marqusee J A. Chain molecules at high densities at interfaces. Ann Rev Phys Chem, 1988, 39: 425-461.

[60] Mandelkern L, Alamo R G, Kennedy M A. The interphase thickness of linear polyethylene. Macromolecules, 1990, 23: 4721-4723.

[61] Mandelkern L, Price J M, Gopalan M, Fatou J G. Sizes and interfacial free energies of crystallites formed from fractionated linear polyethylene. J Polym Sci, Part A-2, 1966, 4: 385-400.

[62] Kitamaru R, Horii F, Hyon S H. Proton magnetic-resonance studies of phase structure of bulk-crystallized linear polyethylene. J Polym Sci, Polym Phys Ed, 1977, 15: 821-836.

[63] Kitamaru R, Horii F, Murayama K. Phase structure of lamellar crystalline polyethylene by solid-state high-resolution carbon-13 NMR detection of the crystalline-amorphous interphase. Macromolecules, 1986, 19: 636-643.

[64] Axelson D E, Russell K E. Characterization of polymers by means of ^{13}C NMR spectroscopy. Prog Polym Sci, 1985, 11: 221-282.

[65] Suzuki H, Grebowicz J, Wunderlich B. Heat capacity of semicrystalline, linear poly (oxymethylene) and poly (oxyethylene). Macromol Chem, 1985, 186: 1109-1119.

[66] Russell T P, Ito H, Wignall G D. Neutron and X-ray-scattering studies on semicrystalline polymer blends. Macromolecules, 1988, 21: 1703-1709.

[67] Strobl G, Hagedorn W. Raman spectroscopic method for determining the crystallinity of polyethylene. J Polym Sci Polym Phys Ed, 1978, 16: 1181-1193.

[68] Glotin M, Mandelkern L. A Raman spectroscopic study of the morphological structure of the polyethylenes. Colloid Polym Sci, 1982, 260: 182-192.

[69] McFaddin D C, Russell K E, Kelusky E C. Morphological location of ethyl branches in 13C- enriched ethylenell-butene random copolymers. Polym Comm, 1988, 29: 258-260.

［70］ Hahn B, Wendorff J, Yoon D Y. Dielectric relaxation of the crystal-amorphous inter-phase in poly (vinylidene fluoride) and its blends with poly (methyl methacrylate). Macromolecules, 1985, 18: 718-721.

［71］ Hahn B, Schoenherr O H, Wendorff J H. Evidence for a crystal-amorphous interphase in PVDF and PVDF/PMMA blends. Polymer, 1987, 28: 201-208.

［72］ Kunz M, Moeller M, Heinrich U R, Cantow H J. Electron spectroscopic imaging stud-ies on polyethylene, chain-folded and extended-chain crystals. Makromol Chem Makromol Symp, 1988, 20/21: 147-158.

［73］ Kunz M, Moeller M, Heinrich U R, Cantow H J. Electron spectroscopic imaging stud-ies on semicrystalline and block-copolymer systems. Makromol Chem Makromol Symp, 1989, 23: 57-72.

［74］ Voigt-Martin I G, Alamo R, Mandelkern L. A quantitative electron microscopic study of the crystalline structure of ethylene copolymers. J Polym, Sci, Polym Phys Ed, 1986, 24: 1283-1302.

［75］ Boyer R F. Glass transition of polyethylene. Macromolecules, 1973, 6: 288-299.

［76］ Boyer R F. An apparent double glass transition in semicrystalline polymers. J Macromol Sci, Phys B, 1973, 8: 503-537.

［77］ Struik L C E. The mechanical and physical ageing of semicrystalline polymers: 1. Poly-mer, 1987, 28: 1521-1533.

［78］ Menczel J, Wunderlich B. Heat capacity hysteresis of semicrystalline macromolecular glasses. J Polym Sci, Polym Lett Ed, 1981, 19: 261-264.

［79］ Menczel J, Jaffe M. How did we find the rigid amorphous phase. Journal of Thermal Analysis and Calorimetry, 2007, 89: 357-362.

［80］ Schick C, Wurm A, Mohamed A. Vitrification and devitrification of the rigid amorphous fraction of semicrystalline polymers revealed from frequency-dependent heat capacity. Colloid Polym Sci, 2001, 279: 800-806.

［81］ Wunderlich B. Reversible crystallization and the rigid-amorphous phase in semicrystalline macromolecules. Prog Polym Sci, 2003, 28: 383-450.

［82］ Rastogi R, Vellinga W P, Rastogi S, Schick C, Meijer H E H. The three-phase struc-ture and mechanical properties of poly (ethylene terephthalate). J Polym Sci, Polym Phys Ed, 2004, 42: 2092-9106.

［83］ Androsch R, Wunderlich B. The link between rigid amorphous fraction and crystal per-fection in cold-crystallized poly (ethylene terephthalate). Polymer, 2005, 46: 12556-12566.

［84］ Hedesiu C, Demco D E, Kleppinger R, Buda A A, Blümich B, Remerie K, Litvinov V M. The effect of temperature and annealing on the phase composition, molecular mobility and the thickness of domains in high-density polyethylene. Polymer, 2007, 48: 763-777.

［85］ Di Lorenzo M L, Righetti M C. The three-phase structure of isotactic poly (1-butene). Polymer, 2008, 49: 1323-1331.

［86］ Stack G M, Mandelkern L, Voigt-Martin I G. Crystallization, melting, and morphology of low molecular weight polyethylene fractions. Macromolecules, 1984, 17: 321-331.

［87］ Martinez-Salazar J, Barham P S, Keller A. Studies on polyethylene crystallized at unusu-ally high supercoolings: Fold length, habit, growth rate, epitaxy. J Polym Sci, Polym Phys Ed, 1984, 22: 1085-1096.

［88］ Sawyer L C, Grubb D T. Polymer Microscopy. London and New York: Chapman and Hall, 1987.

［89］ Viogt-Martin I G, Mandelkern L. A quantitative electron microscopic study of the crystallite structure of molecular weight fractions of linear polyethylene. J Polym, Sci, Polym. Phys Ed, 1984, 22: 1901-1917.

[90] Voigt-Martin I G, Stack G M, Peacock A J, Mandelkern L. A comparison of the Raman LAM and electron microscopy in determining crystallite thickness distributions: Polyethylenes with narrow size distributions. J Polym Sci, Part B Polym Phys, 1989, 27: 957-965.

[91] Kawai T, Keller A. On the density of polyethylene single crystals. Phil Mag, 1963, 8: 1203-1210.

[92] Roe R J, Bair H E. Thermodynamic study of fold surfaces of polyethylene single crystals. Macromolecules, 1970, 3: 454-458.

[93] Voigt-Martin I G, Mandelkern L. Numerical analysis of lamellar thickness distributions. J Polym Sci, Part B Polym Phys, 1989, 27: 967-991.

[94] Dlugosz J, Fraser G V, Grubb D, Keller A, Odell J A, Goggin P L. Study of crystallization and isothermal thickening in polyethylene using SAXD, low frequency Raman spectroscopy and electron microscopy. Polymer, 1976, 17: 471-480.

[95] Stack G M, Mandelkern L, Voigt-Martin I G. Changes in crystallite size distribution during the isothermal crystallization of linear polyethylene. Polym Bull, 1982, 8: 421-428.

[96] Alamo R G, Mandelkern L. Thermodynamic and structural properties of ethylene copolymers. Macromolecules, 1989, 22: 1273-1277.

[97] Barham P J, Chivers R A, Keller A, Matinez-Salazar J, Organ S J. The supercooling dependence of the initial fold length of polyethylene crystallized from the melt: Unification of melt and solution crystallization. J Mater Sci, 1985, 20: 1625-1630.

[98] Toda A. Polyethylene crystallization from dilute solutions: Adsorption isotherm on the growth face. J Chem Soc Faraday Trans, 1995, 91: 2581-2586.

[99] Bassett D C, Keller A. The habits of polyethylene crystals. Philos Mag, 1962, 7: 1798-1977.

[100] Dosiere M, Colet M C, Point J J. An isochronous decoration method for measuring linear growth rates in polymer crystals. J Polym Sci, Polym Phys, 1986, 24: 345-356.

[101] Tian M, Dosière M, Hocquet S, Lemstra P J, Loos J. Novel aspects related to nucleation and growth of solution grown polyethylene single crystals. Macromolecules, 2004, 37, 1333-1341.

[102] Geil P H. Some 'overlooked problems' in polymer crystallization. Polymer, 2000, 41: 8983-9001.

[103] Flory P J, McIntyre A D. Mechanism of crystallization in polymers. J Polym Sci, 1955, 18: 592-594.

[104] Burnett B B, McDevit W F. Kinetics of spherulite growth in high polymers. J App Phys, 1957, 28: 1101-1105.

[105] Phillips P J, Tseng H T. Influence of pressure on crystallization in poly (ethylene terephthalate). Macromolecules, 1989, 22: 1649-1655.

[106] Wunderlich B, Cormier C M. Seeding of supercooled polyethylene with extended chain crystals. J Phys Chem, 1966, 70: 1844-1849.

[107] Wunderlich B, Melilio L, Cormier C M, Davidson T, Snyder G. Surface melting and crystallization of polyethylene. J Macromol Sci, Part B, 1967, 1: 485-516.

[108] Ren Y J, Ma A Q, Li J, Jiang X M, Ma Y, Toda A, Hu W B. Melting of polymer single crystals studied by dynamic Monte Carlo simulations. Eur Phys J E, 2010, 33: 189-202.

[109] Frank F C, Tosi M. On the theory of polymer crystallization. Proc Royal Soc (London) A, 1961, 263: 323-339.

[110] Wunderlich B, Melillo L. Morphology and growth of extended chain crystals of polyethylene. Makromol Chem, 1968, 118: 250-264.

[111] Aboel Maaty M I, Bassett D C. Evidence for isothermal lamellar thickening at and behind the growth front as polyethylene crystallizes from the melt. Polymer, 2005, 46: 8682-8688.

[112] Mullin N, Hobbs J. Direct imaging of polyethylene films at single-chain resolution with torsional tapping atomic force microscopy. Phys Rev Lett, 2011, 107: 197801.

[113] Lauritzen J I, Hoffman J D. Theory of formation of polymer crystals with folded chains in dilute solution. J Res Natl Bur Stand, 1960, 64A: 73-102.

[114] Hoffman J D, Lauritzen J I. Crystallization of bulk polymers with chain folding: Theory of growth of lamellar spherulites. J Res Natl Bur Stand, 1961, 65A: 297-336.

[115] Hoffman J D, Davis J T, Lauritzen J I. The Rate of Crystallization of Iinear Polymers with Chain Folding//Treatise on Solid State Chemistry. Hannay N B, ed. New York: Plenum, 1976: 497.

[116] Hoffman J D, Miller R L, Marand H, Roitman D B. Relationship between the lateral surface free energy sigma and the chain structure of melt-crystallized polymers. Macromolecules, 1992, 25: 2221-2229.

[117] Lauritzen J I, Passaglia E. Kinetics of crystallization in multicomponent systems. II. Chain-folded polymer crystals. J Res Nat Bur Stand, 1967, 71A: 261-275.

[118] Lauritzen J I, DiMarzio E A, Passaglia E. Kinetics of growth of multicomponent chains. J Chem Phys, 1966, 45: 4444-4454.

[119] Hoffman J D, Lauritzen J I, Passaglia E, Ross G S, Frolen L J, Weeks J J. Kinetics of polymer crystallization from solution and the melt. Kolloid Z Z Polym, 1969, 231: 564-592.

[120] Sanchez I C, DiMarzio E A. Dilute solution theory of polymer crystal growth: A kinetic theory of chain folding. J Chem Phy, 1971, 55: 893-908.

[121] Wunderlich B, Arakawa T. Polyethylene crystallized from the melt under elevated pressure. J Polym Sci A, 1964, 2: 3697-3706.

[122] Geil P H, Anderson F R, Wunderlich B, Arakawa T. Morphology of polyethylene crystallized from the melt under pressure. J Polymer Sci, A, 1964, 2: 3707-3720.

[123] Prime R B, Wunderlich B. Extended-chain crystals. III. Size distribution of polyethylene crystals grown under elevated pressure. J Polymer Sci Part A-2: Polym Phys, 1969, 7: 2061-2072.

[124] Olley R H, Bassett D C. Molecular conformations in polyethylene after recrystallization or annealing at high pressures. J Polym Sci, Phys, 1977, 15: 1011-1027.

[125] Wunderlich B, Davidson T. Extended chain crystals. I. General crystallization conditions and review of pressure crystallization of polyethylene. J Polym Sci A-2: Polym Phys, 1969, 7: 2043-2050.

[126] Wunderlich B. Macromolecular Physics. Vol. 2. Crystal Nucleation, Growth, Annealing. New York: Academic Press, 1976: 254.

[127] Hikosaka M. Unified theory of nucleation of folded-chain crystals and extended-chain crystals of linear-chain polymers. Polymer, 1987, 28: 1257-1264.

[128] Hikosaka M. Unified theory of nucleation of folded-chain crystals (FCCs) and extended-chain crystals (ECCs) of linear-chain polymers: 2. Origin of FCC and ECC. Polymer, 1990, 31: 458-468.

[129] DiMarzio E M, Guttman C M, Hoffman J C. Is crystallization from the melt controlled by melt viscosity and entanglement effects? Faraday Disc Chem Soc, 1979, 68: 210-217.

[130] Keller A. Morphology of polymers. Pure & Applied Chem, 1992, 64: 193-204.

[131] Hikosaka M, Okada H, Toda A, Rastogi S, Keller A. Dependence of the lamellar thickness of an extended-chain single crystal of polyethylene on the degree of supercooling and the pressure. J Chem Soc Faraday Trans, 1995, 91: 2573-2579.

[132] Hoffman J D. Theoretical aspects of polymer crystallization with chain folding: Bulk polymers. SPE (Soc Plastics Engrs) Trans, 1964, 4: 315-362.

[133] Lindenmeyer P H, Peterson J M. Chain-folding and molecular-species segregation in the crystallization of linear high polymers. J Appl Phys, 1968, 39: 4929-4931.

[134] Wunderlich B, Mehta A. Macromolecular nucleation. J Polym Sci, Phys, 1974, 12: 255-263.

[135] Mehta A, Wunderlich B. A study of molecular fractionation during the crystallization of polymers. Colloid and Polym Sci, 1975, 253: 193-205.

[136] Wunderlich B. Molecular nucleation and segregation. Faraday Discussions, 1979, 68: 239-243.

[137] Cheng S Z D, Wunderlich B. Molecular segregation and nucleation of poly (ethylene oxide) crystallized from the melt. I. Calorimetric study. J Polym Sci, Phys, 1986, 24: 577-594.

[138] Bu H S, Pang Y W, Song D D, Yu T Y, Voll T M, Czornnyj G, Wunderlich B. Single molecule single crystals. J Polym Sci, Part B: Polym Phys, 1991, 29: 139-152.

[139] Wunderlich B. Thermal Analysis of Polymeric Materials. Berlin: Springer, 2005: 254.

[140] Prime R B, Wunderlich B. Extended-chain crystals. IV. Melting under equilibrium conditions. J Polym Sci, Part A-2 Polym Phys, 1969, 7: 2073-2089.

[141] Hu W B, Frenkel D, Mathot V B F. Intramolecular nucleation model for polymer crystallization. Macromolecules, 2003, 36: 8178-8183.

[142] Hu W B. Intramolecular Crystal Nucleation // Lecture Notes in Physics: Progress in Understanding of Polymer Crystallization. Strobl G, Reiter G, ed. Springer-Verlag, 2007: 47-63.

[143] Hoffman J D, Frolen L J, Ross G S, Lauritzen J I. On the growth rate of spherulites and axialites from the melt in polyethylene fractions: Regime I and regime II crystallization. J Res NBS, 1975, 79A: 671-699.

[144] Hoffman J D. Role of reptation in the rate of crystallization of polyethylene fractions from the melt. Polymer, 1982, 23: 656-670.

[145] Hoffman J D, Miller R L. Test of the reptation concept: Crystal growth rate as a function of molecular weight in polyethylene crystallized from the melt. Macromolecules, 1988, 21: 3038-3051.

[146] Nishi M, Toda A, Takahashi M, Hikosaka M. Molecular wieght dependence of lateral growth rate of polyethylene (1): An extended chain single crystal. Polymer, 1998, 39: 1591-1596.

[147] Okada M, Nishi M, Takahashi M, Matsuda H, Toda A, Hikosaka M. Molecular wieght dependence of lateral growth rate of polyethylene (2): Folded chain crystals. Polymer, 1998, 39. 4535-4539.

[148] Hu W B. Molecular segregation in polymer melt crystallization: Simulation evidence and unified-scheme interpretation. Macromolecules, 2005, 38: 8712-8718.

[149] de Gennes P G. Scaling Concept in Polymer Physice. Ithaca: Cornell University Press, 1979.

[150] Alcazar D, Thierry A, Schultz P, Kawaguchi A, Cheng S Z D, Lotz B. Determination of the extent of lateral spread and secondary nucleation density in polymer single

crystal growth. Macromolecules, 2006, 39: 9120-9131.

[151] Rastogi S, Lippits D R, Peters G W, Graf R, Yao Y, Spiess H W. Heterogeneity in polymer melts from melting of polymer crystals. Nature Materials, 2005, 4: 635-641.

[152] Cai T, Ma Y, Yin P C, Hu W B. Understanding the growth rates of polymer co-crystallization in the binary mixtures of different chain lengths. J Phys Chem B, 2008, 112: 7370-7376.

[153] Hu W B, Cai T. Regime transitions of polymer crystal growthrates: Molecular simulations and interpretation beyond Lauritaen-Hoffman model. Macromolecules, 2008, 41: 2049-2061.

[154] Ren Y J, Zha L Y, Ma Y, Hong B B, Qiu F, Hu W B. Polymer semi-crystalline texture made by interplay of crystal growth. Polymer, 2009, 50: 5871-5875.

[155] Sadler D M, Barber M, Lark G, Hill M J. Twin morphology: 2. Measurements of the enhancement in growth due to re-entrant corners. Polymer, 1986, 27: 25-33.

[156] Sadler D M. Roughness of growth faces of polymer crystals: Evidence from morphology and implications for growth mechanisms and types of folding. Polymer, 1983, 24: 1401-1409.

[157] Sadler D M, Gilmer G H. A model for chain folding in polymer crystals: Rough growth faces are consistent with the observed growth rates. Polymer, 1984, 25: 1446-1452.

[158] Sadler D M, Gilmer G H. Selection of lamellar thickness in polymer crystal growth: A rate-theory model. Phys Rev B, 1988, 38: 5684-5693.

[159] Sadler D M. New explanation of chain folding in polymers. Nature, 1987, 326: 174-177.

[160] Sadler D M. On the growth of two dimensional crystals. Ⅰ. Fluctuations and the relation of step free energies to morphology. J Chem Phys, 1987, 87: 1771-1784.

[161] Sadler D M. On the growth of two dimensional crystals. 2. Assessment of kinetic theories of crystallization of polymers. Polymer, 1987, 28: 1440-1454.

[162] Doye J P K, Frenkel D. Mechanism of thickness determination in polymer crystals. Phys Rev Lett, 1998, 81: 2160-2163.

[163] Doye J P K, Frenkel D. The mechanism of thickness selection in the Sadler-Gilmer model of polymer crystallization. J Chem Phys, 1999, 110: 7073-7085.

[164] Doye J P K. Computer simulations of the mechanism of thickness selection in polymer crystals. Polymer, 2000, 41: 8857-8867.

[165] Point J J. A new theoretical approach to the secondary nucleation at high supercooling. Macromolecules, 1979, 12: 770-775.

[166] Kowalewski T, Galeski A. Crystallization of linear polyethylene from melt in isothermal compression. J Appl Polym Sci, 1992, 44: 95-105.

[167] Hikosaka M, Rastogi S, Keller A, Kawabata H. Investigations on the crystallization of polyethylene under high pressure: Role of mobile phases, lamellar thickening growth, phase transformations, and morphology. J Macromol Sci, Part B Phys, 1992, 31: 87-131.

[168] Keller A. Morphology of polymers. Pure & Applied Chem, 1992, 64: 193-204.

[169] Keller A, Hikosaka M, Rastogi S, Toda A, Barham P J, Goldbeck-Wood G. The size factor in phase transitions: Its role in polymer crystal formation and wider implications. Philo Trans: Phys Sci Eng, 1994, 348: 3-17.

[170] Hikosaka M, Okada H, Toda A, Rastogi S, Keller A. Dependence of the lamellar thickness of an extended-chain single crystal of polyethylene on the degree of supercooling and the pressure. J Chem Soc Faraday Trans, 1995, 91: 2573-2579.

[171] Marchetti A, Martuscelli E. Morphology and thermodynamic properties of solution-grown single crystals of trans-1,4-polybutadiene. J Polym Sci Phys, 1976, 14: 323-342.

[172] Rastogi S, Ungar G. Hexagonal columnar phase in 1,4-t-polybutadiene: Lamellar thickening, chain extension and isothermal phase reversal. Macromolecules, 1992, 25: 1445-1452.

[173] Strobl G. From the melt via mesomorphic and granular crystalline layers to lamellar crystallites: A major route followed in polymer crystallization? Eur Phys J E, 2000, 3: 165-183.

[174] Strobl G. A thermodynamic multiphase scheme treating polymer crystallization and melting. Eur Phys J E, 2005, 18: 295-310.

[175] Strobl G. Crystallization and melting of bulk polymers: New observations, conclusions and a thermodynamic scheme. Prog Polym Sci, 2006, 31: 398-442.

[176] Strobl G. Colloquium: Laws controlling crystallization and melting in bulk polymers. Rev Modern Phys, 2009, 81: 1287-1300.

[177] Allegra G. Chain folding and polymer crystallization: A statistical-mechanical approach. J Chem Phys, 1977, 66: 5453-5463.

[178] Allegra G. Polymer crystallization: The bundle model. Ferroelectrics, 1980, 30: 195-211.

[179] Allegra G, Meille S V. The bundle theory for polymer crystallization. Phys Chem Chem Phys, 1999, 1: 5179-5188.

[180] Allegra G, Meille S V. Pre-crystalline, high-entropy aggregates: A role in polymer crystallization? Adv Polym Sci, 2005, 191: 87-135.

[181] Welch P, Muthukumar M. Molecular mechanisms of polymer crystallization from solution. Phys Rev Lett, 2001, 87: 218302 (1-4).

[182] Muthukumar M. Modeling polymer crystallization. Adv Polym Sci, 2005, 191: 241-274.

[183] Zhang J, Muthukumar M. Monte Carlo simulations of single crystals from polymer solutions. J Chem Phys, 2007, 126: 234904-234921.

第7章 高分子片晶生长的特殊动力学现象

7.1 短链整数次折叠和片晶生长自中毒现象

7.1.1 短链整数次折叠结晶

由于高分子链倾向于以近邻折叠的方式加入生长的片晶之中，生长前沿的迅速增厚使得高分子链成为某种折叠长度的热力学亚稳态而决定了片晶的厚度，于是后者得以被实验所观察到。当链不够长时，链端基会在片晶表面富集起来，这有利于减少晶格缺陷，降低片晶的表面自由能，成为前沿增厚过程中链折叠亚稳态的优先选择。Spegt 等人[1~4]采用小角 X 射线散射（SAXS）首先观察到，短链聚环氧乙烷（PEO）熔体结晶所得到的片晶厚度会随着温度升高而发生整数倍的变化，对应的链折叠长度正好是分子链总长度的整数分之一，对应的熔点也随着结晶温度的升高发生台阶式变化。这一现象随后被 Kovacs 等人[5~12]采用光学及电子显微镜和热分析等一系列实验手段来研究单晶形貌、线生长速率、熔融和等温增厚时所证实，并发现是由于链的整数次折叠所致。短链在片晶中的整数次折叠，成为高分子链在片晶中主要发生近邻规整折叠并由此决定片晶厚度的有力证据，如图 7.1 所示。

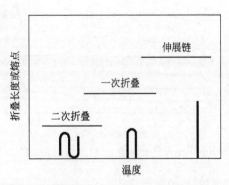

图 7.1 短链高分子发生整数次折叠产生折叠长度或熔点阶跃示意图

由于短链整数次折叠现象的出现，人们开始猜想是由于 PEO 链的端羟基处于片晶表面，形成氢键网络，降低了片晶的表面自由能。后来各种 PEO 封端产物和聚烯烃链也观察到类似的行为，说明这是短链的一种普遍结晶行为[13,14]。链端基处在片晶表面，一方面从单链的角度来看，可以充分地实现分子内平行排列；另一方面从片晶表面来看，也大大地改善了表面无序链段的空间拥挤程度，且由于没有额外的折叠能，片晶可获得特殊的亚稳定性。

整数次折叠现象只有在分子量分布很窄的情况下才能看到，宽分布的聚己内酯已被 Phillips 等人[15]证明无此现象。

Ungar 和 Keller[14,16]在 1985 年研究证明，窄分布的聚乙烯蜡在链长超过150 个碳原子后也会出现整数次折叠现象（integer folding，IF）。长的正烷烃链从溶液结晶[17]和熔体结晶[18]的初期，同步辐射 SAXS 和 DSC 均发现存在非整数次折叠（non-integer folding，NIF）。PEO 的 Raman 光谱和纵向声学模 LAM研究也发现了这一现象[19]。Cheng 等人[13,20~30]深入研究了 PEO 低级分的 NIF-IF 转变过程中出现的增厚和减薄现象（thickening and thinning）以及端基和分子量等结构因素对其的影响，如图 7.2 所示。

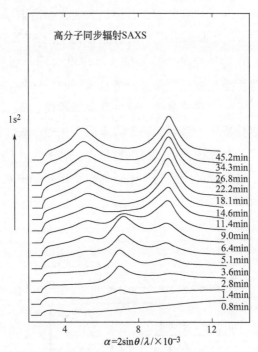

图 7.2　PEO 重均相对分子质量 3000 的样品在 46℃等温结晶的
同步辐射小角 X 射线散射结果[26]

Organ 等人[31,32]提出了片晶增厚过程中 NIF-IF 转变的固态扩散机理（solid-state diffusion），类似于退火效应，在 NIF 片晶表面先发生预熔融，随后通过晶区链轴向滑移运动实现 IF 构象。但这一机理不能解释链增厚速率与过冷度的关系。Alamo 等人[33]提出了熔融重结晶机理,认为 NIF 片晶表面发生预熔融后,能量的涨落特别是在温度较低时,涨落范围与片晶厚度相当,足以导致局部熔融后重结晶,生成 IF 片晶。实际上,初期生成的非整数次折叠片晶可进一步增厚生成伸展链厚度的片晶,但是该片晶中还包含了大量的双层一次折叠链结构,如图 7.3 所示。近年来 Tracz 和 Ungar[34]的原子力显微镜研究提供了这种结构演化的形态学证据,表明片晶的内部减薄实际上发生在片晶增厚到伸展链状态过程之中,如图 7.4 箭头所指示的区域。可以认为整数次折叠是一种较为稳定的链构象态,但未必是结晶生长最快的构象态,临界生长厚度 l^* 很可能介于两个相邻序列的整数次折叠长度之间,所以生成 NIF,然后才调整成 IF(增厚或内部减薄),其转化的自由能曲线如图 7.5 所示。

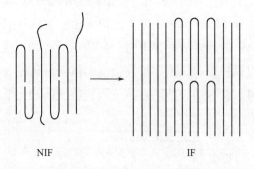

NIF　　　　　　　　　IF

图 7.3　伸展链片晶中包含双层折叠链片晶示意图

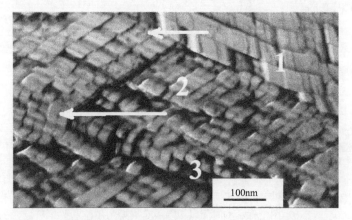

图 7.4　长链烷烃伸展链片晶中包含的双层折叠链片晶结构[34]

(见白色箭头所指示的区域)

1—伸展链区;2—混合区;3—折叠链区

Welch 和 Muthukumar[35]采用布朗动力学分子模拟观察到在片晶生长的前沿,200 个单元的长链从六次折叠到四次折叠的转变存在多重最小自由能,对应

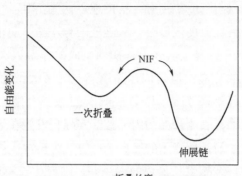

图 7.5　非整数次折叠（NIF）向整数次折叠（IF）转化的自由能曲线示意图

于链的整数次折叠。本书作者[36]采用动态蒙特卡罗分子模拟研究发现，短链整数次折叠的出现与高分子链在晶体中适当地沿 c 轴发生滑移的活动能力有关，如图 7.6 所示。引入合适的晶区链滑移阻力，高分子链将先生成二次折叠，然后再增厚成为一次折叠的亚稳态，反映在折叠长度上就正好是链长的 1/3 变化到1/2。增厚转变的诱导期预示着这是一种热力学一级相转变的动力学机制，我们将在下一章再具体展开介绍。

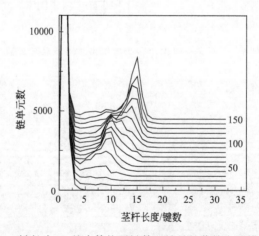

图 7.6　链长为 32 的本体格子链等温结晶的蒙特卡罗模拟[36]

[E_p/E_c＝1.0，链滑移摩擦阻力 E_f/E_c＝0.1，$E_c/(kT)$＝0.174。模拟技术细节见本书附录。图中标示的时间以 1000MC 周期为单位]

7.1.2　短链片晶生长的自中毒现象

短链分子的整数次折叠不仅证明了规整近邻折叠的普遍性，也证明了等温增厚过程中链端基活动能力的特殊重要性，对此现象的透彻研究将有助于我们对长链高分子晶体生长和等温退火的分子机理的进一步理解。

Kovacs 等人注意到在短链 PEO 整数次折叠变化时，结晶线生长速率随温度的变化曲线会出现不连续，如图 7.7 所示[6]。Ungar 等人[38]首先发现短链烷烃在短链整数次折叠变化时，结晶速率实际上给出了一个局部的最小值，如图 7.8 和图 7.9 所示，当温度从高温降下来时，伸展链晶的线生长速率不仅不增加，反而降低，形成一个负位垒的温度依赖性，因此该现象被称为高分子晶体生长的自中毒现象（self-poisoning phenomenon）。他们还发现，这种现象也出现在高分子溶液在恒定的温度下当浓度降低时的结晶行为中，可能与熔点降低导致过冷度减小有关[17]。甚至短链高分子的初级成核速率也表现出自中毒现象[39]。稀溶液结晶的形态学上可以看到伸展链片晶在折叠链片晶周围出现，二者呈交替的波浪

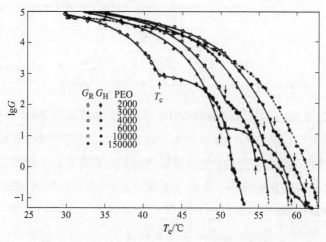

图 7.7　不同分子量的 PEO 等温结晶线生长速率随温度的变化曲线[6]

（图中折线对应短链整数次折叠的变化）

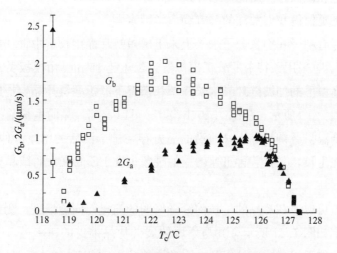

图 7.8　$C_{210}H_{422}$ 烷烃熔体等温结晶线生长速率

沿（010）G_b 和（100）G_a 方向的测量结果[37]

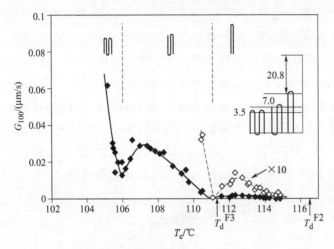

图 7.9　C$_{390}$H$_{782}$烷烃在 4.6%（质量分数）的二十八烷（octacosane）
溶液中等温结晶线生长速率沿（100）方向的测量结果[38]

形分布[40]。这是因为在溶液结晶过程中，局部过饱和度的变化与过冷度的变化
作用相当，都决定着晶体生长的热力学驱动力。在稀溶液中高分子链扩散过程很
慢，所以折叠链结晶周围产生的局部稀释区域只允许需要较小过冷度的伸展链晶
生长。这种自中毒现象显然不是来自于外来杂质，而是晶体生长前沿遇到的亚稳
的整数次折叠链构象[41]。Sadler 曾将其作为片晶生长前沿"别住"（pinning）
模型的主要证据[42]。但是，Sadler 这种从晶体生长动力学公式的位垒项出发的
考虑，不能解释其局部温度范围内出现速率最小值的现象。显然，溶液结晶自中
毒现象中过饱和度和过冷度的等效性说明，晶体生长动力学的驱动力项，而不是
位垒项，才是更值得我们关注的关键动力学因素。

　　分子模拟有利于我们从分子水平上来了解短链片晶生长自中毒现象的发生机
制。马禹等人[43]采用蒙特卡罗分子模拟研究了短链 16-mer 由模板引发的片晶生
长，观察了高温下的伸展链片晶生长速率和低温下的折叠链片晶生长速率，片晶
生长形貌如图 7.10 所示。从图 7.10(b)和(c)可以看到片晶的生长前沿出现楔形
特点，并且低温折叠链片晶生长前沿的后方存在一个滞后的增厚链伸展的过程。
这种薄片晶先生长，紧接着再迅速增厚的现象也在 PE 低聚物的结晶实验中被观
察到[44]。

　　分子模拟可以追踪片晶的生长前沿随时间的演化而向前推进，测量得到的结
晶线生长速率如图 7.11 所示，并与增厚伸展链片晶推进的速率进行了比较。当
片晶增厚能力较强（对应于较小的链滑移摩擦阻力 $E_f/E_c = 0.02$）时，片晶线生
长速率的温度依赖性曲线与 Kovacs 等人观测到的 PEO 短链晶体线生长速率的不

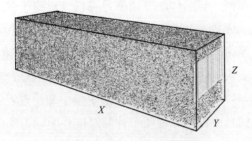

(a) 模板(X=128)引发熔体片晶的初始态

(b) 高温伸展链晶320000MC 周期形态图

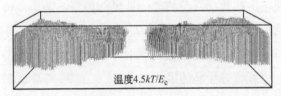

(c) 低温折叠链晶70000MC 周期形态图

图 7.10 模板（$X=128$）引发熔体片晶生长的初始态、高温伸展链晶 320000MC

周期和低温折叠链晶 70000MC 周期形态图[43]［动态蒙特卡罗模拟

16-mer 熔体链在 $128\times32\times32$（XYZ）立方格子中，$E_p/E_c=1$，$E_f/E_c=0.02$。

在图（b）和（c）中，只有平行排列数大于 15 的键才被标示出来］

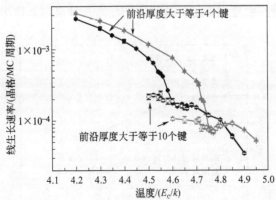

图 7.11 熔体结晶 16-mer 片晶线生长速率随温度变化的分子模拟结果[43]

［$E_p/E_c=1$，$E_f/E_c=0.02$（圆点），$E_f/E_c=0.04$（三角）。

图中实心符号为前沿厚度大于等于 4 个键的测量结果，反映折叠链生长前端的位置，

空心符号为前沿厚度大于等于 10 个键的测量结果，反映伸展链生长前端的位置］

连续温度依赖性非常相似。当晶体增厚速率足够慢（对应于较大的链滑移摩擦阻力 $E_f/E_c=0.04$）时，结晶线生长速率才会表现出明显的最小值。可见最小值的出现与高分子链的增厚速率有关。这一差别反映了片晶增厚速率在 PEO 晶体中比在长链烷烃晶体中要快。这解释了为什么最小值在 Kovacs 等人所观测的 PEO 中不出现，而在 Putra 和 Ungar 所观测的长链烷烃中却出现了[45]。

短链高分子结晶的自中毒现象说明了片晶厚度在驱动力项中对线生长速率的影响。片晶生长的基本动力学方程［式（6.40）］为这一现象提供了很好的解释，即分别考虑位垒项和驱动力项的贡献。

$$v \propto v_{\text{growth}} (l-l_{\text{min}}) \tag{7.1}$$

在长链发生折叠链片晶生长的一般情况下，随着温度的升高，片晶厚度 l 随之连续增大，而最小片晶厚度 l_{min} 也随之连续增大。由于片晶厚度在整数次折叠长度时被临时稳定下来，处于自由能较低的亚稳态，随着温度继续升高，片晶生长厚度暂时得不到超出整数次折叠长度的结果而停滞不前，而最小片晶厚度却继续在增大，于是线生长速率由于其剩余厚度 $l-l_{\text{min}}$ 的依赖性而降低下来。由于折叠链片晶中增厚的伸展链前沿推进速率不够快，温度会升高直到 l_{min} 达到该整数次折叠长度，对应折叠链片晶的平衡熔点 T_m^F。此时剩余厚度为零，线生长速率也接近于零，正如长链烷烃中所观察到的情况[45]。温度超出该熔点，整数次折叠长度不足以再能够稳定片晶厚度，于是片晶生长将以下一个折叠伸展构象为目标，厚度得以迅速增加，线生长速率从最小值恢复到原来的一般折叠链片晶生长速率随温度变化的曲线上，如图 7.12 所示。实际上从图 7.7 可以看出，如果没有短链的整数次折叠带来的局部速率曲线弯折，整条曲线将像高度折叠的长链片晶生长那样平滑连续地向下走。这说明即使对于伸展链晶体生长而言，由于受

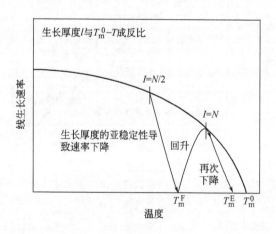

图 7.12　短链整数次折叠带来局部的线生长速率弯折并出现最小值示意图

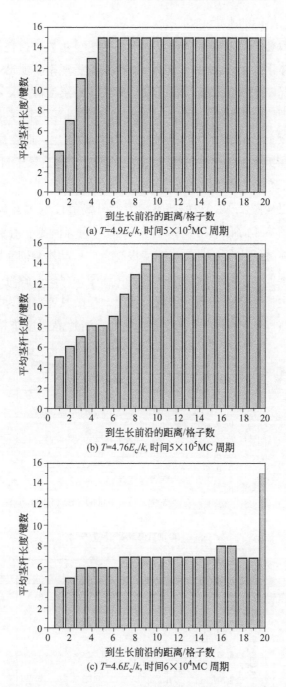

图 7.13　沿晶体生长最前沿的反生长方向距离上链茎杆平均长度的分布[43]

（链长 16 个链单元的熔体，$E_p/E_c=1$ 和 $E_f/E_c=0.04$ 的结果）

伸展链长的固定长度限制，线生长速率也会在较高的温区出现陡降，直到在伸展
链晶的平衡熔点 T_m^E 处片晶生长速率再次降为零。图中决定折叠链片晶生长速率

的 T_m^0 为无穷大晶体的平衡熔点。

在整数次折叠链片晶的平衡熔点之上，由于该整数次折叠仍有相当的亚稳定性，会阻挠晶体生长前沿的即时增厚，使得线生长速率不能迅速回到一般的折叠链片晶生长情况，于是出现自中毒现象，即在这一温度区间，温度越低，线生长速率越小，呈现负位垒效应。图 7.13 统计了片晶前沿在该平衡熔点上下的增厚情况。在熔点以上，伸展链片晶更稳定 [图 7.13(a)]；而在熔点附近，则可以看到增厚过程在折叠链厚度的滞留 [图 7.13(b)]，这是导致自中毒现象的原因；在熔点以下，折叠链片晶得以稳定 [图 7.13(c)]。

我们还可以从图 7.10(c) 的状态出发，升高温度观测晶体的熔化速率随温度的变化，如图 7.14 所示，当温度不够高时，可以看到折叠链晶体熔化以后还会以伸展链晶体继续生长，只有当温度很高时，片晶才会彻底熔化，但是折叠链晶体的熔化速率要比后期伸展链晶体的熔化速率快得多。各自的熔化速率正好与相应的结晶线生长速率处在同一条延长线上，反映其速率降为零时对应于各自片晶厚度的平衡熔点。根据式(7.1) 可以看出，当片晶厚度维持某个整数次折叠

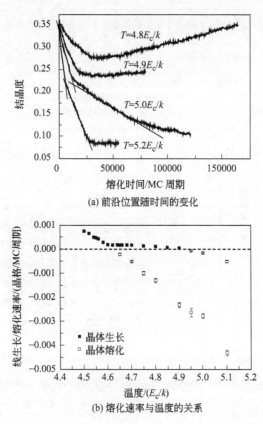

(a) 前沿位置随时间的变化

(b) 熔化速率与温度的关系

图 7.14　从图 7.10(c) 状态出发测量不同高温时晶体线熔化速率[43]

的长度保持不变时，l_{min}随着温度的升高而发生连续增长，在经过整数次折叠的长度时，即温度达到其长度所对应厚度的片晶平衡熔点处，就会出现相应厚度的整数次折叠链片晶从生长到熔化的连续转变。

当熔化温度不够高时，我们还可以观察到折叠链片晶生长前沿后方的伸展链片晶增厚前沿继续向前推进，这一点从反映伸展链晶体前沿的 10 个键标准的位置变化可以看出来。如图 7.15 所示，在折叠链晶体前沿发生熔化后退的同时，伸展链晶体前沿将继续前进，直到二者碰到一起，然后片晶以伸展链晶体继续生长。值得注意的是，在折叠链晶体中的增厚推进速率要比在生长前沿的伸展链晶体生长速率要快，这说明前者只要克服增厚位垒即可，而后者不仅要克服一个增厚位垒，还要克服生长前沿的次级成核位垒。如图 7.16 所示，增厚位垒的存在解释了为什么即使在折叠链片晶熔点之上，片晶生长速率也不会立即回到最快的伸展链片晶生长速率，从而导致自中毒现象的出现。一方面，该位垒比较低的时

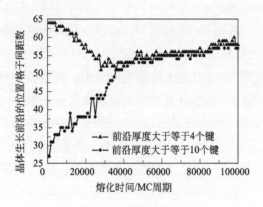

图 7.15　从图 7.10(c) 状态出发测量 $T=4.7E_c/k$ 等温熔化和
重结晶的前沿位置随时间的演化[43]

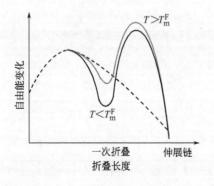

图 7.16　伸展链晶体生长经过折叠链亚稳态进一步增厚时，
需要越过额外的自由能位垒示意图

候，如链滑移比较快的 PEO 片晶，片晶生长速率的最小值就比较高。另一方面，片晶生长早期遇到的次级成核位垒与最后所能达到的片晶厚度无关，甚至与亚稳的整数次折叠链长度也无关，而是发生在楔形最前端的生成高度折叠的链内成核过程，如图 6.27 所示。

7.2　分子量效应及二元共结晶速率

7.2.1　分子量对片晶线生长速率的影响

高分子的分子量对其结晶行为有重要影响，这也正反映了高分子有别于小分子结晶行为的关键之所在，所以对这一特点的研究有可能揭示出高分子结晶的独特生长机制。

早在 1952 年，Price[46]就发现球晶的生长速率与分子量有关，分子量越低，生长速率越大，他猜想可能低分子量有利于分子的扩散运动，从而有利于晶体生长。Magill[47~49]对聚四甲基对硅亚苯基硅氧烷 [poly（tetra-methyl-p-silphenylene siloxane，PTMPS] 的结晶速率与温度关系曲线如何受分子量的影响进行了系统的研究，发现分子量越低，线生长速率的最大值越大，如图 7.17 所示。其他许多高分子也得到了类似的结果，即在较宽的温度范围内，分子量越大，结晶速率越慢。Magill 和 Li[50]通过实验结果拟合得出对中等或较高分子量级分，得到：

$$\lg G \propto M^a \tag{7.2}$$

式中，$-1.2 < a < -0.5$；G 为最大线生长速率；M 为分子量。

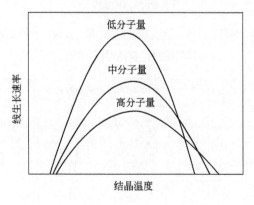

图 7.17　结晶线生长速率与结晶温度受不同分子量影响示意图

Cheng 和 Wunderlich[51]测量了一系列分子量级分（3500~5000000）PEO 的结晶线生长速率 G，在恒定过冷度 ΔT 时，发现存在如下线性关系：

$$\lg G = A\lg(\ln M) + B \tag{7.3}$$

式中，$A < 0$，$B > 0$，斜率 A 和截距 B 是与结晶温度 T 有关的常数，这一规律也适用于 PE、PET、反式聚二甲基-1,4-丁二烯、聚四甲基对硅亚苯基硅氧烷和聚六亚甲基环氧化物。

很小分子量的高分子结晶速率也较慢，这通常都归结于其熔点较低的结果[52]。当分子量足够低时，由于受平衡熔点的约束，线生长速率的最大值随分子量降低而下降。于是存在一个对应于最大线生长速率的分子量。这一最大值在 PEO[53]、聚 3,3-二乙基环氧丁烷[54] 和 PCL[55] 等高分子球晶的径向线生长速率对分子量的等温曲线中普遍被观察到。

Okui 和 Umemoto[56,57] 对聚丁二酸乙二酯（PESU）的线生长速率与分子量的依赖关系进行了系统的研究，发现同初级成核速率相类似，存在一条主曲线，如图 7.18 所示。他们同时处理了聚四甲基对硅亚苯基硅氧烷 [poly（tetramethyl-p-silphenylene siloxane），PTMPS][47] 和等规聚苯乙烯[58] 的线生长速率的温度依赖性数据，也发现同样存在这样的主曲线。他们还观察到最大线生长速率与分子量存在以下标度关系：

$$G \propto M^b \tag{7.4}$$

当相对分子质量小于 3000 时，$b = 1$；大于 3000 时，$b = -0.5$，如图 7.19 所示，从长周期的特点可以看出，它们分别对应于伸展链晶体的生长和折叠链晶体的生长。

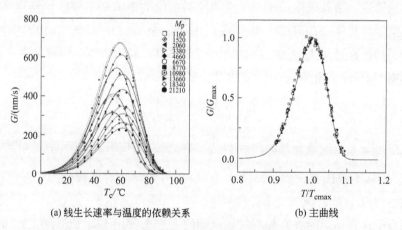

(a) 线生长速率与温度的依赖关系　　　　　　(b) 主曲线

图 7.18　聚丁二酸乙二酯（PESU）的一系列分子量样品的
结晶线生长速率与温度的依赖关系及其主曲线[57]

在大部分温区片晶线生长速率对分子量 M_w 的依赖性如图 7.17 所示，开始随结晶温度的升高，分子量越低，结晶越快，但 Magill[47] 发现达到 130℃ 以上则反过来，分子量越低，结晶生长越慢，一般认为这是由于分子量越低，其晶体

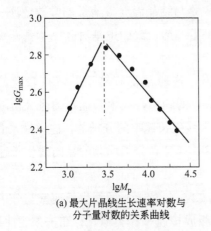
(a) 最大片晶线生长速率对数与
分子量对数的关系曲线

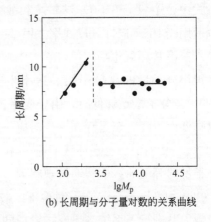
(b) 长周期与分子量对数的关系曲线

图 7.19　聚丁二酸乙二酯（PESU）的一系列分子量样品的最大片晶线
生长速率和长周期与分子量 M_p 的双对数曲线[57]
（表明低分子量的链间成核和高分子量的链内成核）

平衡熔点越低，在高温处的有效过冷度也就越小所致。然而，在下一节所介绍的分子模拟结果表明，高温区高分子量级分的较快结晶与次级成核所带来的较高晶体生长效率有关。Lindenmeyer 和 Holland[59]发现在 113℃ 结晶速率几乎不受分子量影响，120℃ 以上则随分子量提高而加快。

7.2.2　分子量效应的理论解释

我们知道，结晶线生长速率受成核控制而取决于两个主要的能量位垒因素，即短程扩散活化能 ΔE 和临界核生成自由能位垒 ΔG^*，如式（5.19）所示。那么，分子链长究竟与 I_0、ΔE 和 ΔG^* 的哪一项具有较为重要的依赖关系呢？

早期 Hoffman 和 Weeks[60]指出分子量（M_w）与 I_0 有关：

$$I_0 = b_0 \frac{kT}{h} f \left(\frac{1}{M_w} \right)^y \tag{7.5}$$

式中，分子量函数前面的因子 $b_0 \dfrac{kT}{h}$ 来自于一个核引发一个晶层（厚 b_0）的生长假定；h 为普朗克常数，来自于 Turbull 和 Fisher 对成核公式的标定；分子量函数的指数 y 介于 0~1 之间。

高分子链在结晶时存在长程扩散运动的考虑也曾用于对 Flory 和 Yoon[61]所提出的原位冻结结晶的反驳，分子分凝现象也明确地告诉人们长程扩散的存在。Hoffman 等人[62]引入了链的蛇行（reptation）运动模式[63]，其想象周围分子链的缠结作用相当于形成一个管道，分子链可以在管道中蠕动。计算得到的晶层扩展速率 g 与由实验数据计算得到的结果相互一致，证明了链的长程扩散过程对片晶生长动力学的重要影响。理论和实验均证明，在一定分子量以上的高分子熔体中，对链动力学的最好描述是蛇行模式，对 PE 而言，这一临界相对分子质量约 3800[64]。蛇行的活化能可以通过同位素混合物的自扩散系数测量而求得[65]。对于一定长度的 PE，理论计算表明蛇行速率是与以近邻折叠方式把分子加入晶体的速率相当的[66]。Hoffman[66]认为，链在卷入晶格时的阻力主要来自于其被从熔体中抽出来的解缠力，或者说链在"管道"中蛇行的摩擦力，于是链在片晶生长前沿的卷入速率为：

$$r_{rep} = \frac{f_c}{\xi n} \tag{7.6}$$

式中，f_c 为结晶驱动力；ξ 为单体单元的运动摩擦系数；n 为链长，这样片晶线生长速率 G 将正比于 n^{-1}。

近年来 Hoffman 和 Miller[67]进一步发展了这一理论，其结果继续得到了实验结果的支持。他们引入了 Lauritzen 和 DiMarzio[68]对纤毛的构象熵的计算结果作为第一个片段在晶面上生成的熵变 $\lambda kT\ln(n)$，λ 与纤毛的体积扫描角度范围 ϕ 有关，$\lambda = \pi/(2\phi)$，纤毛处于前沿，$\phi = 270°$；插在片晶中，$\phi = 180°$，一般介于二者之间，于是 λ 在 0.33～0.5 之间。这时晶体生长面上新晶层生成第一个茎杆的自由能位垒为：

$$\Delta G = 2b_0\sigma l + \lambda kT\ln n \tag{7.7}$$

同 Lauritzen-Hoffman 理论一样，临界核生成速率为：

$$i \propto \beta\exp\left(-\frac{2b_0\sigma l}{kT}\right)\exp(-\lambda\ln n) \tag{7.8}$$

晶层扩展速率为：

$$g = a_0\beta\exp\left(-\frac{2a_0 b_0\sigma_e}{kT}\right) \tag{7.9}$$

按照蛇行模式计算得到：

$$g_{rep} = r_{rep}\frac{a_0}{l_g^*} \propto n^{-1} \tag{7.10}$$

令 $g_{rep} = g$，于是得 $g \propto n^{-1}$，$\beta \propto n^{-1}$。由式（7.8）同样可得 $i \propto n^{-1-\lambda}$。于是在高温区 regime Ⅰ，$G \propto i \propto n^{-1-\lambda}$；在中温区 regime Ⅱ，$G \propto (ig)^{1/2} \propto n^{-1-\lambda/2}$。令 $G \propto n^{-S}$，于是在 regime Ⅰ，S 处于 1.33～1.50 之间，在 regime Ⅱ，S 处于 1.17～1.25 之间。由 11 个 PE 分子量级分的片晶线生长速率的测量结果可以得到，在恒定的 ΔT 下，在 regime Ⅰ 处得 $S = 1.32 \pm 0.20$，在 regime Ⅱ 处得 $S = 1.35 \pm 0.20$，与理论预测的结果相当接近，证明了链蛇行运动，或者说链缠结对结晶动力学的重要意义，也解释了结晶速率对分子量的主要依赖关系。

　　Nishi 等人[69]和 Okada 等人[70]分别研究了伸展链片晶和折叠链片晶的线生长速率随分子量变化的指数关系，发现对应的 S 值各为 0.7 和 1.7。他们所使用的平衡熔点比 Hoffman 等人所使用的要低 4～5K，可能是导致 S 值发生偏离的原因。对初级成核速率的分子量依赖性，Nishi 等人[71]和 Ghosh 等人[72,73]也发现伸展链晶的依赖指数是 −1，而折叠链晶的依赖指数是 −2.3 或 −2.4。Umemoto 等人[74]同样观察到最大初级成核速率和最大线生长速率在较低和较高分子量范围内的变化对分子量分别呈指数依赖关系。这些指数关系都暗示初级成核速率和片晶生长速率的分子量依赖性或许就来源于高分子链长程扩散的拓扑缠结限制。但是，确切地理解指数值与片晶成核和生长的微观物理机理以及具体的实验数据处理方法等的关系，还有待于进一步的探索研究。

　　Hoffman 和 Miller[67]还讨论了分子量较大时的结晶度降低现象，一方面，由于链太长时解缠结困难，使得链的卷入晶格速率变慢，以致来不及产生下一个近邻折叠片段而被其他分子的片段所占据，这样会出现大量的纤毛而进一步成为松散的链圈（loose loops）或片晶间连系分子（tie molecules），导致结晶度的下降；另一方面，当线团尺寸远大于生长片晶厚度时，就会同时在好几层片晶上生长，这就使得解缠结受阻而积存于片晶间区域，导致结晶度的下降。这也许是分子产生半结晶织态结构的内在动力学原因之一。

　　固定链的两端，分子链仍可在与其长度相当的范围内运动，这说明蛇行并非唯一的分子运动模式，典型的如交联高分子的运动。轻度交联的高分子结晶速率有所变化而结晶度几乎不变，说明即使交联，分子链快速运动参与结晶的能力也很强。对于很高分子量的链，由于存在相对较密的缠结，虽然端点自由，分子链蛇行也受阻于管道之中，这就有必要考虑链穿过缠结点的概率[75]。

7.2.3　二元链长混合物的共结晶速率

　　片晶生长动力学除了对高分子链长程的拓扑缠结比较敏感之外，片晶生长前沿次级成核对结晶度贡献的效率以及片晶前沿的即时增厚速率等也对分子量比较敏感。二元分子链长混合物的共结晶速率的分子模拟就揭示了这些复杂分子量依赖关系的机理。

　　合成所得到的高分子产品常常具有分子量多分散性的特点，因此研究不同链长混合所带来的综合片晶线生长速率实属必要。然而这一方面的实验研究非常有限。在很高的结晶温度下，不同链长的高分子结晶会出现分子分凝现象，只有在较低的温度下才能观察到不同链长级分的共结晶。Zeng 和 Ungar 采用小角 X 射线散射和热分析研究了两个单分散长链正烷烃共结晶产生的片晶织构，提出了超晶格（super-lattice）结构的设想[76~79]。Hosier 和 Bassett[80~82]系统地研究了

C_{122} 和 C_{246} 以及与 C_{162} 配对的一系列烷烃共结晶的片晶线生长速率，发现相对本体相，少量添加长链或短链均导致共生长速率的降低。在理论方面，Laurizten 等人[83] 通过解短链烷烃二元混合物伸直链结晶稳态流的一维动力学方程，发现在恒定总流量时出现低共熔点相图那样的结晶温度对组成依赖关系曲线。

Sommer[84] 则采用一维蒙特卡罗晶体生长模拟研究三种均等机会的生长模式，即茎杆生长、茎杆去除和折叠链茎杆变伸展链。他也得到了结晶生长速率随组成变化类似低共熔点相图的研究结果。由于他的模型相对简单，我们可以理解在液-固共存相图折叠链组分的稀端，随着折叠链组分的逐渐增加，越来越多的计算时间用于折叠链的伸展，导致前沿推进速率的减慢；而在液-固共存相图折叠链组分的浓端，随着伸直短链组分浓度的逐渐增加，总结晶速率的下降则与事先设置的伸展短链较快去除速率有关。总之，以上的理论研究均事先设置了长链比短链的茎杆去除要慢，而没有考察链折叠结晶生长的具体微观过程。

蔡韬等人[85] 采用动态蒙特卡罗分子模拟研究了模板诱导片晶生长动力学在长短链二元混合物共结晶的情况。格子链模型体系分别由包含 32 个链单元的长链和 16 个链单元的短链组成。如图 7.20 所示，体系在 $128 \times 32 \times 32$（XYZ）的立方格子中，具有循环边界条件，有序结晶的模板由链长为 16 的伸展链所组成，处在 $X = 128$ 处，结晶将向模板两侧生长。我们先假设链在晶体中滑移很困难，不能增厚，因而片晶厚度不会影响结晶动力学，于是引入较高的摩擦阻力 $E_f/E_c = 0.3$，然后在固定温度下测量不同摩尔组成的混合物中片晶生长的线速率，结果如图 7.21 所示，呈现片晶线生长速率对摩尔组成比的两段线性依赖关系。这种线性依赖关系与理想溶液的依数性相似，反映了片晶线生长速率主要由每个分子链的独立贡献所致，长链的速率比短链大，随着长链组分的减少，平均速率随组成线性地降低。这一结果符合链内结晶成核模型所描述的情景。形态观测结晶之后的状态也没有看到明显的分子分凝现象，如图 7.22 所示。

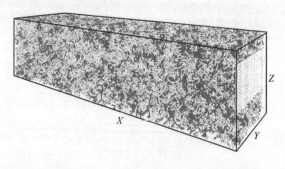

图 7.20　长链组分为 0.2 的长短链二元混合体系的形态图[85]

（长链 32-mer 显示黑色，短链 16-mer 显示灰色）

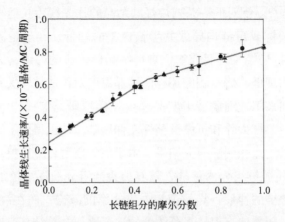

图 7.21　蒙特卡罗分子模拟测量得到的片晶线生长速率随
32-mer/16-mer 二元混合物组成而变化的关系曲线[86]
（$E_f/E_c = 0.3$，$E_p/E_c = 1$，$kT/E_c = 4.9$。图中的平均值和方差
是基于 8 次独立的模拟结果，三角点数据来自 [85]，实心圆点数据来自 [86]）

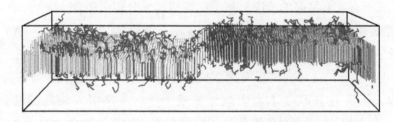

图 7.22　长链组分为 0.2 的长短链二元混合体系在温度 $4.9E_c/k$ 发生
等温结晶生长 2×10^5 MC 周期以后得到的形态图[85]（参与结晶的
长链 32-mer 显示黑色，参与结晶的短链 16-mer 中平行排列大于 5 的键显示灰色）

　　参与结晶的长链和短链的链内结晶度和茎杆长度分布均随组成变化不大，反映
了每个长链和短链分子对晶体生长有各自独立的贡献，如图 7.23 和图 7.24 所示。

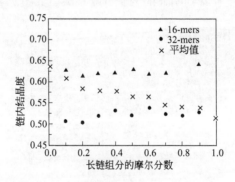

图 7.23　长短链结晶度（定义为组分中平行排列键数大于 5 的键所占的分数）
随长链体积分数的变化[85]（条件同图 7.21）

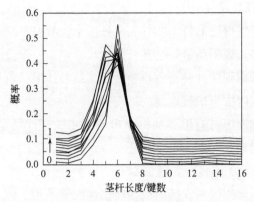

图 7.24　结晶茎杆长度（定义为平行排列键数大于 5 的键沿着链的
连续数目）的分布随长链体积分数从 0 到 1 的变化[85]（条件同图 7.21）

这里我们有机会对长链和短链生长进入晶体的细节进行深入的研究。为此目的，我们追踪晶体生长从 5×10^4 MC 周期开始的 100 条进入晶体的长链和 100 条进入晶体的短链的链内结晶度随时间的演化。许多结晶度变化曲线呈一步跃迁式的特点，典型地如图 7.25 所示，这时我们可以看到，在跃迁之前结晶的键数出现多次的反复，反映链内次级成核需要诱导期的特点，并且长链在一步生长过程中产生的结晶键数目比短链要多。我们知道，按照链内成核理论，成核自由能位垒与链长无关，这意味着长链和短链有相同的成核速率，但是正是由于长链在每一步成核过程产生了更多的结晶单元，更多的结晶茎杆，从而更有效地推进了相同厚度片晶的生长前沿，所以长链反映出比短链更快的片晶线生长速率。对其中 50 条链的跃迁速率进行统计，我们发现长链结晶度的上跃速率为（0.00775±

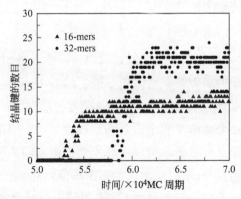

图 7.25　长链组成为 0.5 的晶体生长过程中对 100 条长链和 100 条短链其中
各一条观察到的典型的一步跃迁式的链内结晶键数增加[85]
（每个结晶键定义为该键拥有大于 5 个平行排列的键。$E_p/E_c = 1$，
$E_f/E_c = 0.3$，$kT/E_c = 4.9$，观测从 5×10^4 MC 周期开始）

0.00301）键/MC 周期，短链为（0.00643±0.00225）键/MC 周期，彼此相当
接近，除以折叠长度后得到的每个茎杆的生长速率比测量得到的纯长链和纯短链
的推进速率均大得多，说明前沿每个茎杆的生长有相当一部分时间花费在等待次
级成核的诱导期，考虑到两种链长各自独立对共结晶速率的贡献，这说明了前沿
的片晶生长是一个链内次级成核控制的机理。

　　我们还发现长链比短链有更多的机会出现两步跃迁式结晶生长，如图 7.26
所示，结合形态观测，我们发现每步跃迁对应一个茎杆束的生成，两个茎杆束彼
此之间由环链（loop）相连接，如图 7.27（a）～（d）所示，其中图 7.27（c）下方
可见环链。这个过程与连续两次链内成核所描述的情景相一致。这条链发生了两
次链内成核，每次成核产生相应的茎杆束。

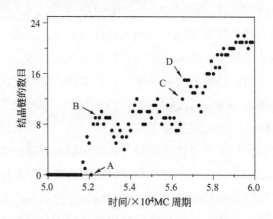

图 7.26　长链组成为 0.5 的晶体生长过程中对 100 条长链其中一条观察
到的两步跃迁式的链内结晶键数增加[85] $[E_p/E_c=1$，$E_f/E_c=0.3$，
$kT/E_c=4.9$，观测从 $5×10^4$ MC 周期开始。图中所标字母 A、B、C、D
分别对应图 7.27（a）、（b）、（c）、（d）]

　　图 7.21 出现两个不同斜率的线性段，反映的是生长前沿即时增厚所达到的
厚度不同，即片晶生长的热力学驱动力项不同。如图 7.28 生长前沿的侧影统计
结果所示，当长链浓度比较小的时候，前沿即时增厚所达到的厚度只有 4.7 个格
子，所以片晶线生长速率随浓度减小而下降得较快；当长链浓度比较大的时候，
前沿的即时厚度达到 5.2 个格子，所以片晶线生长速率随浓度减小而下降较慢。
图 7.29 总结了不同混合组成所对应的前沿即时增厚所达到的片晶厚度，其作为
片晶生长的热力学驱动力项决定着两浓度段片晶线生长速率具有不同的浓度依赖
关系。

　　以上没有片晶增厚的条件下只观察到长链在浓端的片晶线生长速率下降。如
果允许片晶自发增厚，如短链烷烃那样，会在长链的稀端出现什么情况呢？我们

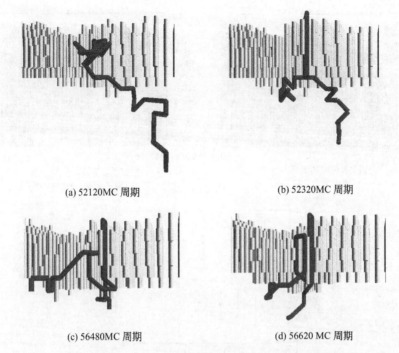

(a) 52120MC 周期　　　　　　　　(b) 52320MC 周期

(c) 56480MC 周期　　　　　　　　(d) 56620 MC 周期

图 7.27　长链组成为 0.5 的晶体生长过程中对 100 条长链其中一条（黑色）
观察不同时刻的生长形态[85]（沿着 X 方向看，
X 在 20~60 之间的平行排列大于 15 的结晶键标为灰色
作为片晶生长前沿的背景。其他键隐藏在背景中以保证图像清晰）

设定较小的链滑移阻力 $E_f/E_c=0.02$，来看不同温度下得到的结果，如图 7.29 所示。在低温下，片晶线生长速率仍然符合图 7.21 的结果，链内成核发生链折叠主导片晶的生长。在长链稀溶液侧，片晶生长前沿即时的厚度达到 7 个格子左右；而在浓溶液侧，片晶生长前沿即时的厚度达到 8.5 个格子，如图 7.30 所示。这样的厚度不同来源于长短链增厚速率的不同，如图 7.31 比较两种链长的片晶等温增厚速率所示。在长链稀溶液侧，片晶前沿的增厚速率由短链所控制，而在浓溶液侧，则由长链所控制。

　　在图 7.29 中 $T=4.7E_c/k$ 的高温曲线，长链的稀端出现了一个平台，显示共结晶生长速率对组成不再敏感。如果我们进一步观测结晶形态，就会发现低温结晶前沿以折叠链推进，而高温则以短链的伸展链长度为厚度推进，如图 7.32 所示，有趣的是长链的一次折叠长度正好等于短链的伸展长度，这样长链的折叠长度对在长链的稀端以短链伸展为主的片晶生长不带来明显的干扰，片晶以短链的伸展链长度为厚度在一定组成范围内生长，所以生长速率在这个浓度范围内对长链的浓度不敏感。

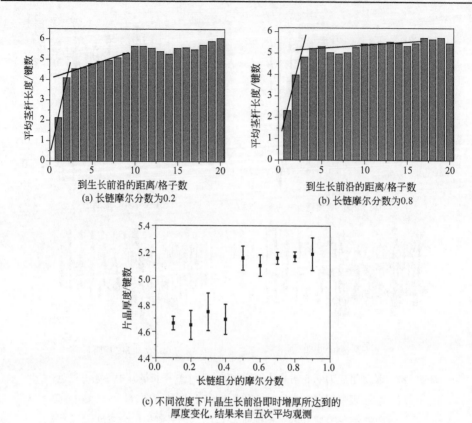

(a) 长链摩尔分数为0.2　　　　(b) 长链摩尔分数为0.8

(c) 不同浓度下片晶生长前沿即时增厚所达到的
厚度变化,结果来自五次平均观测

图 7.28　32-mer/16-mer 二元混合物片晶生长前沿的茎杆长度
（以键数为单位）沿生长反方向距离（以格子数为单位）的分布[86]
（$E_p/E_c=1$, $E_f/E_c=0.3$, 温度 $T=4.9E_c/k$）

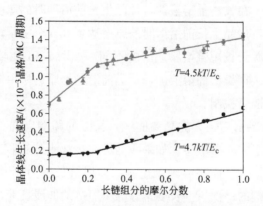

图 7.29　模拟测量得到的结晶线生长速率随二元混合物摩尔
组成而变化的关系曲线[86]（$E_f/E_c=0.02$, $E_p/E_c=1$。图中三角点
数据来自 [85]，实心圆点数据来自 [86]）

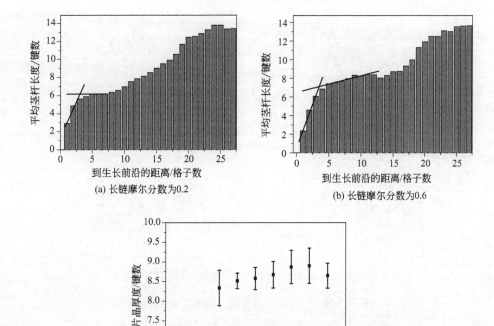

(a) 长链摩尔分数为0.2

(b) 长链摩尔分数为0.6

(c) 不同浓度下片晶生长前沿即时增厚所达到的
厚度变化, 结果来自五次平均观测

图 7.30　32-mer/16-mer 二元混合物片晶生长前沿的茎杆长度

（以键数为单位）沿生长反方向距离的分布[86]

（$E_p/E_c=1$，$E_f/E_c=0.02$，温度 $T=4.5E_c/k$）

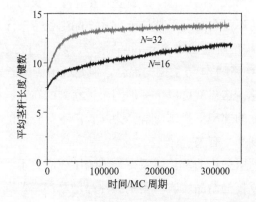

图 7.31　纯 32-mer 和 16-mer 等温片晶生长增厚的

平均茎杆长度（以键数为单位）随时间的演化[86]

（$E_p/E_c=1$，$E_f/E_c=0.02$，温度 $T=4.5E_c/k$）

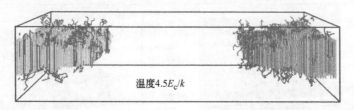

温度4.5E_c/k

(a) 4.5E_c/k发生结晶生长3500 MC 周期以后得到的形态图

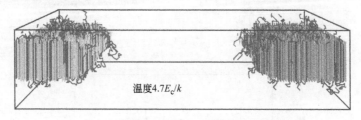

温度4.7E_c/k

(b) 4.7E_c/k发生结晶生长181000 MC 周期以后得到的形态图

图 7.32　长链组分为 0.2 体积分数的长短链二元混合体系在温度
4.5E_c/k 发生等温结晶生长 3500 MC 周期和 4.7E_c/k
发生等温结晶生长 181000 MC 周期以后得到的形态图[85]
（参数条件同图 7.29。参与结晶的长链 32-mer 显示黑色，参与结晶的
短链 16-mer 中平行排列大于 5 的键显示灰色）

　　为了证明长链稀端结晶速率受到亚稳的整数次折叠的影响，我们还进一步模拟研究了长链组分为链长 24 个链单元与短链组分为链长 16 个链单元混合的情况，此时高温区长链发生整数次折叠的长度为 11 个键，比短链的伸展长度 15 个键要小，结果如图 7.33 所示，确实，片晶线生长速率在长链稀端随长链组成增加而下降。这一下降与长链的亚稳一次折叠长度小于生长的片晶厚度有关，长链折叠结晶生长厚度的不足为短链以伸展链方式结晶生长带来滞后效应。这一情景就像 Sadler-Gilmer 理论所描述的 pinning 的情形。对照 Hosier 和 Bassett 的烷烃观测结果，C_{162} 作为短链主体与长链的混合，但是长链倾向于发生折叠，其折叠长度小于伸展的短链，这样就可以解释他们所观察到的在长链稀端出现的速率下降，而长链浓端出现的速率下降则可解释为与长链本身较快的结晶速率（每次链内成核收获的结晶度高）有关。

　　在当前分子模拟所采用的链长体系中，链缠结效应并不明显，以上的分子量效应只表现为次级成核的结晶度收率差别和片晶增厚速率差别，这些分子量效应对短链体系特别明显。如果我们比较更长的链 128-mer 和 64-mer 的混合物，则由于链折叠次数都足够多，片晶生长速率对二元混合物的组成不再敏感，如图 7.34 的结果所示。

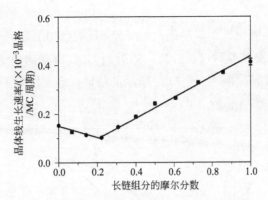

图 7.33　模拟测量得到的片晶线生长速率随二元混合物
（长链为 24-mer，短链为 16-mer）摩尔组成而变化的关系曲线[85]
（$E_f/E_c=0.02$，$E_p/E_c=1$，温度 $T=4.7E_c/k$，原始数据来自 [85]）

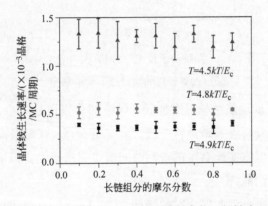

图 7.34　模拟测量得到的片晶线生长速率随二元混合物（长链为 128-mer，短链为
64-mer）摩尔组成而变化的关系曲线[86]（结果来自 8 次平行观测。$E_f/E_c=$
0.02，$E_p/E_c=1$，温度分别为 $4.5kT/E_c$、$4.8kT/E_c$ 和 $4.9kT/E_c$）

7.3　结晶分子分凝现象

7.3.1　高分子结晶的分子量分级

分子分凝现象是指两种不同分子量级分的同品种高分子混合物结晶时，分子量高的组分优先结晶的现象。显然，这是由于两组分的分子量差别所致。短链支化也会导致分凝，分凝对结晶的分子机理及形态，特别是球晶形态的生成具有特殊重要的意义[87]。我们在这里只关注由于分子量不同所导致的分凝，支化链的分凝可以看作是不同化学组成或序列有序的高分子之间的相分离行为。由于初级成核过程只牵涉极小一部分高分子，所以分子分凝现象主要是由晶体生长次级成

核的动力学过程所致。

Prime 和 Wunderlich[88]最早把两种级分 PE 混合物的 2.7％（质量分数）对二甲苯溶液进行等温结晶后过滤分离，然后用 GPC 测量滤液中和晶体沉淀中高分子的分子量，85℃下得到如图 7.35 所示的结果，表明发生了明显的分级行为，分子量高的级分先结晶出来。

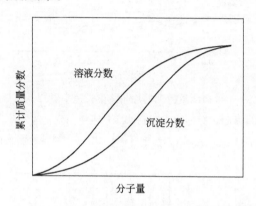

图 7.35　两种分子量级分的 PE 混合物溶液结
晶后过滤分离的流出分子量示意图

Sadler[89]进一步发现结晶温度越低，滤液部分残留量越少，分子量也越低。只有数千分子量级分可有效地进行分级，分子量太高，需要较高的结晶温度，结晶分级将非常慢，以致实验有限的观察时间窗口无法接受，但适当搅拌可使高分子量级分优先取向结晶[90]。

Kardos 等人[91]把两个窄分布的级分 11260Da 和 100000Da 混合后在 3kbar 以上高压结晶，形态上观察到两种厚度分布的片晶，对应两个级分，且厚片晶优先生成。PE 和氘代 PE 的混合物结晶，通过红外光谱发现在高温区结晶存在分凝，高分子量的氘代 PE 将优先结晶[92,93]。

Bassett 等人[94]的形态学观测也发现 PE 在高温区生成较厚的主片晶，包含较高的分子量级分，在低温区生成较薄的副片晶则包含较多的低分子量级分。

Mehta 和 Wunderlich[95]对 PE 两分子量级分混合物在较小过冷度下的结晶体进行 DSC 升温扫描，发现出现两个熔融峰，该晶体经过一段时间溶剂浸取后，低温熔融峰变小，GPC 测量剩下晶体中的分子量，发现 90％是高分子量级分，这说明高温熔融峰对应高分子量级分分凝结晶。他们还发现存在三个结晶温区，低温区混合结晶，只有单一熔融峰，中温区发生部分分凝，出现双熔融峰，高温区几乎全部分凝，双峰明显。Gedde[96]对重均相对分子质量分别为 2500 和 66000 的两个线型聚乙烯混合物的结晶研究也发现在中等温度区间存在部分分凝的现象。

　　Glaser 和 Mandelkern[97] 对 PE 的分凝现象进行了更仔细的研究，发现只有存在相对分子质量低于 7000 的级分才会出现明显的分子分凝现象，从而定性验证了 Mehta 和 Wunderlich[95] 最先提出来的短链分子量存在分凝上限的预测，说明了高分子结晶分子分凝的特殊性。

　　实验发现分子分凝现象主要集中在 PEO 和 PE 这两种样品上。这一现象是否对所有折叠链结晶的高分子具有普遍性？作者[98] 采用蒙特卡罗分子模拟证明了这一现象的普遍性。首先我们确定短链包含 32 个链单元，其伸展链晶体在本体中的熔点处在 $4.78E_p/k$。将 50∶50 体积比的短链和长链（包含 128 个链单元）均匀混合，加入一块有序结晶模板引发片晶的生长，在温度低于短链组分的平衡熔点以下，分别追踪长链和短链的结晶度随时间的演化，可以证明在高温区 $T=4.5E_p/k$ 的 A 情景，只有长链才能结晶；在中温区 $T=4.45E_p/k$ 的 B 情景，则长链优先结晶，短链部分结晶；而在低温区 $T=4.2E_p/k$ 的 C 情景，长短链发生共晶，如图 7.36 所示。图 7.37 则给出高温下在结晶模板上长链优先实现晶体生长的形态学证据。

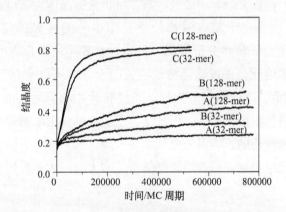

图 7.36　不同温度下二元混合物的结晶度随时间演化曲线[98]

A—$4.5E_p/k$；B—$4.45E_p/k$；C—$4.2E_p/k$

7.3.2　结晶分子分凝的微观动力学机制

　　分子分凝现象对我们采用结晶来大规模分级制备单分散高分子具有重要意义。总结来说，在长短链二元共混物体系，当结晶温度高于短链的平衡熔点时，短链表现为普通的溶剂而不结晶，这种分凝机制可以称为热力学分凝机制。当结晶温度低于短链熔点时，以折叠链结晶为特点的完全的分子分凝机制可以称为动力学分凝机制。结晶温度较低时会出现部分分凝，进一步降低温度，则发生共结晶，不再出现分凝。热力学分凝机制可以从二元组分混合物的热力学平衡相图出

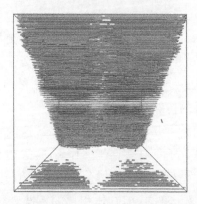

图 7.37　在高温 $4.5E_p/k$ 结晶后得到的长链组分结晶形态[98]

（模板斜跨过立方盒子。底部反映了晶体生长前沿的形状）

发来研究。我们这里主要讨论动力学分凝机制。

　　我们在上一章介绍链内成核模型时已经提到该模型可以很好地解释分子分凝现象。假设每一部分高分子链生长进入晶体时经过一个在晶体生长前沿的链内次级成核过程。如式(6.68)所示，该过程的自由能位垒与链长无关。但是，对应于每个结晶温度，存在某个分子链长，其二维折叠链晶体的熔点正好处在这个温度，如式(6.69)所示，于是该链长就是晶体生长的临界链长（critical chain length）。对于一个分子量多分散样品，比该链长要短的级分将由于得不到足够的自由能而最终将熔化，比该临界链长要长的级分则可以幸存下来继续结晶生长，如图 7.38 所示。这就解释了为什么长链将优先结晶生长的分子分凝现象。短链比临界分子链长稍微长一些，但是结晶所获得的自由能非常少时，也会由于生长较慢而与生长较快的长链级分发生部分分凝，这种部分分凝的场合就这样可以被解释为速率竞争机制。只有当短链链长足够大时，才会看到长短链的共结晶现象。

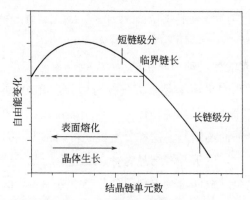

图 7.38　每条高分子链发生链内次级成核过程的自由能变化曲线示意图[98]

由此可见，固定结晶温度，短链的长度从小到大会依次出现热力学分子分凝、动力学分子分凝、速率竞争分子分凝和共结晶现象，如图 7.39 所示。固定短链的链长，将结晶温度从高到低变化下来，也会看到同样顺序的现象出现。热力学分凝与动力学分凝的分界点是短链的伸展链晶体平衡熔点，动力学分凝与速率竞争分凝的分界点是短链的二维折叠链晶体平衡熔点。由于后者比前者要低得多，所以短链开始发生晶体生长的温度要远低于其伸展链晶体平衡熔点，这意味着高分子发生片晶生长通常需要比较大的过冷度。

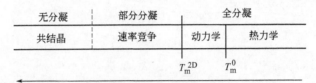

图 7.39 高分子结晶发生分子分凝现象的统一模式示意图[98]

（图中箭头所指可以是固定短链分子量时结晶温度由高到低变化，

也可以是固定温度时短链分子量由小到大变化）

利用结晶对宽分布的高分子样品进行分级主要是依靠动力学分凝机制。式（6.69）给出动力学分凝的临界分子量 W 与结晶温度 T_c 之间的关系为：

$$\Delta h - T_c \Delta s = \sigma W^{-1/2} \tag{7.11}$$

这一关系确实可以得到实验结果的验证。图 7.40 是对一个宽分子量分布的聚乙烯本体样品进行结晶分级在一系列结晶温度下所得到的临界分子量级分。可以看到如式(7.11) 所预测的，实验数据表现出很好的线性关系。

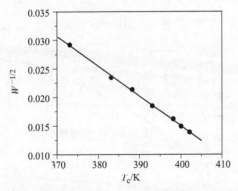

图 7.40 聚乙烯熔体结晶分级所得到的分子量级分与结晶温度的关系[99]

［实验数据来自 Wunderlich 专著《Macromolecular Physics》第二卷

（Academic Press，New York，1976）第 101 页表 V-7，Type M 系列，

排除了低分子尾端数据。图中线性拟合给出的相关度为 0.9997］

链内次级成核的自由能位垒［式(6.68)］与平衡时的自由能位垒［式(6.69)］有相同形式的温度依赖性。于是，它们存在一条主曲线，如图7.41所示，对应于每一个结晶温度，存在一个临界分子量 N_c，当结晶温度从高温区移向低温区时，分子分凝的临界分子量也相应地下移。于是在降温结晶过程中，很自然地可以观察到在高温区的结晶以高分子量级分为主，形成主片晶，在低温区的结晶则由于临界分子量下移而以剩下的低分子量级分为主，形成副片晶。这就解释了 Bassett 等人所报道的聚乙烯球晶生长过程中的分子分凝实验现象。

计算参数 $q=26$，$\sigma=15E_p$

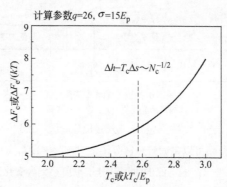

图7.41　链内次级结晶成核的自由能位垒 ΔF_c 和平衡自由能位垒 ΔF_e 随结晶温度变化的主曲线示意图

将式(6.70)代入平衡的自由能位垒公式［式(6.69)］可得到：

$$\Delta F_e = \frac{\sigma N^{1/2}}{4} \tag{7.12}$$

由此可知，随着临界分子量的增大，平衡的自由能位垒将不断升高。但是，次级成核需要热涨落能 kT 来克服，而 kT 受限于 T_m^{2D}，由式(7.11)可知，随着临界分子量的增大，T_m^{2D} 将饱和于 $\Delta h / \Delta s$，不再继续增大。这意味着存在某个临

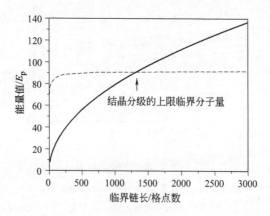

图7.42　平衡自由能位垒 ΔF_e 和热涨落能 $10kT_m^{2D}$ 随临界分子量增加示意图[98]

界分子量上限，超过这个上限，热涨落能将赶不上链内成核位垒随分子量的增加，永远不可能再实现越过自由能位垒的片晶生长，于是，不会再发生分子分凝现象，如图 7.42 所示。这就解答了 Mehta 和 Wunderlich[95] 所提出的而被 Glaser 和 Mandelkern 的实验[97] 所证明的分子分凝现象存在短链组分分子量上限的问题。

7.4　片晶生长速率温度依赖性的 regime（区域）转变现象

7.4.1　regime 转变的实验观测

根据高分子片晶生长的次级成核理论，次级成核作为片晶生长的速率决定步骤，其速率决定着片晶线生长速率的主要温度依赖性。于是，线生长速率可以表达成：

$$G=G_0\exp\left(-\frac{U}{T-T_0}\right)\exp\left(-\frac{K_g}{T\Delta T}\right) \tag{7.13}$$

式中，G_0 是指前因子；U 为来自于分子短程扩散越过界面的活化能位垒；T_0 是 Vogel 温度，对应于描述高分子链非 Arrhenius 松弛的 Vogel-Fulcher 公式；K_g 为成核常数，来自于次级成核的自由能位垒。这意味着在高温区观测片晶生长时，扩散活化能项对温度的依赖性不再那么重要，线生长速率对温度的依赖性主要体现在 $\lg G+U/(T-T_0)$-$1/(T\Delta T)^{-1}$ 线性曲线上。实际上，随着温度的降低，片晶线生长速率的温度依赖性会依次出现三个线性区域，其成核常数分别为 $K_g(Ⅰ):K_g(Ⅱ):K_g(Ⅲ)=2:1:2$，如图 7.43 所示。根据式(7.13) 对片晶线生长速率的温度依赖性进行处理，就称为区域分析法（regime analysis），有时也称 Hoffman 作图法（Hoffman plot）或次级成核作图法（secondary nucleation plot）。

到目前为止，区域分析法得到了广泛的应用，并在许多结晶高分子样品中找到了成功的实例。甚至在合适的分子量范围内，许多高分子都已经观测到同时出现三个区域的温度依赖性，其斜率符合 2:1:2 的特点，并且转变范围相当狭窄，例如 PE[100]、iPP[101]、PEO[102]、聚苯硫醚[103]、顺式聚异戊二烯[104] 和聚3,3-二甲基丙二胺[105]。两个区域之间的转变则有更多的实验观测报道。有关 regime 转变的性质，可以总结为以下三个方面。

（1）形态学方面。Hoffman 等人[106] 根据 Lauritzen-Hoffman 理论首先将 regime Ⅰ-Ⅱ 转变与轴晶向非环带球晶形貌的转变相联系。Phillips 等人确实观测

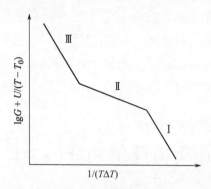

图 7.43　片晶线生长速率 G 随温度变化出现三个区域的温度依赖
关系示意图（三段曲线的斜率之比为 2∶1∶2）

到随着 regime 转变，片晶的分枝概率会突然增大[104]。Toda 则将 regime Ⅰ-Ⅱ 转变与 PE 单晶从对称双凸透镜形向截头菱形转变联系起来[107]，然而在 PE 溶液结晶中，却观察不到相应 regime Ⅰ 的双凸透镜形单晶形貌[108]。当然，由于判断 regime 转变与形貌转变的依据不同，二者也不必正好出现在同一个温度范围内[109]。

（2）溶液浓度影响。在 PE 稀溶液中，较易观测到 regime Ⅰ-Ⅱ 转变[108,110]；而在 PE 浓溶液和熔体中，则较易观测到 regime Ⅱ-Ⅲ 转变[100]。regime Ⅲ 的出现似乎与高分子本体中较慢的链蛇行运动有关[111]。

（3）分子量影响。通常低分子量级分的高分子有 regime Ⅰ-Ⅱ 转变，而较高分子量的级分才有 regime Ⅱ-Ⅲ，三个 regime 并存的情况在聚乙烯中等分子量范围内可以被观察到[100]。Phillips 等人[104]在相对分子质量为 31400 的顺式聚异戊二烯熔体结晶中观察到三个 regime 并存，相对分子质量 540000 的级分有 regime Ⅱ 和 Ⅲ，更高的级分则只有 regime Ⅲ。在中等范围分子量的 PE 结晶时，regime Ⅰ-Ⅱ 转变温度对分子量并不敏感[110]，而超高分子量 PE 则只显示 regime Ⅲ[112]。同样，轻度交联导致 PE 只待在 regime Ⅲ 区，只有当交联度足够高时，才出现 regime Ⅱ-Ⅲ 转变[113]。分子量的多分散性并不会使 regime 转变消失而只会使其变宽[103]。

7.4.2　regime 转变的 Lauritzen-Hoffman 理论解释

高分子的结晶线生长速率在不同的温度区间表现出不同的温度依赖性，对这一现象的解释是 Lauritzen-Hoffman 理论的主要成功之处。

在很高的结晶温度区域，过冷度很小，平滑的结晶生长前沿需要次级成核来产生新的生长层，于是次级成核速率 i 成为速率决定步骤，而成核后表面扩展生长的速率 g 则相对要快得多，即 $i < g$。Lauritzen 和 Hoffman 假定次级成核由平

滑表面生长第一个茎杆所带来的自由能升高位垒所决定[114~116]。每个核将引发厚度为 b 的新晶层快速生长直至铺展到边缘，如图 7.44 所示。这种情景就像小分子体系晶体生长那样称为区域Ⅰ（regime Ⅰ）。在下一个核引发之前，长度为 L 的生长表面将是光滑平坦的，此时，前沿推进速率为：

$$G_{\mathrm{I}} = ibL \tag{7.14}$$

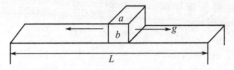

图 7.44　regime Ⅰ生长前沿示意图

在相对区域Ⅰ较低的结晶温区，由于次级成核速率随温度降低迅速增大，$i \sim g$，每完成一层晶体生长需要不止一个次级核，表现为多重核生长，如图 7.45 所示，生长表面不再光滑，而是在分子水平上出现一定程度的粗糙生长。Sanchez 和 DiMarzio[117,118] 首先推导出片晶生长前沿出现多重核生长，前沿推进速率将依赖于 i 的平方根。这种情景立刻被 Lauritzen 和 Hoffman[119,120] 根据 Hillig 对小分子体系所提议的情景采纳为高分子片晶生长的区域Ⅱ（regime Ⅱ），以区别于高温区的 regime Ⅰ。实际上，可以采用一个简单的方法说明 G 与 i 的关系。

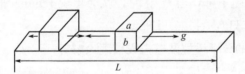

图 7.45　regime Ⅱ生长前沿示意图

前沿向前推进一层距离 b 的速率 G 与平均形成一个次级核所需要的时间成反比，$G = b/\langle t \rangle$。生成的次级核以 g 向两边扩展，并提供 $2gt$ 的新生成面供进一步成核，新核的成核速率是 $2git$，即在 $\langle t \rangle$ 间隔内平均一个核：

$$\frac{1}{\langle t \rangle} = 2gi\langle t \rangle \tag{7.15}$$

则

$$G_{\mathrm{II}} = b(2gi)^{1/2} \tag{7.16}$$

在更低的结晶温度区域时，$i > g$，次级成核速率非常大，表现为多层多核方式的生长，生长界面更为粗糙，如图 7.46 所示，此时核间距 L' 很小，g 变得不重要，而几乎每个分子都以次级核的方式进入晶体，所以：

$$G_{\mathrm{III}} = biL' \tag{7.17}$$

式中，L' 相当于（2~3）a，a 为每个茎杆的宽度，近乎原子尺寸，显然

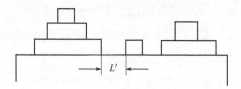

图 7.46　regime Ⅲ生长前沿示意图

$L' \ll L$。最早在实验中测量聚甲醛[121]和聚乙烯[122]晶体生长速率时发现在低温区出现新的温度依赖关系，折回到区域 Ⅰ 的情况。Phillips[123]把这一温区看作是区域 Ⅱ 的延伸，命名为区域 Ⅲ（regime Ⅲ）。Hoffman[124]随后将其纳入 Lauritzen-Hoffman 理论的解释体系之中。

　　regime Ⅲ实际上已经接近动力学粗糙界面生长，更低的结晶温度将导致扩散控制生长和低温区冷结晶，但后者在高分子体系中尚未很深入地加以研究。

　　令人感兴趣的是轻度交联对 regime 转变的影响[113]，线型 PE 链表现出 regime Ⅰ-Ⅱ转变，一旦发生交联，就只有 regime Ⅲ，可以认为这是由于交联后，链的蛇行运动能力下降，解缠结速率下降，链发生近邻折叠结晶的速率也下降，主要是 g 下降使得 $g < i$，才出现 regime Ⅲ。这里如果结晶以插线板模型发生，g 不应当受交联的明显影响，这说明近邻折叠模型的合理性。随着交联度增大，链的支化密度也相应增大，由于支化链将被排斥出晶体，所以过密的支化点将阻碍次级成核，使得 i 也下降，当 $i \sim g$ 时，就会出现 regime Ⅱ 的转变。LDPE 的支化度要大得多，其只有 regime Ⅱ 现象。

7.4.3　regime 转变的分子模拟及链内成核理论解释

　　虽然区域分析法已经得到了广泛的应用，其对高分子片晶生长的普遍性仍然需要进一步加以验证。毕竟要得到可靠的结果，必须对式(7.13)中的四个参数 U、T_0、K_g 和 T_m^0 分别需要进行合理的选择。一般是选择合理的 U、T_0 和 T_m^0，然后对实验数据进行线性拟合再得到 K_g。有人认为，三个参数的选择以及忽略片晶线生长速率的其他温度依赖项，使得我们在不同的温度区域拟合得到的 K_g 正好成整数比具有一定的偶然性。在 regime Ⅰ，晶体生长前沿的平滑宽度也是一个不能确定的量，Hoffman 曾经多次对此加以讨论[125~127]。Point 对此提出了质疑，甚至公开怀疑 regime Ⅰ 存在的可能性[128~130]。

　　作者和蔡韬[131]采用分子模拟研究了片晶的线生长速率随温度的变化，证明了区域转变的普遍性和区域分析法的合理性。如图 7.47(a) 所示，我们在 $128 \times 64 \times 64$（XYZ）的立方格子中放入 3840 条长度为 128 的链，然后在 $X = 128$ 处设置一块折叠长度为 16 个格子的折叠链结晶模板。在合适的温度范围内该模板将向两侧引发片晶生长，如图 7.47(b)～(d) 所示。我们看到在温度高于

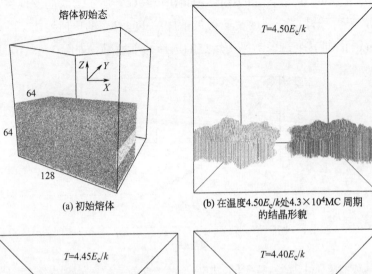

熔体初始态

(a) 初始熔体

(b) 在温度4.50E_c/k处4.3×10⁴MC 周期的结晶形貌

(c) 在温度4.45E_c/k处4.3×10⁴MC 周期的结晶形貌

(d) 在温度4.40E_c/k处3.8×10⁴MC 周期的结晶形貌

图 7.47 带结晶生长模板的高分子熔体体系形态图[131]

〔$E_p/E_c=1$，高分子上的键标示成小柱子，在（b）～（d）中
只有平行排列近邻键数大于 15 的键才被标示出来〕

4.45E_c/k 时，模板总是引发单层片晶的生长，但是当温度低于 4.45E_c/k 时，则出现多层片晶的同时生长。在 4.45E_c/k 处，则可以看到多层片晶开始出现在片晶生长离开模板之后，分叉是由于片晶生长内在的不稳定性所致，但是子片晶生长前沿落后于母片晶。这时我们可以测量该片晶的前沿线生长速率，结果如图 7.48 所示，可以看出存在两个明显的温度依赖区间，其分界点在温度 4.45E_c/k 处，在形态学上，这个温度正好是高温区单层片晶生长到低温区多层片晶生长的转折点。由此可见，低温区多层片晶的生长导致结晶速率的温度依赖性出现了变化。低温区较快的结晶速率变化意味着可能存在 regime Ⅱ-Ⅲ 的转变。采用式 (7.13) 对图 7.48 的数据进行区域分析，这里由于分子链在熔体中没有活化能扩散位垒，我们只要考虑选择 T_m^0 即可。可以发现当选取 $T_m^0 = 5.70E_c/k$ 时，K_g

给出很好的 regime Ⅱ-Ⅲ 转变的比值，如图 7.49(a) 所示。我们发现在一定的温度范围内，只要线性拟合满足大于 0.99 的相关度，K_g 的比值均在 2.0 附近，反映出 regime Ⅱ-Ⅲ 转变现象对平衡熔点的选择并不敏感，如图 7.49(b) 所示。

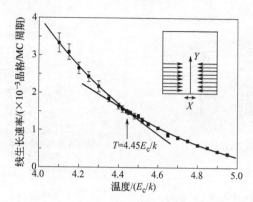

图 7.48　模拟测量得到的结晶线生长速率与温度变化的关系[131]（图中箭头指示的转折点正好对应于低温多层片晶生长的转变点。插图内为测量线生长速率的位置）

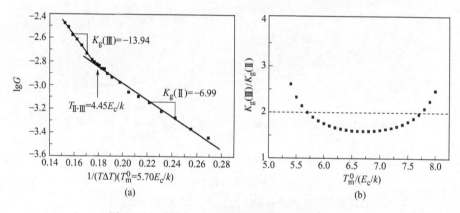

图 7.49　对图 7.48 中的数据进行区域分析[131]

(a) 选 $T_m^0 = 5.70\ E_c/k$ 可以得到很好的 regime Ⅱ-Ⅲ 转变现象；

(b) 在一定范围内，只要线性拟合满足 0.99 以上的相关度，$K_g(\text{Ⅲ})/K_g(\text{Ⅱ})$ 的值均在 2.0 附近

　　统计这时的片晶内茎杆长度的分布以及平均值随温度的变化，我们可以看到随着温度的降低，片晶厚度也减小，并且对应于区域转变，存在片晶厚度的一个微弱跳跃，如图 7.50 所示。这一变化以及在 regime Ⅲ 较小的斜率反映了低温下片晶增厚受到了抑制，这种抑制与周围出现多层片晶同时生长有关。实际上，相邻片晶之间的区域会产生连系分子（tie molecules）以及由于环圈相互缠结而产生的死缠结（dead entanglement）。这些因素将限制生长前沿的铺展速率，导致 regime Ⅱ-Ⅲ 转变的出现。

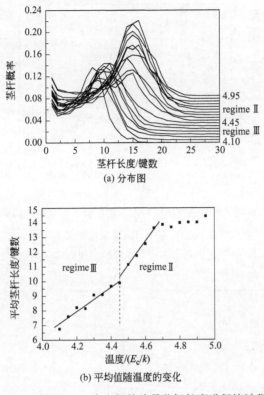

(a) 分布图

(b) 平均值随温度的变化

图 7.50　对图 7.48 中生长的片晶茎杆长度进行统计得到
的分布图和平均值随温度的变化[131]

在这里所模拟的高分子本体体系中，我们只观察到 regime Ⅱ-Ⅲ之间的转变，要看到 regime Ⅰ-Ⅱ之间的转变需要到更高的温度区域，那里的结晶速率非常慢，超出了分子模拟的时间窗口。但是，在高分子溶液体系中，当高分子链的数目随着浓度的降低而大大减少时，模拟的时间窗口可以移向较慢的结晶速率，于是我们可以观察到 regime Ⅰ-Ⅱ的转变。图 7.51 总结了不同浓度高分子溶液中测量得到的结晶线生长速率。可以看到在较低的浓度，多层片晶生长不再出现，而结晶速率在高温区出现向下折的倾向。

我们先对高分子体积分数为 0.125 的亚浓溶液进行区域分析，如图 7.52 所示，确实当平衡熔点选在 $5.10E_c/k$ 时，出现很清晰的 regime Ⅰ-Ⅱ之间的转变，得到的 K_g 比值接近于 2.0。实际上，在一定的熔点选择范围内，这个比值均接近于 2.0。再次说明了区域转变对熔点选择的不敏感性。熔点的降低与浓度降低所带来的稀释效应有关，见第 3 章有关熔点性质的介绍。在这一温度范围内，片晶厚度随温度降低而连续降低，在 regime Ⅰ-Ⅱ转变时不再看到片晶厚度的突然变化。数据拟合也可以看到在一定的熔点选择范围内，片晶平均厚度与过

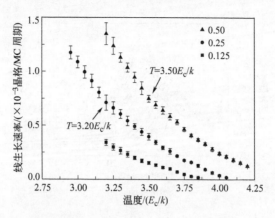

图 7.51　不同体积分数（图中标示）的高分子溶液中模拟测量得到
的结晶线生长速率与温度变化的关系[131]

（图中箭头指示多层片晶开始出现的转变点）

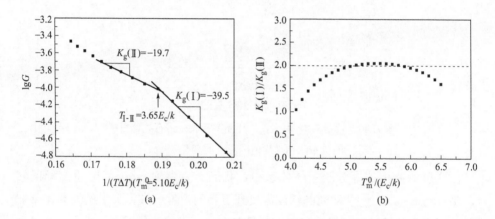

图 7.52　对图 7.51 中浓度为 0.125 的高分子溶液结晶线
生长速率数据进行区域分析[131]

（a）选 $T_m^0 = 5.10\ E_c/k$ 可以得到很好的 regime Ⅰ-Ⅱ转变现象；

（b）在一定范围内，只要线性拟合满足 0.99 以上的相关度，

$K_g(Ⅰ)/K_g(Ⅱ)$ 的值均在 2.0 附近

冷度成反比。

　　这里我们有机会考察区域 1 的结晶生长前沿是否足够平滑。如图 7.53 所示，在低温 regime Ⅱ，$T = 3.55E_c/k$ 和 $3.65E_c/k$，片晶的生长前沿出现较深的内凹面，这种内凹面如果存在茎杆的倾斜，很容易产生螺旋式分叉生长。而在高温 regime Ⅰ，$T = 3.75E_c/k$ 和 $3.85E_c/k$，片晶的生长前沿大致平整，但是分子水平上存在许多局部的起伏，说明并不存在晶格上平滑的生长前沿。这显然不支持 Lauritzen-Hoffman 理论对 regime Ⅰ 生长模式的描述。

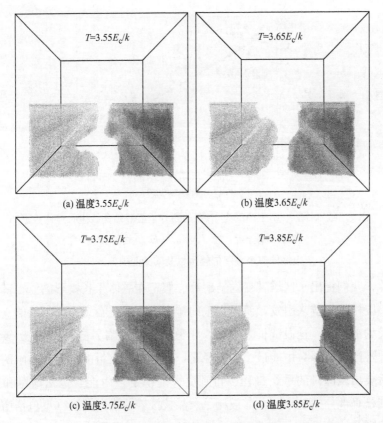

图 7.53　在浓度为 0.125 的高分子溶液体系中不同
温度下生长的片晶前沿形态图[131]（视角从片晶的正上方向下。
只有平行排列键数大于 15 的高分子键才被标示出来）

在浓度为 0.5 的高分子溶液中我们只看到 regime Ⅱ-Ⅲ 之间的转变，但是在中等浓度 0.25 时，三个区域同时出现。如图 7.54 所示，选择熔点在 $5.40E_c/k$，可以看到线性拟合得到的斜率之比接近于相应的区域转变特点。

传统的 Lauritzen-Hoffman 理论显然不能解释图 7.53 所观察到的分子水平不那么平滑的生长前沿。实际上小角中子散射测量表明高分子链在单晶中呈超折叠构象[134]。这表明即使次级成核完成后，沿表面的铺展也从未超出一个分子链的尺寸，对于表面的平滑度要求并不那么高。这种一个分子链内的铺展说明了分子链内成核模型的合理性。当高分子链在生长前沿发生链内成核时，端表面自由能对成核自由能位垒的贡献要比侧表面自由能大得多，而生长前沿的平滑度主要对侧表面自由能的升高带来影响，所以链内成核对表面平滑度要求并不高，每个晶核可以跨过几个生长前沿的台阶。重要的是生长前沿必须要有足够的厚度以便晶核得到足够的结晶势能降低。

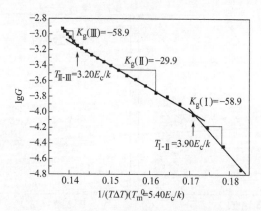

图 7.54　对图 7.51 中浓度为 0.25 的高分子溶液结晶线生长速率数据

进行区域分析，选 $T_m^0 = 5.40E_c/k$ 可以得到

很好的三个温度依赖区域及其转变现象[131]

为此，我们提出了区域转变的新解释。假定在晶体生长楔形前沿，链内次级成核由一段松垂的链来引发，所谓松垂的链意思是那些在短时间内就能立即参与前沿生长的链单元。这段链长 S 必须大于分子分凝的临界链长 N_c。次级成核初期也许并不严格按照自由能最小的路径走，晶核携带大量的位错和有限的折叠长度，随后会出现即时的重组过程以得到更大的稳定自由能，包括增厚和铺展过程，直到松垂部分的链单元全部被耗尽。晶核接着的横向铺展（也包括增厚）需要将链拉到晶体前沿来，于是出现沿链的长程扩散，如图 7.55(a) 所示。

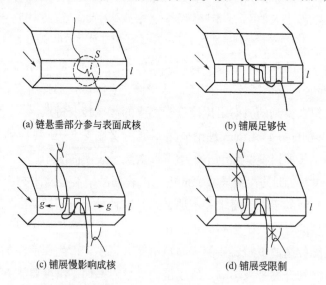

(a) 链悬垂部分参与表面成核　　　　　(b) 铺展足够快

(c) 铺展慢影响成核　　　　　(d) 铺展受限制

图 7.55　在片晶楔形生长前沿发生链内次级结晶成核机制示意图[131]

（各种符号的意义见正文说明）

在高温 regime Ⅰ，成核速率很小，晶体生长前沿有足够的时间实现铺展，并通过重组使表面尽量平滑化以降低表面自由能，如图 7.55(b) 所示，于是前沿推进速率受表面链内成核控制，出现 regime Ⅰ 的动力学特点。

$$G=\frac{b}{\langle t \rangle}=iblL \tag{7.18}$$

式中，i 为链内成核数密度；l 为片晶生长前沿厚度；L 为链内成核所涉及的前沿宽度。

$$L \sim bS^{1/2} \tag{7.19}$$

温度较低一些进入 regime Ⅱ，次级成核速率迅速增大，而表面铺展速率 g 却增大不够快，如图 7.55(c) 所示，于是铺展速率将影响前沿的表面积，$L=2gt$，将其代入式(7.18)，可得：

$$G=\frac{b}{\langle t \rangle}=b(2ig)^{1/2} \tag{7.20}$$

Hoffman 等人[66,67]曾经讨论过表面铺展速率受本体中缠结链蛇行模式扩散速率的影响。低分子量和稀释效应均有利于分子链的扩散，即有利于表面铺展速率，所以 regime Ⅰ-Ⅱ 转变将移向低温区。在高分子稀溶液中甚至看不到 regime Ⅲ 的出现。

在更低温度的 regime Ⅲ，成核速率更大，临界核尺寸也变得更小，长程扩散所涉及的铺展由于某种原因变得不再需要。前沿的推进几乎都由链的松垂部分发生链内次级成核来完成，如图 7.55(d) 所示，于是推进速率再次由成核速率所决定。

$$G=\frac{b}{\langle t \rangle}=iblL' \tag{7.21}$$

式中，L' 是生长前沿由上次成核并被松垂部分链结晶所覆盖的固定面的宽度。

$$L' \sim b^2 S/l \tag{7.22}$$

由于 $L'<L,S>N_c$，而 $N_c \propto \Delta T^2$，由式(7.19) 和式(7.22) 可以得到前沿厚度 $l>l_{min} \propto \Delta T^{-1}$。当然这个厚度还要进一步增加到临界生长厚度才能稳定下来。

在 regime Ⅲ，可以有各种原因导致铺展不再重要，一个主要的原因是链的长程扩散受到限制，例如正如我们对熔体片晶生长的计算机模拟所观察到的，在附近同时生长另一层片晶，片晶间连系分子和死缠结将限制沿链的扩散，导致片晶生长由 regime Ⅱ 进入 regime Ⅲ。超高分子量聚乙烯和轻度交联高分子的 regime Ⅲ 行为也是由于这种原因。

7.5　片晶生长导致的半结晶织态结构

7.5.1　半结晶织态结构的成因

实际高分子发生结晶时,有各种原因导致无法得到百分之百的结晶态。一个原因是统计性共聚高分子的序列不规整单元不参与结晶,带来沿链结晶发展的限制作用[133]。在降温结晶时,随着温度的降低,允许更多的短序列参与结晶,于是片晶向无定形区发生插入式生长[134]。另一个原因是均聚高分子的分子量多分散性,低分子量级分由于分子分凝而不能参与结晶,将被晶体生长排斥出来,导致结晶度不高[98]。此外,iPP 以 α 晶结晶分枝,将一部分无定形分子陷在分枝晶之间,导致结晶度不高[135]。片晶的增厚能力也是一个重要因素,PE 高压六方相结晶,由于分子链高度的滑移能力,可以得到很高的结晶度[136]。除了以上这些因素以外,高分子亚稳的折叠链片晶生长也是内在的半结晶织态结构的原因。以 PE 为例,随着分子量的增大,PE 的结晶度将下降[137],并且 SAXS 测量得到的片晶堆砌长周期随分子量增大呈标度关系[138]。

片晶表面的无定形层主要由自由的非晶高分子、环圈、纤毛和连系分子所构成,当片晶间距接近高分子链线团尺寸时,后三者的贡献尤为重要,其主要取决于沿着高分子发生链内成核的概率。Hoffman 和 Miller 也讨论过这一问题,认为其与结晶时发生近邻折叠的概率有关[67]。我们在上节已经介绍,平行生长的片晶将限制高分子链扩散进入相邻片晶的生长,导致线生长速率对温度的依赖性从 regime Ⅱ 转变为 regime Ⅲ。片晶之间的无定形层将产生更多的死缠结和连系分子,后者不能提供足够的松垂链来进行折叠链次级成核,从而阻碍片晶层之间结晶度的进一步提高。

7.5.2　动力学成因的分子模拟证据

在分子模拟中,由一根纤维晶引发的平行片晶生长可以观察到这种片晶生长内在的无定形层[139]。如文前彩图 7.56(a) 所示,在 64×64×128 的立方格子周期性边界条件下,64 根伸展链 128-mer 构成纤维晶的模板引发片晶在其上生长,其链端基随机分布在纤维上以避免集中分布影响熔化行为。文前彩图 7.56(b) 则显示在某个温度正好观察到单侧的片晶生长。如果追踪片晶生长的早期,如文前彩图 7.57 所示,可以看到该单侧生长的片晶左侧落后于上下片晶的生长前沿 [文前彩图 7.57(a)],其左侧前方布满了上下片晶的无定形链段 [文前彩图 7.57(b)],这些受限的无定形链不再能够参与中间层片晶的生长,所以导致只有右侧的片晶能够肩并肩地生长。

这里有意思的是,片晶之间如果靠得太近,无定形层中的松垂链被片晶生长所耗尽，不能再引发链内次级成核，即新的片晶生长。所以实验中可以观察到对超高分子量聚乙烯，随着分子量增加，长周期也增加，而结晶度相应地下降[138]。由于分枝片晶不能插入这样的无定形区，导致超高分子量聚乙烯的球晶也不规整[111]。这就是高分子球晶中错落生长的片晶总是倾向于产生内在的半结晶织态结构的动力学原因。

7.6　溶液准一维生长的片晶线生长速率

7.6.1　恒浓溶液体系

溶液晶体生长在化学化工、地矿成因、药物制备、结构生物学和材料科学等领域具有重要的意义[140,141]。链状大分子的溶液结晶与小分子有所不同[142]。在稀溶液体系中生长的单晶，如果晶体数目很少，并且单晶体积也很小，那么在缓慢的晶体生长过程中，溶质的浓度基本上保持不变。在这样的恒浓溶液体系中，随时间基本保持恒定的晶体线生长速率 G 与高分子的浓度 C 呈经验的标度依赖关系，即：

$$G \propto C^\alpha \tag{7.23}$$

据文献报道，α 指数在不同的体系和环境下从 0.2 到 2 发生变化[143~146]。Keller 和 Pedemonte[143]认为，当过饱和度不大时，片晶的线生长速率受界面过程控制，当 α 指数大于 1 时，可能有多条链同时参与生长前沿的次级成核过程；当其小于 1 时，则主要由较长的纤毛参与次级成核过程。Toda 和 Kiho[147]证明只有在极稀的溶液中 [<0.0001% （质量分数）]，链扩散才会影响次级成核过程，从而改变 α 指数。

我们知道，次级成核控制的片晶生长，其线生长速率根据式(6.40)主要由两个方面的因素所控制，一方面是位垒项，另一方面是驱动力项。二者均包含有单位体积结晶自由能的贡献，即 Δg，其大致正比于过冷度，也等效地正比于过饱和度 $C-C_m$。如果饱和浓度 C_m 很小，其可大致忽略不计，则驱动力项将正比于高分子的浓度 C，而位垒项与浓度呈非线性地相关。

周宇杰等人[148]采用蒙特卡罗分子模拟，根据结晶驱动柱状自组装嵌段共聚的微畴生长实验，系统地研究了高分子稀溶液中片晶准一维生长的动力学。在 64^3 的格子空间中，采用一条折叠链构成的模板诱导折叠链片晶在高温下的生长，同时在溶液空间中随机地插入无规线团来弥补高分子浓度的损失，以维持一个恒浓溶液体系，如文前彩图 7.58 所示。模拟中可测量片晶前沿随时间演化所保持的一个恒定的推进速率 G，并考察其与浓度 C 的依赖关系，不同链长体系的模拟结果总结在图 7.59 中。

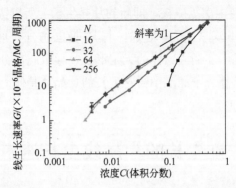

图 7.59　在恒浓溶液体系中不同链长 N 的片晶线生长速率随浓度变化的模拟结果[148]

（晶体生长发生在 $E_p/E_c=1$ 和 $T=3.4E_c/k$ 条件下）

从图 7.59 可以看出，在较浓的溶液体系中，片晶线生长速率与浓度大致地成正比，说明这里主要是驱动力项主导线生长速率与浓度的依赖关系。这时，链内成核的位垒在较大的过饱和度下足够低，对浓度变化不敏感。在浓度较低的区域，由于驱动力的不足，链内成核位垒增大，位垒项将主导线生长速率的浓度依赖性，于是速率将随着浓度降低而迅速减小。短链相对较慢的片晶生长可能与短链的平衡熔点较低（或者说饱和浓度较高）有关。

在片晶生长前沿的解吸附/吸附的比值可以证明在低浓度区域的非线性与发生成核的困难有关。图 7.60 显示浓度越低，该比值越大，说明次级成核越困难，这显然不可能是由于远程扩散的困难所致。

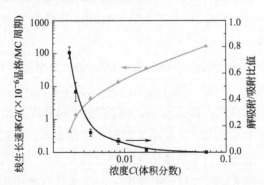

图 7.60　在恒浓溶液体系中链长为 64 的分子链在片晶生长前沿单位时间内发生解吸附/吸附事件数的比值，并于线生长速率偏离对浓度的线性依赖关系作对照[148]

（晶体生长发生在 $E_p/E_c=1$ 和 $T=3.1E_c/k$ 条件下）

7.6.2　恒量溶液体系

如果高分子溶液体系中发生晶体生长的晶粒数目多，晶体体积相对较大，则溶液空间中的高分子数目将随着晶体生长而迅速减小，浓度的变化将影响片晶的线生长速率。在这样的恒量溶液体系中，我们可在模拟过程中追踪片晶生长前沿随时间所发生的非线性演化，并由演化曲线的斜率得到即时的线生长速率。我们比较即时的线生长速率与当时溶液空间中的平均浓度之间的关系，并与恒浓溶液体系中的平行结果进行比较，如图 7.61 所示。可以看到，在较浓的线性区域，两种溶液体系的结果基本一致。这说明在恒量溶液体系中，早期片晶线生长速率的衰减主要取决于高分子浓度的降低，是热力学驱动力控制的过程。后期的偏离线性则可能主要是成核位垒的增大所致。当然，在极稀区域，高分子链的长程扩散最终会影响片晶的线生长速率。

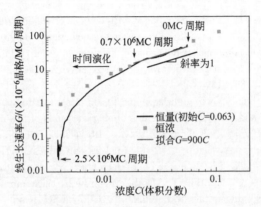

图 7.61　比较恒量溶液体系和恒浓溶液体系片晶线生长速率与浓度的
依赖关系的模拟结果[148]（64 链长的片晶生长发生在
$E_p/E_c=1$ 和 $T=3.4E_c/k$ 条件下）

在恒量溶液体系中，所有的浓度降低均归结于片晶线性尺寸 L 的增大，对一维生长的晶体，有：

$$L=B(C_0-C) \tag{7.24}$$

式中，B 是常数；C_0 是初始浓度。而在晶体生长早期的线性区域，有：

$$G=AC \tag{7.25}$$

式中，A 是另一个常数。由：

$$L=\int_0^t G\mathrm{d}t \tag{7.26}$$

可得

$$B(C_0-C)=\int_0^t AC\mathrm{d}t \tag{7.27}$$

并由此解得

$$C=C_0\mathrm{e}^{-Dt} \tag{7.28}$$

式中，$D=A/B$。于是：

$$L=BC_0(1-\mathrm{e}^{-Dt}) \tag{7.29}$$

即片晶的一维生长尺寸随时间演化在早期与时间呈负指数依赖关系。这样的一维生长时间演化函数可用来处理实验观察结果。一个相应的实际例子是溶液中结晶驱动的嵌段共聚物柱状微畴/胶束的一维生长[149]。

参 考 文 献

[1] Arlie J P, Spegt P A, Skoulios A E. Etude de la cristallisation des polymères. Ⅰ. Structure lamellaire de polyoxyéthylènes de faible masse moléculaire. Makromol Chem, 1966, 99: 160-174.

[2] Arlie J P, Spegt P A, Skoulios A E. Etude de la cristallisation des polymères. Ⅱ. Structure lamellaire et repliement des chaÎnes du polyoxyéthylène. Makromol Chem, 1967, 104: 212-229.

[3] Spegt P A, Terrisse J, Gilg B, Skoulios A. Etude de la cristallisation des polyèmres. Ⅲ. Détermination de la température de fusion et cinétique de fusion isotherme des polyoxyéthylènes de faible masse moléculaire. Makromol Chem, 1967, 107: 29-38.

[4] Spegt P. Etude de l'évolution structurale de polyoxyéthylènes pendant leur recuit. Makromol Chem, 1970, 139: 139-152.

[5] Kovacs A J, Gonthier A. Crystallization and fusion of self-seeded polymers. Ⅱ. Growth rate, morphology and isothermal thickening of single crystals of low molecular weight poly (ethylene-oxide) fractions. Kolloid Z Z Polym, 1972, 250: 530-552.

[6] Kovacs A J, Gonthier A, Staupe C. Isothermal growth, thickening, and melting of poly (ethylene oxide) single crystals in the bulk. J Polym Sci, Symp, 1975, 50: 283-325.

[7] Kovacs A J, Staupe C, Gonthier A. Isothermal growth, thickening, and melting of poly (ethylene oxide) single crystals in the bulk. Ⅱ. J Polym Sci Symp, 1977, 59: 31-54.

[8] Kovacs A J, Straupe C. Isothermal growth, thickening and melting of poly (ethylene oxide) single crystals in the bulk: Part 4 dependence of pathological crystal habits on temperature and thermal history. Faraday Discuss Chem Soc, 1979, 68: 225-238.

[9] Kovacs A J, Straupe C. Isothermal growth, thickening and melting of poly (ethylene-oxide) single crystals in the bulk. Ⅲ. Bilayer crystals and the effect of chain ends. J Cryst Growth, 1980, 48: 210-226.

[10] Buckley C P, Kovacs A J. Melting behavior of low molecular weight poly (ethylene-oxide) fractions Ⅰ. Extended chain crystals. Prog Colloid Polym Sci, 1975, 58: 44-52.

[11] Buckley C P, Kovacs A J. Melting behaviour of low molecular weight poly (ethylene-oxide). Fractions 2. Folded chain crystals. Colloid Polym Sci, 1976, 254: 695-710.

[12] Buckley C P. Kinetic theory of polymer crystal growth applied to melt crystallization of low molecular weight poly (ethylene oxide). Polymer, 1980, 21: 444-457.

[13] Cheng S Z D, Wu S S, Chen J H, Zhuo Q, Quirk R P, von Meerwall E D, Hsiao B S, Habenschuss A, Zschack P R. Isothermal thickening and thinning processes in low-molecular-weight poly (ethylene oxide) fractions crystallized from the melt. 4. End-group dependence. Macromolecules, 1993, 26: 5105-5117.

[14] Ungar G, Stejny J, Bidd I, Whiting M C, Keller A. The crystallization of ultralong normal paraffins: The onset of chain folding. Science, 1985, 229: 386-389.

[15] Phillips P J, Rendsch G J, Taylor K D. Crystallization studies of poly (ε-caprolactone). Ⅰ. Morphology and kinetics. J Polym Sci, Phys, 1987, 25: 1725-1740.

[16] Organ S J, Keller A. The onset of chain folding in ultralong n-alkanes: An electron microscopic study of solution-grown crystals. J Polym Sci, Phys, 1987, 25: 2409-2430.

[17] Organ S J, Ungar G, Keller A. Rate minimum in solution crystallization of long paraf-

fins. Macromolecules, 1989, 22: 1995-2000.

[18]　Ungar G, Keller A. Time-resolved synchrotron X-ray study of chain-folded crystalliza-tion of long paraffins. Polymer, 1986, 27: 1835-1844.

[19]　Song K, Krimm S. Raman longitudinal acoustic mode (LAM) studies of folded-chain morphology in poly (ethylene oxide) (PEO). 3. Chain folding in PEO as a function of molecular weight. Macromolecules, 1990, 23: 1946-1957.

[20]　Cheng S Z D, Zhang A, Chen J. Existence of a transient nonintegral folding lamellar crystal in a low-molecular-mass poly (ethylene oxide) fraction crystallized from the melt. J Polym Sci, Phys, 1990, 28: 233-239.

[21]　Cheng S Z D, Zhang A, Cheng J, Heberer D P. Nonintegral and integral folding crystal growth in low-molecular mass poly (ethylene oxide) fractions. Ⅰ. Isothermal lamellar thickening and thinning. J Polym Sci, Phys, 1991, 29: 287-297.

[22]　Cheng S Z D, Chen J, Zhang A, Heberer D P. Nonintegral and integral folding crystal growth in low-molecular mass poly (ethylene oxide) fractions. Ⅱ. End-group effect: α, ω-methoxy-poly (ethylene oxide). J Polym Sci, Phys, 1991, 29: 299-310.

[23]　Cheng S Z D, Chen J. Nonintegral and integral folding crystal growth in low-molecular mass poly (ethylene oxide) fractions. Ⅲ. Linear crystal growth rates and crystal mor-phology. J Polym Sci, Phys, 1991, 29: 311-327.

[24]　Cheng S Z D, Zhang A, Barley J S, Chen J, Habeuschuss A, Zschack P R. Isothermal thickening and thinning processes in low-molecular-weight poly (ethylene oxide) frac-tions. 1. From nonintegral-folding to integral-folding chain crystal transitions. Macro-molecules, 1991, 24: 3937-3944.

[25]　Cheng S Z D, Chen J, Zhang A, Barley J S. Isothermal thickening and thinning proces-ses in low molecular weight poly (ethylene oxide) fractions crystallized from the melt: 2. Crystals involving more than one fold. Polymer, 1992, 33: 1140-1149.

[26]　Cheng S Z D, Chen J, Barley J S, Zhang A, Habeuschuss A, Zschack P R. Isothermal thickening and thinning processes in low molecular-weight poly (ethylene oxide) fractions crystallized from the melt. 3. Molecular weight dependence. Macromolecules, 1992, 25: 1453-1460.

[27]　Lee S W, Chen E Q, Zhang A, Yoon Y C, Moon B S, Lee S K, Harris F W, Cheng S Z D, von Meerwall E D, Hsiao B S, Verma R, Lando J B. Isothermal thickening and thinning processes in low molecular weight poly (ethylene oxide) fractions crystallized from the melt. 5. Effect of chain defects. Macromolecules, 1996, 29: 8816-8823.

[28]　Chen E Q, Lee S W, Zhang A, Moon B S, Lee S, Harris F W, Cheng S Z D, Hsiao B S, Yei F. Isothermal thickening and thinning processes in low molecular weight poly (ethylene oxide) fractions crystallized from the melt. 6. Configurational defects in mole-cules. Polymer, 1999, 40: 4543-4551.

[29]　Chen E Q, Lee S W, Zhang A, Moon B S, Lee S, Harris F W, Cheng S Z D, Hsiao B S, Yei F, von Meerwall E D. Isothermal Thickening and Thinning Processes in Low Mo-lecular Weight Poly (Ethylene Xxide) Fractions Crystallized from the Melt. 7. Effects of Molecular Configurational Defects on Crystallization, Melting, and Annealing // Scattering from Polymers. ACS Symposium Book Series. Vol. 739. Washington, DC: American Chemical Society, 1999: 118-139.

[30]　Chen E Q, Lee S W, Zhang A, Moon B S, Harris F W, Cheng S Z D, Hsiao B S, Yeh F, Merrewell E V, Grubb D T. Isothermal thickening and thinning processes in low mo-lecular weight poly (ethylene oxide) fractions crystallized from the melt. 8. Molecular shape dependence. Macromolecules, 1999, 32: 4784-4793.

[31] Ungar G, Organ S J. Isothermal refolding in crystals of long alkanes in solution. Ⅰ. Effect of surface 'self-poisoning'. J Polym Sci, Phys, 1990, 28: 2353-2363.

[32] Organ S J, Ungar G, Keller A. Isothermal refolding in crystals of long alkanes in solution. Ⅱ. Morphological changes accompanying thickening. J Polym Sci, Phys, 1990, 28: 2365-2384.

[33] Alamo R G, Mandelkern L, Stack G M, Krohnke C, Wegmer G. Isothermal thickening of crystals of high-molecular-weight n-alkanes. Macromolecules, 1993, 26: 2743-2753.

[34] Tracz A, Ungar G. AFM study of lamellar structure of melt-crystallized n-alkane $C_{390}H_{782}$. Macromolecules, 2005, 38: 4962-4965.

[35] Welch P, Muthukumar M. Molecular mechanisms of polymer crystallization from solution. Phys Rev Lett, 2001, 87: 218302.

[36] Hu W B. Chain folding in polymer melt crystallization studied by dynamic Monte Carlo simulations. J Chem Phys, 2001, 115: 4395-4401.

[37] Ungar G, Putra E G R, de Silva D S M, Shcherbina M A, Waddon A J. The effect of self-poisoning on crystal morphology and growth rates. Adv Polym Sci, 2005, 180: 45-87.

[38] Ungar G, Keller A. Inversion of the temperature dependence of crystallization rates due to onset of chain folding. Polymer, 1987, 28: 1899-1907.

[39] Organ S J, Keller A, Hikosaka M, Ungar G. Growth and nucleation rate minima in long n-alkanes. Polymer, 1996, 37, 2517-2524.

[40] Ungar G, Mandal P, Higgs P G, de Silva D S M, Boda E, Chen C M. Dilution wave and negative-order crystallization kinetics of chain molecules. Phys Rev Lett, 2000, 85: 4397-4400.

[41] Higgs P G, Ungar G. The growth of polymer crystals at the transition from extended chains to folded chains. J Chem Phys, 1994, 100: 640-648.

[42] Sadler D M, Gilmer G H. Selection of lamellar thickness in polymer crystal growth: A rate-theory model. Phys Rev B, 1988, 38: 5684-5693.

[43] Ma Y, Qi B, Ren Y J, Ungar G, Hobbs J K, Hu W B. Understanding self-poisoning phenomenon in crystal growth of short-chain polymers. J Phys Chem B, 2009, 113: 13485-13490.

[44] Ungar G, Keller A. Time-resolved synchrotron X-ray study of chain-folded crystallization of long paraffins. Polymer, 1986, 27: 1835-1844.

[45] Putra E G R, Ungar G. In situ solution crystallization study of n-$C_{246}H_{494}$: Self-poisoning and morphology of polymethylene crystals. Macromolecules, 2003, 36: 5214-5225.

[46] Price F P. The development of crystallinity in polychlorotrifluoroethylene. J Am Chem Soc, 1952, 74, 311-318.

[47] Magill J H. Crystallization of poly (tetramethyl-p-silphenylene) siloxane [TMPS] polymers. J Appl Phys, 1964, 35: 3249-3259.

[48] Magill J H. Crystallization of poly (tetramethyl-p-silphenylene)-siloxane (PMPS). Part Ⅱ. J Polym Sci A-2, 1967, 5: 89-99.

[49] Magill J H. Spherulitic crystallization studies of poly (tetramethyl-p-silphenylene)-siloxane (TMPS). Part Ⅲ. J Polym Sci A-2, 1969, 7: 1187-1195.

[50] Magill J H, Li H W. Crystallization kinetics and morphology of polymer blends of poly (tetramethyl-p-silphenylene siloxane) fractions. Polymer, 1978, 19: 416-422.

[51] Cheng S Z D, Wunderlich B. Molecular segregation and nucleation of poly (ethylene oxide) crystallized from the melt. Ⅱ. Kinetic study. J Polym Sci, Phys, 1986, 24: 595-617.

［52］ Mandelkern L, Fatou J G, Ohno K. The molecular weight dependence of the crystalliza-
tion rate for linear polyethylene fractions. J Polym Sci Polym Lett Ed, 1968, 6:
615-619.

［53］ Maclaine J Q G, Booth C. Effect of molecular weight on spherulite growth rates of high
molecular weight poly (ethylene oxide) fractions. Polymer, 1975, 16: 191-195.

［54］ Gomez M A, Fatou J G, Bello A. Spherulitic growth rate of poly (3, 3-diethyl oxet-
ane). Eur Polym J, 1986, 22: 661-664.

［55］ Chen H L, Li L J, Ou-Yang W C, Hwang J C, Wang W Y. Spherulitic crystallization
behavior of poly (epilon-caprolactone) with a wide range of molecular weight. Macro-
molecules, 1997, 30: 1718-1722.

［56］ Umemoto S, Kobayashi N, Okui N. Molecular weight dependence of crystal growth rate
and its degree of supercooling effect. J Macromol Sci Part B Phys, 2002, 41: 923-938.

［57］ Okui N, Umemoto S. Maximum crystal growth rate and its corresponding state in poly-
meric materials. Lecture Notes in Physics. Reiter G, Sommer J U, ed. Berlin, Heidel-
berg: Springer-Verlag, 2003, 606: 343-365.

［58］ Lemstra P J, Postma J, Challa G. Molecular weight dependence of the spherulitic growth
rate of isotactic polystyrene. Polymer, 1974, 15: 757-759.

［59］ Lindenmeyer P H, Holland V F. Relationship between molecular weight, radial-growth
rate, and the width of the extinction bands in polyethylene spherulites. J Appl Phys,
1964, 35: 55-58.

［60］ Hoffman J D, Weeks J J. Rate of spherulitic crystallization with chain folding in poly-
chlorotrifluoroethylene. J Chem Phys, 1962, 37: 1723-1741.

［61］ Flory P J, Yoon D Y. Molecular morphology in semicrystalline polymers. Nature,
1978, 272: 226-229.

［62］ Hoffman J D, Guttman C M, DiMarzio E A. On the problem of crystallization of poly-
mers from the melt with chain folding. Faraday Dissuss, Chem Soc, 1979, 68:
177-197.

［63］ deGennes P G. Reptation of a polymer chain in the presence of fixed obstacles. J Chem
Phys, 1971, 55: 572-579.

［64］ Klein J. Evidence for reptation in an entangled polymer melt. Nature, 1978, 271: 143-
145.

［65］ Klein J, Briscoe B J. The diffusion of long-chain molecules through bulk polyethelene.
Proc R Soc A, 1979, 365: 53-73.

［66］ Hoffman J D. Role of reptation in the rate of crystallization of polyethylene fractions
from the melt. Polymer, 1982, 23: 656-670.

［67］ Hoffman J D, Miller R L. Test of the reptation Concept: Crystal growth rate as a func-
tion of molecular weight in polyethylene crystallized from the melt. Macromolecules,
1988, 21: 3038-3051.

［68］ Lauritzen J I Jr, DiMarzio E A. The configurational statistics of a polymer confined to a
wedge of interior angle alpha. J Res Natl Bur Stand, 1978, 83: 381-385.

［69］ Nishi M, Toda A, Takahashi M, Hikosaka M. Molecular wieght dependence of lateral
growth rate of polyethylene (1): An extended chain single crystal. Polymer, 1998, 39:
1591-1596.

［70］ Okada M, Nishi M, Takahashi M, Matsuda H, Toda A, Hikosaka M. Molecular
wieght dependence of lateral growth rate of polyethylene (2): Folded chain crystals.
Polymer, 1998, 39: 4535-4539.

［71］ Nishi M, Hikosaka M, Ghosh S K, Toda A, Yamada K. Molecular weight dependence of primary nucleation rate of polyethylene Ⅰ. An extended chain single crystal. Polym J, 1999, 31: 749-758.

[72]　Ghosh S K, Hikosaka M, Toda A. Power law of nucleation rate of folded-chain single crystals of polyethylene. Colloid Polym Sci, 2001, 279: 382-386.

[73]　Ghosh S K, Hikosaka M, Toda A, Yamazaki S, Yamada K. Power law of nucleation rate of folded-chain single crystals of polyethylene. Macromolecules, 2002, 35: 6985-6991.

[74]　Umemoto S, Hayashi R, Kawano R, Kikutani T, Okui N, Molecular weight dependence of primary nucleation rate of poly (ethylene succinate). J Macromol Sci Phys B, 2003, 42: 421-430.

[75]　Lin Y H. Number of entanglement strands per cubed tube diameter, a fundamental aspect of topological universality in polymer viscoelasticity. Macromolecules, 1987, 20: 3080-3083.

[76]　Ungar G, Zeng X B. Learning polymer crystallization with the aid of linear, branched and cyclic model compounds. Chem Rev, 2001, 101: 4157-4188.

[77]　Zeng X B, Ungar G. Novel layered superstructures in mixed ultralong n-alkanes. Phys Rev Lett, 2001, 86: 4875-4878.

[78]　Zeng X B, Ungar G. Semicrystalline lamellar phase in binary mixtures of very long chain n-alkanes. Macromolecules, 2001, 34: 6945-6954.

[79]　Zeng X B, Ungar G. Triple-layer superlattice in deuterium-labeled binary ultralong alkanes: A study by small-angle neutron and X-ray scattering. Macromolecules, 2003, 36: 4686-4688.

[80]　Hosier I L, Bassett D C. Morphology and crystallization kinetics of dilute binary blends of two monodisperse n-alkanes with a length ratio of two. J Polym Sci Part B: Polym Phys, 2001, 39: 2874-2887.

[81]　Hosier I L, Bassett D C, Vaughan A S. Spherulitic growth and cellulation in dilute blends of monodisperse long n-alkanes. Macromolecules, 2000, 33: 8781-8790.

[82]　Hosier I L, Bassett D C. On permanent cilia and segregation in the crystallization of binary blends of monodisperse n-alkanes. Polymer, 2002, 43: 307-318.

[83]　Lauritzen J, Passaglia E, Dimarzio E A. Kinetics of crystallization in multicomponent systems: Ⅰ. Binary mixture of n-paraffins. J Res Natl Bur Stand, Sect A, 1967, 71: 245-259.

[84]　Sommer J U. Kinetic phase diagram for crystallization of bimodel mixtures of oligomers as predicted by computer simulations. Polymer, 2002, 43: 929-935.

[85]　Cai T, Ma Y, Yin P C, Hu W B. Understanding the growth rates of polymer co-crystallization in the binary mixtures of different chain lengths. J Phys Chem B, 2008, 112: 7370-7376.

[86]　Jiang X M, Li T X, Hu W B. in preparation.

[87]　Keith H D, Padden F J. A phenomenological theory of spherulitic crystallization. J Appl Phys, 1963, 34: 2409-2421.

[88]　Prime R B, Wunderlich B. Extended-chain crystals. Ⅴ. Thermal analysis and electron microscopy of the melting process in polyethylene. J Polym Sci, Part A2, 1969, 7: 2061-2073.

[89]　Sadler D M. Fractionation during crystallization. J Polym Sci, Part A-2, 1971, 9: 779-799.

[90]　Pennings A J. Fractionation of polymers by crystallization from solutions. Ⅱ. J Polym Sci, Part C, 1967, 16: 1799-1812.

[91] Kardos J L, Li H M, Huckshold K A. Fractionation of linear polyethylene during bulk crystallization under high pressure. J Polym Sci, Part A2, 1971, 9: 2061-2080.

[92] Bank M I, Krimm S. Mixed crystal infrared study of chain segregation in polyethylene. J Polym Sci Part B, 1970, 8: 143-148.

[93] Stehling F C, Ergos E, Mandelkern L. Phase separation in n-hexatriacontane-n-hexatriacontane and polyethylene-poly (ethylene) systems. Macromolecules, 1971, 4: 672-677.

[94] Bassett D C, Hodge A M, Olley R H. On the morphology of melt-crystallized polyethylene. II. Lamellae and their crystallization conditions. Proc R Soc London A, 1981, 377: 39-60.

[95] Mehta A, Wunderlich B. A study of molecular fractionation during the crystallization of polymers. Colloid Polym Sci, 1975, 253: 193-205.

[96] Gedde U W. Crystallization and morphology of binary blends of linear and branched polyethylene. Prog Colloid Polym Sci, 1992, 87: 8-15.

[97] Glaser R H, Mandelkern L. On the fractionation of homopolymers during crystallization from the pure melt. J Polym Sci, Phys, 1988, 26: 221-234.

[98] Hu W B. Molecular segregation in polymer melt crystallization: Simulation evidence and unified-scheme interpretation. Macromolecules, 2005, 38: 8712-8718.

[99] Hu W B, Frenkel D, Mathot V B F. Intramolecular nucleation model for polymer crystallization. Macromolecules, 2003, 36: 8178-8183.

[100] Armistead J P, Hoffman J D. Direct evidence of regimes I, II, and III in linear polyethylene fractions as revealed by spherulite growth rates. Macromolecules, 2002, 35: 3895-3913.

[101] Cheng S Z D, Janimak J J, Zhang A, Cheng H N. Regime transitions in fractions of isotactic polypropylene. Macromolecules, 1990, 23: 298-303.

[102] Cheng S Z D, Chen J, Janimak J J. Crystal growth of intermediate-molecular-weight poly (ethylene oxide) fractions from the melt. Polymer, 1990, 31: 1018-1024.

[103] Lovinger A J, Davis D D, Padden F J. Kinetic analysis of the crystallization of poly (p-phenylene sulfide). Polymer, 1985, 26: 1595-604.

[104] Phillips P J, Vatansever N. Regime transitions in fractions of cis-polyisoprene. Macromolecules, 1987, 20: 2138-2146.

[105] Lazcano S, Fatou J G, Marco C, Bello A. Crystallization regimes in poly (3,3-dimethylthietane) fractions. Polymer, 1988, 29: 2076-2080.

[106] Hoffman J D, Frolen L J, Ross G S, Lauritzen J I. On the growth rate of spherulites and axialites from the melt in polyethylene fractions: Regime I and regime II crystallization. J Res Nat Bur Stand, 1975, 79A: 671-699.

[107] Toda A. Growth of polyethylene single crystals from the melt: Change in lateral habit and regime I-II transition. Colloid Polym Sci, 1992, 270: 667-81.

[108] Organ S J, Keller A. Fast growth rates of polyethylene single crystals grown at high temperatures and their relevance to crystallization theories. J Polym Sci, Part B: Polym Phys, 1986, 24: 2319-2335.

[109] Allen R C, Mandelkern L. On regimes I and II during polymer crystallization. Polym Bull (Berlin), 1987, 17: 473-480.

[110] Toda A. Growth kinetics of polyethylene single crystals from dilute solution at low supercoolings. Polymer, 1987, 28: 1645-1651.

[111] Hoffman J D, Miller R L. Kinetic of crystallization from the melt and chain folding in polyethylene fractions revisited: Theory and experiment. Polymer, 1997, 38:

　　　　3151-3212.

[112]　Ergos F, Fatou J G, Mandelkern L. Molecular weight dependence of the crystallization kinetics of linear polyethylene. I. Experimental results. Macromolecules, 1972, 5: 147-157.

[113]　Phillips P J, Lambert W S. Regime transitions in a non-reptating polymer: Crosslinked linear polyethylene. Macromolecules, 1990, 23: 2075-2081.

[114]　Lauritzen J I, Hoffman J D. Theory of formation of polymer crystals with folded chains in dilute solution. J Res Natl Bur Stand, 1960, 64A: 73-102.

[115]　Hoffman J D, Lauritzen J I. Crystallization of bulk polymers with chain folding: Theory of growth of lamellar spherulites. J Res Natl Bur Stand, 1961, 65A: 297-336.

[116]　Hoffman J D, Davis J T, Lauritzen J I. The rate of crystallization of linear polymers with chain folding//Treatise on Solid State Chemistry. Vol. 3. Hannay N B, ed. Plenum: New York, 1976: 497.

[117]　Sanchez I C, DiMarzio E A. Dilute solution theory of polymer crystal growth: A kinetic theory of chain folding. J Chem Phys, 1971, 55: 893-908.

[118]　Sanchez I C, DiMarzio E A. Dilute solution theory of polymer crystal growth: Fractionation effects. J Res Nat Bur Stand, 1972, 76A: 213-223.

[119]　Lauritzen J I, Hoffman J D. Extension of theory of growth of chain-folded polymer crystals to large undercoolings. J Appl Phys, 1973, 44: 4340-4352.

[120]　Lauritzen J I. Effect of a finite substrate length upon polymer crystal lamellar growth rate. J Appl Phys, 1973, 44: 4353-4359.

[121]　Pelzbauer Z, Galeski A. Growth rate and morphology of polyoxymethylene supermolecular structures. J Polym Sci, Part C: Polym Symp, 1972, 38: 23-32.

[122]　Barham P J, Jarvis D A, Keller A. A new look at the crystallization of polyethylene. III. Crystallization from the melt at high supercoolings. J Polym Sci, Part B: Polym Phys, 1982, 20: 1733-1348.

[123]　Phillips P J. Polymer crystallization: The third regime. Polymer Prep (ACS, Polym Chem Div), 1979, 20: 483-486.

[124]　Hoffman J D. Regime III crystallization in melt-crystallized polymers: The variable cluster model of chain folding. Polymer, 1983, 24: 3-26.

[125]　Hoffman J D. The kinetic substrate length in nucleation-controlled crystallization in polyethylene fractions. Polymer, 1985, 26: 803-810.

[126]　Hoffman J D. Theory of the substrate length in polymer crystallization: Surface roughening as an inhibitor for substrate completion . Polymer, 1985, 26: 1763-1778.

[127]　Hoffman J D, Miller M L. Response to criticism of nucleation theory as applied to crystallization of lamellar polymers. Macromolecules, 1989, 22: 3502-3505.

[128]　Dosiere M, Colet M C, Point J J. An isochronous decoration method for measuring linear growth rates in polymer crystals. J Polym Sci, Polym Phys Ed, 1986, 24: 345-356.

[129]　Point J J, Colet M C, Dosiere M. Experimental criterion for the crystallization regime in polymer crystals grown from dilute solution: Possible limitation due to fractionation. J Polym Sci, Polym Phys Ed, 1986, 24: 357-388.

[130]　Point J J, Dosiere M. On the self-consistency of the Hoffman-Miller theory of polymer crystallization. Macromolecules, 1989, 22: 3501-3502.

[131]　Hu W B, Cai T. Regime transitions of polymer crystal growth rates: Molecular simulations and interpretation beyond Lauritzen-Hoffman model. Macromolecules, 2008, 41: 2049-2061.

[132] Sadler D M, Keller A. Neutron scattering of solution-grown polymer crystals: Molecular dimensions are insensitive to molecular weight. Science, 1979, 203: 263-265.

[133] Hu W B, Mathot V B F, Frenkel D. Phase transitions of bulk statistical copolymers studied by dynamic Monte Carlo simulations. Macromolecules, 2003, 36: 2165-2175.

[134] Strobl G. The Physics of Polymers: Concepts for Understanding their Structures and Behaviors. 3rd edition. Berlin, Heidelberg: Springer-Verlag, 2007: 208.

[135] Lotz B, Wittman J C, Lovinger A J. Structure and morphology of poly (propylenes): A molecular analysis. Polymer, 1996, 37: 4979-4992.

[136] Wunderlich B, Davidson T. Extended-chain crystals. I. General crystallization conditions and review of pressure crystallization of polyethylene. J Polym Sci Part-A2: Polym Phys, 1969, 7: 2043-2050.

[137] Mandelkern L. The structure of crystalline polymers. Acc Chem Res, 1990, 23: 380-386.

[138] Robelin-Souffache E, Rault J. Origin of the long period and crystallinity in quenched semicrystalline polymers. Macromolecules, 1989, 22: 3581-3594.

[139] Ren Y J, Zha L Y, Ma Y, Hong B B, Qiu F, Hu W B. Polymer semi-crystalline texture made by interplay of crystal growth. Polymer, 2009, 50: 5871-5875.

[140] Bennett R C. Crystallization from solution // Chemical Engineers Handbook. New York: McGraw-Hill, 1984: 24-40.

[141] Myerson A S. Handbook of Industrial Crystallization. 2nd edition. Boston: Butterworth-Heinemann, 2002.

[142] Wunderlich B. Macromolecular Physics. Vol. 2. New York: Academic Press, 1976.

[143] Keller A, Pedemonte E. A study of growth rates of polyethylene single crystals. J Cryst Growth, 1973, 18: 111-123.

[144] Cooper M, Manley R S J. Growth kinetics of polyethylene single crystals. I. Growth of (110) faces of crystals from dilute solutions in xylene. Macromolecules, 1975, 8: 219-227.

[145] Toda A. Growth kinetics of polyethylene single crystals from dilute solution at low supercoolings. Polymer, 1987, 28: 1645-1651.

[146] Ding N, Amis E J. Kinetics of poly (ethylene oxide) crystallization from solution: Concentration dependence. Macromolecules, 1991, 24: 6464-6469.

[147] Toda A, Kiho H. Crystal growth of polyethylene from dilute solution: Growth kinetics of {110} twins and diffusion-limited growth of single crystals. J Polym Sci, Part B: Polym Phys, 1989, 27: 53-70.

[148] Zhou Y J, Hu W B. J Phys Chen B, 2013, 117: 3047-3053.

[149] Gädt T, Ieong N S, Cambridge G, Winnik M A, Manners I. Complex and hierarchical micelle architectures from diblock copolymers using living, crystallization-driven polymerizations. Nature Mater, 2009, 8: 144-150.

第8章 片晶的退火和熔化

8.1 片晶的退火增厚

8.1.1 片晶的退火效应

退火（annealing）是冶金学术语，指金属材料加热保持在熔点温度附近，发生部分熔化凝固后，消除内应力和缺陷，从而可得到更好的延展性的过程。退火煅烧已成为轧钢的必需步骤。引用到高分子科学特别是结晶学中，退火可以使晶区进一步生长，晶体内部进一步完善以及向更稳定的晶体结构转变。在塑料工业中也常常采用热定型退火工艺，从而使结晶高分子有更好的尺寸稳定性，也得到更高的耐热性。

片晶的退火机理比较复杂，包含了许多同步进行的过程。一般来说，在较低的温区退火主要是消除应力，驱逐各种缺陷，完善晶格，提高结晶度，但是无明显的晶体增厚；在中等温度区域退火，片晶可以在加快完善的同时，进一步增厚进入热力学更加稳定的状态，主要是通过固态链的扩散（solid-chain-diffusion）；而在较高的温区退火，特别是当温度接近甚或高于片晶的熔点时，由于有限厚度片晶的熔点仍然远低于无限大晶体的热力学平衡熔点，更厚的片晶依然能有机会生长，于是，片晶主要发生局部的熔融重结晶机制[1]。接下来，我们对片晶几种主要的退火效应分别再加以具体介绍。

（1）片晶增厚　由于退火温度通常仍远低于高分子固有的热力学平衡熔点，晶区在退火时可以进一步生长，主要表现为沿链的方向的生长，即片晶增厚，由 Gibbs-Thomson 方程［式(6.37)］可以看出片晶厚度 l 增加，熔点越高，晶体越稳定。

熔体结晶的退火效应研究证明存在片晶的增厚，而无定形区厚度变化不大[2]。Stack 等人甚至发现随退火温度升高，片晶厚度的分布变宽[3]，这意味着在结晶初期厚度分布应较窄[4]。现代原子力显微镜可以观测到长链烷烃连续地从多次折叠逐渐增厚成为伸展链片晶[5]。

熔体中片晶增厚所产生的局部孔洞需要周围的高分子链填充进来，这意味着结晶度的增加，但是这种增加不出现在片晶生长的前沿，而是属于二次结晶的范畴。图8.1的分子模拟结果显示，有相当一部分自由的高分子链在片晶增厚过程中加入片晶之中，成为结晶度增加的主要来源。

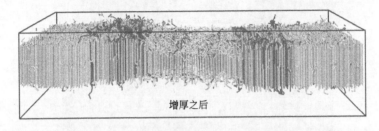

图 8.1　蒙特卡罗分子模拟观测到大量蓝色自由分子链在片晶
增厚过程中加入增厚的片晶之中[6]（链长为 16 的短链分子
发生整数次折叠和增厚，在 $128 \times 32 \times 32$ 的格子中，
$E_p/E_c = 1$，$E_f/E_c = 0.02$，$T = 4.5E_c/k$，
上下状态的时间分别对应的时刻为 80000 MC 周期和 102000MC 周期）

　　稀溶液生长的单晶由于周围没有可填充的自由高分子，自发增厚往往比较困难。因此 PE 在稀溶液中生长的单晶无明显的退火增厚现象[7]。

　　只有当退火温度足够高时，固体基板上的单层片晶才会出现局部的增厚，其代价是在退火后出现许多孔洞。Statton 和 Geil 发现随退火温度升高，片晶也出现不可逆增厚[8]。Roe 等人仔细研究了孔洞现象，指出这是由于局部缺陷处发生熔融重结晶，导致片晶增厚，这时侧向发生收缩，于是出现孔洞，片晶的增厚与折叠方向有关，其使得孔洞向垂直于（110）折叠面的方向发展[9]。现代原子力显微镜技术的发展，可以实时观测单层片晶在固体基板上的退火行为[10]，并观察到增厚产生的孔洞[11~13]，也证实了沿垂直于（110）面方向发展的增厚孔洞[14]。另外，在片晶的边缘区域还会出现许多折角[15]。

　　Reiter 观察到片晶退火产生的孔洞并不必然由于当地的局部增厚[16]。这可能是由于片晶厚度分布的局部低谷所对应的平衡熔点低于退火温度所致。对于两个交替温度下结晶生长的单晶，Dubreuil 等人甚至可以观察到薄片晶部分优先熔化的过程[17]。王维等人也观察到基板上较薄片晶的熔化伴随着较厚片晶的进一步增厚，尽管薄片晶所占面积更大[18]。即使在单层片晶内部，由于不同扇区具有不同的热力学稳定性，Hocquet 等人观察到 PE 单晶分扇区先后熔化[19]。Organ 等人也观察到不同扇区有不同的熔化和增厚行为[20]。稀溶液生长的聚乙烯截头菱形单晶加热后冷却下来观察到的 TEM 图如图 8.2 所示。

图 8.2　稀溶液生长的聚乙烯截头菱形单晶以 20℃/min 加热到
123℃然后冷却下来观察到的 TEM 图[20]（标尺 1μm）

　　分子模拟甚至可以直接观测到薄膜中生长的单层片晶具有不同的厚度分布，中间厚，边缘薄，如图 8.3(a) 所示[21]。如果退火温度不够高，中心部分退火增厚到其熔点高于退火温度，于是边缘部分熔化之后就不再继续熔化，如图8.3(b)和图 8.4 所示。这种中心区域附近幸存下来的众多小晶区可以成为自晶种，引发尺寸和取向一致的小单晶生长[22]。在较高的温度，单晶可以从边缘开始稳定地熔化，基本保持单晶的扇区外形，如图 8.3(c) 所示，成为我们进一步观察片晶熔化动力学的例子。当退火温度过高时，片晶中比较薄弱的区域优先熔化，生成孔洞，如图 8.3(d) 所示，此时与 Reiter 的实验观察一致，孔洞周边并不发生明显的增厚。

　　一旦固体基板上的片晶发生交叠，由于相邻的平行排列的片晶之间的折叠链增厚可以互相交换彼此的空间，不会产生新的孔洞，所以增厚速率大大加快。这在原子力显微镜下可以被观察到[11,12]。

　　（2）缺陷排出及浓度变化　在退火过程中晶区所包含的各种非平衡缺陷如异种组分、支化链、杂质或各种位错将逐渐被排斥出来。熔体生长的 PE 晶体在与溶剂接触并退火时，界面区附近晶区折射率增加，表明晶体进一步完善化[23]。

　　含有支化链的 PE 结晶退火由于支化链被限制在晶区之外，从而限定了片晶的增厚程度[24]，即使在高压下也是如此[25]。

　　（3）晶型转变　同质多晶体的出现来自分子间不同的密堆方式，退火使得分子有足够的活动性而自发堆积成更稳定的晶型。缺陷的排出及晶型转变都将使晶

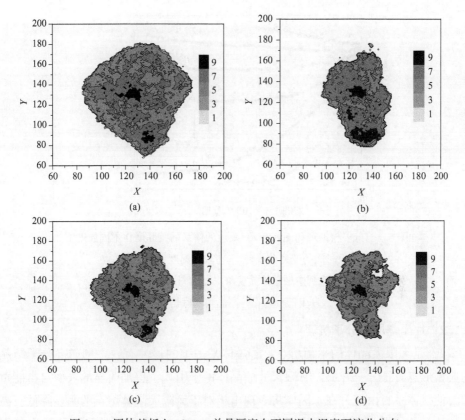

图 8.3　固体基板上 32-mer 单晶厚度在不同退火温度下演化分布
的格子链分子模拟结果[21]（图右侧标示分子茎杆的长度）

（a）厚度为 5 个格子的薄膜在 $T=4.0E_c/k$ 等温结晶 $6.9\times$
10^5 MC 周期由中心纤维模板诱导产生的单层片晶；（b）在 $T=4.4E_c/k$
等温退火 1×10^6 MC 周期；（c）在 $T=4.6E_c/k$ 等温退火 3.5×10^4 MC 周期；
（d）在 $T=5.0E_c/k$ 等温退火 1.3×10^4 MC 周期

区内部更完善，从而使单位体积的熔融焓增大，由 Gibbs-Thomson 方程［式
（6.37）］可见 T_m 将升高，晶体更稳定。

（4）无定形区应力松弛　通过在 T_g 附近的退火，可使玻璃态物质的内应力
得以释放，使 T_g 向高温区移动[26]。应力释放会伴随一个热焓松弛现象。通常
我们加热玻璃态高分子时，加热速率很快，就会在玻璃化转变区观察到 DSC 吸
热峰，加热速率慢看不到这一现象，该吸热峰是应力松弛的集中体现。

半结晶高分子的内应力主要集中在晶区和无定形区之间的界面区，在结晶度
较小时，T_g 随结晶度而增大，PS、PET 和 PP 在中等结晶度有最大的 T_g，表明
这是取向的界面区含量最高的结果。但聚氧化丙烯却发现其 T_g 与结晶度无
关[27]。显然，缓慢地结晶可以减小界面区的内应力。

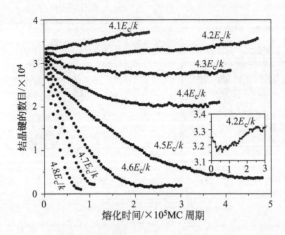

图 8.4　分子模拟观测图 8.3(a) 对应的体系的结晶度在不同温度下
随退火时间的变化曲线[21]（在较低温度例如 $4.2E_c/k$
可以看到熔融重结晶现象，见插图；中等温度
发生部分熔化；高温则彻底熔化）

8.1.2　片晶增厚的分子机理

T_m^0 是无限大晶体的平衡熔点，若晶体某一维的尺寸有限，例如高分子结晶的典型形态特征——片晶，有限尺寸的晶体由于引入了更加明显的表面自由能贡献，使得体系自由能升高，因而将表现出相对于无限大晶体熔点的明显降低。高分子片晶的熔点往往比完整大晶体低 20℃ 以上，这是高分子结晶往往需要特别大过冷度的主要原因。

对于片晶，Gibbs-Thomson 方程 [式(6.37)] 给出了由 T_m-$1/l$ 曲线斜率测定的直接方法，T_m-$1/l$ 曲线外推至 $1/l=0$ 时可得 T_m^0。但在测量熔点时为保证达到热力学熔点，需尽可能慢地升温，而晶体受热由于退火效应厚度会发生改变，导致熔点偏高，所以在特定的升温速率下得到的 $1/l$ 外推至 0 的平衡熔点，比其他方法测得的 T_m 要高[28]。不同的片晶厚度测量方法也会带来偏差[29]，EM 比 SAXD 测得的 l 稍大。实际发生结晶时，片晶厚度总有一个分布，T_m 也就有一个熔融范围，于是 DSC 熔融曲线峰反映的就是这个熔程，我们取峰顶温度代表该高分子样品的熔点。

对 PE，Illers 和 Hendus 得到的结果是 $T_m^0=414.2\text{K}$，$\Delta h_f=2.79\times10^9\,\text{erg}/\text{cm}^3$，$\sigma_e=87.4\,\text{erg/cm}^2$[28]。

如果结合结晶动力学数据，初级成核速率 I^* 在高温区 $\lg I^* \propto -\sigma^2\sigma_e/(T\Delta T^2)$，同时线生长速率 G 也有 $\lg G \propto -\sigma\sigma_e/(T\Delta T)$，可以推得 $\sigma^2\sigma_e$ 或 $\sigma\sigma_e$ 值，于是可推算出侧表面自由能 σ，对 PE，其在 $10\sim20\text{erg/cm}^2$ 之间。然而，对于

不同的结晶温度 T_c 所得到的片晶表面结构应有所不同，典型的如短链分子，随着片晶增厚，链端基在片晶表面的浓度增加，σ_e 应发生明显的变化，较高的 T_c 所得到的晶体较规整，内部缺陷少，所以 Δh_f 也会不同于低温结晶体，因而采用 Gibbs-Thomson 方程得到的 T_m^0 和 σ_e 只能是近似值。

由 Gibbs-Thomson 方程可以看出，片晶越厚，熔点越高，因而也就越稳定，但片晶生长时出于动力学的需要，开始并不以最稳定伸展链厚度的方式生长，而是以比临界稳定最小厚度 l^* 稍微大一些的厚度生长，这是初级结晶过程。随后伴随时间演化发生的次级结晶将使片晶迅速增厚，这称为等温增厚，这种现象在熔体结晶中已得到实验观测的证实。

Barham 等人采用同步辐射的 X 射线散射技术发现 PE 在熔体结晶初期生成很薄的片晶，几十秒钟后呈周期性成倍增加[29]，初期片晶厚度与溶液生长的片晶厚度相似，接近于 l^*[30]，在片晶厚度增加数倍后 l 以与 $\lg t$ 线性相关的方式继续增厚，为此 Barham 等人提出了"倍增机理"（doubling cheme）来解释这一等温增厚现象[31]。如图 8.5 所示，熔体结晶生长很可能是多层片晶齐头并进，每层片晶很薄，但随后相邻层片晶间可以相互交换折叠端生成更稳定的厚片晶，这样厚度成倍增加 2～3 倍后便趋缓。

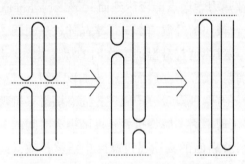

图 8.5　片晶厚度的倍增机理示意图[31]

早在 1962 年，Hoffman 和 Weeks 就假定熔体生长的片晶将从 l^* 增厚 y 倍，来解释 T_c-T_m 关系[32]。

$$l = yl^* \approx y\frac{2\sigma_e T_m^0}{\Delta h_f(T_m^0 - T_c)} \tag{8.1}$$

代入 Gibbs-Thomson 方程得：

$$T_m = T_m^0\left(1 - \frac{1}{y}\right) + \frac{T_c}{y} \tag{8.2}$$

若 y 为常数，T_m-T_c 应为一直线，外推至 $T_m = T_c$，可得平衡熔点 T_m。对聚三氟乙烯（PCTFE）的测量确实发现 T_m-T_c 近乎一直线，$y = 3.4$，T_m^0 与

T_m-$1/l$ 曲线外推值相接近。

这种线性关系进一步得到了 Marand 等人对原先被忽略掉的非线性项的校正[33]，即假定 σ_e 会随着温度升高而减小，$\sigma_e = \sigma_e^0(1 + x\Delta T)$，则：

$$l = yl^* \approx y \frac{2\sigma_e^0 T_m^0}{\Delta h_f(T_m^0 - T_c)} + y \frac{2x\sigma_e^0 T_m^0}{\Delta h_f} \tag{8.3}$$

进一步地，令：

$$M = \frac{T_m^0}{T_m^0 - T_m} \tag{8.4}$$

$$X = \frac{T_m^0}{T_m^0 - T_c} \tag{8.5}$$

则 $\qquad\qquad\qquad M \sim y(X + a) \tag{8.6}$

其中 $a = C_2 \Delta h_f/(2\sigma_e^0)$。选择合适的 T_m^0，将 M 对 X 作图，由斜率可以得到 $y = 1$，就可确认平衡熔点。

事实上 y 并不可靠，在不同的 T_c 等温增厚程度将不一样，Weeks 发现 PE 在 398.7~403K 等温结晶时 y 将由 1.96 增至 2.08，显然采用 T_m-T_c 法得到的 T_m 并非完全可信[34]。

T_m 的测量也存在热力学熔点能否达到而又不影响外推值的问题，加热过程的退火效应很难避免，很快的升温速率又带来晶体过热问题。现代高速扫描量热仪技术可以观测到片晶过热度与升温速率之间的标度关系，其揭示了片晶熔化/生长动力学的微观机制。我们将在后面进一步加以介绍。

片晶增厚目前主要有两种微观分子机理：固态链滑移机理和熔融重结晶。

（1）固态链滑移机理　为了解释折叠长度随退火时间的对数线性增加的实验现象，Peterlin 引入折叠表面的物质通过晶区中滑移扩散（sliding diffusion）的活化能控制机理来取代成核机理[35]。Sanchz 等人则将这种活化能控制机制发展出更普遍的理论模型[36,37]。

Dreyfuss 和 Keller 提出了折叠位移的增厚模式（fold-dislocation），如图 8.6 所示，使得片晶厚度成倍增加[38]。

虽然对这种模式有了很详细的研究，但是直接的实验证据并未得到。短链分子已被证明存在着晶区内沿链的方向运动，特别是在点位错[39]的情况下，可以估计点位错以填隙子（interstitial）的方式沿着链扩散导致链滑移的活化能[40]。另一种可能的机制是点位错以孤子（soliton）的方式沿着链扩散[41]，分子动力学模拟表明这些扩散的时间尺度低于 2×10^{-6} s[42]，这使得固态链滑移扩散模式令人可信。这种滑移扩散也导致 PE 的 ^{13}C 固体核磁共振的磁化恢复信号与片晶

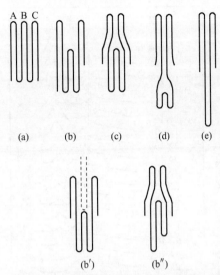

图 8.6　单层片晶折叠长度倍增的链滑移机制示意图[38]

[(a)→(e) 显示折叠链增厚过程，由此产生的空位需要其他链来填充，

或者链茎杆合并将空位富集到孔洞和片晶边缘处，如（b′）和（b″）所示]

中高分子链的 α 松弛有关，得出相应的跃迁速率和活化能位垒[43,44]。近年来，姚等人采用固体核磁共振研究证明片晶表面的无定形链部分的活动能力也与片晶内部的链滑移能力有关[45]。

（2）熔融重结晶机理　关于片晶退火过程中的熔融重结晶过程，早期的综述见 Fischer 1967 年的论文[46]，后期见 Wunderlich 的《Macromolecular Physics》第二卷。主要有以下一些现象证明了熔融重结晶过程的存在。

① 结晶度在退火过程中先暂时下降然后回复，退火温度越高，回复越慢，但仍比熔体结晶要快，说明了局部熔融，然后以较稳定晶体为核进一步生长[47]。

② 溶液生长的晶体经退火后表现出熔体生长的晶体特性，如由脆性变为韧性[48]。

③ 在高于 130℃退火的 PE 单晶，其熔融 DSC 曲线出现额外的低温峰，随退火时间延长，该峰减小，表明对应薄晶体熔融重结晶生成更厚的片晶[49]。

高速扫描芯片量热仪 Flash DSC 升温速率对淬冷得到的 iPP 升温熔融峰的影响也显示，如图 8.7 所示，较慢的升温速率反映出薄片晶熔融（Ⅰ）重结晶（Ⅱ）生成厚片晶的高温区熔融峰（Ⅲ），如果升温速率足够快，就可以得到淬冷态本身的低温区熔融峰（Ⅰ）[50]。

其他还有很多的实验观察结果，总之这两种增厚机制需要进一步鉴别和发展。

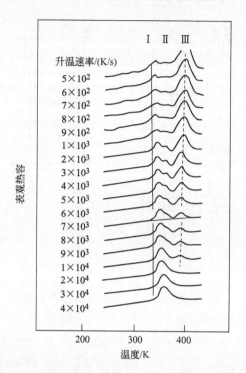

图 8.7　以不同升温扫描速率观测淬冷 iPP 样品的表观热容随温度的变化[50]

（数据采集自高速扫描芯片量热仪）

8.1.3　单层片晶增厚的动力学

片晶厚度随时间的对数而线性增加的定量现象，最早由 Fischer 和 Schmidt 从熔体结晶 PE 的 X 射线散射实验所观察到[51]。Wunderlich 和 Melillo 对高压下 PE 增厚片晶的前沿观测表明，确实在单层片晶尺度上存在一个增厚过程，在生长前沿即时的增厚会导致楔形的前沿侧影[52]。计算机模拟也证明这种楔形的生长前沿厚度服从随时间的对数而增加的规律，如图 8.8 所示。

这种连续的时间对数依赖关系已经表明是由链滑移模式的固体链运动克服一个活化能位垒所致。可以通过简单的推导得到片晶厚度的时间对数依赖关系[53]。我们可以合理地假定该位垒高度与发生滑移的链茎杆长度成正比，即：

$$\Delta E_s \propto l \tag{8.7}$$

于是在特定温度下单层片晶的增厚速率为：

$$R = \frac{\mathrm{d}l}{\mathrm{d}t} \propto \mathrm{e}^{-\Delta E_s / k_b T} \tag{8.8}$$

代入活化能位垒，可以得到：

$$\frac{\mathrm{d}l}{\mathrm{d}t} = b\mathrm{e}^{-al / k_b T} \tag{8.9}$$

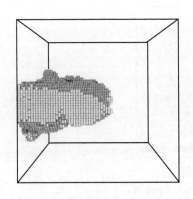

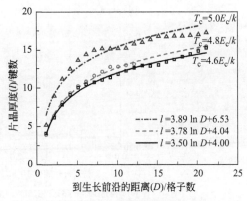

(a) 64^3格子空间中链长128的折叠链在
$T=4.6E_c/k$ $(E_p/E_c=1, E_f/E_c=0.02)$
熔体结晶由模板诱导的片晶生长前沿，
只显示平行排列大于15的结晶键

(b) 在三个温度下片晶厚度与到生长前沿
的距离都呈对数关系

图 8.8　蒙特卡罗分子模拟片晶增厚生长前沿的楔形厚度服从前沿距离的对数关系[53]

该方程的解为：

$$l=c\ln t+d \qquad (8.10)$$

式中，a、b、c、d 为比例系数。

　　片晶的增厚速率是由增厚过程中最慢的那一步，即所谓的速率决定步骤，所决定的。短链整数次折叠的特殊亚稳定性可能使以上所提到单层片晶的连续增厚过程变得不连续，相邻整数次折叠之间的增厚过程于是可成为片晶增厚的速率决定步骤。Kovacs 及其合作者最先系统地研究了 PEO 短链从一次折叠到伸展链的不连续增厚动力学，观察到成核控制的过程，并且一旦成核之后，增厚片晶区域的扩展速率随时间呈恒定的值，温度越高，扩展速率越慢[54,55]。Hikosaka 等人也观察到 PE 高压下伸展链片晶前沿的增厚速率随温度升高而下降，就像通常的次级成核控制的动力学机制[56,57]。这种不连续增厚显著地改变了片晶的形貌和片晶前沿的线生长速率[58~60]。

　　计算机分子模拟可以很好地复现本体中短链整数次折叠的单层片晶这种不连续的增厚动力学行为[53]。如文前彩图 8.9 所示，链长 16 的本体短链在模板诱导下生长出一次折叠的单层片晶，随后在较高温度下经过一个诱导期，该片晶从局部开始发生增厚，并扩展到整个片晶。显然有大量的新链填充到增厚的片晶之中，带来结晶度的增大。图 8.10 则追踪了增厚过程中结晶度随时间的变化曲线，从结晶度增加的起始点可以得到片晶增厚的诱导期，其倒数值反映了片晶增厚的成核速率，温度越高，成核速率下降。这种成核控制的机理确实与 Kovacs 等人的实验观测一致。

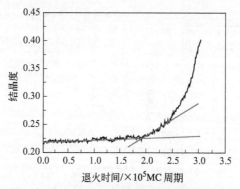

(a) 结晶度随时间的变化曲线(片晶增厚的诱导期
由两侧曲线延长相交得到)

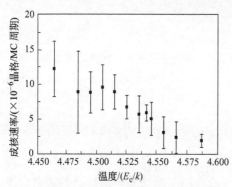

(b) 片晶增厚的成核速率随温度变化关系
(每个温度均重复30次以上得到平均值和方差)

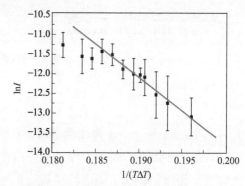

(c) 成核速率与温度的关系服从次级成核的动力学规律
(过冷度中的平衡熔点取$5.7E_c/k$)

图 8.10　图 8.9 的片晶增厚过程的动力学分析[53]

让我们对片晶增厚的热力学先作一个分析,如图 8.11 所示,我们以一个简单的几何变化,来反映片晶发生一倍的增厚。总自由能的变化主要包括三个方面的贡献,第一个是增厚导致的侧表面积的增加,第二个是折叠端表面的自由能下降,第三个是增厚导致的结晶度增加,如下式各项依次所示:

$$\Delta F = \Delta F_{s,l} + \Delta F_{s,e} + \Delta F_{bulk} = 2\pi R l \sigma_1 + \pi R^2 \Delta \sigma_e + \pi R^2 l \Delta f \qquad (8.11)$$

在本体中发生的增厚,由于结晶度的大量增加,相对于折叠端表面自由能的降低,体自由能降低是片晶增厚的主要热力学驱动力的来源,即:

$$|\Delta F_{bulk}| \gg |\Delta F_{s,e}| \qquad (8.12)$$

于是忽略式(8.11)中的第二项,成核速率服从通常的次级成核规律,即:

$$I \propto \exp\left(-\frac{\Delta F_c}{k_b T}\right) \qquad (8.13)$$

并且

$$\Delta F_c = \frac{\pi l \sigma_1^2}{-\Delta f} \propto \Delta T^{-1} \qquad (8.14)$$

代入以上自由能位垒，我们可得到：

$$\ln I \propto -\frac{1}{T\Delta T} \qquad (8.15)$$

以上成核速率的温度依赖关系确实在图 8.10(c) 中得到验证。

增厚的片晶侧向铺展的速率也服从通常的次级成核控制的片晶生长规律。如图 8.12 所示，厚片晶铺展速率的温度依赖性，服从与成核速率类似的规律，当然其机理与增厚的成核引发过程完全不同。

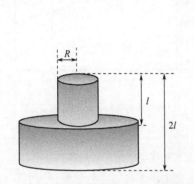

图 8.11　在厚度为 l 的片晶上表面局部发生一倍的增厚示意图[53]

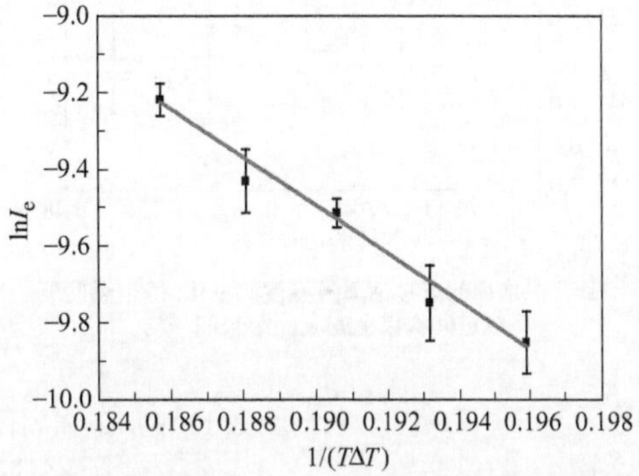

图 8.12　图 8.9 片晶增厚过程中厚片晶铺展的速率随温度变化的分子模拟结果[53]

（每个温度下的数据经过八个方向上取平均和方差）

现代原位观测技术的发展使得我们可以在固体基板上直接观测短链整数次折叠片晶的增厚动力学。王维等人采用同步辐射 SAXS 观测到 PEO 薄膜中片晶的整数次折叠增厚速率随温度升高而增加，与本体中的行为正好相反，并服从 Arrhenius 型的温度依赖关系（$\ln I \propto T^{-1}$），对此他们认为这种增厚速率是由片晶增厚区与局部熔融区不在同一处导致的长程扩散所控制[61]。陈尔强等人采用热台原子力显微镜观测了 PEO 整数次折叠片晶的原位增厚，其服从成核控制的机理，虽然仍是一个 Arrhenius 型的温度依赖关系[62]。

计算机分子模拟也可以很好地复现在固体基板上的这种片晶增厚动力学行为[53]。如文前彩图 8.13 所示是薄膜中生长的单层一次折叠链片晶增厚的成核过程。图 8.14 总结了成核速率（成核诱导期的倒数）随温度的变化，可以看到其服从 Arrhenius 型的温度依赖关系。在固体基板上的片晶增厚不再有周围的非晶链填充进入增厚的片晶，因此增厚的引发和发展过程均较缓慢。这时，式(8.11)中片晶增厚的自由能驱动力主要来自于折叠端自由能的降低，即：

$$|\Delta F_{bulk}| \ll |\Delta F_{s,e}| \qquad (8.16)$$

此时的成核自由能位垒成为：

$$\Delta F_c = \frac{\pi l^2 \sigma_1^2}{-\Delta \sigma_e} \qquad (8.17)$$

其对温度不再那么敏感。于是式(8.13)给出的成核速率不再依赖于成核位垒的温度变化，而是呈 Arrhenius 型的温度依赖关系。

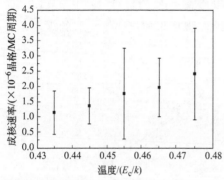

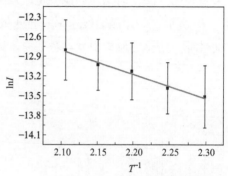

(a) 片晶增厚的成核速率随温度的变化，每个温度下经过60次以上的观测结果的平均

(b) 成核速率服从Arrhenius型温度依赖关系

图 8.14　图 8.13 情形下在固体基板上发生增厚的单层整数次
折叠链片晶的成核速率的温度依赖性[53]

8.2　片晶的可逆熔化

8.2.1　片晶可逆熔化的实验证据

在常规的 DSC 升温扫描曲线上，如果温度程序附加一个周期性的微小波动，通过测量热流速率对这一微小波动的响应，我们可以得到同步的可逆热流信息。如图 8.15 所示，温度程序如果出现频率为 ω、振幅为 A_T 的正弦波动，热流速率响应会出现正弦同步响应，但有相位差 δ 的滞后。从热流速率响应的振幅与样品温度波的振幅之比，可以得到可逆热容。这一方法通常被称为温度调制（TM）DSC。通常的等温 DSC 扫描得不到热容信息，采用温度调制法，就可以在一个准等温过程中得到样品可逆热容的信息。如图 8.16 所示，PET 的可逆热容基本上与升温扫描的标准 DSC 热容一致，除了在熔融峰区域，那里的可逆热容要比升温扫描的热容小得多[63]。这里有两个方面，首先主要的差别来自于标准 DSC 熔融相变潜热的释放，其次可逆热容仍然要高于理论预期的分子热振动热容，即高于图中的虚线部分。这部分剩余可逆热容的来源与半结晶高分子存在大量的界面有关。近年来，随着高速扫描 DSC 技术的发展，Schick 等人发现剩余可逆热容在高频区将被抑制，如图 8.17 所示[64]。在尼龙-12 样品采用不同的仪器甚至

观测到八个数量级频率范围内剩余可逆热容的抑制，如图 8.18 所示[65]。可以认为随着温度的周期性变化，片晶的折叠端表面和侧表面均会有可逆的熔融潜热释放，这一过程需要足够的松弛时间。此剩余可逆热容在高频区的消失，说明其反映了片晶界面区的可逆熔融。

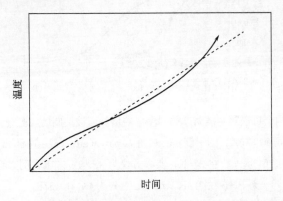

图 8.15　TMDSC 的升温程序中温度发生调制变化示意图

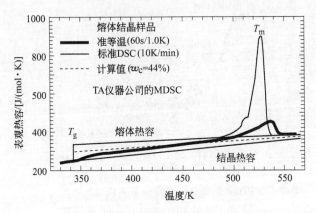

图 8.16　PET 等温温度调制得到的可逆热容与常规 DSC 升温扫描
得到的热容以及计算得到的基线热容的比较[63]

需要说明的是，温度调制 DSC 的基线热容如果扣除可逆热容的贡献，原则上可以得到不可逆热容的贡献。但是，在高分子熔化温度范围内，由于缓慢的熔化过程的影响，仅仅依靠对正弦波调制的升温扫描过程的热流信号做傅里叶变换一级谐波，通常会过高地估计可逆热容，使得从基线热容扣除得到的不可逆热容信号变负号，很容易被误判是高分子熔融重结晶的热信号。如果采用锯齿形波进行温度调制，并对每一个周期分别采用最后接近稳态的热流信号计算可逆热容，则可以避免不可逆热容负号的出现[66]。采用 Mettler 的 TOPEM 多频扫描技术也可以避免高分子熔化温度范围内不可逆热容负号的出现。

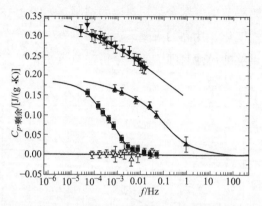

图 8.17　剩余可逆热容随温度调制频率的增加而被抑制的实验观测结果[64]
[温度调制振幅为 0.5K。图中倒实心三角为 poly (ethylene-*co*-octene) 在 393K，
正实心三角为 PCL 在 328K，实心方块为 sPP 在 363K，倒空心三角
为 PHB 在 296K，正空心三角为 PC 在 457K]

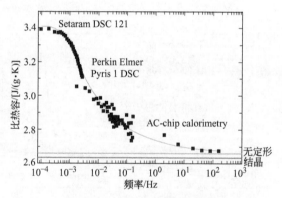

图 8.18　PA12 剩余可逆热容随温度调制频率的变化[65]
(不同频率区域采用不同类型的测量仪器)

8.2.2　片晶可逆熔化的分子机理

如果分子链在晶体中有较好的滑移能力，TMDSC 会测量得到较大的可逆热容（比熔体热容大 1.2 倍以上），如 PE 和 PEO 样品，如图 8.19 所示。如果链滑移能力不强，如 PET 和 PCL，则可逆热容与熔体热容接近（比值在 1.1 左右），如图 8.20 所示。这种差别说明，剩余可逆热容的相当一部分贡献来自于折叠链端表面与链滑移能力密切相关的可逆熔融[67]。

折叠链端表面的可逆熔融可以是高温区由于表面环圈和纤毛的构象熵增大的需求，其将一部分链茎杆通过滑移的方式抽出片晶，导致片晶的减薄，温度降低时，结晶热力学驱动力增强，这部分熔融可以再通过链滑移得到完全的恢复，如图 8.21 所示。

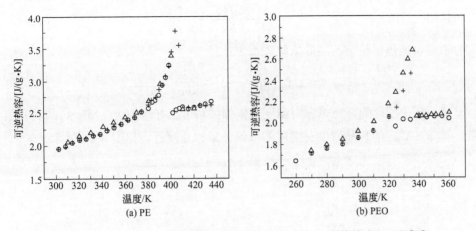

图 8.19　PE 和 PEO 在熔融温区的可逆热容与高温区液体热容的比较[67]

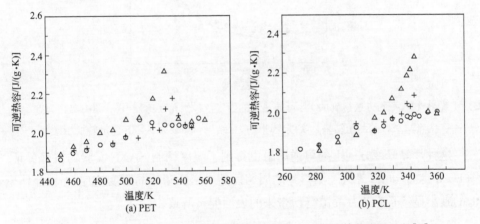

图 8.20　PET 和 PCL 在熔融温区的可逆热容与高温区液体热容的比较[67]

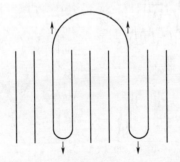

图 8.21　折叠链片晶表面的非晶环圈和纤毛由于高温熵增的缘故,抽出部分
链茎杆使片晶高温减薄(向上箭头),低温则恢复(向下箭头)的可逆过程示意图[67]

根据 Fischer 采用高斯链模型对非晶环圈长度的估算[68]:

$$n_{eq} = s(\sqrt{1 + 2n_0/s} - 1)$$　　　　　　　　(8.18)

这里

$$s = \frac{3k_B T_m^2}{4H_m(T_m - T)} \tag{8.19}$$

于是可逆热容与结晶度的依赖关系为：

$$C_p = -\Delta H_m \frac{d\alpha}{dT} = -\Delta H_m \frac{d\alpha}{dn_{eq}} \times \frac{dn_{eq}}{dT} \tag{8.20}$$

这一理论预计的可逆热容对温度的依赖关系可很好地拟合 TMDSC 的实验结果，并与 SAXS 的片晶厚度对温度的依赖关系相互接近，如图 8.22 所示。

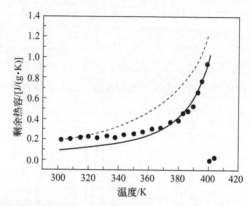

图 8.22　不同方法得到的 PE 可逆热容的温度依赖性相互比较[67]（图中实心圆点
为 TMDSC 的测量结果，实线为理论拟合结果，虚线为 SAXS 测量转换结果）

这种片晶厚度方向上的可逆熔融也得到了温度调制 SAXS 实验的很好验证。图 8.23 是 Goderis 等人观测得到的周期性晶体密度和片晶厚度响应[69]。晶体密度的减小显然是由于片晶减薄所带来的表面拥挤所致。

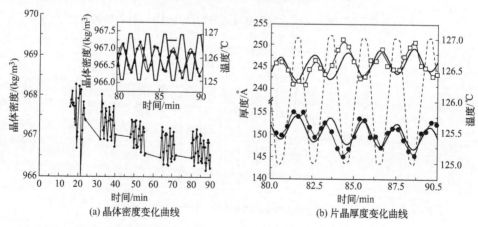

(a) 晶体密度变化曲线　　　　　　(b) 片晶厚度变化曲线

图 8.23　SAXS 实验测量得到的随温度周期性调制的晶体密度和片晶厚度变化曲线[69]
（1Å=0.1nm）

近年来，Yamamoto 采用分子动力学分子模拟，也证实了片晶表面的可逆熔化与分子链的活动能力密切相关。他还观测到由于片晶的减薄，片晶熔点附近的熔化速率被加快[70]。

　　计算机分子模拟也可以得到伸展短链片晶随温度升高而出现的端表面可逆熔化。图 8.24 是孤立的 16-mer 伸展链片晶在高温通过链滑移出现的表面可逆熔化行为。

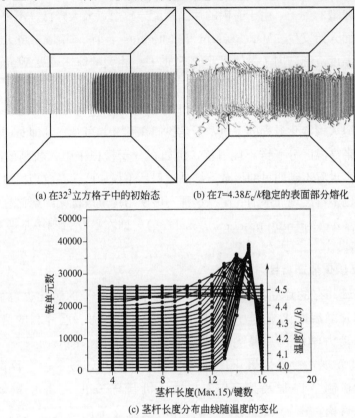

(a) 在 32^3 立方格子中的初始态　　　(b) 在 $T=4.38 E_c/k$ 稳定的表面部分熔化

(c) 茎杆长度分布曲线随温度的变化

图 8.24　16-mer 伸展链片晶在高温出现的可逆熔化

　　片晶侧表面上的可逆熔化显然与片晶生长驱动力的温度依赖性密切相关。在一个楔形的片晶侧表面，如果在片晶的熔点进行温度调制，可以预期当调制温度高于熔点时，片晶将熔化，低于熔点时，片晶则会生长恢复。这部分可逆热容的贡献将存在于所有的高分子片晶中。这部分贡献在 Wunderlich 的综述论文中有所讨论[71]，并与分子成核过程联系起来[72]。

8.3　片晶的不可逆熔化

8.3.1　片晶熔化的不可逆现象

　　晶体的熔化过程是结晶的逆过程。经典的熔化理论如 Lindemann 认为，晶体熔化由原子在晶格中的热振动足以破坏晶格约束所致[73]。另外，Born 认为晶体的熔化从其剪切模量随温度升高而消失时开始[74]。实际晶体的熔化总是从不可避免的界面处开始，并且熔化温度低于理论上预期要发生结构破坏的平衡熔点[75]。这是因为界面处的自由能比较高，其比晶格本体更不稳定[76]。高分子片晶就是一个典型的例子，由于有限的片晶厚度导致熔点大大降低，不可逆熔化通常都从侧表面开始发生。Van Rossem 和 Lotichius 于 1929 年最早将天然橡胶的较宽的熔融温度范围归因于晶体尺寸的不同[77]。相关的综述可见 Wunderlich 的专著《Macromolecular Physics》第三卷。

对于高温区分子链可以滑移的 PE 和 PEO 片晶的不可逆熔化过程，通常都伴随着片晶退火稳定化过程的竞争，于是我们在图 8.4 可观察到即时的熔融重结晶过程。如果高温区分子链不能滑移，例如在分子模拟中引入较高的链滑移阻力，我们就再也看不到明显的熔融重结晶过程，不仅如此，在较高的熔化温度区域片晶内部也不再出现局部的孔洞。这种不出现结构重组优化的熔化过程也被称为零熵熔融（zero-entropy production melting），即在熔化过程中不改变原始片晶的亚稳定性。

8.3.2　片晶熔化的动力学

由于大量共存的片晶具有不同的厚度，结晶高分子的熔化也遵循薄片晶先熔化、厚片晶后熔化的热力学稳定性规律[78]。在每一层片晶的侧表面上，片晶熔化的动力学就与片晶生长的动力学密切相关。Kovacs[79,80] 和 Vancso[81] 等人均发现，片晶的熔化尺寸随时间线性减小，显示一个界面控制的熔化动力学机制。Toda 及其合作者将这一机制与 Sadler-Gilmer 的熵位垒模型结合起来讨论[82,83]。Rastogi 及其合作者发现在不同的温度区域，高分子晶体的熔化速率有不同的活化能位垒，低温区较慢的熔化过程与链缠结机制有关[84]。实际上，链缠结效应也使低温区的晶体生长速率下降[85]。近年来，采用计算机分子模拟可以很好地观测片晶与生长动力学相对应的熔化动力学[21]。

在薄膜中制备的单层片晶（图 8.25），是由纤维状模板在高温诱导产生铺展的单层片晶。该片晶的厚度分布如图 8.3(a) 所示，由于没有链滑移阻力，片晶生长前沿的后方，存在明显的等温增厚过程，形成中间厚、边缘薄的特点。这样的片晶在高温熔化时，如果熔化温度不够高，就会在对应熔点的片晶厚度边缘停止熔化。而如果熔化温度足够高，则可以看到先后出现两个不同的片晶熔化速率，二者在各自的时间范围内都基本不随时间而变化，如图 8.26 所示，显示出界面控制的熔化动力学机制。

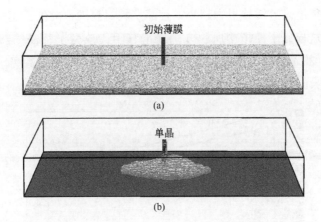

图 8.25　本体 32-mer 在 256×256×35 立方格子厚度为 5 个格子
的薄膜中生长出单层片晶的快照[21]

（a）均匀分布的本体链薄膜初始态，中间由 4×4 条伸展链构成结晶的模板；

（b）在 $T=4.0E_c/k$（$E_p/E_c=1$，上表面空气

$B_1/E_c=0.25$，下表面固体基板 $B_2/E_c=-0.35$，

链滑移阻力 $E_f/E_c=0$）条件下等温结晶 $6.9×10^5$ MC 周期得到的单晶

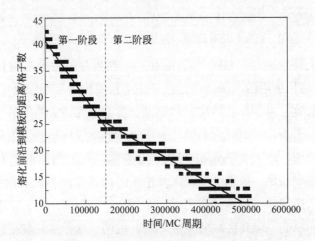

图 8.26　图 8.25 所得到的片晶在 $T=4.9E_c/k$、链滑移阻力
$E_f/E_c=0.3$ 条件下沿 XY 对角方向的晶体尺寸随时间的演化曲线[21]

（数据每 1000MC 周期记录一次，结果呈现出明显的局部前后涨落。

虚线划分前后两种熔化动力学阶段）

　　在一系列温度下考察图 8.25 所得到的单晶熔化速率随温度的变化，结果如
图 8.27 所示，可以看出，在低温区片晶生长速率（正值）与熔化速率（负值）
落在同一条延长线上，这说明对应某个特定的片晶厚度，温度的变化将连续地改
变最小片晶厚度，使得片晶生长动力学方程［式(6.40)］中的剩余片晶厚度由正

值连续地变为负值。链滑移阻力越小，片晶在同一温度下的生长速率较慢，而熔化速率较快。这与分子模拟中所引入的链滑移阻力改变了片晶的热力学稳定性（熔点）有关。的确，链滑移阻力较小时在熔化速率等于零的温度（片晶的平衡熔点）比阻力大的时候要低一些。

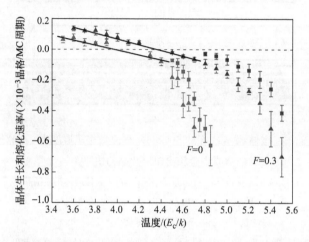

图 8.27　图 8.25 所得到的单晶在不同温度和链滑移阻力条件下的晶体
生长速率和熔化速率的分子模拟结果[21]（图中 $F = E_f/E_c$。三角
对应第一阶段的熔化速率，方块对应第二阶段的熔化速率）

根据片晶生长的动力学方程 [式(6.40)]，如果片晶生长与熔化速率的决定步骤均为生长/熔化前沿的次级成核过程，则生长的位垒项不仅对片晶生长有效，对片晶熔化也有效。由于片晶熔化时的温度仍然低于无限大晶体的平衡熔点，过冷度仍然存在。于是，我们对片晶熔化速率也按照次级成核的温度依赖关系 [式(7.13)] 进行处理，即 Hoffman 作图法，意外地，我们仍然可以看到与片晶生长对应的区域转变现象，即不同温度区域范围的成核位垒参数之比接近于 2，且该比值与我们所选的参考平衡熔点无关，如图 8.28 所示。两个阶段的熔化速率对应不同的片晶厚度，但其区域转变点一致，说明了这种区域转变现象与片晶的厚度无关。实际上是片晶生长次级成核位垒的温度依赖性的特征，其在熔化速率上也同样表现出来，反映了片晶熔化与生长在动力学上的一致性。

把图 8.25 得到的片晶中所有的链长对半切开，我们来考察片晶熔化速率的变化，结果如图 8.29 所示，可以看出，折叠链片晶的平衡熔点（零生长速率对应的温度）只依赖于折叠长度，对总的链长变化并不敏感。对应于特定的片晶厚度，在低温区短链片晶生长快，而在高温区短链仍然熔化快，可见分子量效应主要体现在分子的扩散能力上（这里比较明显的扩散效应可能与超薄膜条件下结晶有关）。的确，比较两种分子量的片晶成核位垒参数，二者的比值接近于 1，如

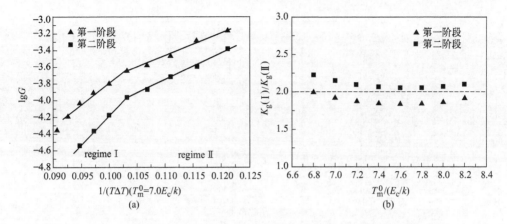

图 8.28　lg$G$-1/($T\Delta T$) 及 K_g（Ⅰ）/K_g（Ⅱ）-T_m^0[21]

(a) 在 $T_m^0=7.0E_c/k$ 和 $F=0.3$ 条件下，片晶线熔化速率
的对数对 1/($T\Delta T$) 作图，第一阶段和第二阶段的结果均显示两个温度
区域，且转折点一致；(b) 第一阶段和第二阶段的两个温度区域成核常数之比接近于 2，
与所选平衡熔点无关

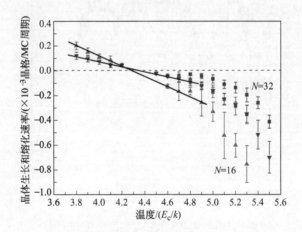

图 8.29　图 8.25 的单晶在链长 $N=16$ 和链长 $N=32$ 条件下生长和
熔化速率随温度的变化[21]

（滑移阻力系数 $F=0.3$）

图 8.30 所示，说明次级成核位垒与分子链长无关，符合链内成核模型的理论预测结果。比较两种链滑移阻力下的成核位垒参数，2.5 左右的固定比值说明链滑移阻力小的时候，片晶生长的次级成核位垒实际上更高，这与其所对应的平衡熔点较低、有效过冷度较小有关。

　　分子模拟也允许我们直接考察每一条链从晶体中熔化出来的过程。图 8.31 是某一条链从片晶侧表面熔化前沿失去其结晶度的过程。可以看到，该条链经历了许多次局部熔化重结晶的过程，从开始暴露在熔化前沿到最终熔化，存在一个

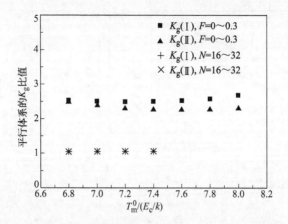

图 8.30　图 8.25 的单晶在不同链滑移阻力 $F(N=32)$ 和不同链长 $N(F=0.3)$
条件下由熔化速率对温度依赖关系所得到的成核常数，显示其与所选的平衡熔点值无关[21]

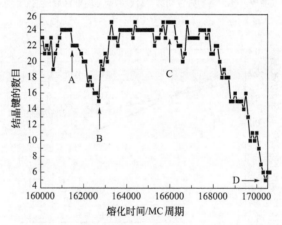

图 8.31　图 8.25 的单晶在 $T=4.9E_c/k$、$F=0.3$ 条件下熔化
的某一条链的结晶键数随时间的演化曲线[21]

（开始时间之前该条链尚未暴露在片晶熔化前沿。箭头指示图 8.32 的快照获取时刻）

明显的诱导期，反映了链内成核过程作为片晶生长和熔化的共同速率决定步骤。图 8.32 是一系列片晶熔化前沿该条链的熔化过程的快照，可以很清楚地看到该链预熔重结晶的过程。

　　总结片晶熔化动力学的观察结果，其各种动力学现象很好地对应于片晶生长动力学方程［式(6.40)］所预测的结果。在平衡熔点附近，片晶生长与熔化随温度的连续过渡，说明片晶生长驱动力项的作用。即使在熔化速率的温度依赖性中，片晶生长的次级成核位垒的温度依赖性质也得以完美体现。可见，在片晶侧表面上发生的生长和熔化过程，均是二者反复竞争的净结果。二者均由链内次级成核作为速率决定步骤，显示出成核位垒对链长的不敏感性以及单链熔化成核诱导期。如图 8.33 所示为片晶生长和熔化之间的动力学对应关系。

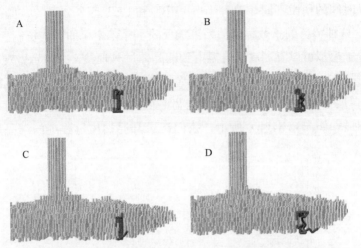

图 8.32　图 8.31 所指示的某一条链（黑色）从片晶熔化
前沿上熔化下来的过程快照[21]

A—161500MC 周期时该条链刚开始暴露；B—162700MC 周期时该条链发生部分熔化；
C—166000MC 周期时该条链部分熔化后又重新进入晶体；D—170400MC 周期时该条链基本熔化下来

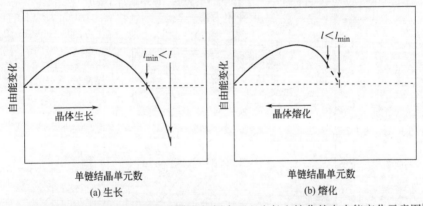

图 8.33　单链通过链内次级成核在片晶生长侧表面上生长和熔化的自由能变化示意图[21]
（对应于图 6.27 所示的楔形生长前沿的情形）

8.3.3　片晶过热度与升温速率的标度关系

随着高速扫描热分析技术的发展，DSC 的升温扫描速率范围得到了很大的拓宽。高速扫描可以有效地避免亚稳态晶体熔化时所伴随的晶体完善和重结晶，高分子熔化的过热度 $T_m - T_c$ 与升温扫描速率 R 之间，被发现存在一个标度关系：

$$T_m - T_c \propto R^a \qquad (8.21)$$

Toda 等人发现对 LDPE、PVDF 和 HDPE，a 值在 $0.33 \sim 0.4$ 之间，而对

iPP、PET 和 PCL，*a* 值则在 0.12～0.23 之间[82,83]。Schick 等人发现根据结晶温度和结晶时间的稍微不同，iPP、iPS、PBT 和 PET 等高分子的 *a* 值在 0.16～0.21 之间。这种特征的指数标度关系可能反映了晶体熔化的内在机制。

采用分子模拟可以复制高速升温所致的晶体过热现象，并揭示微观的分子机制[87]。如图 8.34(a) 所示，在立方格子空间中，我们先用模板在较低的某个温度 T_c 诱导单层片晶的生长，在其尚未与另一侧的生长前沿碰撞停止时，以某个升温速率扫描。如图 8.34(b) 所示，我们记录升温扫描过程中的结晶度变

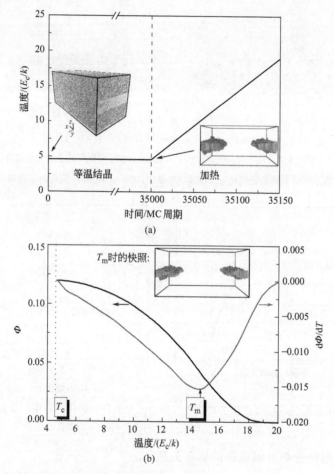

图 8.34　温度与时间的关系及 Φ 和 $\mathrm{d}\Phi/\mathrm{d}T$ 与温度的关系

(a) 蒙特卡罗分子模拟在 $128\times64\times64$ 立方格子中 128-mer 本体在 $X=128$

模板处诱导片晶的等温生长（$E_\mathrm{p}/E_\mathrm{c}=1$，$kT_\mathrm{c}/E_\mathrm{c}=4.60$，

$E_\mathrm{f}/E_\mathrm{c}=0.02$），35000MC 周期后再以 0.096 单位温度/MC 周期的速率升温扫描；

(b) 升温扫描过程中的总结晶度的变化，其对温度的导数给出对应于 DSC 的熔化峰，

并由峰顶温度定义了表观熔点 T_m

化，特别是对应于 DSC 的热流速率，以结晶度对温度的导数最大处的温度代表该片晶的表观熔点 T_m。由此我们可以研究过热度 $T_m - T_c$ 与升温速率 R 之间的标度关系。

图 8.35 总结了不同链滑移阻力 E_f/E_c 条件下，三个不同温度所得到的过热度的扫描速率标度关系。很明显可以看出两段线性关系。慢速段的标度指数与链滑移能力和结晶温度有关，其值在 0.2 附近变化，与实验报道的结果一致。链滑移能力下降，a 值变大；而结晶温度升高，a 值变大。联系到结晶温度越高，片晶越厚，链滑移能力越低这一事实，我们可以看出，慢速段的标度指数与片晶的增厚能力密切相关，有可能反映片晶熔化前沿发生的晶体减薄的过程。高速段的标度指数与链滑移能力和结晶温度均无关，表现出 0.37 的常数，说明这一较短的时间窗口内所反映的不再是晶体的增厚和减薄，而是片晶前沿的成核过程。

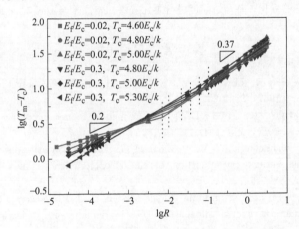

图 8.35　分子模拟所得到的不同升温扫描速率 R 下所得到的过热度
$T_m - T_c$ 随链滑移阻力 E_f/E_c 以及结晶温度 T_c 的变化

如果高速扫描区的标度关系反映的熔化过程与低速扫描区不同，那么在片晶熔化前沿的分子链吸附和解吸附的概率就会有变化。我们观察每个 MC 周期在片晶前沿加入晶区的分子链数目与溶解离开晶区的分子链数目之比，考察该比值随升温扫描速率的变化，结果如图 8.36 所示，可以看出，随着过热度标度关系从低速到高速的变化，该比值由上升变为下降。这说明在慢速段，由于片晶减薄不够快，导致更少的分子链能够离开片晶熔化前沿；而在高速段，随着熔化温度的上升，会有更多的分子链离开片晶熔化前沿。这一图像符合我们的猜想，也完全符合片晶生长前沿的逆过程，即片晶的生长先经历一个链内次级成核，然后迅速增厚；而片晶的熔化先迅速减薄，然后经历一个链内次级成核的逆过程。后者的两阶段熔化过程各自的速率不同，被不同扫描速率段分别反映了出来。

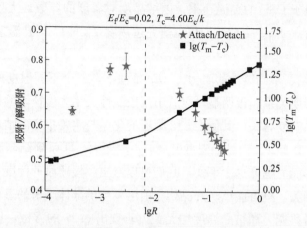

图 8.36　分子模拟观察片晶前沿吸附和解吸附分子链的比值随升温扫描

速率的变化，并与过热度进行了比较（初始片晶与图 8.34 一致）

参 考 文 献

[1]　Bair H E, Salovey R, Huseby T W. Melting and annealing of polyethylene single crystals. Polymer, 1967, 8: 9-20.

[2]　Tanabe Y, Strobl G R, Fischer E W. Surface melting in melt-crystallized linear polyethylene. Polymer, 1986, 27: 1147-1153.

[3]　Stack G M, Mandelkern L, Voigt-Martin I G. Changes in crystallite size distribution during the isothermal crystallization of linear polyethylene. Polym Bull, 1982, 8: 421-428.

[4]　Koenig J L, Tabb D L. Annealing studies of solution and bulk crystallized polyethylene using the Raman-active longitudinal acoustical vibrational mode. J Macromol Sci B, 1974, 9: 141-161.

[5]　Magonov S N, Yerina N A, Ungar G, Reneker D H, Ivanov D A. Chain unfolding in single crystals of ultralong alkane $C_{390}H_{782}$ and polyethylene: An atomic force microscopy study. Macromolecules, 2003, 36: 5637-5649.

[6]　Ma Y, Qi B, Ren Y J, Ungar G, Hobbs J K, Hu W B. Understanding self-poisoning phenomenon in crystal growth of short-chain polymers. J Phys Chem B, 2009, 113: 13485-13490.

[7]　Nakajima A, Hayashi S. Lamellar thickness of polyethylene single crystal isothermally crystallized in dilute solution. Kolloid-Zeitschrift und Zeitschrift für Polymere, 1968, 225: 116-121.

[8]　Statton W O, Geil P H. Recrystallization of polyethylene during annealing. J Appl Polym Sci, 1960, 3: 357-361.

[9]　Roe R J, Gieniewski C, Vadimsky R G. Lamellar thickening in polyethylene single crystals annealed under low and high pressure. J Polym Sci, Phys, 1973, 11: 1653-1670.

[10]　Pearce R, Vancso G J. Imaging of melting and crystallization of poly (ethylene oxide) in real-time by hot-stage atomic force microscopy. Macromolecules, 1997, 30: 5843-5848.

[11]　Winkel A K, Hobbs J K, Miles M J. Annealing and melting of long-chain alkane single

crystals observed by atomic force microscopy. Polymer, 2000, 41: 8791-8800.

[12] Tian M W, Loos J. Investigations of morphological changes during annealing of poly-ethylene single crystals. J Polym Sci B, 2001, 39: 763-770.

[13] Zhu D S, Liu Y X, Shi A C, Chen E Q. Morphology evolution in superheated crystal monolayer of low molecular weight poly (ethylene oxide) on mica surface. Polymer, 2006, 47: 5239-5242.

[14] Sanz N, Hobbs J K, Miles M J. In situ annealing and thickening of single crystals of $C_{294}H_{590}$ observed by atomic force microscopy. Langmuir, 2004, 20: 5989-5997.

[15] Loos J, Tian M. Annealing behaviour of solution grown polyethylene single crystals. Polymer, 2006, 47: 5574-5581.

[16] Reiter G. Model experiments for a molecular understanding of polymer crystallization. J Polym Sci B Polym Phys, 2003, 41: 1869-1877.

[17] Dubreuil N, Hocquet S, Dosiere M, Ivanov D. Melting of isochronously decorated sin-gle crystals of linear polyethylene, as monitored by atomic force microscopy. Macromol-ecules, 2004, 37: 1-5.

[18] Zhai X M, Wang W, Ma Z P, Wen X J, Yuan F, Tang X F, He B L. Spontaneous and inductive thickenings of lamellar crystal monolayers of low molecular weight PEO fractions on surface of solid substrates. Macromolecules, 2005, 38: 1717-1722.

[19] Hocquet S, Dosiere M, Thierry A, Lotz B, Koch M H J, Dubreuil N, Ivanov D A. Morphology and melting of truncated single crystals of linear polyethylene. Macromole-cules, 2003, 36: 8376-8384.

[20] Organ S J, Hobbs J K, Miles M J. Reorganization and melting of polyethylene single crystals: Complementary TEM, DSC, and real-time AFM studies. Macromolecules, 2004, 37: 4562-4572.

[21] Ren Y J, Ma A Q, Li J, Jiang X M, Ma Y, Toda A, Hu W B. Melting of polymer single crystals studied by dynamic Monte Carlo simulations. Eur Phys J E, 2010, 33: 189-202.

[22] Xu J J, Ma Y, Hu W B, Rehahn M, Reiter G. Cloning polymer single crystals via self-seeding. Nature Materials, 2009, 8: 348-353.

[23] Fuhrmann J, Driemeyer M, Rehage G. Nachkristallisation und aufschmelzen, ausge-loest durch diffusion von loesungsmitteln in hochpolymeren. Ber Bunsenges Phys Chem, 1970, 74: 842-847.

[24] DeFoor F, Groeninckx G, Reynaers H, Schouterden P, van der Heijden B. Molecular, thermal, and morphological characterization of narrowly branched fractions of 1-octene linear low-density polyethylene. 3. Lamellar and spherulitic morphology. Macromole-cules, 1993, 26: 2575-2582.

[25] Bassett D C, Carder D R. Oriented chain-extended polyethylene. I. Formation and characterization. Phil Mag, 1973, 28: 513-533.

[26] Weitz A, Wunderlich B. Thermal analysis and dilatometry of glasses formed under ele-vated pressure. J Polym Sci, Phys, 1974, 12: 2473-2491.

[27] Illers K H. Mechanisches relaxationsverhalten und struktur teilkristalliner polymerer. Kolloid Z Z Polym, 1969, 231: 622-659.

[28] Illers K H, Hendus H. Schmelzpunkt und kristallitgröße von aus schmelze und lösung kristallisiertem polythylene. Makromol Chemie, 1968, 113: 1-22.

[29] Barham P J, Chivers R A, Keller A, Martinez-Salazar J, Organ S J. The supercooling dependence of the initial fold length of polyethylene crystallized from the melt: Unification of melt and solution crystallization. J Mater Sci, 1985, 20: 1625-1630.

[30] Martinez-Salazar J, Barham P J, Keller A. The identification of the initial lamellar thickness of polyethylene crystals grown from the melt using synchrotron X-radiation. J Mater Sci, 1985, 20: 1616-1624.

[31] Barham P J, Keller A. The initial stages of crystallization of polyethylene from the melt. J Polym Sci, Phys, 1989, B27: 1029-1042.

[32] Hoffman J D, Weeks J J. Melting process and the equilibrium melting temperature of polychlorotrifluoroethylene. J Res Natl Bur Stand (US), 1962, A66: 13-28.

[33] Marand H, Xu J, Srinivas S. Determination of the equilibrium melting temperature of polymer crystals: Linear and nonlinear Hoffman-Weeks extrapolations. Macromolecules, 1998, 31: 8219-8229.

[34] Weeks J J. Melting temperature and change of lamellar thickness with time for bulk polyethylene. J Res NBS, 1963, 67A: 441-451.

[35] Peterlin A. Thickening of polymer single crystals during annealing. J Polym Sci B, 1963, 1: 279-284.

[36] Sanchez I C, Colson J P, Eby R K. Theory and observations of polymer crystal thickening. J Appl Phys, 1973, 44: 4332-4339.

[37] Sanchez I C, Peterlin A, Eby R K, McCracken F L. Theory of polymer crystal thickening during annealing. J Appl Phys, 1974, 45: 4216-4219.

[38] Dreyfuss P, Keller A. A simple chain refolding scheme for the annealing behavior of polymer crystals. J Polym Sci B, 1970, 8: 253-258.

[39] Reneker D H. Point dislocations in crystals of high polymer molecules. J Polym Sci, 1962, 59: 39-42.

[40] Reneker D H, Fanconi B M, Mazur J. Energetics of defect motion which transports polyethylene molecules along their axis. J Appl Phys, 1977, 48: 4032-4042.

[41] Mansfield M, Boyd R H. Molecular motions, the alfa relaxation, and chain transport in polyethylene crystals. J Polym Sci, Polym Phys Ed, 1978, 16: 1227-1252.

[42] Zubova E A, Balabaev N K, Manevitch L I. Molecular mechanisms of the chain diffusion between crystalline and amorphous fractions in polyethylene. Polymer, 2007, 48: 1802-1813.

[43] Schmidt-Rohr K, Spiess H W. Chain diffusion between crystalline and amorphous regions in polyethylene detected by 2D exchange carbon-13 NMR. Macromolecules, 1991, 24 (19): 5288-5293.

[44] Klein P G, Driver M A N. Chain diffusion in ultralong n-alkane crystals studied by ^{13}C NMR Macromolecules, 2002, 35: 6598-6612.

[45] Yao Y F, Graf R, Spiess H W, Rastogi S. Restricted segmental mobility can facilitate medium-range chain diffusion: A NMR study of morphological influence on chain dynamics of polyethylene. Macromolecules, 2008, 41: 2514-2519.

[46] Fischer E W. Zusammenhaenge zwischen der kolloidstruktur kristalliner hochpolymerer und ihrem schmelz-und rekristallisationsverhalten. Kolloid Z Z Polym, 1969, 231: 458-503.

[47] Matsuoka S. The effect of pressure and temperature on the specific volume of polyethylene. J Polym Sci, 1962, 57: 569-588.

[48] Blackadder D A, Lewell P A. Properties of polymer crystal aggregates: Part 3. Comparison of the annealing behaviour of bulk-crystallized polyethylene with that of aggregates of polyethylene crystals. Polymer, 1970, 11: 659-665.

[49] Fischer E W, Hinrichsen G. Schmelz-und rekristallisationsvorgaenge bei polyaethyleneinkristallen. Kolloid Z Z Polym, 1966, 213: 93-109.

[50] Mileva D, Androsch R, Zhuravlev E, Schick C. The temperature of melting of the mesophase of isotactic polypropylene. Macromolecules, 2009, 42: 7275-7278.

[51] Fischer E W, Schmidt G F. Long periods in drawn polyethylene. Angew Chem, 1962, 74: 551-562.

[52] Wunderlich B, Melillo L. Morphology and growth of extended chain crystals of polyethylene. Makromol Chem, Macromol Chem & Phys, 1968, 118: 250-264.

[53] Wang M Q, Gao H H, Zha L Y, Chen E Q, Hu W B. Kinetics of monolayer lamellar crystal thickening via chain-sliding diffusion of polymers. Macromolecules, 2013, 46: 164-171.

[54] Kovacs A J, Gonthier A, Straupe C. Isothermal growth, thickening, and melting of poly (ethylene oxide) single crystals in the bulk. J Polym Sci, Part C: Polym Symp, 1975, 50: 283-325.

[55] Kovacs A J, Straupe C. Isothermal growth, thickening and melting of poly (ethylene-oxide) single crystals in the bulk: III. Bilayer crystals and the effect of chain ends. J Cryst Growth, 1980, 48: 210-226.

[56] Hikosaka M, Rastogi S, Keller A, Kawabata H. Investigations on the crystallization of polyethylene under high pressure. J Macromol Sci, Part, B: Phys, 1992, 31: 87-131.

[57] Hikosaka M, Amano K, Rastogi S, Keller A. Lamellar thickening growth of an extended chain single crystal of polyethylene (II): Delta T dependence of lamellar thickening growth rate and comparison with lamellar thickening. J Mater Sci, 2000, 35: 5157-5168.

[58] Buckley C P, Kovacs A J. Chain-folding in Polymer Crystals: Evidence from Microscopy and Calorimetry of Poly (Ethylene Oxide) // Structure of Crystalline Polymers. New York: Elsevier, 1984: 272.

[59] Ungar G, Stejny J, Keller A, Bidd I, Whiting M C. The crystallization of ultralong paraffins: The onset of chain folding. Science, 1985, 229: 386-389.

[60] Cheng S Z D, Chen J H. Nonintegral and integral folding crystal-growth in low-molecular mass poly (ethylene oxide) fractions. 3. Linear crystal-growth rates and crystal morphology. J Polym Sci, Part B: Polym Phys, 1991, 29: 311-327.

[61] Tang X F, Wen X J, Zhai X M, Xia N, Wang W. Thickening process and kinetics of lamellar crystals of a low molecular weight poly (ethylene oxide). Macromolecules, 2007, 40: 4386-4388.

[62] Liu Y X, Li J F, Zhu D S, Chen E Q, Zhang H D. Direct observation and modeling of transient nucleation in isothermal thickening of polymer lamellar crystal monolayers. Macromolecules, 2009, 42: 2886-2890.

[63] Wunderlich B. Reversible crystallization and the rigid amorphous phase in semicrystalline macromolecules. Prog Polym Sci, 2003, 28: 383-450.

[64] Schick C, Wurm A, Mohammed A. Formation and disappearance of the rigid amorphous fraction in semicrystalline polymers revealed from frequency dependent heat capacity. Thermochim Acta, 2003, 396: 119-132.

[65] Schick C. Differential scanning calorimetry (DSC) of semicrystalline polymers. Anal Bioanal Chem, 2009, 395: 1589-1611.

[66] Hu W B, Wunderlich B. Data analysis without fourier transformation for sawtooth-type TMDSC. J Thermal Anal & Calorimetry, 2001, 66: 677-697.

[67] Hu W B, Albrecht T, Strobl G. Reversible premelting of PE and PEO crystallites indicated by TMDSC. Macromolecules, 1999, 32: 7548-7554.

[68] Fischer E W. The conformation of polymer chains in the semicrystalline state. Makro-

mol Chem, Makromol Symp, 1988, 20/21: 277-291.

[69] Goderis B, Reynaers H, Scharrenberg R, Mathot V B F, Koch M H J. Temperature reversible transitions in linear polyethylene studied by TMDSC and time-resolved, temperature-modulated WAXD/SAXS. Macromolecules, 2001, 34: 1779-1787.

[70] Yamamoto T. Molecular dynamics of reversible and irreversible melting in chain-folded crystals of short polyethylene-like polymer. Macromolecules, 2010, 43: 9384-9393.

[71] Wunderlich B. The thermal properties of complex, nanophase-separated macromolecules as revealed by temperature-modulated calorimetry. Thermochim Acta, 2003, 403: 1-13.

[72] Okazaki I, Wunderlich B. Reversible melting in polymer crystals detected by temperature-modulated differential scanning calorimetry. Macromolecules, 1997, 30: 1758-1764.

[73] Lindemann F A. Über die berechnung molecularer eigenfrequenzen. Z Phys, 1910, 11: 609-612.

[74] Born M. Thermodynamics of crystals and melting. J Chem Phys, 1939, 7: 591-603.

[75] Mei Q S, Lu K. Melting and superheating of crystalline solids: From bulk to nanocrystals. Prog Mat Sci, 2007, 52: 1175-1262.

[76] Cahn R W. Materials science: Melting and the surface. Nature, 1986, 323: 668-669.

[77] Van Rossem A, Lotichius J. Das Einfrieren des Rohkautchuks. Kautchuk, 1929, 5: 2. translated in The freezing of raw rubber. Rubber Chem Tech, 1929, 2: 378-383.

[78] Hobbs J K. In situ atomic force microscopy of the melting of melt crystallized polyethylene. Polymer, 2006, 47: 5566-5573.

[79] Kovacs A J, Gonthier A. Isothermal growth, thickening, and melting of polyethylene oxide) single crystals in the bulk. II. J Polym Sci: Polym Symp, 1977, 59: 31-54.

[80] Kovacs A J, Straupe C. Poly (ethylene oxide) single crystals in the bulk. Part 4. Dependence of pathological crystal habits on temperature and thermal history. Faraday Discuss Chem Soc, 1979, 68: 225-238.

[81] Beekmans L G M, van der Meer D W, Vancso G J. Crystal melting and its kinetics on poly (ethylene oxide) by in situ atomic force microscopy. Polymer, 2002, 43: 1887-1895.

[82] Toda A, Mikosaka M, Yamada K. Superheating of the melting kinetics in polymer crystals: A possible nucleation mechanism. Polymer, 2002, 43: 1667-1679.

[83] Toda A, Kojima I, Hikosaka M. Melting kinetics of polymer crystals with an entropic barrier. Macromolecules, 2008, 41: 120-127.

[84] Lippits D R, Rastogi S, Hoehne G W H. Melting kinetics in polymers. Phys Rev Lett, 2006, 96: 218303.

[85] Lippits D R, Rastogi S, Hoehne G W H, Mezari B, Magusin P C M M. Influence of chain topology on polymer dynamics and crystallization. Investigation of linear and cyclic poly (ε-caprolactone) s by ^{1}H solid-state NMR methods. Macromolecules, 2007, 40: 1004-1010.

[86] Minakov A A, Wurm A, Schick C. Superheating in linear polymers studied by ultrafast nanocalorimetry. Eur Phys J E: Soft Matter Biol Phys, 2007, 23: 43-53.

[87] Gao H, Schick C, Toda A, Hu W B. Manuscript in preparation.

第9章　高分子总结晶动力学

9.1　结晶度的表征

高分子特别是柔性链高分子由于出现亚稳的链折叠，一般不可能立即生成完全的结晶体，而只能是部分结晶，所以结晶高分子常常也被称为半晶（semi-crystalline）高分子。表征结晶发生的程度，不仅对结晶过程研究，而且对了解并控制材料的性能也有重要意义。表征高分子结晶发生程度的量就是所谓的结晶度（crystallinity），如果我们把高分子体系的总重量 W 分为晶区 W_c 和非晶区 W_a 两部分，我们就可以得到重量结晶度，定义为发生结晶部分的重量占总重量的百分比，即：

$$f_c^W = \frac{W_c}{W_c + W_a} \times 100\%$$ (9.1)

类似地，还有体积结晶度，定义为发生结晶部分的体积占总体积的百分比，即：

$$f_c^V = \frac{V_c}{V_c + V_a} \times 100\%$$ (9.2)

重量结晶度和体积结晶度之间可以由结晶区和非晶区的密度加以换算。

$$W = W_c + W_a = V_c \rho_c + (V - V_c)\rho_a = V\rho$$ (9.3)

于是，体积结晶度 f_c^V 的密度定义为：

$$f_c^V = \frac{\rho - \rho_a}{\rho_c - \rho_a}$$ (9.4)

同样地，由 $V = V_c + V_a$ 可得：

$$\frac{1}{\rho} = \frac{V}{W} = \frac{V_c}{W} + \frac{V_a}{W} = \frac{f_c^W}{\rho_c} + \frac{1 - f_c^W}{\rho_a}$$ (9.5)

于是，重量结晶度 f_c^W 的密度定义为：

$$f_c^W = \frac{\dfrac{1}{\rho_a} - \dfrac{1}{\rho}}{\dfrac{1}{\rho_a} - \dfrac{1}{\rho_c}}$$ (9.6)

　　晶区密度ρ_c可由高分子的晶相结构算出。无定形区的密度ρ_a可从完全无定形态直接测量而得。如果高分子的完全无定形态在室温下无法得到，就只能从熔体根据其热膨胀系数外推来求测，但这里必须假定热膨胀系数在外推时保持不变且注意有玻璃化转变存在时的影响。一般高分子的ρ_a和ρ_c值也可从有关的教科书和手册中查阅得到。

　　高分子通常的结晶过程所能达到的饱和结晶度受以下因素的影响。

　　a. 结构因素　第 1 章已经介绍过，链状分子实际上有很多序列结构上的缺陷，链的序列不规整性例如线型聚乙烯的短链支化度越高，结晶度就越低，分子量越大，结晶度也越低[1~3]。

　　b. 动力学因素　通常在结晶高温区，温度越高，结晶越慢，生成的晶体越规整，结晶度越高，而在结晶低温区，温度越低，结晶越快，生成的晶体越不规整，结晶度越低。在接近玻璃化温度时，温度越低，结晶越慢，结晶度更不规整。分子量很高时，结晶度趋向于 20%～30%，显然这是因为链太长时，链间相互缠结作用阻碍结晶所致。

　　c. 热力学因素　由于结晶动力学的限制，高分子往往生成亚稳态的晶体，高分子链仍有相当的活动性，所以必然有剩余熵存在，体系不可能达到完全的有序性。

　　高分子的结晶度对最终制品的性能有相当重要的影响，随结晶度的增加，材料的刚性、强度、硬度、惰性和脆性往往也随之增加，但与染料、增塑剂、稳定剂和其他添加剂的溶解度和相容性下降，高分子的结晶度也影响材料的渗透性、导热性、膨胀性、介电性质和光学性质，所以结晶度反映了高分子材料的本征的性质。

　　然而结晶度仍然是一个笼统的概念，它不管具体的结晶生长方式和形态，对晶区和无定形区之间的界面过渡区，不同的测量方法如热分析、X 射线衍射、密度法等有不同的处理，所以结晶度测量结果往往依赖于测量所采用的方法。下面介绍一些常用的测量结晶度的方法。

　　a. 密度法　主要是密度梯度法、比重计法和膨胀计法，前二者是静态测量高分子的密度，膨胀计法是动态的方法，可以跟踪高分子密度变化的过程。

　　b. 热熔法　主要是用示差扫描量热计（DSC）测量高分子的熔融焓，将之与完全结晶的熔融焓 ΔH_c 相比，得到的是重量结晶度：

$$f_c^W = \frac{\Delta H}{\Delta H_c} \tag{9.7}$$

ΔH_c 可由理论计算得到，也可由短链高分子熔融焓外推或不同结晶度高分子外推得到，通常也可由手册中查得。热熔法得到的结晶度值往往稍小于密度法，这被认为是前者未包含晶体界面区的贡献[4]。

c. X 射线衍射法 X 射线对非取向样品衍射产生的图案中把属于晶区原子衍射产生的图案强度 $I_c(s)$ 与总的散射强度 $I(s)$ 相比就得到重量结晶度：

$$f_c^W = \frac{\int_0^\infty s^2 I_c(s) \mathrm{d}s}{\int_0^\infty s^2 I(s) \mathrm{d}s} \tag{9.8}$$

式中，s 为散射矢量，$s = 2\sin\theta/\lambda$；θ 为散射角；λ 为 X 射线的波长[5]。采用这一方法的主要困难在于能否完全把晶区和无定形区的散射图案分开。由这一方法所得到的结晶度比密度法稍小，这可能是由于热振动和晶体缺陷导致部分晶区散射强度 $I_c(s)$ 发生损失。人们已发展了很多改进的数据处理方法，可得到更精确的结果。

d. 红外光谱法 主要是根据红外光谱中相应晶区或非晶区的谱特征，第一种谱特征是所谓的"结晶峰"或"无定形峰"，前者只在有结晶度时才出现，后者则强度随结晶度而变化。它们的强度可作为结晶度的表征，这是半经验的方法，例如聚乙烯的结晶峰有 $730\mathrm{cm}^{-1}$、$1050\mathrm{cm}^{-1}$、$1178\mathrm{cm}^{-1}$ 和 $1899\mathrm{cm}^{-1}$[6]。第二种谱特征是振动吸收峰的分裂，由于晶区中的基团周围环境各向异性，其振动也将各向异性化，红外吸收峰就会分裂为双峰，而无序区中的基团周围环境平均化，振动吸收仍为单峰，二者峰强之比反映了结晶程度。

e. Raman 光谱法 与红外光谱类似，但有更明显的结晶峰特征，例如聚乙烯的晶区中 CH_2 弯曲振动吸收峰为 $1416\mathrm{cm}^{-1}$，由此测得的结晶度结果与热熔法几乎完全一致[7]。

f. 固体 NMR 谱法 外磁场对原子核的磁矢量的作用将受周围核的磁化矢量的干扰，活动性强的核各向异性的干扰较小，表现为一尖锐的吸收峰，而不活动的核受周围各向异性的干扰，表现为宽的吸收峰，在玻璃化温度以上，前者对应于无定形区原子，后者对应于晶区原子，所以尖峰与宽峰的强度之比反映了结晶的程度。这一方法所得到的结果比密度法稍大，可能是缺陷和界面区链活动性小，也被算入晶区信号强度。要注意这一方法对少量活动性好的组分非常敏感，可能对结晶度测定有干扰。

不同的测量方法依据不同的原理，测得的结晶度也有差别，即使结晶度一样的高分子体系，其细致结构例如形态也会千差万别，实际操作中更有意义的是采用同一种方法所得到结晶度的相对变化，例如随结晶温度、时间、组成、分子量或支化度而变化。

大多数场合下，结晶度用来表征结晶发生的程度与时间的关系，这是研究总结晶动力学的基础。

9.2 等温结晶过程的 Avrami 方程处理

9.2.1 总结晶速率

对聚乙烯，当其相对分子质量超过 10^6，结晶度只能达到 30% 左右，要通过 30% 以内的变化来描述结晶过程甚不方便，于是较合理的办法是采用相对标度。我们可定义相对结晶度为：

$$X_c = \frac{f_c(t)}{f_c(\infty)} \tag{9.9}$$

相对结晶度也称动力学结晶度，可由膨胀计法、解偏振光强度法、动态 X 射线衍射法以及 DSC 法等跟踪结晶过程进行测量。

当采用膨胀计法测体系体积随时间变化时，一般温度恒定，也即是等温过程，这时我们跟踪总体积随时间的演化，$V(0)$ 和 $V(\infty)$ 分别为起始和终止体积，$V(t)$ 为时刻 t 的体积，动力学结晶度为：

$$X_c = \frac{V(0) - V(t)}{V(0) - V(\infty)} \tag{9.10}$$

当用热焓法等温测试结晶热的释放过程时，动力学结晶度则为：

$$X_c = \frac{\Delta H_c(t)}{\Delta H_c(\infty)} \tag{9.11}$$

式中，$\Delta H_c(t)$ 为结晶发生到 t 时刻为止已释放的结晶热；$\Delta H_c(\infty)$ 为总结晶热。

典型的动力学结晶度演化曲线如图 9.1 所示。在较高结晶温度时，需要结晶成核来引发相转变的发生。在实验室时间窗口，成核诱导期 t_0 往往很长，结晶发生一半的时刻 $t_{1/2}$ 反映总结晶速率的大小，通常总结晶速率就可用总结晶时间 $t_{1/2}$ 的倒数来表示。

仅仅知道总结晶速率并不够，我们往往还希望得到更多的有关结晶发生过程机制的基本信息，特别是成核引发和结晶生长的模式，于是可采用 Avrami 方程来拟合从 t_0 开始的结晶度演化曲线。

9.2.2 Avrami 方程

高分子本体等温结晶过程可以从现象学上分为两步，第一步成核产生生长中心，第二步往往是以这些中心为球心的球晶生长，其径向生长速率随时间变化保持不变，连同成核速率保持不变，统称为等动力学条件（isokinetic conditions）。

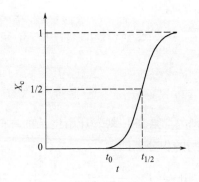

图 9.1　动力学结晶度随时间演化曲线示意图

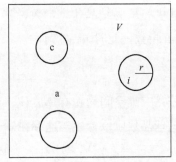

图 9.2　第 i 个结晶球在体积为

V 的空间中被引发生长示意图

（符号 a 代表无定形区，符号 c 代表结晶区）

如图 9.2 所示，假定第 i 球的半径 $r=vt$，v 为径向结晶线生长速率，在各球内部为晶区，外部为无定形区，这样结晶过程就可以简化为多个几何球体的空间生长问题。

Avrami[8~10] 采用 Poisson 分布导出了著名的 Avrami 方程，该方程最早被 Kolmogoroff[11] 所讨论，Johnson 和 Mehl[12] 也独立做过类似的推导。Evans[13] 则提出了一个更简明的推导方法，他们都假定几何体生长尚未发生彼此碰撞前，在 V 空间中任取一点，其落在 i 球之外的概率为：

$$P_i = 1 - \frac{V_i}{V} \tag{9.12}$$

式中，V_i 为第 i 球体积。于是，任取一点同时落在 $1,2,\cdots,m$ 球之外的概率：

$$P = P_1 P_2 \cdots P_m = \prod \left(1 - \frac{V_i}{V} \right) \tag{9.13}$$

当 m 很大时，$V_i \ll V$，所以近似地有：

$$\ln P = \sum \ln \left(1 - \frac{V_i}{V} \right) \approx -\sum \frac{V_i}{V} = -m \frac{\langle V_i \rangle}{V} \tag{9.14}$$

式中，$\langle V_i \rangle$ 为球的平均体积。由于 P 反映了无定形区的概率，$P=1-X_c$，我们得到：

$$1 - X_c = \exp \left(-m \frac{\langle V_i \rangle}{V} \right) \tag{9.15}$$

对于三维空间无热成核（即异相成核的一种特殊情况），成核数不变，球晶数目固定，其密度为 m/V，$\langle V_i \rangle = 4\pi r^3 / 3$，$r = vt$，则：

$$m \frac{\langle V_i \rangle}{V} = \frac{4\pi v^3 m}{3V} t^3 = K t^3 \tag{9.16}$$

将式（9.16）代入式（9.15），于是我们得到普遍的 Avrami 方程：

$$1-X_c = \exp(-Kt^n) \tag{9.17}$$

式中，K 为结晶速率常数，其与成核速率、生长速率和核的数目有关；n 为 Avrami 指数，此时 $n=3$，而：

$$t_{1/2} = \left(\frac{\ln 2}{K}\right)^{1/n} + t_0 \tag{9.18}$$

若是三维空间均相有热成核，假定在时刻 t 观察在时刻 τ 开始生长的球晶，则总的球晶数应该为成核速率在 $0\sim t$ 时间区间的积分，即：

$$m\frac{\langle V_i \rangle}{V} = \int_0^t I \times \frac{4}{3}\pi v^3 (t-\tau)^3 d\tau = I \times \frac{1}{3}\pi v^3 t^4 \tag{9.19}$$

式中，I 为均相成核速率。这时，Avrami 指数 $n=4$。

Meares[14] 和 Hay[15,16] 首先将 Avrami 方程应用于高分子体系。人们总是试图通过对实验数据的 Avrami 方程拟合来得到 Avrami 指数，从而判断成核和结晶生长方式，但实际得到的 Avrami 指数常常非整数，因而解释并不很成功，这归因于总结晶速率包含了很多的复杂因素，而 Avrami 方程则是依据于所谓的等温结晶条件，下面进一步加以介绍。

9.2.3 总结晶速率的复杂性

a. 结晶过程中总体积的变化 在结晶过程中由于晶区体积收缩，m/v 值将有所变化，好在 ρ_a 和 ρ_c 本身相差并不大，由此引入的偏差很小，对 Avrami 指数没有大的影响。值得注意的是，用热熔法得到的重量结晶度代入 Avrami 方程时，由于方程推导时采用的是体积结晶度，二者并不相等，就会引入较明显的偏差，但主要集中在 K 值上，对 Avrami 指数影响不大。

b. 径向生长速率的变化 若球晶的生长受扩散控制时，后面我们会介绍，其半径与时间呈 1/2 指数关系，这样无热成核时 $n=3/2$，有热成核时 $n=5/2$，为半整数。

c. 成核模式随时间变化 在结晶温度较低时，开始往往是无热成核为主，经过一定成核周期后，逐渐以有热成核为主，这样 Avrami 指数将增加 1，两种模式混合发生，Avrami 指数就非整数化。

d. 纤维晶和片晶生长 纤维晶为一维生长，无热成核时 $n=1$，有热成核时 $n=2$；片晶为二维生长，无热成核时 $n=2$，有热成核时 $n=3$。但它们在生长过程中总有部分因相互碰撞而终止生长，这样 Avrami 指数将表现出非整数化倾向。

e. 纤维晶或片晶的分枝生长 一旦发生分枝，生长点就增多，生长维数也相应增大，Avrami 指数将变大，但生长过程中部分发生碰撞而终止又将使

Avrami 指数随 t 增加而减小。

　　f. 次级结晶和完善　　当球晶生长因相互碰撞而截止时，结晶度的变化并未因此而停止，我们可以把结晶生长粗分为两个阶段，即符合 Avrami 方程的初期生长和偏离方程的后期完善，如图 9.3 所示，前者称为初级结晶（primary crystallization），后者称为次级结晶（secondary crystallization）。晶体的完善包括缺陷的排出、小晶体的熔融重结晶和片晶的增厚等过程，另外，在生长前沿后面还有片晶之间的填充晶体生长，后面我们将进一步介绍。

　　实际上在初级结晶时，已结晶的部分其结晶度并非不再变化，而会由于晶体的进一步完善而提高，这样实际得到的 Avrami 指数将非整数化，这是难以分析的，所以试图根据 Avrami 指数来定量解释成核和晶体生长模式并不可靠，然而 Avrami 指数的变化或多或少仍反映了结晶初期成核或结晶生长模式所发生的变化，对其他相关实验现象的解释有一定的参考价值。

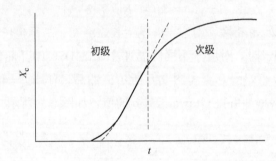

图 9.3　初级（primary）和次级（secondary）结晶的时间段划分示意图

9.3　非等温结晶动力学

9.3.1　Ozawa 理论

　　有关等温结晶动力学的研究已经积累了很多结果，但实际的高分子材料加工过程中遇到的常常是非等温结晶过程，特别是塑料成型和熔体纺丝过程，对此类过程的研究多停留在经验总结阶段，理论上仍处于 Avrami 方程的现象学水平。我们在这里只介绍一些经典的概念，详细可参见一些综述性的文章[17~19]。

　　我们常常希望通过几次的简单的升降温结晶 DSC 扫描实验，就能得到有关高分子样品结晶能力的基本信息。Ozawa[20] 提出了一个简单的解决方案。高分子体系以恒定的速率 $a = \mathrm{d}T/\mathrm{d}t$ 从 T_0 开始降温时，球晶的径向线生长速率 $v(T)$ 和成核速率 $I(T)$ 都将随温度而发生变化，对于 τ 时刻生成的晶核，在 t 时刻时，其球晶的半径为：

$$r = \int_{\tau}^{t} v(T) \mathrm{d}t = \frac{\mathrm{d}t}{\mathrm{d}T}\int_{T_m}^{T} v(T)\mathrm{d}T - \int_{T_m}^{T_0} v(T)\mathrm{d}T = \frac{1}{a}[R(T) - R(T_0)]$$

$$(9.20)$$

式中，T_0 为时刻 τ 的温度；T_m 是熔点。时刻 τ 的晶核密度为：

$$\frac{m}{V} = \int_{T_m}^{T_0} I(T) \mathrm{d}t = \frac{1}{a}\int_{T_m}^{T_0} I(T) \mathrm{d}T = \frac{N(T_0)}{a} \tag{9.21}$$

式(9.20) 和式(9.21) 代入上面介绍的 Avrami 方程推导过程中，得到：

$$\ln P = -\frac{m}{V}\langle V_i \rangle = -\int_{T_m}^{T} \frac{m}{V}\pi r^2 \mathrm{d}r$$

$$= \int_{T_m}^{T} \pi N(T_0)[R(T) - R(T_0)]^2 v(T_0)\mathrm{d}T_0 \times a^{-4}$$

$$= -K_0(T)a^{-4} \tag{9.22}$$

式中，$K_0(T)$ 为冷却函数。于是得到：

$$1 - X_c = \exp[-K_0(T)a^{-q}] \tag{9.23}$$

式中，q 为 Ozawa 指数，对应于一维生长，$q=2$；二维生长，$q=3$；三维生长，$q=4$。实际测量时，对应于不同降温速率 a 的 DSC 结晶曲线，取同一温度下的结晶度 $X_c(a)$，如图 9.4 和图 9.5 所示。然后，作 $\lg[-\ln(1-X_c)]$ 对 $\lg(a)$ 的曲线，由斜率即可得 Ozawa 指数 q 的值，如图 9.6 所示。

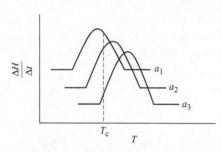

图 9.4　不同降温速率下得到的
DSC 扫描曲线示意图

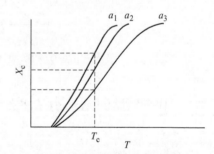

图 9.5　不同降温速率下得到的
结晶度变化曲线示意图

Ozawa 理论对 PET[20] 和 iPP[21] 的非等温结晶动力学描述较为成功，但对 HDPE[21]、PA6[22]、PEO[23]、PEEK[21]、PEO/PMMA 共混物[23] 效果均不理想，可能与这些高分子的晶体在生长前沿后面发生较明显的等温退火等二次结晶行为有关。

刘结平和莫志深[24,25] 将 Avrami 方程 [式(9.17)] 与 Ozawa 方程 [式(9.23)] 结合起来得到在同一时刻、同一结晶度时所对应的关系：

$$\lg K + n\lg t = \lg K_0 - q\lg a \tag{9.24}$$

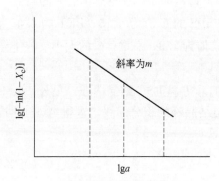
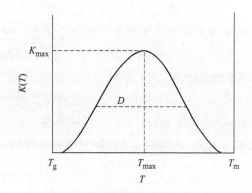

图 9.6　实验数据处理读取 Ozawa　　　　图 9.7　结晶速率常数 $K(T)$ 随温度
指数 q 示意图　　　　　　　　　　　T 变化曲线示意图

于是得到：

$$\lg a = \lg \left(\frac{K_0}{K} \right)^{1/q} - \frac{n}{q} \lg t \tag{9.25}$$

这样，在类似图 9.5 中结晶度随时间变化曲线上沿着等结晶度水平线取一系列数据点，再作 $\lg a$ 对 $\lg t$ 曲线，计算其斜率和截距。此方法应用于聚醚醚酮和聚羟丁酯等高分子非等温结晶体系比单纯应用 Ozawa 方程要好，可以得到数据点之间更好的线性关系[26,27]。

9.3.2　动力学结晶能力

Nakamura 等人[28,29]把非等温过程看作是一系列 m 个等温过程的叠加（isokinetics），由 Avrami 方程进一步得：

$$X(t) = 1 - \exp \left\{ - \sum_{i=1}^{m} \left[K(T_i) t_i^n \right] \right\} \tag{9.26}$$

式中，n 是 Avrami 指数。Ziabicki[30]进一步假定 $n = 1$，时间间隔 t_i 足够小，这样加和值可用积分表示为：

$$C \equiv \int_{T_g}^{T_m} K(T) \mathrm{d}t = \frac{1}{a} \int_{T_g}^{T_m} K(T) \mathrm{d}T$$

式中，a 为降温速率，这一项可以被称为动力学结晶能力（kinetic crystallizability）。等温过程得到的速率常数 K 与温度的关系在 T_g 和 T_m 之间呈铃铛形（bell-shaped）曲线，Ziabicki[31]用高斯函数描述为：

$$K(T) = K_{max} \exp \left[\frac{-4 \ln 2 (T - T_{max})^2}{D^2} \right] \tag{9.27}$$

如图 9.7 所示，K_{max} 对应于 T_{max} 的最大速率常数，D 为半高宽，则动力学结晶能力为：

$$C \equiv \frac{1}{a} \int_{T_g}^{T_m} K(T) \mathrm{d}T = \left(\frac{\pi}{\ln 2} \right)^{1/2} K_{max} \left(\frac{D}{2a} \right) \tag{9.28}$$

动力学结晶能力越大，在同样降温速率下得到的结晶度就越大，要想得到完全无定形态也就需要更大的淬冷速率，例如 iPS 的 C 值为 0.15，PET 的 C 值为 0.53~1.0，iPP 的 C 值为 33，尼龙-66 的 C 值为 133，总之，C 的大小反映了结晶的相对快慢。

Jeziorny[32] 采用这一方法研究了 PET 的非等温 DSC 结晶曲线。另外，Jeziorny[33] 还用 Avrami 方程直接处理了非等温结晶峰的积分曲线，求得 Avrami 指数 n 和 K，并对 K 进行降温速率 a 校正，即：

$$\lg K_C = \frac{\lg K}{a} \tag{9.29}$$

他发现 n 与降温速率也呈线性关系，n 值从 2 变向 3，表明降温速率加快使结晶从二维片晶的生长变为三维球晶生长，K_C 为一恒定值。这一所谓的 Jeziorny 方法，直接在非等温条件下生搬硬套等温条件下的 Avrami 方程，显然比较粗糙，要慎用。

9.3.3　直接求 Avrami 指数法

Harnisch 和 Muschik[34] 从 Avrami 方程直接发展出了一种利用不等温过程求 Avrami 指数的方法。根据 Avrami 方程，有：

$$\frac{\mathrm{d}X_c}{\mathrm{d}t} = X_c' = nKt^{n-1}\exp(-Kt^n) \tag{9.30}$$

将上式中的指数项用 Avrami 方程代替，得：

$$\ln\frac{X_c'}{1-X_c} = (n-1)\ln t + \ln(nK) \tag{9.31}$$

如图 9.4 所示，在不同的降温 DSC 曲线上取相同结晶温度时的 X_c，结果如图 9.5 所示，对应降温速率 a_1 为 X_1，时刻 t_1；对应 a_2 为 X_2，时刻 t_2。由于相同结晶温度时，n 和 K 保持不变，我们得到：

$$n = 1 + \frac{\ln\dfrac{X_1'}{1-X_1} - \ln\dfrac{X_2'}{1-X_2}}{\ln\dfrac{t_1}{t_2}} \tag{9.32}$$

到达这一结晶温度的时间与降温速率 a 成反比，所以 $t_1/t_2 = a_2/a_1$，则：

$$n = 1 + \frac{\ln\dfrac{X_1'}{1-X_1} - \ln\dfrac{X_2'}{1-X_2}}{\ln\dfrac{a_2}{a_1}} \tag{9.33}$$

这一方法成功应用于 iPP 和 PE 体系，得到与等温结晶过程一致的结果。

参 考 文 献

[1]　Ergoz E, Fatou J G, Mandelkern L. Molecular weight dependence of the crystallization

kinetics of linear polyethylene. I. Experimental results. Macromolecules, 1972, 5: 147-157.

[2] Mandelkern L. The relation between structure and properties of crystalline polymers. Polymer J, 1985, 17: 337-350.

[3] Mandelkern L. Sructure of crystalline polymers. Acc Chem Res, 1990, 23: 380-386.

[4] Mandelkern L, Allou A L, Tr Gopalan M. Enthalpy of fusion of linear polyethylene. J Phys Chem, 1968, 72: 309-318.

[5] Alexander L E. X-ray Diffraction Methods in Polymer Science. New York: Wiley Inter Science, 1969.

[6] Hendus H, Schnell G. Roentgenognafische mid IR-spektroskopische kristallinitaets bestimmig von polyethylen. Kunststoffe, 1961, 51: 69-74.

[7] Glotin M, Mandelkern L. A Raman spectroscopic study of the morphological structure of the polyethylenes. Colloid & Polym Sci, 1982, 260: 182-192.

[8] Avrami M. Kinetics of phase change. I. General theory. J Chem Phys, 1939, 7: 1103-1112.

[9] Avrami M. Kinetics of phase change. II. Transformation-time relations for random distribution of nuclei. J Chem Phys, 1940, 8: 212-224.

[10] Avrami M. Granulation, phase change, and microstructure kinetics of phase change. III. J Chem Phys, 1941, 9: 177-184.

[11] Kolmogorov A N. On the statistical theory of metal crystallization. Izvest Akad Nauk, SSSR Ser Mat, 1937, 3: 335-360.

[12] Johnson W A, Mehl R T. Reaction kinetics in processes of nucleation and growth. Trans Am Inst Miner Pet Eng, 1939, 135: 416-441.

[13] Evans U R. The laws of expanding circles and spheres in relation to the lateral growth of surface films and the grain-size of metals. Trans Faraday Soc, 1945, 41: 365-374.

[14] Meares P. Polymers: Structure and Bulk Properties. New York: Van Nostrand, 1965.

[15] Hay J N. Application of the modified avrami equations to polymer crystallisation kinetics. Br Polym J, 1971, 3: 74-82.

[16] Booth A, Hay J N. The kinetics of crystallization of polyethylene. Polymer, 1971, 12: 365-372.

[17] Eder G, Janeschitz-Kriegl H, Liedauer S. Crystallization processes in quiescent and moving polymer melts under heat transfer conditions. Prog Polym Sci, 1990, 15: 629-714.

[18] Yu L, Shanks R A, Stachurski Z H. Kinetics of polymer crystallization. Prog Polym Sci, 1995, 20: 651-701.

[19] Di Lorenzo M L, Silvestre C. Non-isothermal crystallization of polymers. Prog Polym Sci , 1999, 24: 917-950.

[20] Ozawa T. Kinetics of non-isothermal crystallization. Polymer, 1971, 12: 150-158.

[21] Eder M, Wlochowicz A. Kinetics of non-isothermal crystallization of polyethylene and polypropylene. Polymer, 1983, 24: 1593-1595.

[22] Kozlowski W. Kinetics of crystallization of polyamide 6 from the glassy state. J Polym Symp, 1972, 38: 47-59.

[23] Addonzio M L, Martuscelli E, Silbestre C. Study of the non-isothermal crystallization of poly (ethylene oxide)/poly(methyl methacrylate) blends. Polymer, 1987, 28: 183-188.

[24] Liu J P, Mo Z S. Crystallization kinetics of polymers. Polymer Bulletin, 1991, 4: 199-207.

[25] Mo Z S. A method for the non-isothermal crystallization kinetics of polymers. Acta Polymerica Sinica, 2008, 7: 656-661.

[26]　Liu T X, Mo Z S, Wang S E, Zhang H F. Nonisothermal melt and cold crystallization kinetics of poly (aryl ether ether ketone ketone). Polym Eng Sci, 1997, 37: 568-575.

[27]　An Y, Dong L, Mo Z, Liu T, Feng Z. Nonisothermal crystallization kinetics of poly (beta-hydroxybutyrate). J Polym Sci Part B: Polym Phys, 1998, 36: 1305-1312.

[28]　Nakamura K, Watanabe T, Katayma K. Some aspects of nonisothermal crystallization of polymers. I. Relationship between crystallization temperature, crystallinity, and cooling conditions. J Appl Polym Sci, 1972, 16: 1077-1091.

[29]　Nakamura K, Katayama K, Amano T. Some aspects of nonisothermal crystallization of polymers. II. Consideration of the isokinetic condition. J Appl Polym Sci, 1973, 17: 1031-1041.

[30]　Ziabicki A. Kinetics of polymer crystallization and molecular orientation in the course of melt spinning. Appl Polym Symp, 1967, 6: 1-18.

[31]　Ziabicki A. Fundamentals of Fibre Formation. New York, London: Wiley, 1976.

[32]　Jeziorny A. Parameters characterizing the kinetics of the non-isothermal crystallization of poly (ethylene terephthalate) determined by DSC. Polymer, 1978, 19: 1142-1144.

[33]　Jeziorny A. Parameters characterizing the kinetics of the non-isothermal crystallization poly (ethylene terephthalate) determined by DSC. Polymer, 1971, 12: 150-158.

[34]　Harnisch K, Muschik H. Determination of the Avrami exponent of partially crystallized polymers by DSC- (DTA-) analyses. Colloid & Polym Sci, 1983, 261: 908-913.

第三部分　高分子结晶形态学

第10章 高分子单晶

10.1 高分子单晶的生长习性及其演变

从这一节开始，我们介绍一些高分子结晶形态学方面的基本知识。"形态"一词最初来自于生物学，是对生物个体的成长和演化过程中外形的变化进行研究，例如茧→蛾→卵→蚕或蝴蝶翅膀外形和图案的历史演变。但在材料科学领域中，形态不仅指一相在另一相中生成的个别形状和大小及其演变，而且也包括该种形状在材料内部的分布，即个别的形态特征是否有代表性的问题。许多结晶形态学研究根据局部的显微镜照片来描述某种现象，必须注意其是否具有普遍的代表性问题。

形态学反映了物体结构及其演变的特征。在高分子静态溶液或本体体系中，随着结晶温度降低或结晶组分浓度增大，生成高分子晶体的形态也由简单到复杂。简单的片晶体及其少量分叉笼统地被称为高分子单晶（single crystals），复杂的片晶堆砌体则有轴晶（axialite）、树枝晶（dendrite）和球晶（spherulite）等。在聚合反应、取向和凝胶形成等其他伴随过程影响下，高分子结晶还会生成一些特殊的晶体形态。

在这一章，我们将从高分子单晶开始入手，然后逐步推广到复杂片晶堆砌体的介绍。

最早明确地观察到厚度约 100Å 片层状菱形高分子单晶体是在 1957 年由三个独立课题组 Till[1]、Keller[2] 和 Fischer[3] 从聚乙烯溶液缓慢冷却结晶所得到的，由此观察建立起了结晶链折叠的基本概念。在理想状态下，单晶的低指数边缘习性或外形是其晶胞晶型结构和倾向性生长方式的反映。习性是指单晶生长的习惯性形状，例如溶液和熔体中柔顺高分子链常常生成折叠链片晶，厚度约为 100Å，宽度可以高达 $10\mu m$，而在聚合过程中或流动场下则喜欢生成纤维晶。按照 Wuff 规则[4,5]，单晶体的外形倾向于取最小的表面自由能总和，但是实际单晶的生长还是主要由动力学所决定。单层片晶可以有许多生长晶面相互竞争，通常只有生长最慢的前沿表面才能幸存下来从而决定单晶的对称外形，生长较快的表面则最终会消亡。按照 Bravais-Friedel 定律[6~9]，最突出的晶面往往具有最大的晶面间距，此方向上得到的晶格能量最少，生长速率也就最慢。例如正交晶型的聚乙烯在二甲苯中生成的最简单的单晶呈菱形[10]，这是因为沿（110）对角线方向上的晶面间距比沿晶轴方向上要大一些。六方晶型的聚甲醛[11]和等规聚苯乙烯[12]生成的单晶呈六方形，四方晶型的聚 4-甲基-1-戊烯则生成四方形片晶[13]。

　　单层片晶的外形会随着实验条件的改变而发生变化，如聚乙烯在不同溶剂或结晶温度下可生成菱形（lozenge）、截头菱形（truncated lozenge）、弯曲（200）面的截头菱形甚至双凸透镜形（lenticular），如图 10.1 所示，这一变化趋势伴随着结晶温度的升高而增强[14,15]。可以想象温度越高，（200）生长晶面向前推进的速率会越来越慢。弯曲的（200）面最早被 Keith 所报道[16]。Zhang 和 Muth-ukumar 采用蒙特卡罗模拟[17]，对稀溶液中悬浮的高分子链做颗粒状处理，从单晶生长的动力学规律出发，很好地复现了从高温的热力学粗糙圆形到中温区反映晶体对称习性 Wuff 规则的正方形，接着进入低温区动力学粗糙圆形，以及反映受动力学控制 Bravais-Friedel 定律的菱形，最后极低温区受扩散控制的树枝状晶体。

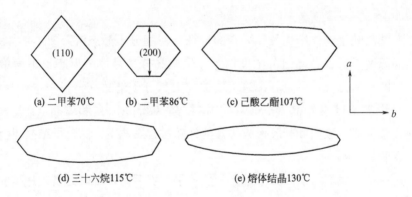

(a) 二甲苯70℃　　(b) 二甲苯86℃　　(c) 己酸乙酯107℃

(d) 三十六烷115℃　　　　(e) 熔体结晶130℃

图 10.1　聚乙烯溶液结晶常见的单晶外形[14]

　　单层片晶更精确的描述应是多重孪晶（multiple twins），虽然片晶内部晶格点阵是处处连续的，但是不同的生长前沿表面上，链近邻折叠的方向并不一致，而是从属于各个生长晶面，折叠端倾向于紧贴大致平整的生长前沿表面而取向。折叠方向一致的晶区称为扇区或折叠域[18]。如图 10.2 所示，形态上可观察到扇区边缘裂纹如果垂直于生长前沿，会出现大量微纤，而平行方向的裂纹则无明显的连接，说明链折叠方向平行于生长前沿[19]。如图 10.3 所示为聚乙烯截头菱形的扇区，扇区内平行晶体边缘的线代表折叠面。早期截头晶面称为（100）面，后来考虑到每生长一层晶面只前进了半个晶胞距离，如图 10.4 所示，所以改称（200）面更为合理。

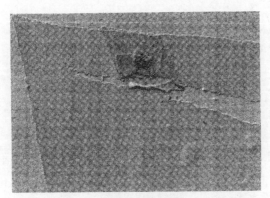

(a) 沿着生长前沿表面

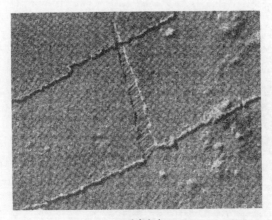

(b) 垂直方向

图 10.2　聚乙烯单晶的裂纹沿着生长前沿表面和垂直方向有所不同[20]

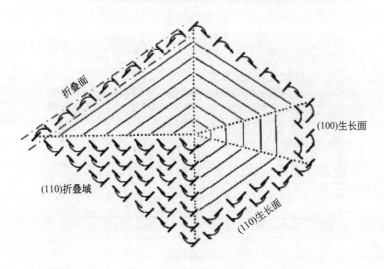

图 10.3　聚乙烯单晶折叠端分扇区示意图[18]

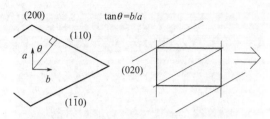

图 10.4　聚乙烯（200）面生长示意图

Wittmann 和 Lotz 发展了烯烃蜡在片晶表面沉积的方法，不仅证实了高分子单晶有各自折叠取向的扇区的存在，也证明即使外缘生长曲面化，链折叠方向仍与之平行[21]，如图 10.5 所示。薄膜生长的 sPP 单晶也证明存在明显的扇区结构，如图 10.6 所示[22]。

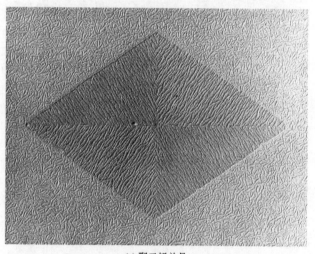

(a) 聚乙烯单晶

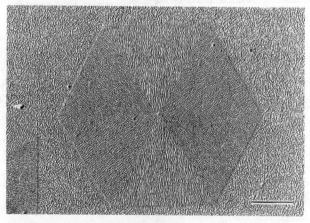

(b) 聚甲醛单晶

图 10.5　聚乙烯和聚甲醛单晶表面烯烃蜡沉积附生结晶表面形态图[21]

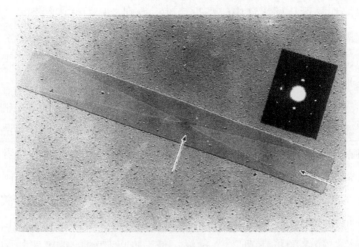

图 10.6   间规聚丙烯 sPP 单晶表面烯烃蜡沉积附生结晶表面形态图[22]

我们采用动态蒙特卡罗模拟方法从亚浓溶液中生长出单层片晶[23]。具体的办法是先在低温结晶然后高温熔化大部分晶体，留下一个小晶粒作为自晶种引发高温区较慢、较规整的单晶体生长。如图 10.7 所示为链长 512 的格子链所长出的单晶，可以看出对应（110）晶面的分扇区结构。每个扇区内存在一定程度的平行于扇区前沿的折叠取向，但是平行折叠端之间的堆砌相当地无序，这符合 Bassett 等人对聚乙烯单晶出现（314）倾斜表面的解释[24]。扇区的边界处出现折叠链端的相互交叉，因为在这里两种折叠取向有可能同时发生。

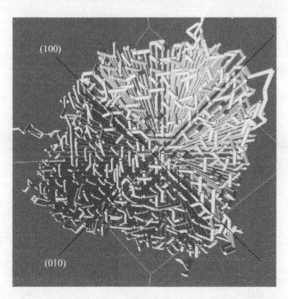

图 10.7   模拟包含 512 单体链的亚浓溶液中生长出来的单晶表面折叠端分布形态图[23]

（视角有利于突出折叠端的存在及其取向）

通常单层片晶可从稀溶液中较小过冷度下得到。从熔体中得到较为困难，近年来主要发展了以下方法：一种是制成很薄的膜（约50nm）直接观察[25]；另一种是淬冷后溶剂蚀刻浸取[26]。从熔体中只得到图10.1所示的后三种聚乙烯单晶的外缘生长形态。

近邻折叠端相对穿过片晶的链茎杆（或片段）的密堆积需要更大的空间，这就使得片晶表面折叠端之间变得更为拥挤，出于减少拥挤的要求，片晶中的链不再垂直于片晶表面，而是发生一定程度的倾斜，如图10.8所示。随着过冷度的增大，聚乙烯熔体结晶的倾斜角可从19°至40°发生变化[27,28]。这种倾斜原先以为与低温下可能有较少的近邻折叠数导致片晶表面的环圈发生拥挤有关，但是最近计算机模拟片晶生长发现在低温区存在更多的近邻折叠，这可能是由于高温区片晶增厚损失了较多的折叠端[29]，这样，低温区的倾斜就很可能与较多的折叠端在片晶表面发生彼此之间的拥挤有关。确实，更细致的非格子分子模拟发现，在片晶表面大小环圈的长度呈高斯分布的情况下，由于短环圈之间的拥挤，片晶内部的茎杆倾向于35°角的倾斜[30]。

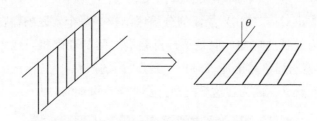

图10.8　片晶中链的片段相对滑移带来的链在片晶中倾斜

折叠端的不对称性也导致晶胞适当的畸变，畸变方向与折叠方向有关，如图10.9所示的（110）为折叠方向，其与晶胞中的（1$\bar{1}$0）不对称而发生畸变。折叠方向也导致PE单晶不同扇区的畸变不一致，链倾斜方向也不一致。但为了保持竖直c轴的一致性，相邻扇区就呈一定的空间角度，因而单晶的三维空间形态为帐篷顶形（也称中空锥形或中空金字塔形），如图10.10所示。

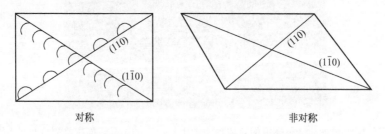

对称　　　　　　　　　　　　　　　　非对称

图10.9　聚乙烯单晶的各个扇区中（110）方向的不对称畸变

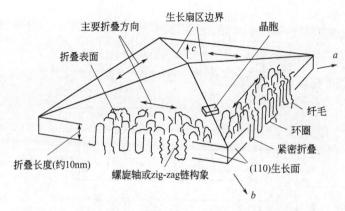

图 10.10　帐篷形聚乙烯单晶内部分子链排布结构示意图[31]

折叠表面为（312）面，这种单晶就可以表示成 {（312）（110）} 型，截头的为 {（312）（110），（h01）（200）} 型。截头菱形的另一种三维结构为椅形，如图 10.11 所示，在稀溶液中与中空金字塔形有同等的出现概率[32,33]。但是在熔体中则得到全部的椅形结构[33]。

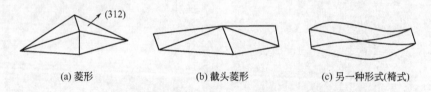

(a) 菱形　　　　　　　　(b) 截头菱形　　　　　　　(c) 另一种形式(椅式)

图 10.11　聚乙烯单晶的三维空间形状示意图

三维结构的片晶在沉积到底面上时，会发生一定程度的崩塌，这种崩塌能通过茎杆间的相对滑移来实现，但是由于彼此之间的链的连接性，熔体中的片晶扇区中分子链间会发生适当的滑移，也都使扇区脊形化（ridged），如图 10.12 所示。相邻折叠面之间的连接性来自于一条长链可以在走完一段折叠面之后，紧接着在下一层再走一段折叠面，形成超折叠链构象[34]。菱形单晶的部分崩塌使扇区产生 130 取向的脊状纹，这种特殊三维形态为 Bassett 等人所发现并给出解释，如图 10.13 所示[24]。

聚乙烯在溶液或熔体结晶时会呈现多种不同的外缘习性，但这些习性与结晶条件密切相关，对最简单的菱形来说，其轴比，即晶体沿 b 轴和 a 轴的长度之比约为 0.66，这与晶胞参数之比 b/a 一致，如图 10.14 所示，$\tan\theta = b/a$，在高温区出现截头面（200）时，意味着 $g_{200} < g_{110}/\sin\theta$，否则（200）面会因生长太快而消失，此时轴比大于 0.66，Passaglia 和 Khoury 联系（110）面和（200）面的 σ 之比及 σ_e 之比，讨论了浓度和分子量对外缘习性转变（轴比变大）的影响[35]。Toda 总结了熔体中片晶生长外缘习性的规律[36]，把弯曲（200）面的截

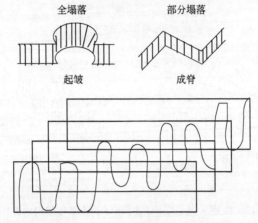

图 10.12　单晶完全崩塌和部分崩塌时出现脊形化示意图

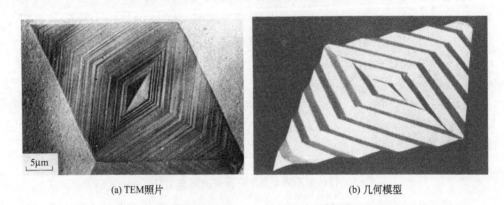

(a) TEM照片　　　　　　　　　　　(b) 几何模型

图 10.13　聚乙烯部分崩塌产生的（130）取向褶皱的暗场

TEM 照片以及几何模型示意图[24]

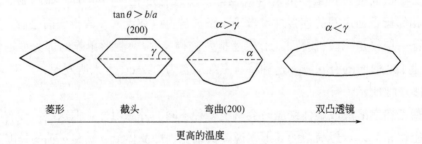

图 10.14　聚乙烯熔体中生长的单晶外缘习性变化示意图

头菱形向双凸透镜形的转变与片晶（110）面生长的 regimeⅡ-Ⅰ转变对应起来考虑，如图 10.15 所示，在 regimeⅠ，由于结晶温度较高；（200）面的生长受阻，使得表面铺展速率 g_{200} 小于边缘推进速率 h_{200} 或 G_b，生成的单晶外形变得狭长，呈带状片晶；在 regime Ⅱ g_{200} 与 G_b 接近，这就使得单晶外形变宽，g_{200} 与 h_{200}

的相对大小与 Δ 的正负号相联系：

$$\Delta = g_{200}^2 + G_a^2 \cot^2 \gamma - G_b^2 \tag{10.1}$$

式中，$\gamma \approx 56°$。由实验数据计算表明，Δ 的正负号转变恰与（110）面的 regime 转变很接近。然而，在聚乙烯稀溶液体系中，对应的 regime I 区域却没有出现双凸透镜形的单晶[37]。在熔体中如果某一侧出现过多的折叠端，就会导致双凸透镜形的单晶生长出现不对称[25]。

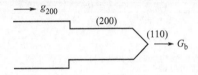

图 10.15　聚乙烯（010）生长前沿的形状示意图

10.2　聚乙烯单晶（200）弯曲生长面的解释

（200）扇区相对（110）扇区有较低的熔点早已被实验所观察到，这可能是导致 g_{200} 变小的热力学原因（有效过冷度减小）[32]，也可能是出于动力学原因如偶尔生成较短的片段阻碍进一步生长[14]。对（200）扇区的不稳定性有多种解释，如杂质影响[38]和晶格拥挤[39]等。这些不稳定性也是导致（200）面弯曲的根本原因。对这一问题，学术界曾经出现广泛的争论，值得进一步展开介绍。

Miller 和 Hoffman 给出了（200）面由平坦变弯曲的动力学解释[40]，认为由于面铺展速率 g_{200} 由大于边界扩展速率 h_{200} 转而接近 h_{200}，他们采用的是 Mansfield 给出的新的解释[41]，Mansfield 认为在 regime II 温区，平面展开速率 g 比该平面边界外推速率 dL/dt 大得多时，该生长面保持平坦，若 g 接近于 dL/dt 时，由于 g 来不及铺满晶层，将产生分子水平上粗糙的弯曲生长面，如图 10.16 所示。

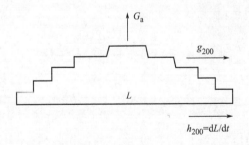

图 10.16　Mansfield 对（200）弯曲表面生长的动力学解释

　　具体展开来介绍，Hoffman 和 Miller 在 Mansfield 理论基础上进一步发展了 LH 理论来解释粗糙界面的生长[39]。他们引入了晶格膨胀（lattice-strain）的概念，即考虑到折叠端要比最紧密堆积的片段占据更大的空间，这就导致折叠端彼此之间在片晶表面发生拥挤，从而使片段之间也无法最紧密堆积，由此引起片段间晶格作用能的升高，用 σ_s 来表示，则每个片段平均存在的这种晶格膨胀作用为 $(a_0+b_0)l\sigma_s$，于是：

$$\Delta g_{fs}=\Delta g_f-\frac{a_0+b_0}{a_0 b_0}\sigma_s=\frac{\Delta h_f \Delta T'}{T_m} \tag{10.2}$$

由于：

$$\Delta g_f=\frac{\Delta h_f \Delta T}{T_m}, \Delta T=T_m-T_c, \Delta T'=T_m-T_c$$

于是可得：

$$T'_m=T_m\left(1-\frac{a_0+b_0}{a_0 b_0}\times\frac{\sigma_s}{\Delta h_f}\right) \tag{10.3}$$

即存在晶格膨胀作用的片晶，其熔点较低。

当然 σ_s 比 σ 小得多，所以当 σ 与 σ_s 加和时，后者可忽略。

在平坦表面成核生长时，有：

$$\Delta G=2b_0 l\sigma+v2a_0 l\sigma_s+(v-1)b_0 l\sigma_s+2(v-1)a_0 b_0\sigma_e-va_0 b_0 l\Delta g_f \tag{10.4}$$

类似地，可得 A_0、A、B 及 $S(l)$。总的片段通量为：

$$S_T=\int_{l_{min}}^{\infty}S(l)\mathrm{d}l, S(l)=N_0 A_0\left(1-\frac{B}{A}\right)$$

表面次级成核的速率为：

$$i\equiv\frac{S_T}{L} \tag{10.5}$$

即片段在宽为 L 的晶面上的堆积速率，于是代入 A_0、A、B 可得到：

$$i\propto\exp\left(-\frac{4b_0\sigma\sigma_e}{kT\Delta g_f}\right) \tag{10.6}$$

表面铺展速率为：

$$g\equiv a_0(A-B)\propto\exp\left[-\frac{2(a_0+b_0)\sigma_s\sigma_e}{kT\Delta g_f}\right] \tag{10.7}$$

在 regime Ⅰ，有：

$$G(\text{Ⅰ})=b_0 iL\propto\exp\left(-\frac{4b_0\sigma\sigma_e}{kT\Delta g_f}\right) \tag{10.8}$$

在 regime Ⅱ，有：

$$G(\text{Ⅱ})=b_0(2gi)^{1/2} \tag{10.9}$$

由于 $\sigma_s \ll \sigma$，则：

$$G(\text{II}) \propto \exp\left(-\frac{2b_0\sigma\sigma_e}{kT\Delta g_f}\right) \tag{10.10}$$

在 regime III，有：

$$G(\text{III}) = b_0 iL' \propto \exp\left(-\frac{4b_0\sigma\sigma_e}{kT\Delta g_f}\right) \tag{10.11}$$

可见 LH 理论可以得到与实验相符的动力学结果。在 regime I 即 ΔT 较小时，部分生长晶面会发生弯曲，从 $g \propto \exp[-\sigma_s/(\Delta T/T)]$ 可以看出由于 σ_s 存在，当 ΔT 较小时，g 也将减小，直至与晶面边界扩展速率相当，按照 Mansfield 的解释，此时即会出现生长晶面的粗糙化，产生弯曲生长面。实验也证实了弯曲晶面先熔化。

在粗糙界面生长时，不再产生新的侧表面，如图 10.17 所示，晶格能只要克服膨胀作用和折叠端表面即能实现生长。

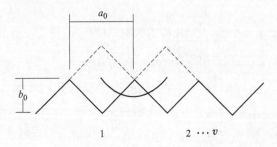

图 10.17　片段在粗糙界面生长不产生新的侧表面示意图

Hoffman 和 Miller 假定片段生长的活化态为已产生作用但尚未释放 Δg_f，则：

$$A_0 = \beta\exp\left(-\frac{2\sqrt{2}b_0 l\sigma_s}{kT}\right) \tag{10.12}$$

$$A = \beta\exp\left(-\frac{2a_0 b_0\sigma_e + 2\sqrt{2}b_0 l\sigma_s}{kT}\right) \tag{10.13}$$

$$B = \beta\exp\left(-\frac{a_0 b_0 l\Delta g_f}{kT}\right) \tag{10.14}$$

由于通常晶面铺展速率很快，$A \gg B$，B 可忽略，于是：

$$S(l) \approx N_0 A_0 = N_0\beta\exp\left(-\frac{2\sqrt{2}b_0 l\sigma_s}{kT}\right) \tag{10.15}$$

$$i \equiv \frac{S_T}{L} \propto \exp\left(-\frac{4\sqrt{2}b_0\sigma_s\sigma_e}{kT\Delta g_f}\right) \tag{10.16}$$

在 ΔT 较小时，平坦生长表面 $\delta l \approx kT/(2b_0\sigma)$，类似地，粗糙生长表面 $\delta l \approx$

$kT/(2\sqrt{2}b_0\sigma_s)$ 为：

$$g \equiv a_0 A \propto \exp\left(-\frac{2\sqrt{2}b_0 l\sigma_s}{kT}\right) \qquad (10.17)$$

将 $l=2\sigma_e/\Delta g_f + kT/(2\sqrt{2}b_0\sigma_s)$ 代入，得：

$$g \propto \exp\left(-\frac{4\sqrt{2}b_0\sigma_s\sigma_e}{kT\Delta g_f}\right) \qquad (10.18)$$

于是在 regime I、II、III，g 都将正比于同一项指数。这是粗糙生长表面在动力学上将不同于平坦表面的地方。但尚待实验证明。

Hoffman-Miller-Mansfield 的次级成核理论存在以下问题。

① 在粗糙界面生长时，由于不产生新的侧表面，已不需要次级成核，所以谈不上是表面成核理论。

② 活化态假定在物理上不真实，存在作用即意味着已经进入晶格，应释放晶格能。

③ 灾变更明显了，当第一个片段生长时 $\Delta G=0$，得：

$$2\sqrt{2}b_0 l\sigma_e = a_0 b_0 l\Delta g_f \qquad (10.19)$$

$$\Delta T = \frac{2\sqrt{2}\sigma_s T_m}{a_0\Delta h_f} \qquad (10.20)$$

代入各验算值，取 $\sigma_s \approx 1.5 \text{erg/cm}^2$，得 $\Delta T=14.3\text{℃}$。好在通常粗糙界面在 ΔT 较小时才出现。无疑 HMM 理论是 LH 理论的很好的发展，但还有待于进一步完善。Toda 在此基础上联系 regime II-I 转变，将弯曲（200）面解释成前沿推进速率与（200）面铺展速率竞争的结果[28,42]。

Sadler 于 1983 年对 LH 理论提出了质疑[14]，在高温区弯曲晶面的生长前沿作为分子水平的热力学粗糙界面并没有明显促进结晶速率，说明有可能是非次级成核机制。计算机模拟表明了热力学粗糙界面生长的方式是存在的。由此他提出了热力学粗糙界面生长的熵位垒控制机理。Point 从 Seto 和 Frank 的二维晶体生长动力学方程出发，认为其可导致动力学粗糙界面的产生[43]。

10.3　多层片晶

亚浓体系或很不纯的熔体在较小的过冷度下结晶可以得到简单多层片晶。多层片晶的生长可以是由于片晶表面较长的纤毛或环圈折叠成核引发新片晶的生长，更常见的却是螺旋位错导致多层片晶的生长，二者的差别在于后者是同晶格或点阵连续的，X 射线单晶衍射有时会发现后者的衍射图案接近于单晶。由于伴随螺旋生长的纵向应力场很小，所以导致螺旋位错产生的主要因素不会是弹性应变而更可能是片晶中链折叠的上下错落不齐[44]。

在较高的结晶温度，实验观察到多层片晶的螺旋位错往往产生于片晶的中心，这意味着来自于成核阶段，对 iPS 初生球晶的研究表明自成核以螺旋方式引发多层片晶的同时生长[45]，片晶进一步外延生长就导致轴晶的生成。轴晶（axialite）的形状就像一册散开的书，最初由 Bassett 等人在溶液结晶形态研究中引进这一概念[46]。

在较低的结晶温度（<80℃）可以发现，大量的螺旋位错在聚乙烯片晶的边缘区产生[10]。从侧面看就是分枝的外形，所以片晶外缘的进一步生长就导致树枝晶的生成。除边缘螺旋位错分枝生长外，某些高分子的特殊孪晶也能导致分枝生长，如 iPP 的 α 晶型（单斜）以板条状片晶为其基本单元（lath-like），极易在片晶端表面发生 80°40′ 的分枝孪晶生长，以 a 轴为生长方向，共享 b 轴，如图 10.18 所示，这种分枝常称为十字交叉式（cross-hatched）[47]。这种分枝容易发生的原因是 iPP 晶胞的 a 和 c 尺寸太接近（$a=6.65$Å，$b=20.96$Å，$c=6.50$Å），片晶的折叠端表面上容易发生取向附生结晶所致[48]。图 10.19 显示 iPP 连续分枝生长形成的网状交织形貌。

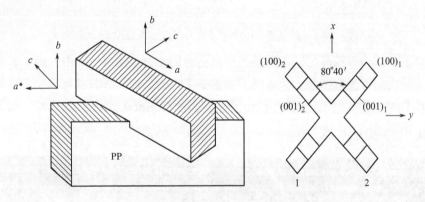

图 10.18　聚丙烯孪晶分枝生长示意图[48]

更常见的分枝生长晶体来自于小分子结晶生长过程受扩散控制时，如图 10.20 所示为非晶杂质的浓度 C_i 在结晶生长前沿的分布图，正是由于高浓度杂质积聚阻碍了结晶的进一步生长，此时一旦在生长前沿有一突起，在突出端杂质浓度相对基底较小，可以优先较快地生长，于是该突起将发展为一纤维生长前沿，如图 10.20 所示，在高分子结晶过程中扩散控制生长尚未很好地引入片晶生长的动力学机制中。

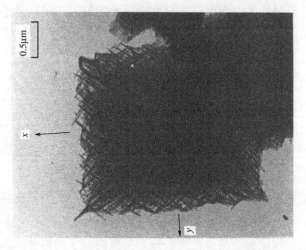

图 10.19　iPP 交替分枝构成的网状单晶形貌结构[47]

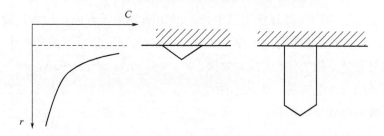

图 10.20　结晶生长前沿杂质浓度分布导致纤维生长示意图

　　介于轴晶和树枝晶之间的初始多层晶还有的称为多角晶（hedrites），其生长于载玻片上的薄膜熔体中，片晶间并不都是平行的，而有外延分枝生长，呈灌丛状，被 Geil 所定义[49]，如图 10.21 所示。在高分子薄膜中，很容易看到树枝晶形态结构，如图 10.22 所示。

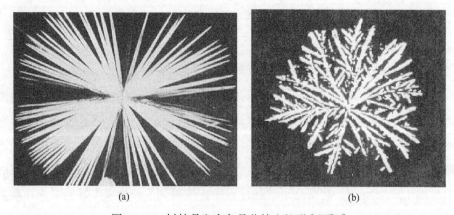

(a)　　　　　　　　　　　　　　(b)

图 10.21　树枝晶和多角晶分枝生长形态图[50]

图 10.22　PEO 薄膜结晶得到的各种树枝晶形貌结构（Reiter 课题组提供）

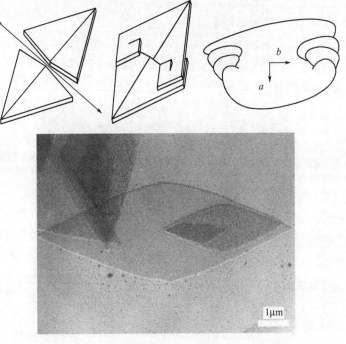

图 10.23　片晶生长前沿产生螺旋位错示意图[51]

Toda 和 Keller 详细研究了熔体中 PE 生成的多层片晶与 regime 转变之间的关系[51]，发现在 regime I 区域生长的双凸透镜形片晶以轴晶方式堆积，呈平面片状，而在 regime II 区生长的截头菱形片晶则呈现较多的分枝生长堆积，且沿轴两侧的螺旋位错多产生于中心 b 轴线上，方向彼此对消，如图 10.23 所示，则全呈椅式，与稀溶液中发现的中空金字塔形：椅式=1∶1 不同，Toda 解释为初期片晶生成时，折叠方向近乎无规，扇形化不完全，虽然链倾斜，片晶仍呈平板状，后期扇形区或折叠更规整，使得片晶变成椅式或中空金字塔形，在熔体中后者的调整幅度较大，较为不便，所以多生成只在中部弯曲的椅式结构，中部的弯曲也与螺旋位错在此生成的台阶有关。

在薄膜中也能观察到片晶的螺旋式生长，如图 10.24 所示。片晶的螺旋式生长可以一直发展下去，成为高温下在样品表面经常可以观察到的片晶堆砌形式，如图 10.25 所示。

图 10.24 PEO 薄膜结晶生成的螺旋式生长的多层片晶（Reiter 课题组提供）

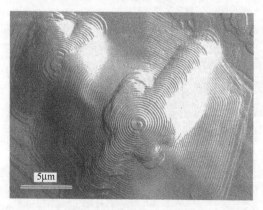

图 10.25 薄膜中生长的 PEO 6000 一次折叠片晶螺旋式

生长方式产生片晶的平行堆砌[52]

多层片晶介乎单晶和更复杂的球晶之间，对其进行深入细致的研究是我们理解球晶的结构及其生成机制的重要桥梁。我们将在下一章继续加以介绍。

参 考 文 献

[1] Till P H. The growth of single crystals of linear polyethylene. J Polym Sci, 1957, 24: 301-306.

[2] Keller A. A note on single crystals in polymers: Evidence for a folded chain configuration. Phils Mag, 1957, 2: 1171-1175.

[3] Fischer E W. Stufen und spiralfoermiges kristallwachstum bei hochpolymeren. Z Naturf, 1957, 12a: 753-754.

[4] Curie P. Sur la formation des cristaux et sur les constantes capillaires de leurs différentes faces. Bull Soc Fr Mineral Cristallogr, 1885, 8: 145-150.

[5] Wulff G. Zur frage der geschwindigkeit des wachstums und der auflösung der kristallflächen. Z Kristallogr, 1901, 34: 449-530.

[6] Bravais A. Etudes Crystallographiques, Part 1: Du Cristal Considéré Comme un Simple Assemblage de Points. Paris: Gauthier-Villars, 1849: 101-194.

[7] Friedel M G. Étudessurla loi de Bravais. Bull Soc Fr Mineral Cristallogr, 1907, 30: 326-455.

[8] Donnay D, Harker D. A new law of crystal morphology extending the law of bravais. Am Mineral, 1937, 22: 446-467.

[9] Hartman P, Perdok W G. On the relations between structure and morphology of crystals. II. Acta Crystallogr, 1955, 8: 521-524.

[10] Bassett D C, Keller A. On the habits of polyethylene crystals. Phil Mag, 1962, 7: 1553-1584.

[11] Bassett D C. On moiré patterns in the electron microscopy of polymer crystals. Phil Mag, 1964, 10: 595-615.

[12] Keith H D, Vadimsky R G, Padden F J. Crystallization of isotactic polystyrene from solution. J Polym Sci, Part A-2, 1970, 8: 1687-1696.

[13] Khoury F, Barnes J D. The formation of curved polymer crystals: Poly(4-methylpentene-1). J Res NBS, A, 1972, 76: 225-252.

[14] Sadler D M. Roughness of growth faces of polymer crystals: Evidence from morphology and implications for growth mechanisms and types of folding. Polymer, 1983, 24: 1401-1409.

[15] Organ S J, Keller A. Solution crystallization of polyethylene at high temperatures. I. Lateral crystal habits. J Mater Sci, 1985, 20: 1571-1585.

[16] Keith H D. Habits of polyethylene crystals grown from paraffinic solvents and from the melt. J Appl Phys, 1964, 35: 3115-3126.

[17] Zhang J, Muthukumar M. Monte Carlo simulations of single crystals from polymer solutions. J Chem Phys, 2007, 126: 234904-234921.

[18] Bassett D C, Frank F C, Keller A. Evidence for distinct sectors in polymer single crystals. Nature (London), 1959, 184: 810-811.

[19] Geil P H. Polymer Single Crystal. London: Wiley, 1963.

[20] Lindenmeyer P H. Crystallization of polymers. J Polym Sci, 1963, 1: 5-39.

[21] Wittmann J C, Lotz B. Polymer decoration: The orientation of polymer folds as revealed by the crystallization of polymer vapors. J Polym Sci, Polym Phys Ed, 1985, 23: 205-211.

[22] Bu Z, Yoon Y, Ho R M, Zhou W, Jangchud I, Eby R K, Cheng S Z D, Hsieh E T, Johnson T W, Geerts R G, Palackal S J, Hawley G R, Welch M B. Crystallization, melting, and morphology of syndiotactic polypropylene fractions. 3. Lamellar single crystals and chain folding. Macromolecules, 1996, 29: 6575-6581.

[23] Hu W B, Mathot V B F, Frenkel D. Sectorization of a lamellar polymer crystal studied by dynamic Monte Carlo simulations. Macromolecules, 2003, 36: 549-552.

[24] Bassett D C, Frank F C, Keller A. Some new habit features in crystals of long chain compounds. Part IV. The fold surface geometry of monolayer polyethylene crystals and its relevance to fold packing and crystal growth. Phil Mag, 1963, 8: 1753-1787.

[25] Keith H D, Padden F J, Jr, Lotz B, Wittmann J C. Asymmetries of habit in polyethylene crystals grown from the melt. Macromolecules, 1989, 22: 2230-2238.

[26] Bassett D C, Olley R H, Al Raheil I A M. On isolated lamellae of melt-crystallized polyethylene. Polymer, 1988, 29: 1539-1543.

[27] Voigt-Martin I G, Mandelkern L. A quantitative electron microscopic study of the crystallite structure of molecular weight fractions of linear polyethylene. J Polym Sci, Phys, 1984, 22: 1901-1917.

[28] Stack G M, Mandelkern L, Voigt-Martin I G. Crystallization, melting, and morphology of low molecular weight polyethylene fractions. Macromolecules, 1984, 17: 321-331.

[29] Hu W B, Cai T. Regime transitions of polymer crystal growth rates: Molecular simulations and interpretation beyond Lauritzen-Hoffman model. Macromolecules, 2008, 41: 2049-2061.

[30] Gautam S, Balijepalli S, Rutledge G C. Molecular simulations of the interlamellar phase in polymers: Effect of chain tilt. Macromolecules, 2000, 33: 9136-9145.

[31] Lotz B, Wittmann J C. Structure of Polymer Single Crystals//Structure and Properties of Polymers, Materials Science and Technology. Vol. 12. Cahn R W, Haasen P, Kramer E J, ed. Weinheim: V. C. H. , 1993: 79-151.

[32] Organ S J, Keller A. Solution crystallization of polyethylene at high temperatures. Part 2: Three-dimensional crystal morphology and melting behaviour. J Mater Sci, 1985, 20: 1586-1601.

[33] Toda A, Okamura M, Hikosaka M, Nakagawa Y. Three-dimensional shape of polyethylene single crystals grown from dilute solutions and from the melt. Polymer, 2005, 46: 8708-8716.

[34] Spells S J, Keller A, Sadler D M. IR study of solution-grown crystals of polyethylene: Correlation with the model from neutron scattering. Polymer, 1984, 25: 749-758.

[35] Passaglia E, Khoury F. Crystal growth kinetics and the lateral habits of polyethylene crystals. Polymer, 1984, 25: 631-644.

[36] Toda A. Growth of polyethylene single crystals from the melt: Change in lateral habit and regime I-II transition. Colloid Polym Sci, 1992, 270: 667-681.

[37] Organ S J, Keller A. Fast growth rates of polyethylene single crystals grown at high temperatures and their relevance to crystallization theories. J Polym Sci, Part B: Polym Phys, 1986, 24: 2319-2335.

[38] Toda A. The impurity effect on the growth mode and lateral habit of polymer single crystals. J Phys Soc Japan, 1986, 55: 3419-3427.

[39] Hoffman J D, Miller R L. Surface nucleation theory for chain-folded systems with lattice strain: Curved edges. Macromolecules, 1989, 22: 3038-3054.

[40] Miller R L, Hoffman J D. Nucleation theory applied to polymer crystals with curved edges. Polymer, 1991, 32: 963-978.

[41] Mansfield M L. Solution of the growth equations of a sector of a polymer crystal inclu-ding consideration of the changing size of the crystal. Polymer, 1988, 29: 1755-1760.

[42] Toda A. Growth mode and curved lateral habits of polyethylene single crystals. Faraday Discuss, 1993, 95: 129-143.

[43] Point J J, Villers D. Nucleation-controlled growth and normal growth: A unified view. J Crystal Growth, 1991, 114: 228-238.

[44] Lando J B, Doll W W. The polymorphism of poly (vinylidene fluoride). Ⅰ. The effect of head-to-head structure. J Macromol Sci, Phys B, 1968, 2: 205-218.

[45] Vaughan A S, Bassett D C. Early stages of spherulite growth in melt-crystallized poly-styrene. Polymer, 1988, 29: 1397-1401.

[46] Bassett D C, Keller A, Mitsuhashi S. New features in polymer crystal growth from con-centrated solutions. J Polym Sci A, 1963, 1: 763-788.

[47] Khoury F. The spherulitic crystallization of isotactic polypropylene from solution: On the evolution of monoclinic spherulites from dendritic chain-folded crystal precursors. J Res NBS, 1966, 70A: 29-61.

[48] Lotz B, Wittmann J C, Lovinger A J. Structure and morphology of poly (propylenes): A molecular analysis. Polymer, 1996, 37: 4979-4992.

[49] Geil P H. Polyhedral Structures in Polymers Grown From the Melt // Doremus R H, Roberts B W, Turnbull D, ed. Growth and Perfection of Crystals. Proceedings of an In-ternational Conference on Crystal Growth held at Cooperstown. New York: Wiley , 1958: 579-585.

[50] Keith H D. On the relation between different morphological forms in high polymers. J Polym Sci A, 1964, 2: 4339-4361.

[51] Toda A, Keller A. Growth of polyethylene single crystals from the melt: Morphology. Colloid Polym Sci, 1993, 271: 328-342.

[52] Kovacs A J, Straupe C. Isothermal growth, thickening and melting of poly (ethylene oxide) single crystals in the bulk. Faraday Disc, 1979, 68: 225-238.

第11章 高分子球晶

11.1 球晶的形貌表征

11.1.1 球晶形貌的演化

球晶（spherulite）希腊语原意指小球，普遍存在于各种矿物、金属合金和高分子等黏稠体系中。高分子中的球晶最早由 Bunn 和 Alcock 于 1945 年发现[1]。轴晶、树枝晶以及所谓的多角晶等多层片晶可以看作是复杂的球晶的初生态[2]，如图 11.1 所示。这一观点早已被实验所证实，实验甚至还证明对应不同温区有相应的片晶堆砌体形态。多层片晶一齐生长并不断分枝，片晶沿径向生长就长成了球晶，链垂直于径向。Keller 首先提出聚乙烯片晶的 b 轴沿着球晶半径方向生长，形成扭曲的条带状（ribbons）结构[3~7]。球晶的内部片晶结构如图 11.2 所示。通过测量球晶尺寸随时间的演化速率，可以根据其温度依赖性而判断晶体生长是由次级成核控制的[8]。

Hoffman 等人在提出 regime 生长动力学理论时就指出，对应于 regime I 的中等分子量聚乙烯结晶形态主要是轴晶，而对应于 regime II 的形态则主要是不甚规整的球晶[11]。低分子量聚乙烯基本上只生成轴晶。很高的分子量聚乙烯则只生成不规则的球晶。当然此处轴晶是稀疏的树丛状晶体的统称，而球晶要相对密实得多，呈球形或近球形晶体。

11.1.2 球晶的偏光显微镜表征

球晶的总体形貌主要是通过分辨率较低的偏光显微镜得到的。相应地，也建立了对其微观结构的猜想。在正交偏光下旋转样品可观察到不动的 Maltase "十"字消光，意味着径向放置处处结构相等，如图 11.3 所示。

首先必须了解片晶的光学性质。如图 11.4 所示，片晶的折射率可以用三维坐标方向的折射率为轴组成的椭球体来表示，称为光率体（refractive index ellipsoid），对各向同性的样品，其光率体为圆球形，但片晶显然是各向异性的，沿链轴的方向折射率最大，为 γ，垂直于链的 a、b 方向分别为 α 和 β，当 $\alpha=\beta$ 时，称为单轴晶体，例如聚乙烯片晶。

一束偏振光在进入各向异性的双折射晶体时，将分解为寻常光（o 光）和异

(a) 轴晶

(b) 分叉弯曲

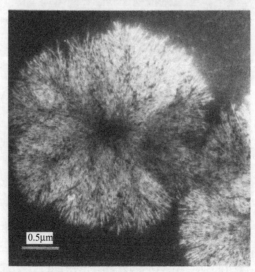

(c) 球晶

图 11.1　顺式聚异戊二烯薄膜结晶从轴晶开始分叉弯曲
一直到形成球晶的电子显微镜照片[9]

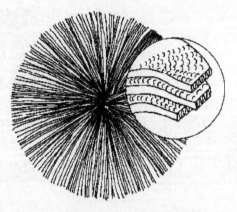

图 11.2　球晶的内部片晶结构示意图[9,10]

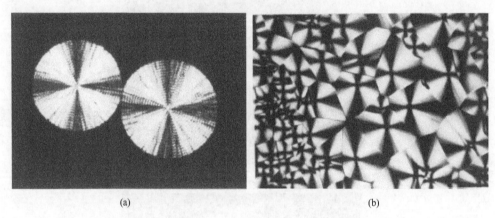

(a)　　　　　　　　　　　　　　(b)

图 11.3　iPP 熔体生长的球晶的偏光显微镜照片[12]

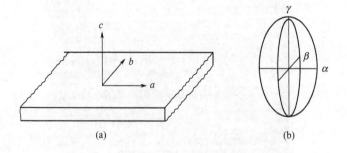

(a)　　　　　　　　　　　　　　(b)

图 11.4　片晶的各向异性折射率用光率体来表示

常光（e 光），o 光各向同性，沿原来的光路继续前进，e 光各向异性，在入射光与晶体的光轴构成的主平面（S）内发生偏折，o 光的电矢量垂直于 S，e 光平行于 S，如图 11.5 所示。由于折射率 $n=v/C$，即光波在介质中的传导速率 v 与在真空中的速率 C 之比，o 光和 e 光在穿过厚度为 a 的晶体时就产生光程差 $\Delta =$

$a(n_o-n_e)/n_o$，当 Δ 为光波长 λ 的整数倍时，就产生所谓的厚度补偿型消光。在正交的检偏镜和起偏镜下，当晶体的主平面与起偏方向平行时，只有 e 光通过晶体，不产生垂直于 S 面的偏转光强，于是通过检偏镜的光强为零。同样，当 S 与起偏方向垂直时，只有 o 光通过晶体，通过检偏镜的光强仍为零，这种消光称为零振幅消光。对双轴晶体，$\alpha \neq \beta$，但由 α 轴产生的偏转与由 β 轴产生的偏转方向相反。对单轴晶体，当 $\alpha = \beta$ 时，彼此抵消，使得光线仍保持入射时的偏振方向，这种单轴晶体的消光称为零双折射消光，如图 11.5 所示。

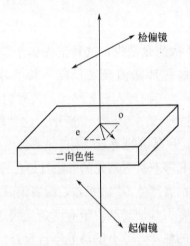

图 11.5　光波通过各向异性晶体时发生的偏振光偏折现象

高分子球晶在偏光显微镜下可观察到恒定不变的 Maltase 黑"十"字，表明其结构为中心对称径向单元等效的均匀球体，且晶体的光轴平行于径向，这是零振幅消光。球晶的双折射 S 定义为径向折射率 n_r 和切向折射率 n_t 之差：$S=n_r-n_t$，n_r 为 α 或 β，因为 X 射线微区衍射法实验发现聚乙烯球晶径向总是沿着 b 轴方向，这表明分子链垂直于径向，片晶将沿径向生长[3,5]。$S>0$ 的球晶称为正球晶，$S<0$ 的球晶称为负球晶，如图 11.6 所示，二者共存则称为混合球晶。高分子球晶多为负球晶。

球晶的正负性在实验上可以方便地由激光小角光散射的 Vv 图案来判断，左右方向出现强光斑为正球晶，而上下方向出现强光斑则为负球晶。也可以在偏光显微镜的 45° 角方向上插入一级红滤波片（530nm），正球晶在平行象限内呈现蓝色，垂直象限内呈现橙色；而负球晶在平行象限内呈现橙色，垂直象限内呈现蓝色。

许多芳族聚酯和聚酰胺在高温区有时也生成所谓的反常球晶，其 Maltase "十"字消光与正交偏振方向成约 45° 角[13]。我们将在本章末尾进一步加以介绍。

在某些情况下还可以观察到球晶中存在同心的消光环[15]，环间周期随结晶

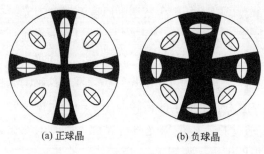

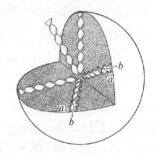

图 11.6　正负球晶光学特点示意图[14]　　　　图 11.7　球晶中的片晶呈带状
扭曲示意图[21]

温度升高而增大，直到环状消光消失，这种消光属于零双折射消光，Keith 和 Padden 给出的解释表明这种环状消光是径向生长的片晶呈螺旋形扭转的带状[16,17]，当片晶扭转到其 γ 光轴与入射光平行的位置时，对于单轴晶如聚乙烯（$\alpha \approx \beta$），便发生零双折射消光，如图 11.7 所示，这种球晶也常称为环带球晶（banded spherulite）[7,18]。片晶带的消光周期随结晶温度的降低而减小[7,19,20]。

　　检验区别零振幅消光和零双折射消光的办法就是在样品前后各插入一块相互正交的 1/4 波长补偿片，前者产生 90°的相差，后者消除之，这样对零双折射消光而言，其保持不变，而零振幅消光区由于有两条光线通过并叠加，波长变化，偏振方向偏转，产生特殊的色彩，原有的消光不再保持。如图 11.8 所示是聚乙烯环带球晶的零双折射消光环的偏光显微镜照片。

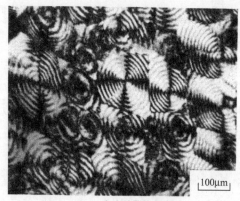

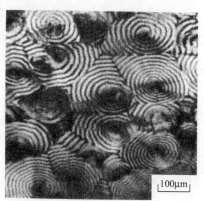

(a) 加入补偿片之前　　　　　　　　　　(b) 加入补偿片之后

图 11.8　聚乙烯环带球晶加入 1/4 波长补偿片之前
和之后的偏光显微镜照片[22]

11.1.3　球晶的小角光散射表征

　　另一重要的手段是小角激光光散射，对于较小尺寸的球晶形态及内部结构有更准确的测量。该方法如果在样品前后的起偏镜和检偏镜均取竖直方向，则得到

Vv 图案，检偏镜换成水平方向，则得到 Hv 图案，如图 11.9 所示。后者对理想球晶一般是典型的四叶瓣图像，由对角线方向上光斑之间的距离，可以计算出球晶的平均尺寸。球晶尺寸的信息可用来表征成核剂的效果，并与材料的光学和力学性质密切相关。

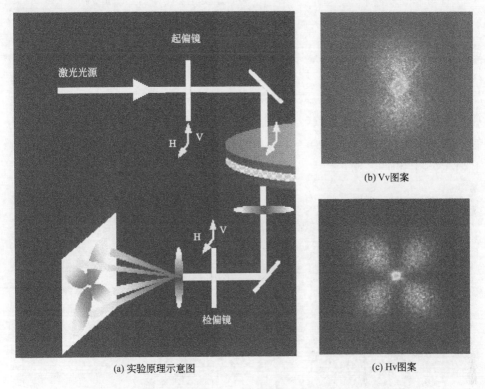

(a) 实验原理示意图 (b) Vv图案 (c) Hv图案

图 11.9 小角光散射典型的负球晶图案（Howard Wang 提供）

11.2 球晶的微观结构

11.2.1 球晶初期的结构

通常枝状晶体组成径向对称的球晶有两种方式：一种是在轴晶的基础上进一步分枝填充生长，称为类型Ⅰ；另一种是从中心向各方向同时径向分枝生长，称为类型Ⅱ，如图 11.10 所示，多数高分子球晶为类型Ⅰ结构，这是由生长初期的轴晶形态所决定的。

通常高分子体系中总含有许多固体杂质，包括灰尘、催化剂粒子及某些人为添加剂如滑石粉等，这些杂质为初级成核提供了外来表面，引发成核及球晶的生长。Vaughan 和 Bassett 对 iPS 进行了溶解、沉淀净化，除去催化剂残留物和其

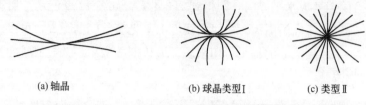

(a) 轴晶　　　　　　　(b) 球晶类型Ⅰ　　　　　(c) 类型Ⅱ

图 11.10　两种基本结构类型的球晶示意图[23]

他杂质，在 220℃ 等温结晶初期即观察晶体形态，发现生成大量尺寸均一的片晶束，每束包含五至六个片晶，且保持均匀的片晶习性，此时次级填充结晶尚未发生，片晶尺寸的一致性表明其不是由螺旋位错附生所致，更细致地观察发现这是由自成核所致，多层折叠链片晶围绕一个中心核平行排列，类似于羊肉串形（shish-kabab），中心核为伸展链构象，其可稳定存在于 T_m 以上 20℃ 不熔化[24]。

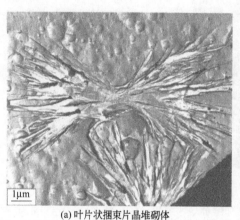
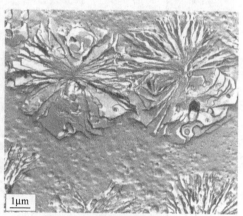

1μm　　　　　　　　　　　　　　　　　　　1μm

(a) 叶片状捆束片晶堆砌体　　　　　　　　　(b) 规则几何外形

图 11.11　iPS 叶片状捆束片晶堆砌体及规则几何
外形的刻蚀表面拓片透射电子显微镜照片[25]

　　多层堆砌的片晶束进一步发展成为捆束状的片晶堆砌体，如图 11.11 所示。捆束状晶粒继续长大，就成为散开的花椰菜形貌，如图 11.12 所示是尼龙-6 早期球晶的形貌。图 11.13 则给出聚乙烯结晶继续发展成球晶的内部结构。可以看出球晶的中心附近长出一对鱼眼（fish-eye）。

　　Okui 等人观察聚丁二酸乙二酯（PESU）在薄膜中的片晶生长随温度的变化发现类似球晶早期的对眼（a pair of eyes）形貌，捆束状片晶呈站立（edge-on）取向，而在眼形区域中是平躺（flat-on）片晶，如图 11.14 所示是反映随着结晶时间演化出类型Ⅰ球晶结构[28]。edge-on 片晶可能来自于（020）生长前沿的片晶褶皱，如图 11.15 所示。

图 11.12　尼龙-6 球晶初生叶片束的透
射电子显微镜照片[26]

图 11.13　聚乙烯球晶早期分枝形态表面刻蚀
拓片的透射电子显微镜照片[27]

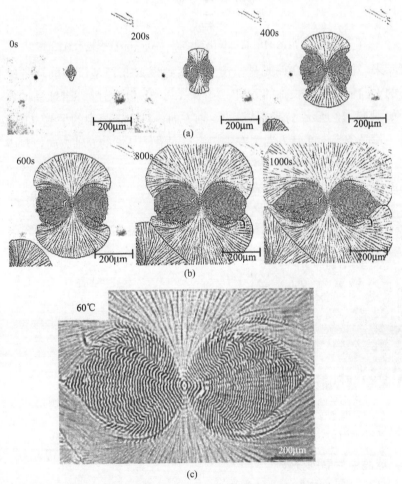

图 11.14　在 60℃条件下聚丁二酸乙二酯（PESU）薄膜中生长的
单晶束随时间演化出类型 I 球晶的对眼结构[28]

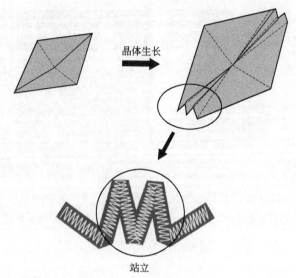

图 11.15　分扇区的单晶生长出现站立（edge-on）褶皱示意图[28]

近年来，徐军等人在偏光显微镜下观察到聚 R-3-羟基戊酸酯环带球晶中片晶扭转的方向依赖于生长轴的方向[29]。聚 R-3-羟基戊酸酯环带球晶的偏光显微镜照片如图 11.16 所示。沿结晶学的 a 轴方向，对应于眼中的平躺（flat-on）片晶生长，片晶条带的扭转方向为左手螺旋；而沿结晶学的 b 轴方向，对应于捆束状站立（edge-on）片晶的生长，片晶条带的扭转方向为右手螺旋。这一结果说明片晶的生长没有特定的螺旋方向。

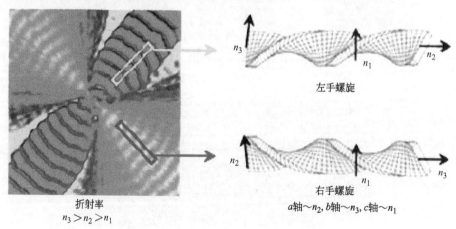

图 11.16　聚 R-3-羟基戊酸酯环带球晶的偏光显微镜照片[29]

11.2.2　球晶中片晶的分枝

不管是自成核还是外来杂质引发的初级成核，都首先引发多层片晶的外延生长，然后通过频繁地分枝达到等效径向生长的密堆球形。

　　但是 Bassett 等人并没有去跟踪球晶生长的这一全过程。近年来有报道，自成核未必引发球晶的生成。Murphy 等人发现只有熔体经过约 $1.03T_m$（K）以上温度的热处理，才会有可能生成球晶，这一临界温度与 Hoffman-Weeks 方法得到的 T_m 非常接近，他们检验了聚丙烯、尼龙-66 和聚 3,3-双取代基氧杂环，但 PEO 是例外[30]。

　　显然，regime 转变与片晶分枝生长频率的变化有内在的联系，在 regime I，几乎无侧向分枝，而 regime II 区域则主要通过大量的分枝生长才能生成密实的球晶。Phillips 和 Vatansever 在 1987 年证实了这一点，他们通过统计疏松的顺式聚异戊二烯球晶中每个片晶的平均分枝数目发现在 regime II 存在最大值，结果如图 11.17 所示[31]。

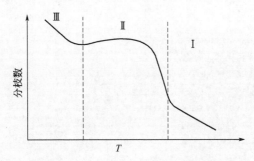

图 11.17　顺式聚异戊二烯球晶中分枝概率随温度变化示意图[31]

　　Toda 和 Keller 把片晶的堆积形态与 regime 转变联系起来，也证实了 Hoffman 等人最初的设想，即 regime II 区生长的片晶有较多的边缘分枝[32]。

　　Bassett 等人指出片晶的分枝填充生长可能出于三种机制[27]：第一种是不连续地成核生长新的片晶；第二种是小角度片晶边界的外延附生，如脊状相邻片晶生长面的交界处[33]；第三种是通过螺旋位错进行连续地分枝生长。

　　Grubb 和 Keller 的观察结果证明了螺旋分枝生长的大量存在[34]，如图 11.18 所示是 Keith 和 Chen 所观察到的片晶表面的螺旋式生长[35]。这种螺旋式生长可以不需要初级成核产生大量平行堆砌的片晶生长，如图 11.19 所示。近年来，Toda 和 Keller 的多层片晶生长研究也支持第三种机制[32]。他们观察了椅式片晶堆砌，发现在 regime II 时（110）扇区易产生同向的螺旋位错，对应于带状晶前沿的分枝生长。Bassett 等人甚至直接观察到螺旋位错导致相邻两层片晶的分枝[36]，如图 11.20 所示[37]。而伸展链结晶则只生成轴晶，可见球晶中的分枝与折叠链片晶生长的不稳定性密切相关[38,39]。

　　Keith 和 Padden 在非偏光的普通显微镜下，也观察到了聚乙烯球晶的环带结构，他们将此归结为片晶周期性分步生长（rhythmic crystal growth），也即扭

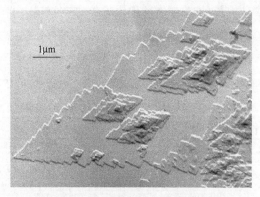

图 11.18　聚乙烯溶液生长的单晶出现
螺旋式多层片晶的生长[35]

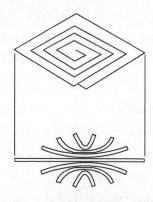

图 11.19　球晶初态螺旋式生长
的多层片晶束示意图

(a) 130℃条件下螺旋式分枝产生
平行堆砌的多层片晶

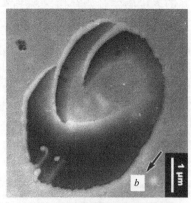

(c) 123℃条件下LDPE通过螺旋式
生长产生S形片晶结构

(b) 129℃条件下生长的沿b轴呈脊形的多层片晶

图 11.20　聚乙烯熔体片晶的生长[37]

曲的条带片晶可能来自于不连续生长[17]。此时分枝的片晶不必像螺旋式分枝生长那样共享同一个晶体格子[40]。对于高分子球晶，Kyu 等人观察到环带球晶内部出现间歇式生长，对应于环带消光结构的周期[41]。王志刚等人在高分子 PCL与苯乙烯-丙烯腈无规共聚物的共混物中也发现了间歇式球晶的生长（rhythmic growth）[42]。Kyu 等人采用时间依赖的 Ginsburg-Landau 方程（模型 C）可以很好地复现同心圆环甚至球晶中心的微观螺旋条纹，如图 11.21 所示[43]。但是这一理论模型尚不能解释远离中心的同心环间距增大的事实。

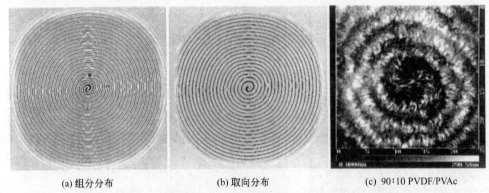

　　(a) 组分分布　　　　　　　(b) 取向分布　　　　　　(c) 90:10 PVDF/PVAc

图 11.21　TDGL 模型 C 计算得到的球晶中心组分和取向分布
与 PVDF/PVAc 共混物的 AFM 图像进行比较[43]

　　李林等人也采用原子力显微镜观察到了聚合物 BA-C8（聚双酚 A 正辛醚）片晶表面发生非晶格连续方式的分枝，最后发展成为球晶，如图 11.22 所示[44]。

图 11.22　从成核、片晶生长并在表面发生分枝，最后发展成
球晶骨架的原子力显微镜照片[44]

　　闫寿科等人将 iPP 在 138℃生长的球晶进一步升温到 174℃熔化然后立即回到 138℃再结晶，发现原先的球晶内部以正球晶为主，而外沿继续生长的球晶则以该温度下常见的负球晶为主，内外符号不同的球晶在偏光显微镜下加入 1/4 波长补偿片后即表现出不同的色彩，如图 11.23 所示，扫描电镜显示外延球晶生长不出现明显的分枝，而内部则出现交错取向的片晶，显然熔体中的记忆效应有利于 iPP 分枝生长[45]。有趣的是，片晶生长的连续性显然在边界处出现了中断，意味着需要非晶格连续方式的分枝。

 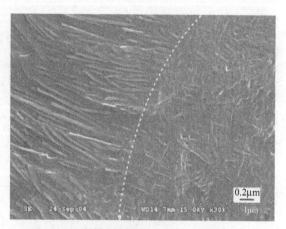

(a) 偏光显微镜加1/4波长补偿片的图像　　　　　(b) 扫描电镜观测片晶取向分布情况

图 11.23　iPP 球晶高温熔化后回到 138℃重结晶的
偏光显微镜加 1/4 波长补偿片的图像及扫描电镜观测
球晶分界线附近区域的片晶取向分布情况[45]

　　杨德才等人也观察到聚芳醚酮与聚醚醚酮共混物结晶出现间歇式球晶的生长[46]，组分沿半径方向出现交替变化，如图 11.24 所示[47]。这种共混物中的球晶生长现象也是非连续性球晶生长的有力证据。

　　PVDF 也生成带状球晶[48]，但片晶为平板状且沿径向隔一定间距发生重取向，溶液生长晶体的电子衍射表明茎杆垂直于片晶折叠端表面[49]。这种带状球晶结构显然与起初所设想的径向连续扭曲带状片晶不符。这里的非晶格连续方式的分枝与通常所观察到的环带球晶内部连续的片晶带结构不同。如何协调这种不一致仍然需要进一步研究观测。

11.2.3　环带球晶中片晶的扭曲机制

　　球晶的细致结构主要通过分辨率更高的透射电镜观察而得到。Bassett 等人通过对高锰酸钾刻蚀 PE 球晶的表面进行复型，在 TEM 下观察到视角沿 b 轴的片晶形貌，发现存在两类片晶：一类较厚，优先生长并分布在织态的骨架上，称

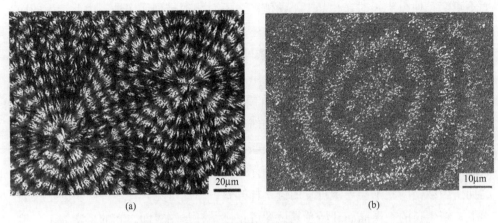

(a)　　　　　　　　　　　　　　　　　　　(b)

图 11.24　聚芳醚酮与聚醚醚酮共混物（70∶30）在 280℃等温结晶
出现间歇式球晶的生长的偏光显微镜图和扫描电镜图[47]

为主片晶（dominant lamellae）；另一类较薄，填充生长于主片晶之间，并与主
片晶之间成较大的角度，称为副片晶（subsidiary lamellae)[27,50,51]。在 regime
Ⅰ，主片晶主要呈平板或脊形，在 regime Ⅱ则主要呈弯曲或 S 形，副片晶都为
平板或脊形，如图 11.25 所示。片晶的变形与固化过程产生的内应力有关，特别
是 S 形片晶表明了带状球晶沿径向的扭曲生长。Bassett 等人发现在片晶生成的
早期，茎杆基本上垂直于片晶平面，随着高温下片晶表面折叠变得更规则，也更
拥挤，茎杆发生倾斜，造成（201）折叠面和 S 形片晶，而在低温区较薄片晶的
扭曲刚性和屈服应力都较小，所以扭曲周期也就较短[37,52]。值得注意的是，这
种 S 形片晶与熔体中单晶的椅式结构方向正好相反。

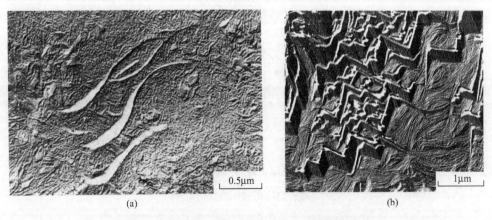

(a)　　　　　　　　　　　　　　　　　　　(b)

图 11.25　聚乙烯球晶中各种片晶截面形状的
刻蚀拓片透射电子显微镜照片[50]

Keith 和 Padden 认为扭曲片晶的生长是由于生长前沿链折叠面与片晶端表

面不正交，使得生长时在片晶上下两侧产生不对称的排列无序性，由此产生的应力差使片晶弯曲的方向在生长前沿左右不对称，迫使片晶发生扭转，如图 11.26 所示[53]。扭曲也有利于片晶间更好地密堆积。Lotz 和 Cheng 系统地总结了这一方面的进展[12]。Toda 和 Keller 认为上下应力也会在前沿产生方向一致的螺旋位错，所以与其他解释并不矛盾[32]。我们采用分子模拟观察在一个链茎杆倾斜的片晶生长模板上的继续生长，可以看到新生长的片晶在模板上发生次级成核之后将继续保持模板上的茎杆取向，并突破原模板的片晶端表面，使新生长的片晶端表面与链茎杆保持正交，如图 11.27 所示[54]。在我们的模拟中没有引入折叠端的拥挤因素，因此不会导致自发的链茎杆倾斜。由此可见，在茎杆倾斜的生长表面上，新生长的一层晶面开始总是试图矫正链茎杆与端表面之间的正交关系，然后由于片晶即时的增厚和完善才感受到折叠端的拥挤而发生进一步的倾斜。这种矫正的倾向在相邻的两个（110）生长面继续发展下去，正好呈螺旋形发展，即左边向上，右边向下，如图 11.28 所示，于是便导致生长中的片晶发生自发的扭曲。

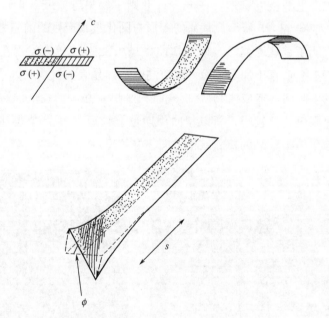

图 11.26　片晶生长左右不对称变形导致片
晶扭曲的机理示意图[53]

Bassett 等人考察中间带支化链的短链烷烃，发现其结晶很容易生成打圈的片晶（scroll），如图 11.29 所示。这说明折叠端支化链之间的拥挤使得片晶发生极度的扭曲[55]。

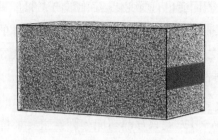

图 11.27　蒙特卡罗分子模拟由茎杆倾斜的片晶模板诱导新片晶的
生长，新片晶将保持折叠端方向与茎杆正交，而不受模板折叠端边界的控制[54]

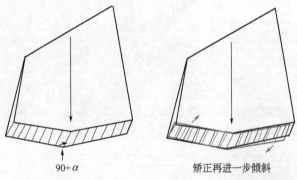

90+α　　　　　　　　　矫正再进一步倾斜

图 11.28　在茎杆倾斜的片晶生长前沿，从（010）顶端开始沿两侧（110）
面铺展时，新的一层晶面（灰色）总是试图向茎杆与折叠端表面正交的方向进行
矫正，然后才由于折叠端表面拥挤发生进一步的倾斜，这样反复进行下去，
生长的片晶将自发地发生累积性扭曲

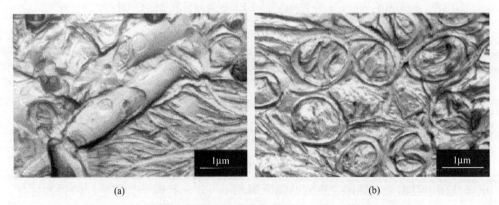

(a)　　　　　　　　　　　　　　　　(b)

图 11.29　中间带支化链的短链烷烃结晶生成的打圈形片晶[55]

Schultz 和 Kinloch 曾提出一种机理[56]，他们考虑垂直于螺旋位错轴向的内

在的片晶扭曲，当螺旋位错在片晶生长前沿产生时，由于分子链倾斜，向左旋或向右旋将导致片晶表面近邻折叠变密或变疏，表面能也有所变化，而倾向于较低能量的螺旋方向生长，累积起来将导致片晶发生扭曲，理论计算结果与聚乙烯扭曲晶体的实验数据符合很好[57]。Schultz 又提出在晶体生长前沿自发产生的多组分扩散场会导致片晶生长的扭曲[58]，与共混物中观察到的球晶的间歇式生长相互吻合。

实际上，单个聚乙烯片晶的生长也会发生扭曲，图 11.30 是在聚乙烯的二甲苯溶液冻胶中观察到的扭曲的单层片晶，可见导致片晶扭曲的因素主要来自于片晶生长的本身，而不是周围的应力环境[59]。有手性基团的高分子链结晶，分子的堆砌自然也会产生片晶的扭曲，如图 11.31 所示[60]。

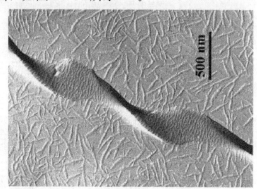

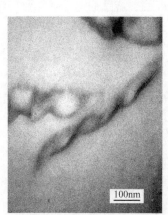

图 11.30　超高分子量聚乙烯的 1.5％十氢萘溶液冻胶中生长的扭曲单晶，溶剂被置换成甲基丙烯酸甲酯以后聚合固化，超薄切片被四氧化钌染色以后可在 TEM 下观察到悬浮的片晶形貌[59]

图 11.31　由于分子的手性导致堆砌起来的单层片晶发生扭曲，片晶表面喷镀 PE 短链以后的 TEM 照片[60]

最初由 Fischer 观察到 C 形片晶丛构成的环形同心圆结构，如图 11.32 所示[61]。高分子球晶的刻蚀表面的拓扑结构可以清楚地看到由球晶刻蚀表面未必正好处在赤道面上，因而观察到的间隔周期不一定是径向结构周期，但后者只会更小，如图 11.33 所示[62]。这种径向生长片晶周期性重取向的现象可能与片晶扭曲生长有关，如图 11.34 所示[62]。这种同心环状结构又称"公牛的眼睛"

图 11.32　聚乙烯球晶内部片晶周期性重取向和穿插模式
生长的刻蚀拓片透射电子显微镜照片[61]

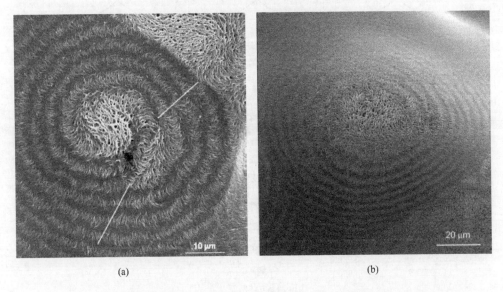

(a)　　　　　　　　　　　　　　　(b)

图 11.33　高分子球晶的表面拓扑结构，清晰可见环形结构及其 C 形片晶丛[12]

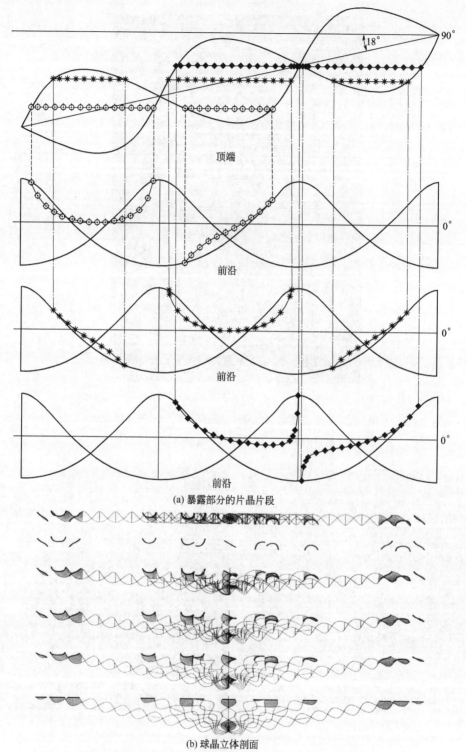

顶端

前沿

前沿

前沿

(a) 暴露部分的片晶片段

(b) 球晶立体剖面

图 11.34　聚乙烯球晶内部逆时针方向同心环状结构示意图[62]

(bull's eye) 或者"靶心"。原子力显微镜也可以看到 PHB 的环带球晶内部结构，如图 11.35 所示[63]。PHB 片晶带的扭曲可以归结为分子链上存在手性不对称重复单元。因此，我们必须强调不同的高分子环带球晶可以具有不同的片晶扭曲机制。

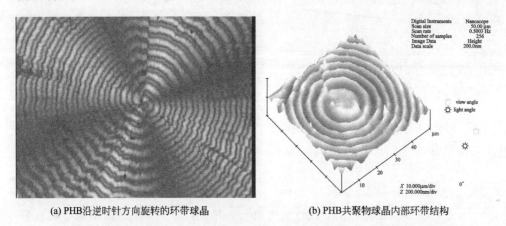

(a) PHB 沿逆时针方向旋转的环带球晶　　　　　(b) PHB 共聚物球晶内部环带结构

图 11.35　偏光显微镜插入一级红滤波片显示 PHB 沿逆时针方向旋转的环带球晶
及原子力显微镜揭示的 PHB 共聚物球晶内部环带结构（徐军提供图片）

11.3　球晶的生成机制

11.3.1　Keith-Padden 理论

对应于球晶中生长的主片晶和副片晶也发现了分子分凝现象。Wingram 等人观察到副片晶先被溶剂浸取出来，对应于较低分子量的级分[63]。Gedde 等人结合 DSC 分析和溶剂浸取然后 GPC 分析也证明了分子分凝在球晶生长过程中的存在[64]。

PE 与 LDPE 共混物结晶[19]和 iPS 与 aPS 共混物结晶[65]也表明了不仅分子量因素会导致分凝，支化和立构无规等非晶因素也会导致分凝。

由于球晶生长时排斥出短链分子，使得短链分子结晶体富集于球晶间隙区，易传导裂纹并导致材料的脆化，力学性能下降，人为地加入支化或无规的高分子量组分可以使球晶间隙区分子量增高，改进材料总的抗应力开裂性。

Rutter 和 Chalmers 在研究金属合金的分凝时，发现平的生长面不稳定，而小的突起优先生长，呈纤维状，从多束纤维的截面看形如蜂窝状，分凝组分富集在纤维间隙[66]。基于这一现象，Keith 和 Padden 在 1963 年提出了球晶的现象学理论[40]，即由于杂质富集在晶体生长的前沿，使该处的含杂质晶体不稳定，

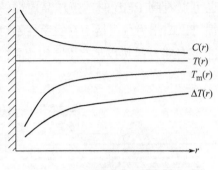

图 11.36　晶体生长前沿温度和
杂质浓度分布示意图

有效过冷度较小，从而阻碍晶体的生长，如图 11.36 所示，他们认为黏稠体系中热传导比晶体生长或介质扩散快得多，因而温度是处处均匀的。图中 r 为熔体中到生长前沿的距离，T_m 为包含该杂质浓度 C 的晶体熔点，ΔT 为有效过冷度。杂质的扩散方程为：

$$\frac{dC}{dt} = D \frac{d^2C}{dr^2} \tag{11.1}$$

式中，D 为杂质扩散系数。在晶体生长前沿有：

$$\frac{dC}{dt} = -G \frac{dC}{dr} \tag{11.2}$$

式中，G 为线生长速率。在达到生长平衡时，有多少杂质扩散出去，就有多少结晶单元生长进入晶体，于是：

$$D \frac{d^2C}{dr^2} + G \frac{dC}{dr} = 0 \tag{11.3}$$

得解

$$C(r) = C(0) \exp\left(-\frac{G}{D}r\right) + C(\infty) \tag{11.4}$$

定义 $\delta \equiv D/G$ 为特征长度，表明在晶体前沿有 δ 厚度的杂质富集层，如果球形生长前沿完全由杂质扩散控制，G 应随时间而变，半径 $R \propto t^{1/2}$[67]。但实验测量表明球晶的前沿生长速率不随时间而变，满足次级成核生长的特点，为此生长前沿的尺寸将是有限且固定不变的，以使前沿 $C(r)$ 的分布稳定，G/D 不变。Keith 和 Padden 认为其应与 δ 相当，通常球晶都在较为黏稠的体系中生成，D 较小也即 δ 较小，因而晶体生长倾向以 δ 前沿尺寸纤维状分枝生长。如图 11.37 所示，若在生长前沿产生直径为 d 的突起，当 $d \leqslant \delta$ 时，这一突起前端由于杂质浓度较小而优先外延生长，但保持 d 尺寸不变；当 $d > \delta$ 时，则发生小角度分枝，各分枝以 δ 尺寸前沿生长，彼此非晶相关。在高分子球晶中，片晶生长习性发生退化，沿径向充分地外延生长就呈带状片晶，可以看作径向纤维或 Bassett 等人所谓的主片晶，而轴晶中的片晶由于宽度不够达到 δ，习性尚未退化掉[68]。他们还计算了 PE 在 (110) 结晶时的 $\delta = 0.2 \sim 0.4\mu m$，而实验观测到片晶宽度小于 $1\mu m$，二者大致相符[69,70]。随着温度升高，δ 增大很快，他们指出在 PE 熔体中 7℃ 区间 δ 改变了 3 个数量级[71]。对应于 regime I-II 转变，$\delta \approx 2\mu m$，与通常高温下生长的片晶宽度同数量级，表明在 regime I 区很少分枝，以轴晶方式生长，而在 regime Ⅱ区，片晶自然习性的宽度大于 δ，将频繁分枝而生成球晶，对应于 regime Ⅱ-Ⅲ转变，$\delta = 0.02\mu m$，几乎与片晶厚度同数量级，此时可能以特殊方式生长，已不需要再分枝生长了。

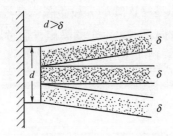

图 11.37 晶体生长前沿出现分枝生长示意图

Keith-Padden 理论已成功地解释了合金、岩石、有机物中生成的各种球晶形态，但 Bassett 等人通过对球晶中片晶细致形态的电镜观测对这一理论提出了质疑[72]，他们认为对球晶结构而言，其特征参数应是主片晶分枝间距而非片晶宽度，据对 iPS 在不同结晶温度下生长的球晶内部主片晶宽度的测量发现其大致保持在 $3\mu m$ 左右[73]。

Keith 和 Padden 专门对此进行了研究[65]，指出实验所观测到的 δ 在低温区仍与计算的值相符。Bassett 等人所观测到的片晶宽度是前沿多个螺旋位错归并生长的结果，如图 11.38 所示，每个螺旋位错生长前沿则保持片晶习性且宽度尺寸与 δ 相当，因此 Keith 和 Padden 的理论仍然成立。

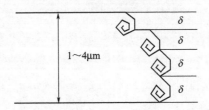

图 11.38 片晶生长前沿分枝宽度 δ 示意图

实际上，类似于 Keith-Padden 理论，已经发展了更加定量化的 Mulins-Sekerka 晶体生长不稳定性理论[74~76]，通过一系列移动界面扩散方程采用扰动分析来评价界面的稳定性。如果晶体生长前沿的温度梯度小于由于前沿杂质富集导致的熔点下降梯度，则晶体生长前沿将发生不稳定现象，出现分枝生长。一方面，高分子等黏滞的熔体，杂质扩散速率总是远远小于温度的扩散速率，所以晶体生长总是不稳定，容易发生片晶分叉，从而形成球晶。另一方面，由于片晶的扭曲倾向，分叉出来的片晶很容易相互错开，形成螺旋式重叠生长[77]。近年来，Toda 已经观察到这种不稳定分叉所导致的片晶生长前沿"手指化"（fingering）[78]。

11.3.2　分枝生长的计算机模拟

球晶的尺寸远远大于分子尺寸，因此采用分子模拟只能达到片晶尺度，要研究更大尺度的球晶生长，必须采用进一步粗粒化的模型。Granasy 等人采用相场动力学方法来模拟多晶体非晶格连续的分枝生长[79,80]，假定生长前沿发生随机的表面成核，随后的生长方向再引入一定的噪声，通过调节成核频率和分枝角度及对称性可以很好地复现类型 I 和类型 II 球晶的生长，分别如图 11.39 和图 11.40 所示[81]，也可以由此复现大部分常见各种分枝形成球晶的形貌，如图 11.41 和图 11.42 所示[81]。

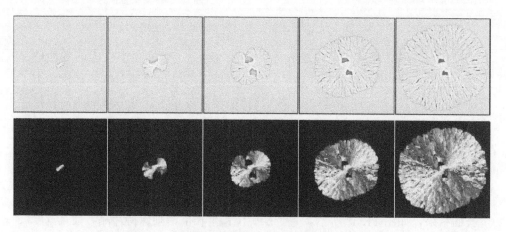

图 11.39　采用相场理论模拟计算的非晶格连续方式
分枝产生类型 I 的球晶形态[81]

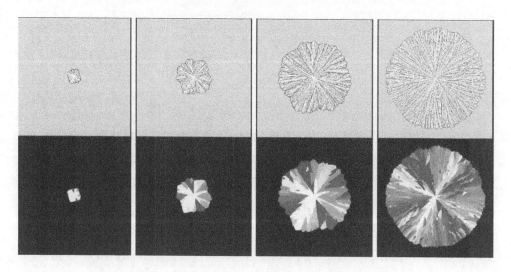

图 11.40　采用相场理论模拟计算的非晶格连续方式
分枝产生类型 II 的球晶形态[81]

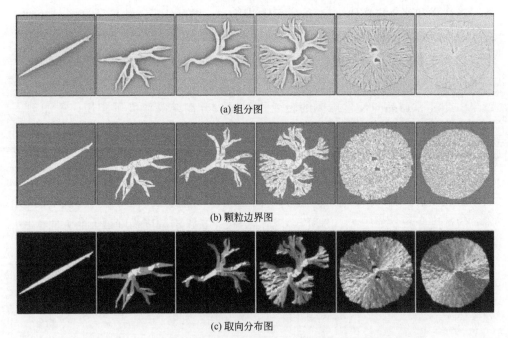

(a) 组分图

(b) 颗粒边界图

(c) 取向分布图

图 11.41　非晶格连续方式分枝生长（30°角）的多晶形态的

相场理论模拟结果[81]

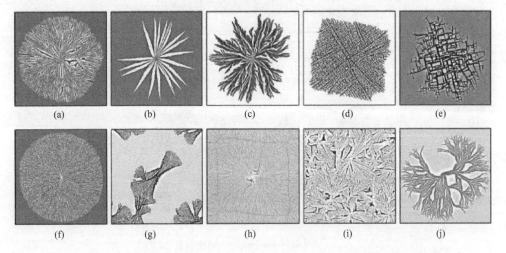

(a)　　　(b)　　　(c)　　　(d)　　　(e)

(f)　　　(g)　　　(h)　　　(i)　　　(j)

图 11.42　采用相场理论模拟计算的各种非晶格连续方式分枝产生的多晶形态[81]

11.4　反常球晶

反常球晶是指 Maltase "十" 字消光随样品旋转始终正交偏振方向成 45°角的球晶，这种球晶常见于聚酯、聚酰胺等缩聚物高温区结晶的形态中[13,82]。

吴法祥和蔡宝连在研究 PET 的反常球晶时，提出分子链轴与径向成 45°角的模型，并对激光小角散射强度进行计算，结果与实验一致[83]。扫描电镜观察则证明反常球晶是疏松的主片晶织构，显然大量的填充生长对球晶的光学性质起了决定性的贡献。

PET 正常球晶向反常球晶的转变不仅通过升高结晶温度可实现，添加剂、增塑剂、引入二甘醇单元等也能增加分子链活动性并促成这一转变[84]。按照 Keith-Padden 的理论，显然 δ 增大将导致反常球晶的生成，我们认为由于 δ 较大，使得小角度分枝的频率很低，径向主片晶的生长较快，产生较大的侧或端表面，易成核引发侧向的分枝填充生长，而主片晶间隔较远，使得主片晶表面的杂质扩散浓度分布，如图 11.43 所示，显然分枝生长将沿浓度梯度最大的方向生长（即等浓线最密的地方），这一方向平均地与径向成 45°角，分枝生长直至与另一片晶相撞为止。大量这种方式的填充生长决定了球晶的整体光学性质，因此在正交偏光下产生 45°角的 Maltase "十"字消光，如图 11.44 所示，图中小椭圆为光率体。

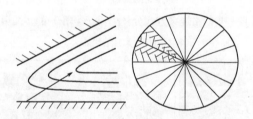

图 11.43　分枝片晶之间的浓度场分布示意图[84]

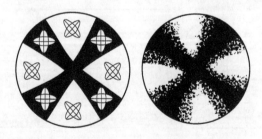

图 11.44　反常球晶内部光学结构示意图[84]

参 考 文 献

[1]　Bunn C W, Alcock T C. The texture of polyethylene. Trans Faraday Soc, 1945, 41: 317-325.

[2]　Bernauer F. Gedrillte Kristalle, Verbreitung, Entstehungsweise und Beziehungen zu optischer Aktivität und Molekülsymmetrie. Forschungen zur Kristallkunde, Heft 2. Borntraeger, Berlin: Verlag Gebr. 1929.

[3]　Keller A. Morphology of crystalline synthetic polymers. Nature, 1953, 171: 170-171.

[4]　Keller A. The spherulitic structure of crystalline polymers. Part I. Investigations with the polarizing microscope. J Polym Sci, 1955, 17: 291-308.

[5]　Keller A. You have full text access to this content the spherulitic structure of crystalline polymers. Part II. The problem of molecular orientation in polymer spherulites. J Polym Sci, 1955, 17: 351-365.

[6]　Keller A, Waring J R S. You have full text access to this content the spherulitic structure of crystalline polymers. Part III. Geometrical factors in spherulitic growth and the fine-structure. J Polym Sci, 1955, 17: 447-472.

[7]　Keller A. Investigations on banded spherulites. J Polym Sci, 1959, 39: 151-173.

[8]　Flory P J, McIntyre A D. Mechanism of crystallization in polymers. J Polym Sci, 1955, 18: 592-594.

[9]　Phillips P J. Polymer crystals. Rep Prog Phys, 1990, 53: 549-604.

[10]　Khoury F, Passaglia E. Treatise on Solid State Chemistry. Vol. 3. Hannay N B, ed. New York: Plenum Press, 1976: 335-496.

[11]　Hoffman J D, Frolen L J, Ross G S, Lauritzen J I. On the growth rate of spherulites and axialites from the melt in polyethylene fractions: Regime I and regime II crystallization. J Res Nat Bur Stand, 1975, 79A: 671-699.

[12]　Lotz B, Cheng S Z D. A critical assessment of unbalanced surface stresses as the mechanical origin of twisting and scrolling of polymer crystals. Polymer, 2005, 46: 577-610.

[13]　Yu T, Bu H, Chen J, Mei J, Hu J. The effect of units derived from diethylene glycol on crystallization kinetics of poly (ethylene terephthalate). Makromol Chem, 1986, 187: 2697-2709.

[14]　Brenschede W. Sphärolithische struktur synthetischer hochpolymerer. Kolloid Z, 1949, 114: 35-44.

[15]　Keller A. Morphology of crystallizing polymers. Nature, 1952, 169: 913-914.

[16]　Keith H D, Padden F J. The optical behavior of spherulites in crystalline polymers. Part I. Calculation of theoretical extinction patterns in spherulites with twisting crystalline orientation. J Polym Sci, 1959, 39: 101-122.

[17]　Keith H D, Padden F J. The optical behavior of spherulites in crystalline polymers. Part II. The growth and structure of the spherulites. J Polym Sci, 1959, 39: 123-138.

[18]　Price F P. On extinction patterns of polymer spherulites. J Polym Sci, 1959, 39: 139-150.

[19]　Rego Lopez J M, Gedde U W. Morphology of binary linear polyethylene blends. Polymer, 1988, 29: 1037-1044.

[20]　Rego Lopez J M, Conde Branea M T, Terselius B, Gedde U W. Crystallization of binary linear polyethylene blends. Polymer, 1988, 29: 1045-1051.

[21]　Barham P J, Keller A. The problem of thermal expansion in polyethylene spherulites. J Mat Sci, 1977, 12: 2141-2148.

[22]　Bassett D C. Principle of Polymer Morphology. London: Cambridge University Press, 1981.

[23]　Norton D R, Keller A. The spherulitic and lamellar morphology of melt-crystallized isotactic polypropylene. Polymer, 1985, 26: 704-716.

[24]　Vaughan A S, Bassett D C. Early stages of spherulite growth in melt-crystallized polystyrene. Polymer, 1988, 29: 1397-1401.

[25] Bassett D C. Polymer spherulites: A modern assessment. J Macromol Sci: Part B, 2003, 42: 227-256.

[26] Eppe R, Fischer E W, Stuart H A. Morphologische strukturen in polythylenen, polyamiden und anderen kristallisierenden hochpolymeren. J Polym Sci, 1959, 39: 721-740.

[27] Bassett D C, Hodge A M. On the morphology of melt-crystallized polyethylene. Ⅲ. Spherulitic organization. Proc R Soc Lond, A, 1981, 377: 61-71.

[28] Kawashima K, Kawano R, Miyagi T, Umemoto S, Okui N. Morphological changes in flat-on and edge-on lamellae of poly (ethylene succinate) crystallized from molten thin films. J Macromol Sci Part B Phys, 2003, 42: 889-899.

[29] Ye H M, Xu J, Guo B H, Iwata T. Left- or right-handed lamellar twists in poly [(R)-3-hydroxyvalerate] banded spherulite: Dependence on growth axis. Macromolecules, 2009, 42: 694-701.

[30] Murphy C J, Fay J J, Vail E A M, Sperling L H. The influence of the equilibrium melting temperature on the supermolecular morphology of several polymers. J Appl Polym Sci, 1993, 48: 1321-1329.

[31] Phillips P J, Vatansever N. Regime transitions in fractions of cis-polyisoprene. Macromolecules, 1987, 20: 2138-2146.

[32] Toda A, Keller A. Growth of polyethylene single crystals from the melt: Morphology. Colloid Polym Sci, 1993, 271: 328-342.

[33] Bassett D C, Hodge A M. On lamellar organization in certain polyethylene spherulites. Pro R Soc Lond A, 1978, 359: 121-132.

[34] Grubb D T, Keller A. Lamellar morphology of polyethylene. J Polym Sci, Polym Phys Ed, 1980, 18: 207-216.

[35] Keith H D, Chen W Y. On the origins of giant screw dislocations in polymer lamellae. Polymer, 2002, 43: 6263-6272.

[36] Bassett D C, Olley R H, al Rehail I A M. On isolated lamellae of melt-crystallized polyethylene. Polymer, 1988, 29: 1539-1543.

[37] Patel D, Bassett D C. On the formation of S-profiledlamellae in polyethylene and the genesis of banded spherulites. Polymer, 2002, 43: 3795-3802.

[38] Bassett D C, Olley R H, Sutton S J, Vaughan A S. On spherulitic growth in a monodisperse paraffin. Macromolecules, 1996, 29: 1852-1853.

[39] Bassett D C, Olley R H, Sutton S J, Vaughan A S. On chain conformations and spherulitic growth in monodisperse n-$C_{294}H_{590}$. Polymer, 1996, 37: 4993-4997.

[40] Keith H D, Padden F J. A phenomenological theory of spherulitic crystallization. J Appl Phys, 1963, 34: 2409-2421.

[41] Okabe Y, Kyu T, Saito H, Inoue T. Spiral crystal growth in blends of poly (vinylidene fluoride) and poly (vinyl acetate). Macromolecules, 1998, 31: 5823-5829.

[42] Wang Z G, An L J, Jiang B Z, Wang X H. Periodic radial growth in ring-banded spherulites of poly (ε-caprolactone) /poly (styrene-co-acrylonitrile) blends. Macromol Rapid Commun, 1998, 19: 131-133.

[43] Kyu T, Chiu H W, Guenthner A J, Okabe Y, Saito H, Inoue T. Rhythmic growth of target and spiral spherulites of crystalline polymer blends. Phys Rev Lett, 1999, 83: 2749-2752.

[44] Li L, Chan C M, Li J X, Ng K M, Yeung K L, Weng L T. A direct observation of the formation of nuclei and the development of lamellae in polymer spherulites. Macromolecules, 1999, 32: 8240-8242.

[45] Li H, Sun X, Wang J, Yan S, Schultz J M. On the development of special positive isotactic polypropylene spherulites. J Polym Sci, Phys Ed, 2006, 44: 1114-1121.

[46] Chen J, Yang D C. Nature of the ring-banded spherulites in blends of aromatic poly (ether ketone). Macromol Rapid Commun, 2004, 25: 1425-1428.

[47] Chen J, Yang D C. Rhythmic growth of ring-banded spherulites in blends of liquid crystalline methoxy-poly (aryl ether ketone) and poly (aryl ether ether ketone). J Polym Sci, Part B: Polym Phys, 2007, 45: 3011-3024.

[48] Lovinger A J. Crystallization and morphology of melt-solidified poly (vinylidene fluoride). J Polym Sci, Polym Phys Ed, 1980, 18: 793-809.

[49] Lovinger A J. Poly (vinylidene fluoride) // Development in Crystalline Polymers-1. Bassett D C, ed. London: Applied Sci, 1982: 195-273.

[50] Bassett D C, Hodge A M. On the morphology of melt-crystallized polyethylene I. Lamellar profiles. Proc R Soc Lond A, 1981, 377: 25-37.

[51] Bassett D C, Hodge A M, Olley R H. On the morphology of melt-crystallized polyethylene II. Lamellae and their crystallization conditions. Proc R Soc Lond A, 1981, 377: 39-60.

[52] Abo El-Maaty M I, Bassett D C. Polymer, 2001, 42: 4957.

[53] Keith H D, Padden F J. Twisting orientation and the role of transient states in polymer crystallization. Polymer, 1984, 25: 28-42.

[54] Cai T, Hu W B. unpublished results.

[55] White H M, Hosier I L, Bassett D C. Cylindrical lamellar habits in monodisperse centrally branched alkanes. Macromolecules, 2002, 35: 6763-6765.

[56] Schultz J M, Kinloch D R. Transverse screw dislocations: A source of twist in crystalline polymer ribbons. Polymer, 1969, 10: 271-278.

[57] Lindenmeyer P H, Holland V F. Relationship between molecular weight, radial-growth rate, and the width of the extinction bands in polyethylene spherulites. J Appl Phys, 1964, 35: 55-58.

[58] Schultz J M. Self-induced field model for crystal twisting in spherulites. Polymer, 2003, 44: 433-441.

[59] Kunz M, Drechsler M, Müller S. On the structure of ultra-high molecular weight polyethylene gels. Polymer, 1995, 36: 1331-1339.

[60] Li C Y, Yan D, Cheng S Z D, Bai F, He T, Chien L C, Harris F W, Lotz B. Double-twisted helical lamellar crystals in a synthetic main-chain chiral polyester similar to biological polymers. Macromolecules, 1999, 32: 524-527.

[61] Fischer E W. Stufen und spiralfoermiges kristallwachstum bei hochpolymeren. Z Naturf, 1957, 12a: 753-754.

[62] Lustiger A, Lotz B, Duff T S. The morphology of the spherulitic surface in polyethylene. J Polym Sci Part B: Polym Phys, 1989, 27: 561-579.

[63] Winram M M, Grubb D T, Keller A. The structure of polyethylene, as revealed by solvent extraction. J Mat Sci, 1978, 13: 791-796.

[64] Gedde U W, Eklund S, Jansson J F. Molecular fractionation in melt-crystallized polyethylene: 2. Effect of solvent extraction on the structure as studied by differential scanning calorimetry and gel permeation chromatography. Polymer, 1983, 24: 1532-1540.

[65] Keith H D, Padden F J. Spherulitic morphology in polyethylene and isotactic polystyrene: Influence of diffusion of segregated species. J Polym Sci, Polym Phys Ed, 1987, 25: 2371-2392.

[66] Rutter J M, Chalmers B. A prismatic substructure formed during solidification of met-

als. Can J Phys，1953，31：15-39.

[67]　Frank F C. Radially symmetric phase growth controlled by diffusion. Proc R Soc Lond A，1950，201：586-599.

[68]　Keith H D. On the relation between different morphological forms in high polymers. J Polym Sci，Part A，1964，2：4339-4360.

[69]　Keith H D，Padden F J. Spherulitic crystallization from the melt. I. Fractionation and impurity segregation and their influence on crystalline morphology. J Appl Phys，1964，35：1270-1285.

[70]　Keith H D，Padden F J. Spherulitic crystallization from the melt. II. Influence of fractionation and impurity segregation on the kinetics of crystallization. J Appl Phys，1964，35：1286-1297.

[71]　Keith H D，Padden F J. A discussion of spherulitic crystallization and spherulitic morphology in high polymers. Polymer，1986，27：1463-1471.

[72]　Bassett D C，Vaughan A S. On the lamellar morphology of melt-crystallized isotactic polystyrene. Polymer，1985，26：717-725.

[73]　Bassett D C，Vaughan A S. Reply to a discussion of spherulitic crystallization and morphology. Polymer，1986，27：1472-1476.

[74]　Mullins W W，Sekerka R F. Morphological stability of a particle growing by diffusion or heat flow. J Appl Phys，1963，34：323-329.

[75]　Mullins W W，Sekerka R F. Stability of a planar interface during solidification of a dilute binary alloy. J Appl Phys，1964，35：444-451.

[76]　Langer J S. Instability and pattern formation in crystal growth. Rev Mod Phys，1980，52：1-30.

[77]　Hirai N. A source of screw dislocation on polyethylene single crystals. J Polym Sci，1962，59：321-328.

[78]　Toda A，Okamura M，Taguchi K，Hikosaka M，Kajioka H. Branching and higher order structure in banded polyethylene spherulites. Macromolecules，2008，41：2484-2493.

[79]　Gránásy L，Pusztai T，Warren J A，Douglas J F，Börzsönyi T，Ferreiro V. Growth of 'dizzy dendrites' in a random field of foreign particles. Nature Mat，2003，2：92-96.

[80]　Gránásy L，Pusztai T，Börzsönyi T，Warren J A，Douglas J F. A general mechanism of polycrystalline growth. Nature Mat，2004，3：645-650.

[81]　Gránásy L，Pusztai T，Tegze G，Warren J A，Douglas J F. Growth and form of spherulites. Phys Rev E，2005，72：11605.

[82]　金毅敏，卜海山，于同隐. 聚对苯二甲酸乙二酯的反常球晶. 复旦学报，1990，29（1）：8-14.

[83]　吴法祥，蔡宝连. PET 和 PBT 变态球晶的结构分析. 高分子材料与工程，1989，2：45-50.

[84]　卜海山，庞燕婉，胡文兵. 聚对苯二甲酸乙二酯结晶的成核促进剂. 复旦学报：自然科学版，1991，39（1）：1-7.

第12章　伴随其他过程的高分子结晶形态

12.1　伴随聚合反应的高分子结晶

12.1.1　高分子结晶的几种基本模式

要得到高分子的结晶态，目前主要存在三种基本的方式[1]，第一种是从静止（quiescent）的完全无序态开始结晶，第二种是由取向无序态所诱导的结晶，第三种是伴随聚合反应的结晶。

前两章介绍了从静态的完全无序态结晶所得到的单晶和球晶形态，具体包括溶液结晶和熔体结晶两种情况。在通常情况下，结晶可以向各个方向匀称发展，生成球晶。

取向诱导结晶则有特定的取向优先性，在实际的塑料成型、薄膜拉伸和纤维纺丝过程中必需的拉伸或流动作用可以使高分子链沿着某个方向发生取向，于是沿着这个方向的结晶会得到优先发展，形成纤维晶和串晶等高分子成型加工过程中常见的结晶形态，从而得到较高的力学性能。我们将在本章稍后部分加以进一步的介绍。

伴随聚合反应的结晶普遍存在于可结晶高分子的合成制备过程中。不同的伴随聚合反应的结晶过程对于产物的分子量及其分布具有重要的影响。聚合结晶主要有三种模式，即单体结晶然后聚合、结晶和聚合同时发生以及先聚合紧接着结晶，如图 12.1 所示。一方面，不同的聚合反应方式决定着高分子结晶特殊的初生形态，通常可以得到高度取向的纤维晶。大多数合成高分子都要经过二次加工，如热塑成型等，因而初生的结晶形态只影响加工过程，对最终的产品性能并不显得特别重要。但对那些不易加工的高分子，如不溶也不熔的导电高分子聚苯和聚乙炔以及超高分子量聚乙烯等，初生的结晶形态对其物理性能有着决定性的影响。另一方面，大多数天然高分子的初生结晶形态对其加工应用性能也有着重要影响，例如植物中的纤维素和淀粉、动物中的胶原纤维和甲壳素以及微生物合成的纤维素和聚羟基丁酸酯等。对这三种模式，我们接下来再进一步分别展开介绍。

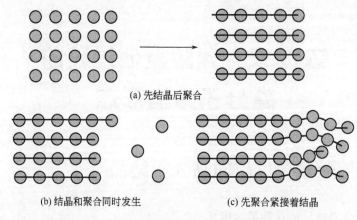

(a) 先结晶后聚合

(b) 结晶和聚合同时发生　　　　　(c) 先聚合紧接着结晶

图 12.1　三种伴随聚合反应的结晶过程示意图

12.1.2　单体结晶然后聚合

这是一种所谓的固态聚合反应过程。单体先生成一个大单晶，尺寸可以高达几十毫米，然后发生固态聚合，聚合过程既可以是以均相方式发生并形成固溶体，也可以是通过成核引发异相生长，这样得到的大分子单晶可以有效地避免链折叠在沿着链轴方向上对晶粒尺寸的约束。

一个典型的例子是聚乙炔类化合物，其中比较有名的是双（对甲苯磺酸）-2，4-己二炔-1,6-二醇酯（TS），其从丙酮浓溶液中通过缓慢的蒸发可培养得到几十毫米的大晶体[2]，然后加热引发带有自加速过程特点的固态聚合形成聚合物（PTS），聚合以均相方式产生固溶体，典型的是 70℃加热约 9h 可以得到几乎完全的聚合转化[3]。单体单晶也可以通过暴露在紫外线或高能辐射下转化为聚合物，但是质量不如热聚合来得好。此聚合物不溶不熔，可以导电，并具有光学各向异性，如图 12.2 所示，呈现金属的色泽和可延展性，故也常常被称为"合成金属"（synthetic metals）。

另一个典型的例子是聚甲醛。三氧杂环己烷（trioxane）单体先形成针状晶体，然后在辐射作用下沿着针状晶长轴（c 轴）通过开环聚合生成聚甲醛纤维状晶体。聚甲醛晶体可以有两种不同的取向：一种是伸展链晶体，链轴与针状晶长轴平行，通过多个活性链端基一起生长，称为 Z 取向；另一种是折叠链晶体，链轴与针状晶长轴成 76°7′的夹角，只通过一个活性链端基来回折叠生长，称为 W 取向；也存在同时出现两种取向的孪生晶体[5,6]。

12.1.3　结晶与聚合同时发生

此时，聚合反应的化学键合作用成为结晶的热力学驱动力，这样聚合和结晶就会同时发生，但是成核过程需要仔细地加以控制以得到较高的结晶度和分子

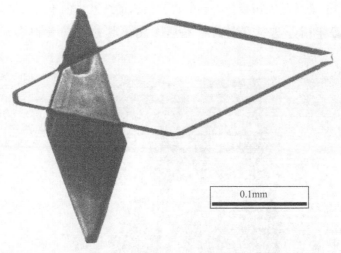

图 12.2　PTS 聚合反应得到的单晶的二向色性，偏光方向与其中一个
单晶的链取向一致呈透明色，而与另一个单晶垂直[4]

量。一个典型的例子是从三氧杂环己烷溶液体系通过硼氟酸乙酯与高氯酸复合物催化阳离子聚合反应生成聚甲醛。Mateva 等人观察到三氧杂环己烷在硝基苯中聚合结晶先生成薄六方片晶，然后再以螺旋位错方式增厚生成伸展链大晶体，如图 12.3 所示，这种增厚机理与在折叠链端位置开环接收新的三氧杂环己烷有关[7]。在催化剂保持活性的封闭体系中退火，可以观察到典型的晶粒之间 Ostwald 熟化过程，小晶体熔化后生成更大的晶体。有时也可以加入其他环状单体共聚合，来模拟共聚物结晶所能产生的理想单晶体[8]。

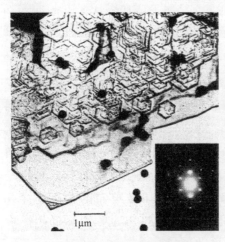

(a) 折叠链晶(001)面的螺旋位错生长　　　(b) 图(a)中晶体侧断面电镜照片显示
　　　　　　　　　　　　　　　　　　　　　典型的伸展链晶形态

图 12.3　聚甲醛晶体通过折叠伸展方式增厚[7]

　　另一个例子是通过气相聚合得到的聚四氟乙烯纤维，由于沿着链轴方向形成较强的化学键作用，这一方向的结晶速率要比其他方向大得多，如图 12.4 所示[9]。

图 12.4　气相聚合得到的聚四氟乙烯纤维的电镜照片[9]（标尺为 1.5μm）

12.1.4　先聚合紧接着结晶

　　许多大品种合成高分子如聚乙烯和等规聚丙烯的初生结晶态都是在催化剂活性点附近先聚合紧接着结晶，往往无法大幅度次级成核结晶，所以只能沿链的方向边聚合边结晶，生成纤维晶或串晶[10,11]。

　　Guttman 和 Guillet 考虑到聚合热在 25kcal/mol❶ 量级比结晶热 2.1kcal/mol 大得多，认为在反应活性中心先产生熔化的（或溶胀的）无定形聚合物半球，吸附的单体能够穿过这个半球。在稍微远一些的地方，聚合物冷却下来结晶[12]。这样连续的反应过程将在催化剂表面产生聚丙烯蠕虫状突起物（worm-like protuberances）。如果催化效率较低，只生成球状聚丙烯。聚乙烯则生成蛛网状形态（cobweb morphology），如图 12.5 所示。蠕虫状和蛛网状半结晶织态在某种程度上都是纤维状结晶的反映。这一领域目前的发展方向是利用多种活性功能的复合型催化剂，原位聚合生产高分子共混物，特别是均聚物与共聚物的混合物，或者两种共聚单元和分子量分布的共聚物混合物，从而可有效地避免后期加工工艺过程中的共混挤出过程，降低生产成本，提高生产效率。

---

　　❶　1cal＝4.1840J。

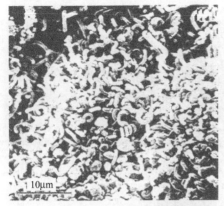

(a) 高催化效率下的蠕虫状聚丙烯形态

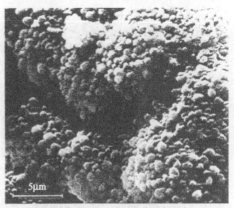

(b) 低催化效率下的球状聚丙烯形态

(c) 聚乙烯的蛛网状形态

图 12.5　聚丙烯和聚乙烯聚合过程中结晶的扫描电镜照片[13,14]

　　Kawai 和 Komoto 研究了多肽聚合随后结晶的过程[15]。L-或者 DL-丙氨酸-N-羧基-环内酸酐在乙腈作为溶剂中由丁胺引发异相聚合，当聚合度从 3 增大到 4 时开始脱溶并结晶成带状纤维，纤维中的分子呈横向 β 折叠然后沿着纵向反平行堆砌排列。多肽进一步聚合增长，链长达到某个临界值即开始形成 α 螺旋，这种半结晶织态结构最终形成球晶结构。

　　纤维素晶体的重要性不言而喻。虽然纤维素在植物细胞壁和微生物合成中的结晶机制还不是十分清楚，但其有很大的可能是一个先合成再沉积结晶的过程。如图 12.6 所示是微生物木醋杆菌（Acetobacter xylinum）产生的纤维素晶体。

图 12.6　木醋杆菌产生的纤维素纤维晶堆积体的电镜照片[16]　（标尺为 $2\mu m$）

12.2　取向诱导结晶

12.2.1　取向诱导结晶的原理

取向诱导结晶是在无序态结晶尚不能发生时，以界面、拉伸或流动剪切应力等方式诱导结晶的发生。历史上最早的高分子结晶学观测之一就是 Katz 在拉伸变形的天然橡胶中通过 X 射线衍射观察到的[17]。

从热力学上看，应力使无序态高分子链发生伸展取向，体系的熵降低，因而取向态结晶的熵变 ΔS 也就减小，由平衡熔点的热力学表达式 $T_m = \Delta H / \Delta S$ 可知 T_m 将升高，这就使得取向态结晶发生的有效过冷度，比无序态结晶的过冷度大，可优先发生结晶。Flory 最早发展了链构象的统计理论，从这一角度出发，推导出了熔点升高公式[18]：

$$\frac{1}{T_{m2}} = \frac{1}{T_m} - \frac{k}{\Delta h} \left[\left(\frac{6}{\pi N} \right)^{1/2} (\varepsilon + 1) - \frac{1}{N} \left(\frac{\varepsilon^2 + 2\varepsilon + 1}{2} + \frac{1}{\varepsilon + 1} \right) \right] \tag{12.1}$$

式中，T_{m2} 为拉伸导致的新熔点；T_m 为未拉伸的平衡熔点；k 为波耳兹曼常数；Δh 为熔融热；N 为分子链长；ε 为拉伸形变率。

从动力学上看，伸展的链彼此平行排列，接近于晶态链的排列，因此链无须做大的调整或扩散即可进入晶格，结晶速率可大大加快。例如，Pennings 等人发现搅拌 5%PE 的对二甲苯溶液，在静态或层流条件下最高可结晶温度为 96℃，生成折叠链片晶，搅拌速度加快，在 Taylor 涡流情况下最高可结晶温度达 107℃，在湍流（也称紊流）情况下，此时搅拌速度达 1000r/min，最高可结晶温度升高到 112℃[19]。

取向诱导结晶主要生成的结晶形态是纤维晶和串晶。高度取向的形态结构可获得较高的力学性能,因此取向诱导结晶普遍存在于塑料注塑、薄膜拉伸和纤维纺丝过程中。

12.2.2　界面诱导结晶

高分子结晶均相成核的位置常常不确定。如果是异相成核,即在体系中引入固体基质表面,后者可以诱导高分子结晶的发生,从而定位结晶的发展方向,以调控半结晶织态结构。在通常的平坦固体界面上片晶可以有两种基本附着方式。一种是片晶中链取向平行于基表面,片晶向站立(edge-on)的方向发展,如图 12.7(a)所示。如果基表面比较平坦,有一定的取向性结构,则链取向也有一定的共同性,不管接触的片晶晶面格子是否与表面结构相匹配,例如基表面可以是伸展链片晶侧表面[20],也可以是其他高分子的晶体侧表面,甚至是无机盐、单体晶体、金属、玻璃、氮气自由表面等。基表面的主要作用是为成核提供外来表面,从而减小成核的侧表面能,使结晶优先在其附近被引发。自由能位垒减小的程度不同,导致的界面生长片晶形态也不同,对于某些界面分子间相互作用较大的表面如玻璃、金属和盐类,大量的核被引发生长形成界面诱导横晶,或者称为跨区结晶(trans-crystallization),如图 12.7(a)所示,界面区结晶度比本体高,如果界面相互作用较小,如 N_2、PET、PTFE,生成的核数目也很少,则形成不完整的球晶形态,界面区结晶度也比本体为低,如图 12.7(b)所示。近年来,李慧慧和闫寿科就表面诱导的高分子结晶研究进行了综述和展望[21]。

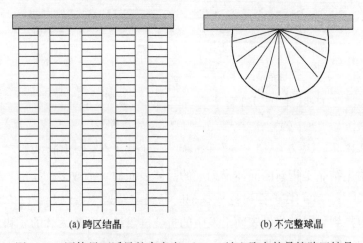

(a) 跨区结晶　　　　　　　　　　(b) 不完整球晶

图 12.7　固体界面诱导的高密度 edge-on 站立取向的晶核跨区结晶

和低密度晶核少量不完整球晶示意图

另一种附着方式是片晶中的链竖立在基表面上以 flat-on 取向,如图 12.8 所

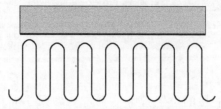

图 12.8　固体界面附近的 flat-on 铺展取向的片晶示意图

示，这通常是由于以下原因所造成的：a. 表面台阶处结晶生长，如螺旋位错生长；b. 大的片晶坍塌或沉积；c. 本体成核后附着到表面上来生长。

在纤维晶表面极易取向附生片晶，形成串晶，特别是熔体纺丝，在纺丝口有较强的延伸流动，使分子链伸展。但在熔融注塑或吹塑薄膜时，延伸流动并不强，因而生成较小的纤维晶且彼此间隔较远，取向附生结晶却能够侧向充分发展，形成与流动方向一致的柱状结构，如图 12.9 所示，在低应力下，附生片晶易发生扭曲，成为扭转的带状片晶，有望继续发展成为变形的环带球晶；在高应力下则不发生扭曲，在薄膜本体中表现出二维球晶结构。

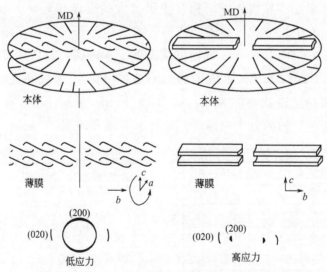

图 12.9　低应力下附生片晶发生扭曲，而高应力下不发生扭曲示意图[22]

取向附生结晶是指新的晶体借助老的晶体表面的一个或多个晶格一致性而发生取向生长[23]。我们在前面讨论成核剂时已经涉及这个概念。在讨论次级成核的证据时也提到伸展链晶侧表面上发生的折叠链重结晶。聚丙烯的 α 和 γ 晶还存在频繁的取向附生分枝结晶。

Keller 最早在聚乙烯熔体薄膜中观察到应力作用可导致片晶排队出现，称其为"队列结构"（row structure）[24]。Blackadder 和 Schleinitz 于 1963 年首先观察到搅拌聚乙烯溶液有时可得到串珠状的晶体，如图 12.10 所示[25]。该串珠状晶体随后被 Lindenmeyer 命名为"羊肉串"晶（shish-kebabcrystals）。差不多同时，Mitsuhashi 也观察到类似的搅拌有助于纤维晶出现的现象[26]。随后 1965 年 Pennings 和 Kiel 得到了搅拌溶液中生成的聚乙烯纤维状晶体的电镜照片，发现该晶体的形态典型地呈串晶，即中心细长的纤维上面附生折叠链片晶[27]。

　　搅拌过饱和溶液，首先可得到纤维晶，在分子量足够高（PE 的相对分子质量大于 50000），过冷度和浓度足够大时可进一步生成串晶，如图 12.10～图 12.13 所示，一般认为，串晶是低分子量级分在高分子量级分的纤维晶侧表面取向附生结晶生成大量的片晶的结果，其形态就像羊肉串（shish-kebab），所以名如其形[27]，目前比较公认的内部分子链排列结构如图 12.14 所示。

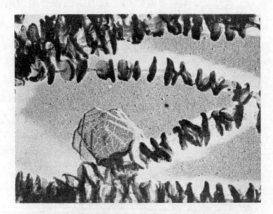

图 12.10　聚乙烯溶液搅动得到的最早的串晶透射电镜照片[25]

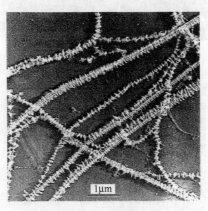

图 12.11　聚乙烯在 5% 二甲苯溶液中 104.5℃下以 510r/min
搅拌速度生成串晶形态的电镜照片[19]

　　纤维晶经热处理，其外侧部分熔融重结晶（refolding）也能生成串晶[31]。浸入在熔体中的纤维发生部分熔融，也可以加速发生表面诱导的结晶，如图

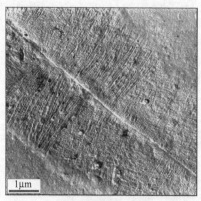

(a) 从侧面看

(b) 从端面看

图 12.12　iPP 在 140℃ 等温结晶得到的横晶表面刻蚀拓片
透射电镜照片[28]

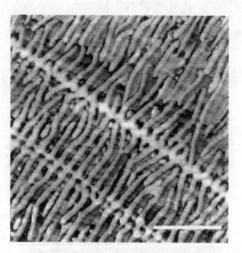

图 12.13　在室温下用剃刀剪切聚乙烯薄膜得到的串晶
结构原子力显微镜相位图像[29]（图中
标尺为 300nm）

12.15 所示[32]，这是由于熔化的链仍然保持部分取向的缘故。相应的实验也在部分熔化的 iPP 纤维周围观察到 β 晶在 iPP 熔体中的发展，如图 12.16 所示[33,34]。

串晶可以看作是中心纤维晶加上外侧取向附生片晶的结构，但外延片晶可以有两个结构层次[35]，如图 12.17 所示，一种是大尺寸片晶，加热或溶解可先除去，保留纤维状的内核，这种结构称为巨串晶（macro-shish-kebab）；在纤维状内核中仍包含有小尺寸与中心纤维紧密相连的附生片晶，这被认为是中心纤维侧表面的纤毛经类似"梳发"（hairdressing）过程结晶生成[30]，这种结构称为微

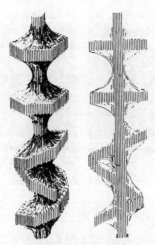

图 12.14　串晶的内部分子链构象结构示意图[30]

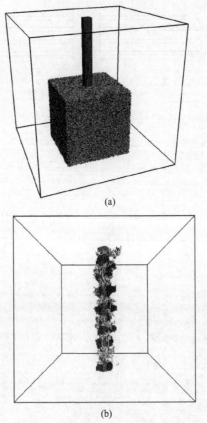

图 12.15　分子模拟展示伸展链纤维诱导的片晶生长[32]

(a) 初始态中只显示一半空间的无定形链；(b) 中心纤维在 $5.8E_c/k$

熔化 $2.6×10^5$ MC 周期然后在 $4.3E_c/k$ 等温结晶 $1×10^5$ MC

周期的熔化链（灰色）优先结晶诱导周围的无定形链结晶（只画黑色结晶部分）

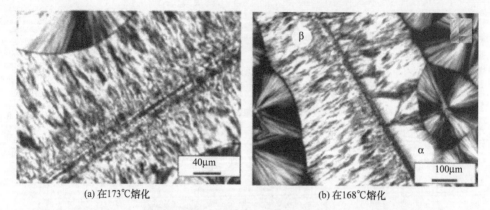

(a) 在173℃熔化 　　　　　　　　　　　(b) 在168℃熔化

图 12.16　iPP 纤维分别在 173℃ 和 168℃ 熔化后再在 138℃ 等温结晶

6h 的偏光显微镜照片（图中的 α 和 β 分别表示 iPP 的不同晶型）

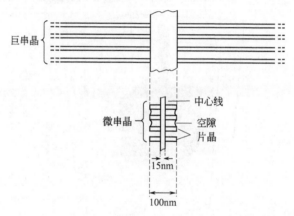

图 12.17　巨串晶内部的中心纤维仍然包含微串晶的

多层次结构示意图[37]

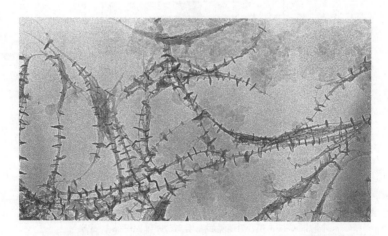

图 12.18　单壁碳纳米管诱导聚乙烯结晶生成串晶结构的明场透射电镜照片[38]

串晶（micro-shish-kebab），Keller 和 Willmouth 于 1969 年首先用硝酸刻蚀纤维晶证实了微串晶结构的存在[36]。这一结构对上述方法得到的纤维晶具有普遍性。

碳纳米管对聚乙烯具有表面外延附生诱导结晶的功能，如图 12.18 所示是单壁碳纳米管诱导的串晶结构[38]。

串晶的中心纤维究竟需要多粗，才能够诱导片晶的生长？分子模拟表明，即使是单个伸展链，也能诱导串晶结构的生成，如图 12.19 所示[39]。温度较低时，

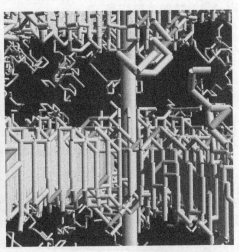

(a) 在温度2.5E_c/k下等温结晶1.18×10^{5}MC周期　　　　　(b) 局部放大图(a)可看到折叠链片晶细节

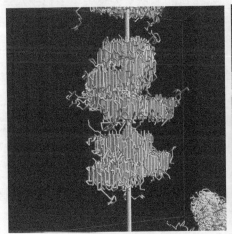
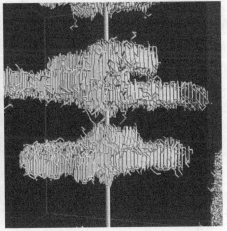

(c) 在2.381E_c/k下等温结晶1×10^{4}MC周期　　　　　(d) 继续发展到5×10^{4}MC周期

图 12.19　分子模拟单根伸展链诱导的亚浓溶液中 32-mer 折叠片晶的快照[39]

（图中每条键画成灰色圆柱，中心伸展的链被放大）

片晶的生成概率增大，彼此靠拢。可以看到片晶之间的左右不对称合并，并进一步发展成螺旋阶梯结构，如图 12.19(c) 和（d）所示。这样一组螺旋多层片晶与球晶早期的轴晶实验观察结果一致。单根链能够诱导串晶的出现，突破了传统的异相成核的基本原理，这里不再提供外来表面降低结晶成核的表面自由能位垒，而是通过吸附取向来提高结晶成核的热力学驱动力。

串晶的复杂结构决定了其复杂的热性质，在 DSC 升温曲线上表现出多重熔融峰，其中较低的熔点对应于附生片晶。

12.2.3　拉伸诱导结晶

1805 年，英国盲人哲学家 Gough 在一封信中写道，在拉伸天然橡胶的一瞬间，他的嘴唇感受到一丝温暖[40]。天然橡胶最早被 Staudinger 于 1920 年鉴定为长链大分子结构[41]。Katz 采用 X 射线衍射技术发现，当天然橡胶在室温下拉伸到 250% 的应变时即开始结晶[17]。按照 Treloar 有关橡胶弹性的专著记载[42]，天然橡胶拉伸到 500% 应变时由于结晶相变潜热的释放，温度能上升 10K，而从 100% 应变时由于构象熵的绝热损失而升温，外推到 500% 应变时不到 1K，可见 Gough 所能感受到的温暖主要来自于天然橡胶的拉伸诱导结晶。各种实验手段均发现，当应变增加时，拉伸诱导的结晶形貌会由球晶转变为纤维晶或串晶[43~54]。后者所带来的高分子链高度取向不仅为天然橡胶带来明显的应变增强，有利于橡胶轮胎的性能提高，也为模铸塑料、拉伸薄膜和纺丝纤维带来了较高的力学性能。

我们知道，晶体的取向主要由结晶初级成核所调控。在静态无定形高分子体系，结晶倾向于生成亚稳的折叠链片晶，后者进一步堆砌成球晶。拉伸高分子链可以有效地减少链折叠，从而获得更高的晶体稳定性。从热力学角度看，拉伸链具有较小的构象熵，初始熵更接近结晶态，从而升高晶体的平衡熔点。1947 年 Flory 提出拉伸诱导的纤维结晶是从取向的缨状微束晶开始的[18]。然而根据 Zachmann 的估计，缨状微束晶核的茎杆端表面自由能高达 335mJ/m^2[55]，比折叠链端表面自由能 90mJ/m^2 高 3.7 倍[1]。这一差别显然不利于前者方式的成核发生。

按照经典的成核理论，从静态体系中发生折叠链结晶成核，高分子初级成核自由能位垒可以表达成：

$$\Delta F_{\text{folding}} = \frac{8\pi\gamma^2\gamma_e}{\Delta f^2} \tag{12.2}$$

式中，γ 和 γ_e 分别表示侧表面和端表面的自由能密度；Δf 是晶体熔融自由能，其大致等于 $\Delta h(T_m - T)/T_m$；Δh 是熔融焓；T_m 为平衡熔点。上式可表达成温度约化的形式，即：

$$\frac{\Delta F_{\mathrm{folding}} \Delta h^2}{8\pi \gamma^2 \gamma_{\mathrm{e}}} \approx \frac{T_{\mathrm{m}}^2}{(T_{\mathrm{m}} - T)^2} \tag{12.3}$$

拉伸高分子可显著升高晶体的平衡熔点，于是对拉伸诱导的缨状微束晶核，其自由能位垒可相应地约化表达成：

$$\frac{\Delta F_{\mathrm{fringed}} \Delta h^2}{8\pi \gamma^2 \gamma_{\mathrm{e}}} \approx \frac{m T_{\mathrm{m2}}^2}{(T_{\mathrm{m2}} - T)^2} \tag{12.4}$$

式中，T_{m2} 是拉伸导致升高的熔点；m 为缨状微束晶核与折叠链晶核的端表面自由能密度之比。随着拉伸应变的增大，式（12.4）右侧分母的过冷度增大有可能超过分子平衡熔点的增大，使得缨状微束晶核的自由能位垒降低到折叠链晶核的自由能位垒之下，于是会发生成核方式的转变，带来相应的实验观测到的结晶形貌的转变。这意味着只有在此临界应变之上结晶，高分子的力学性能才有可能得到改善。

分子模拟可以证明以上的情景是合理存在的[56]。图 12.20 为均匀拉伸本体 128-mer 链的两端，在一系列温度下发生的等温结晶过程。可以看到，温度越高，起始结晶所需的应变就越大。这与天然橡胶的实验观测结果是一致的[57]。

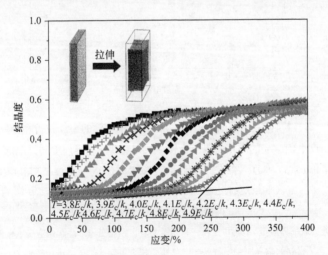

图 12.20　分子模拟观察恒定慢速拉伸过程中在一系列温度下的等温结晶过程[56]（右下方示意结晶起始应变的读取方法。内插图是拉伸过程的快照）

我们观察在拉伸过程中新产生的包含 50～200 个平行排列键的小晶粒端表面发生近邻折叠的分数，其结果如图 12.21(a) 所示，可以明显地看到链折叠分数的台阶式下降，这一下降预示着成核方式的转变。我们读取图中箭头所示的临界应变，并将其与图 12.20 所得到的结晶起始应变进行比较，如图 12.21(b) 所

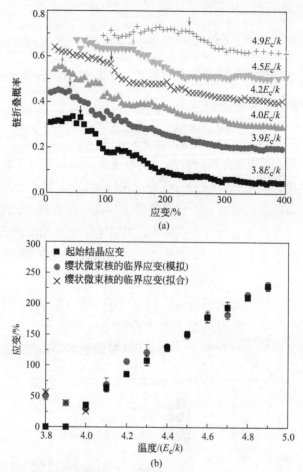

图 12.21　拉伸过程中包含 50～200 个平行排列键的小晶粒折叠分数在
一系列温度下随应变的变化曲线及比较一系列温度下临界应变与结晶起始应变

（a）拉伸过程中包含 50～200 个平行排列键的小晶粒折叠分数在一系列温度下随应变的变化曲线

（曲线依次向上移动错开 0、$0.15E_c/k$、$0.25E_c/k$、

$0.35E_c/k$、$0.45E_c/k$ 和 $0.55E_c/k$，以便于观察，

由台阶开始处读取临界应变）；（b）比较一系列温度下临界应变与结晶起始应变（在低温区模拟

得到的临界应变还与 $m=1.52$ 理论拟合得到的结果进行比较）

示。在高温区，二者相互重叠，表明折叠分数的下降是由拉伸诱导结晶成核所
致，产生典型的缨状微束晶粒。而在低温区，临界应变大于结晶起始应变，说明
自发的结晶成核仍然保持折叠链结晶成核的特点，只有当应变足够大时，才有可
能观察到成核途径的变化。在低温区的临界应变反映的是理论上所预期的成核方
式变化，我们可以将其与式（12.4）和式（12.3）的竞争结果作一个比较。

我们采用 Flory 的熔点升高理论预测结果式（12.1），其中链长 $N=128$ 个链单元，T_m 由格子统计平均场理论估计为 $5.0E_p/k$，$\Delta h = (q-2)E_p/2$ 可根据立方格子的配位数 $q=26$ 减去 2（扣除两个沿链相连的键），对称因子 $1/2$ 是由于平行键对相互作用，ε 代表应变。如果我们取 $m=1.52$，式（12.2）所预测的约化成核位垒将在特定的温度下与式（12.3）的预测结果相交，如图 12.22 所示，这意味着在相交点左侧，拉伸应变不足时，折叠链成核的自由能位垒较低，比较有利，而在相交点右侧，拉伸应变足够大时，缨状微束成核的自由能位垒较低，变得比较有利。如图 12.21（b）所示，在低温区，理论预测的相交点应变与分子模拟所得到的临界应变符合得很好。$m=1.52$ 尚小于 Zachmann 所估计的 $3.7E_c/k$ 这个理想的结果，说明实际结晶成核并不完美，缨状微束晶核中仍包含有少量链折叠，而折叠链晶核也包含有纤毛和环圈。

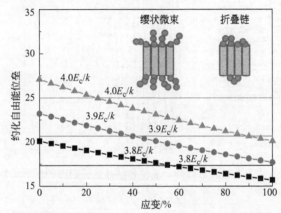

图 12.22　由式（12.2）和式（12.3）所得到的约化成核自由能位垒

（分别对应水平直线和点划曲线）在 $m=1.52$ 时的计算结果[56]

［在附近所标示的同一温度下的曲线相交点给出临界应变值，并与模拟结果在

图 12.21（b）中进行比较。内插图为折叠链和缨状微束晶核示意图］

　　在结晶初期的预拉伸可以显著影响最终的结晶形态。Andrews 早期提出的形态演变模式逐渐被近年来的实验观测所证实，如图 12.23 所示，不同拉伸比导致截然不同的形态学特征[58]。

　　图中应变达 50% 时的结构与自成核导致的轴晶相似，已被 Vaughan 和 Bassett 在球晶生成的初期观测到[59]，可见短纤状种子核生成与熔体中存在的低应力有关，在应变达 400% 时，生成取向的纤维晶，这也与塑料中的银纹现象和橡胶中的应力发白现象一致。

　　片晶或球晶在单轴外力作用下会变形取向形成纤维晶。例如结晶高分子材料的断裂表面往往会观察到被拉出来的纤维晶，如图 12.24 所示。包含取向的折叠链晶体的单向拉伸膜可通过纤维化来生产纤维。

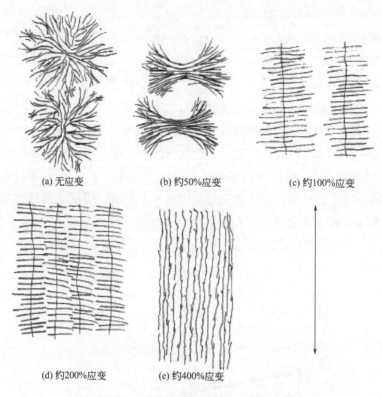

(a) 无应变　　　　　　　　(b) 约50%应变　　　　　　　(c) 约100%应变

(d) 约200%应变　　　　　(e) 约400%应变

图 12.23　预应变效应对高分子成核和结晶生长形态的影响示意图[58]

(箭头指应力方向)

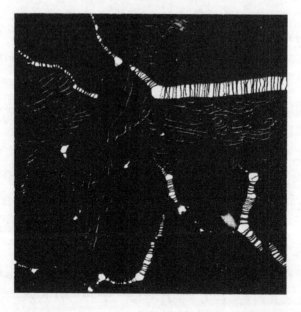

图 12.24　聚乙烯单晶拉伸破裂后在碎片之间产生的丝状连接[60]

　　半结晶高分子拉伸变形的微观机理一直是研究热点问题，对我们理解塑料的力学性能以及薄膜拉伸调控机制具有重要意义。门永锋及其合作者提出在拉伸变形的早期，半结晶高分子的高模量来自于硬弹性体片晶交织而成的网络，剪切屈服时折叠部分的分子链开始被拉出片晶，片晶随即破碎成小晶块，在随后的细颈化过程中，越来越多被从晶体中拉出来的伸展非晶链会发生拉伸诱导的重结晶，形成纤维晶结构，如图 12.25 所示，材料的力学性能因取向而得以改善，当然最终的断裂强度还与高分子链缠结网络有关[61]。

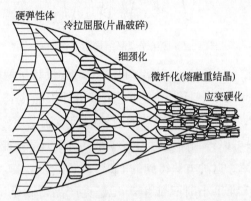

硬弹性体

冷拉屈服(片晶破碎)

细颈化

微纤化(熔融重结晶)

应变硬化

图 12.25　半结晶高分子织态结构在冷拉过程中的微结构演变示意图[62]

　　纤维晶通常被认为其内部包含有大量不完善区的伸展链晶体，但是分子链并未达到完全伸展的链构象，仍具有少数几次折叠。纤维晶不仅有相对外延生长片晶较高的熔点，其熔点甚至可高于晶体的平衡熔点，表现出较大的过热性。显然，这是应力取向稳定化的结果。这一效应还使得超高分子量聚乙烯（UHM-WPE）纤维在常压下出现正交晶相向六方晶相的转变，转变温度为 164℃，高于 PE 的平衡熔点（146℃），而六方晶相的熔点更高达 179℃[63]。取向效应与高压效应的一致性与高分子结晶的分子本质密切相关，这有待进一步的研究。

　　纤维晶的研究得到了产业界的瞩目，正是因为高度取向的材料预计有很高的力学性能，例如 PE 纤维的理论计算抗张强度为 19GPa[64]，杨氏模量达 220～324GPa[65]，不同的计算方法得出的结果有所差别，考虑到钢丝的模量约 200GPa，开发近乎理想 PE 纤维晶的意义将不言而喻。

　　但通常纺丝方法制备的 PE 纤维晶只有 5～10GPa 的模量，远远低于理想值，结构上的分析表明存在大量的折叠链引入了缺陷，这是附生结晶所致，因此要制备高性能 PE 纤维，必须尽量减少折叠链的生成，或者让折叠链片晶相互交错，形成一种互锁结构，如图 12.26 所示[66]。

　　Frank 指出要使链充分伸展，溶液生长的纤维晶所处的延伸流动场要比剪切

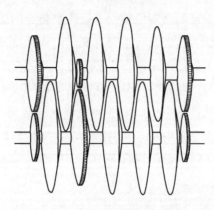

图 12.26　互锁串晶结构示意图[66]

流动场更重要[67]。据此，Zwijnenbergt 和 Pennings 设计了两种溶液生长高性能 PE 纤维晶的晶种结晶技术[68~70]：一种是溶液沿纤维晶生长方向相对流动，称为 Poiseuille 流；另一种是两相对转动的圆桶间溶液流动，称为 Couette 流，种晶紧贴转动的内桶壁可以得到高速生长，这种得到高力学性能纤维晶的制备方法称为"表面生长技术"。这种方法得到的 PE 纤维可达 100GPa 的模量和 4GPa 的抗张强度。但每根纤维每小时只能生产几毫克产品，满足不了工业化生产的需要。

引入现代纺丝技术，从 PE 稀溶液中凝胶纺丝并经过十几倍到上百倍的拉伸，也可得到高强纤维，Kalb 和 Pennings 得到 106GPa 模量、3GPa 强度的 PE 纤维[71]，Smith 和 Lemstra 也得到 90GPa 模量、3GPa 强度的纤维制品[72]，超高分子量 PE（UHMWPE）凝胶经 130 倍拉伸成膜后，可达 150GPa 模量[73]，这种方法单丝每小时可生产 1g 产品，工业化以后成为 Dyneema 和 Allied Signal 等牌号的超高分子量聚乙烯高强纤维。

随后发展起来的 UHMWPE 溶液结晶体固态挤压、超拉伸技术，使得接近理想 PE 纤维的性能成为现实，在超过 200% 拉伸后，PE 纤维的模量稳定在 210~220GPa，抗张强度达 4GPa[74,75]。另外，凯夫拉纤维通过液晶态取向纺丝成型可以制成高强度芳纶纤维，可用于制作防弹服[76]。

12.2.4　流动诱导结晶

流动诱导结晶之所以为学术界所关注，主要是因为注塑成型时在模具表面附近出现高度取向的纤维晶皮层和远离表面的球晶芯层。该皮层结构对塑料制品的外观、表面耐磨性以及表面硬度均具有重要意义。傅强课题组采用动态保压技术，可以有效地增厚具有较高强度的皮层结构，如图 12.27 所示，并且在过渡区还观察到靠近皮层的多重纤维轴以及远离皮层的单根纤维轴，如图 12.28 所

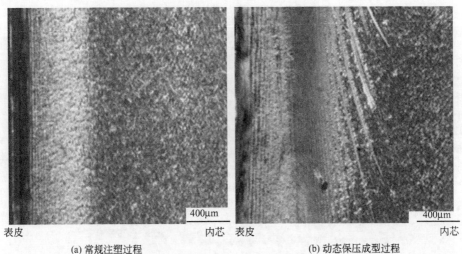

(a) 常规注塑过程　　　　　　　　　　(b) 动态保压成型过程

图 12.27　iPP 在模具表面附近形成皮芯层结构的偏光显微镜照片[77]

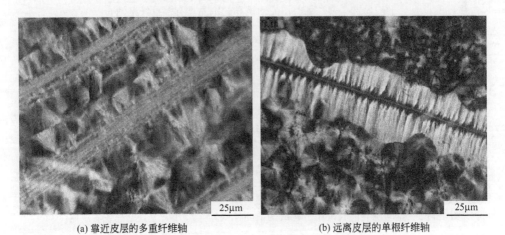

(a) 靠近皮层的多重纤维轴　　　　　　(b) 远离皮层的单根纤维轴

图 12.28　iPP 在皮芯层之间过渡区的串晶出现靠近皮层的
多重纤维轴和远离皮层的单根纤维轴[77]

示[77]。这些纤维轴诱导 β 晶形成串晶，成为 iPP 基质中的复合增强组分。

　　这种多重纤维轴在聚乙烯本体结晶[78]以及溶液结晶[79]均已经被观察到，如图 12.29 所示。

　　流动诱导的高分子结晶实际上是拉伸诱导高分子结晶在流动场中的体现。只不过这里允许分子链发生更多的松弛，使得成核过程和随后的片晶生长过程的差别更加显著，导致更容易看到串晶结构。稀溶液体系中的郎之万动力学分子模拟可以清楚地看到这样的先后过程[80]。因此流动诱导高分子结晶的核心问题是 shish 的产生机制，特别是结晶成核早期的取向诱导机理。有的文献也将早期的取向结构称为

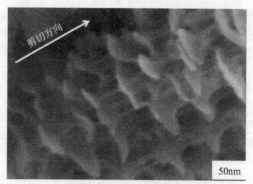

(a) 熔体含2%超高分子量级分[78]

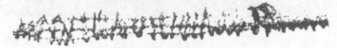

(b) 溶液中生成的多重轴串晶[79]

图 12.29 聚乙烯剪切流动诱导的串晶具有多重纤维轴

"前驱体"（precursor）。Rastogi 等人观察到双峰分子量分布的聚乙烯在高温区存在主要由长链组分取向构成的亚稳的取向无序畴，如图 12.30 所示[81]。

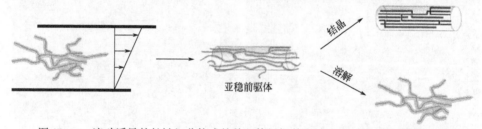

图 12.30 流动诱导的长链组分构成的前驱体根据其尺寸决定其结晶或者溶解[81]
（灰色长条表示包含长链的管道）

对 shish 晶结构的分析有利于我们了解其产生机制。Keller 提出中心细长的纤维由伸展长链所构成[22]，但是 Yeh 和 Hong 认为其中仍然包含了部分折叠链[82]。确实，经过刻蚀实验的观察，在中心纤维晶中仍然是一个包含有折叠链的致密的串晶结构，如图 12.17 所示。Keller 等人随后也接受了中心 shish 不全是伸展链的观点[79]。

Pennings 最早认为在流动场中成核的缨状微束晶表面，长链分子由于剪切流动作用，将沿着 c 轴方向持续生长[83]，形成 "shish"，如图 12.31 所示。沿着这个思路也有分子模拟的证明[84,85]。但是 Petermann 等人观察到 shish 晶可以继续发展进入没有拉伸的熔体部分，如图 12.32 所示[86]。虽然所谓没有拉伸的熔体部分肯定有局部区域受到拉伸那侧的影响，这一现象至少说明流动不是

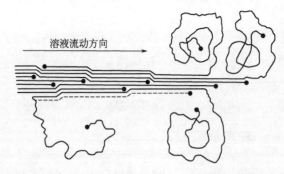

图 12.31　Pennings 提出的剪切流动场中纤维晶生长过程示意图[1]

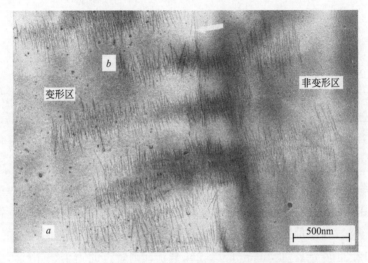

图 12.32　iPS 的暗场透射电镜照片[86]（样品制备
于 230℃。左侧由于底部支持的碳膜开裂导致样品
被部分拉伸，右侧没有开裂部分则不被拉伸）

shish 沿着 c 轴发展的必要条件。

1979 年 Hoffman 则提出，shish 是沿着伸展的链方向发生多重缨状微束晶，彼此由 tiemolecules 相连接[87]。最近，Alfonso 等人的观测结果也支持 Hoffman 的模型，他们发现 shish 熔化时，会形成间隙，不像伸展链纤维熔化所预期的那样，说明 shish 中晶体沿着 c 轴方向不连续，如图 12.33 所示[88]。

shish 晶的产生还与不同分子量级分的高分子链在流动场中的松弛行为不同有密切的关系。分子动力学模拟可以观察到聚乙烯链成核速率、链伸展速率和构象松弛速率之间的竞争[90]。少量的长链级分在短链共混物中共结晶是在流动场中形成串晶结构的关键。Kornfield 等人证明必须要有少量足够高分子量的组分存在，才能观察到 shish 晶的出现[91]。Hsiao 等人则观察到长链组分构成一个网

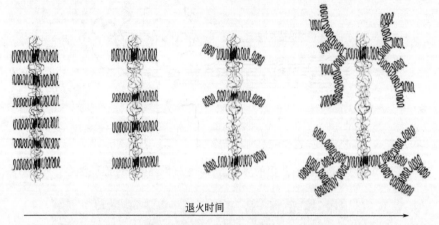

退火时间

图 12.33　shish 晶内部不连续导致部分熔化之后
产生稀疏的球晶[89]

络结构[92]。那么，缠结的长链网络对取向诱导结晶是如何起作用的呢？实验发现，如果拉伸速率高于高分子链的松弛速率，在 PET 中将看不到结晶的发生[93]。这说明高分子链的松弛过程很重要。长链组分相对松弛比较慢，其保留了高度的取向，将优先参与结晶。

长短链松弛的取向诱导结晶计算机模拟也证实，由于长链松弛较慢而短链松弛较快，当结晶发生在短链已经松弛下来而长链尚来不及完全松弛时，保持一定取向的长链将优先结晶，成为高度取向的晶核，短链则在长链晶体表面上附生结晶，如图 12.34 所示。如果长链聚集成纤维状，则短链的附生结晶就可以生成串晶结构[94]。

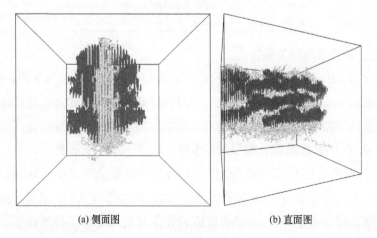

(a) 侧面图　　　　　　　　　(b) 直面图

图 12.34　分子模拟长短链混合体系中长链 128-mer 由于取向松弛较慢而
优先结晶（灰色），从而诱导短链 32-mer 附生结晶（黑色）

接下来的问题是，长链是否由此成为构成 shish 晶的所有组分，就像单链也能诱导 kebab 晶的出现，还是一个协同作用的过程[95]。实验观察到当长链组分的浓度接近于其相互交叠浓度时，shish 晶成核被增强的效果最显著[91]。小角中子散射实验也证实，shish 晶的出现，长链组分只起到催化剂的作用，短链组分也会参与到 shish 晶之中[96]。李良彬等人也观察到长链网络的拉伸，可以引发 shish 晶的出现，其中短链起重要作用[97]。

Hashimoto 等人则详细研究了高分子溶液在溶液纺丝过程中的流动诱导分凝机制，发现其与 shish 晶的形成过程密切相关，如图 12.35 所示[98,99]。类似的机理也可能存在于剪切流动诱导的本体结晶成核过程中。

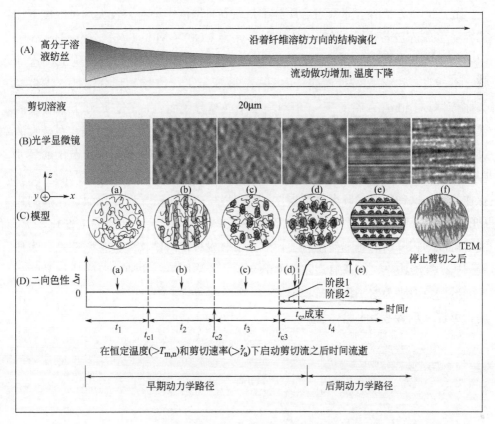

图 12.35 高分子溶液纺丝成型早期的组分分凝和结晶
过程示意图[99]

Hikosaka 等人在压力诱导成型过程中也观察到细小纳米尺度晶粒的形成，称其为"取向的纳米晶"（nano-orientedcrystals）。其可以将塑料的强度提高好几倍，iPP 断裂时的抗张强度达到 2.1×10^2 MPa，其可以与金属材料相当，耐热性也提高到 176℃[100]。

12.3　高分子结晶冻胶

热可逆性凝胶也称冻胶，英文为 thermo-reversible gel。不同于通过化学交联生成的永久性凝胶体，它是通过所谓的物理交联点形成三维网状结构的胶体，这种物理交联方式经 X 射线衍射及其他辅助方法可以证实有可能通过结晶态连接，因而升温和降温可以可逆地得到凝胶态[101~103]。根据结晶冻胶的生成条件可以分为两大类，每类有各自特殊的冻胶结构及性能。

12.3.1　静态条件

静态的高分子溶液体系当溶质分子量较高且浓度中等时，较大的过冷度下往往容易生成冻胶，出现冻胶的临界浓度标为 CGC（critical gelation concentration）。Berghmans 等人指出，完全非晶高分子将由于玻璃化转变而生成固态冻胶，不透明，T_g 不随浓度而变，如图 12.36 所示[104]。T_g 与相分离的交点也有人称其为 Berghmans 温度 T_B；但对完全结晶高分子而言，静态条件下只有结晶很慢的体系才容易生成冻胶，如 iPS、iPMMA、S-PMMA 和 PVC 等，在较大的过冷度下生成透明的冻胶，可能是因为有序核不需生长到可见光波长范围的尺寸即已稳定存在，这种小尺寸的晶区据猜想主要是缨状微束晶，称为 Type I 冻胶。有趣的是，这种所谓的胶束晶熔点 T_m 表现得与玻璃化转变温度相似，比规则片晶的熔点 T_m 低得多，几乎接近 T_g，如图 12.37（a）所示，且随浓度变化不大，说明可能与相分离的相互作用有关。对于 iPS 发现此时链构象近乎全反式，为伸展的 12_1 螺旋构象，而非通常晶体中的 $TG3_1$ 螺旋构象，这种可以较快结晶的特殊伸展构象似乎为溶剂作用所稳定[105]。有关溶液体系中结晶与相分离的相互作用，可进一步参考本书第 4 章。

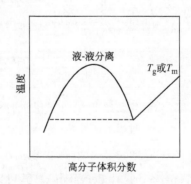

图 12.36　玻璃化转变温度 T_g 或结晶温度 T_m 与相分离曲线相互作用示意图

过冷度稍小一些即生成浑浊不透明的冻胶，不透明被认为是生成片晶所致。

其被称为 TypeⅡ冻胶。通常认为是夹在胶束晶网孔中间，但也可能片晶间连系分子参与网络的形成。当冻胶被单向拉伸时，X 射线衍射证明片晶沿拉伸方向取向，即片晶中的链垂直于拉伸方向，这明显有别于胶束晶的平行取向行为[101]。

对于结晶-非晶组分共聚物，随着非晶组分含量增大，CGC 将增大，生成冻胶所需的过冷度也增大，且片晶为主的悬浊冻胶将转而只生成透明的胶束晶，非晶组分可以是另一种化学结构组分，也可以同种化学组分带支化链无规立构，因而这一体系可推广到并非完全无规的高分子的聚集态结构问题[106]。例如 PVC 是无规高分子，但带有相当部分的间规序列结构，其短程序列有序是可以大量存在的，因而容易生成胶束晶和片晶，正是冻胶相吸附溶胀了相当部分的增塑剂，才保证了 PVC 制品的基本力学性能不因增塑剂的大量加入而破坏。这种大量短程结晶有序区的存在被 X 射线衍射所证实[107]。

12.3.2　流动或搅拌条件

流动和搅拌条件往往应用于取向诱导结晶，以得到高强度的纤维晶，但这一过程也常伴随着凝胶化转变的发生。Pennings 等人最先发现 PE 的二甲苯稀溶液经搅拌生成冻胶[19]。Barham 等人则发现经过预搅拌，静态冷却也能生成这种冻胶[108]。这种冻胶的生成特点是生成所需的过冷度很小，例如 PE 的二甲苯溶液，经搅拌后在 135℃以下即能生成透明的冻胶，95℃以下冻胶浑浊，因为同时生成了片晶[109]。对冻胶结构的细致研究表明其由细小的纤维通过较小的附生片晶相互交联形成三维网络，如图 12.37 所示，即透明冻胶的基本结构是微串晶，温度较低时生成的浑浊冻胶则基于所谓的巨串晶结构。

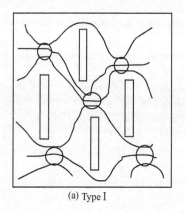
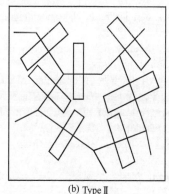

(a) TypeⅠ　　　　　　　　　　(b) TypeⅡ

图 12.37　Type Ⅰ和 Type Ⅱ冻胶结构示意图

Type Ⅰ和 Type Ⅱ冻胶有很明显的区别，首先从生成所需的过冷度来看，Type Ⅰ需要大于通常片晶生成所需的过冷度，而 Type Ⅱ则小于这一过冷度；Type Ⅰ的熔点也比通常片晶的熔点低得多，而 Type Ⅱ则可以高于片晶的熔点；

在加热过程中，Type Ⅰ浑浊冻胶首先解冻，留下悬浊片晶，然后才转变成透明溶液，而 Type Ⅱ浑浊冻胶则首先变成透明冻胶，然后才转变成透明溶液；Type Ⅰ连接方式以胶束晶为主，而 Type Ⅱ 则是微串晶，实际上，正是这种结构上的差别决定了以上诸种热性能及其他性能的差别。

参 考 文 献

[1]　Wunderlich B. Macromolecular Physics. Vol. 2. Crystal Nucleation, Growth, Annealing. New York: Academic Press, 1976.

[2]　Bloor D, Koski L, Stevens G C, Preston F H, Ando D J. Solid state polymerization of bis-(p-toluene sulphonate) of 2, 4-hexadiyne-1, 6-diol. J Mater Sci, 1975, 10: 1678-1688.

[3]　Wegner G. Topochemical reactions of monomers with conjugated triple-bonds. Ⅳ. Polymerization of bis-(p-toluene sulfonate) of 2, 4-hexadiin-1, 6-diol. Makromol Chem, 1971, 145: 85-94.

[4]　Wegner G. Topochemical reactions of monomers with conjugated triple bonds. Ⅰ. Polymerization of derivatives of 2,4-hexadiyne-1,6-diols in the crystalline state. Z Nturforsch, 1969, 24b: 824-832.

[5]　Carazzolo G, Leghissa S, Mammi M. Polyoxymethylene from trioxane by solid state polymerization: A case of twinning in a synthetic polymer. Makromol Chem, 1963, 60: 171-190.

[6]　Colson J P, Reneker D H. Polyoxymethylene crystals grown within irradiated trioxane crystals. J Appl Phys, 1973, 41: 4296-4313.

[7]　Mateva R, Wegner G, Lieser G. Growth of polyoxymethylene crystals during cationic polymerization of trioxane in nitrobenzene. J Polym Sci, Polym Lett Ed, 1973, 11: 369-376.

[8]　Wegner G. Introductory lecture: Solid-state polymerization. Faraday Discuss, 1979, 68: 494-508.

[9]　Melillo L, Wunderlich B. Extended chain crystals. Ⅷ. Morphology of polytetrafluoroethylene. Kolloid Z Z Polym, 1972, 250: 417-425.

[10]　Blais P, Manley R S. Morphology of nascent ziegler-natta polymers. Science, 1966, 153: 539-541.

[11]　Blais P, Manley R S. Morphology of nascent polyolefins prepared by Ziegler - Natta catalysis. J Polym Sci, Part A-1, 1968, 6: 291-334.

[12]　Guttman J Y, Guillet J E. Mechanism of propylene polymerization on single crystals of α-titanium trichloride. Macromolecules, 1970, 3: 470-472.

[13]　Graff R J L, Kortleve G, Vonk C G. On the size of the primary particles in Ziegler catalysts. J Polym Sci, Part B, 1970, 8: 735-739.

[14]　Wristers J. Nascent polypropylene morphology: Polymer fiber. J Polym Sci, Polym Phys Ed, 1973, 11: 1601-1617.

[15]　Kawai T, Komoto T. Crystallization of polypeptides during polymerization. J Crystal Growth, 1980, 48: 259-282.

[16]　Wunderlich B. Macromolecular Physics. Vol. 1. Crystal Structure, Morphology, Defects. New York: Academic Press, 1973: 343.

[17]　Katz J R. Röntgenspektrographische untersuchungen am gedehnten kautschuk und ihre mögliche bedeutung für das problem der dehnungseigenschaften dieser substanz. Natur-

wissenschaften, 1925, 13: 410-416.

[18]　Flory P. Thermodynamics of crystallization in high polymers. I. Crystallization induced by stretching. J Chem Phys, 1947, 15: 397-408.

[19]　Pennings A J, Van der Mark J M A, Booij H C. Hydrodynamically induced crystallization of polymers from solution: II. The effect of secondary flow. Kolloid-Z Z Polym, 1970, 236: 99-111.

[20]　Wunderlich B, Melillo L. Morphology and growth of extended chain crystals of polyethylene. Makromol Chem, 1968, 118: 250-264.

[21]　Li H, Yan S. Surface-induced polymer crystallization and the resultant structures and morphologies. Macromolecules, 2011, 44: 417-428.

[22]　Keller A, Machin M J. Oriented crystallization in polymers. J Macromol Sci, Part B, 1967, 1: 41-91.

[23]　Wittmann J C, Lotz B. Epitaxial crystallization of polymers on organic and polymeric substrates. Prog Polym Sci, 1990, 15: 909-948.

[24]　Keller A. Unusual orientation phenomena in polyethylene interpreted in terms of the morphology. J Polym Sci, 1955, 15: 31-49.

[25]　Blackadder D A, Schleinitz H M. Effect of ultrasonic radiation on the crystallization of polyethylene from dilute solution. Nature, 1963, 200: 778-779.

[26]　Keller A. Solution-grown polymer crystals. Kolloid Z Z Polym, 1969, 231: 386-421.

[27]　Pennings A J, Kiel A M. Fractionation of polymers by crystallization from solution. III. On the morphology of fibrillar polyethylene crystals grown in solution. Kolloid Z Z Polym, 1965, 205: 160-162.

[28]　White H M, Bassett D C. On row structures, secondary nucleation and continuity in α-polypropylene. Polymer, 1998, 39: 3211-3218.

[29]　Hobbs J K, Humphris A D L, Miles M J. In-Situ atomic force microscopy of polyethylene crystallization. 1. Crystallization from an oriented backbone. Macromolecules, 2001, 34: 5508-5519.

[30]　Pennings A J. Bundle-like nucleation and longitudinal growth of fibrillar polymer crystals from flowing solutions. J Polym Sci, C Polym Symp, 1977, 59: 55-86.

[31]　Geil P H. Polymer deformation. III. Annealing of drawn polyethylene single crystals and fibers. J Polym Sci, Part A, 1964, 2: 3835-3855.

[32]　Cheng S, Hu W B, Ma Y, Yan S. Epitaxial polymer crystal growth influenced by partial melting of the fiber in the single-polymer composites. Polymer, 2007, 48: 4264-4270.

[33]　Li H, Jiang S, Wang J, Wang D, Yan S. Optical microscopic study on the morphologies of isotactic polypropylene induced by its homogeneity fibers. Macromolecules, 2003, 36: 2802-2807.

[34]　Li H, Zhang X, Kuang X, Wang J, Wang D, Li L, Yan S. Scanning electron microscopy study on the morphologies of isotactic polypropylene induced by its own fibers. Macromolecules, 2004, 37: 2847-2853.

[35]　Keller A, Barham P J. High modulus fibers. Plast Rubber Int, 1981, 6: 19-26.

[36]　Keller A, Willmouth F M. On the morphology and orgin of the fibres observed in nascent Ziegler polyethylene. Makromol Chem, 1969, 121: 42-50.

[37]　Barham P J, Keller A. High-strength polyethylene fibres from solution and gel spinning. J Mat Sci, 1985, 20: 2281-2302.

[38]　Li C Y, Li L Y, Cai W W, Kodjie S L, Tenneti K K. Nanohybrid shish-kebabs: Periodically functionalized carbon nanotubes. Adv Mater, 2005, 17: 1198-1202.

[39]　Hu W B, Frenkel D, Mathot V. Simulation of shish-kebab crystallite induced by a single

prealigned macromolecule. Macromolecules, 2002, 35: 7172-7174.

[40] Gough J. A description of a property of caoutchouc. Proc Lit Phil Soc Manchester, 2nd Ser, 1805, 1: 288-295.

[41] Staudinger H. Über polymerisation. Ber Dtsch Chem Ges A/B, 1920, 53: 1073-1085.

[42] Treloar L R G. The Physics of Rubber Elasticity. Oxford University Press, 1975.

[43] Keller A. Perpendicular orientations in polyethylene. Nature, 1954, 174: 926-927.

[44] Keller A. Unusual orientation phenomena in polyethylene interpreted in terms of the morphology. J Polym Sci, 1955, 15: 31-49.

[45] Judge J T, Stein R S. Growth of crystals from molten crosslinked oriented polyethylene. J Appl Phys, 1961, 32: 2357-2363.

[46] Andrews E H. Crystalline morphology in thin films of natural rubber. Ⅱ. Crystallization under strain. Proc Roy Soc Lond A, 1964, 277: 562-570.

[47] Pennings A J, Kiel A M. Fractionation of polymers by crystallization from solution. Ⅲ. On the morphology of fibrillar polyethylene crystals grown in solution. Kolloid Z Z Polym, 1965, 205: 160-162.

[48] Hill M J, Keller A. Direct evidence for distinctive, stress-induced nucleus crystals in the crystallization of oriented polymer melts. J Macromol Sci, Phys, 1969, 3: 153-159.

[49] Samon J M, Schultz J M, Hsiao B S. Structure development in the early stages of crystallization during melt spinning. Polymer, 2002, 43: 1873-1875.

[50] Liu L Z, Hsiao B S, Fu B X, Ran S F, Toki S, Chu B, Tsou A H, Agarwal P K. Structure changes during uniaxial deformation of ethylene-based semicrystalline ethylene-propylene copolymer. 1. SAXS study. Macromolecules, 2003, 36: 1920-1929.

[51] Liu L Z, Hsiao B S, Ran S F, Fu B X, Toki S, Zuo F, Tsou A H, Chu B. In situ WAXD study of structure changes during uniaxial deformation of ethylene-based semicrystalline ethylene-propylene copolymer. Polymer, 2006, 47: 2884-2893.

[52] Zhang C G, Hu H Q, Wang X H, Yao Y H, Dong X, Wang D J, Wang Z G, Han C C. Formation of cylindrite structures in shear-induced crystallization of isotactic polypropylene at low shear rate. Polymer, 2007, 48: 1105-1115.

[53] Mykhaylyk O O, Chambon P, Graham R S, Fairclough J P A, Olmsted P D, Ryan A J. The specific work of flow as a criterion for orientation in polymer crystallization. Macromolecules, 2008, 41: 1901-1904.

[54] Yan T Z, Zhao B J, Cong Y J, Fang Y Y, Cheng S W, Li L B, Pan G Q, Wang Z J, Li X H, Bian F G. Critical strain for shish-kebab formation. Macromolecules, 2010, 43: 602-605.

[55] Zachmann H G Der einfluß der konfigurationsentropie auf das kristallisations-und schmelzverhalten von hochpolymeren stoffen. Kolloid Z Z Polym, 1967, 216-217: 180-191.

[56] Nie Y J, Gao H H, Yu M H, Hu Z M, Reiter G, Hu W B. Competition of crystal nucleation fo fabricate the oriented semi-crystalline polymers. Polymer, 2013, 4: 47.

[57] Toki S, Fujimaki T, Okuyama M. Strain-induced crystallization of natural rubber as detected real-time by wide-angle X-ray diffraction technique. Polymer, 2000, 41: 5423-5429.

[58] Phillips P J. Polymer crystals. Rep Prog Phys, 1990, 53: 549-604.

[59] Vaughan A S, Bassett D C. Early stages of spherulite growth in melt-crystallized polystyrene. Polymer, 1988, 29: 1397-1401.

[60] Keller A. A note on single crystals in polymers: Evidence for a folded chain configuration. Phil Mag, 1957, 2: 1171-1175.

[61]　Men Y, Rieger J, Strobl G. Role of the entangled amorphous network in tensile deformation of semicrystalline polymers. Phys Rev Lett, 2003, 91: 955021-955024.

[62]　胡文兵. 高分子物理导论. 北京：科学出版社，2011: 95.

[63]　Rastogi S, Odell J A. Stress stabilization of the orthorhombic and hexagonal phases of UHM PE gel-spun fibres. Polymer, 1993, 34: 1523-1527.

[64]　Boudreaux D S. Calculations of the strength of the polyethylene molecule. J Polym Sci, Phys, 1973, 11: 1285-1292.

[65]　Sawatari C, Matsuo M. Elastic modulus of polyethylene in the crystal chain direction as measured by X-ray diffraction. Macromolecules, 1986, 19: 2036-2040.

[66]　Odell J A. Keller A, Miles M J. Designing high-modulus polyethylene with lamellar structures. Colloid Polym Sci, 1984, 262: 683-690.

[67]　Frank F C. The strength and stiffness of polymers. Proc Roy Soc London, 1970, A319: 127-136.

[68]　Zwijnenburg A, Pennings A J. Longitudinal growth of polymer crystals from flowing solutions. Ⅱ. Polyethylene crystals in Poiseuille flow. Colloid Polym Sci, 1975, 253: 452-461.

[69]　Zwijnenburg A, Pennings A J. Longitudinal growth of polymer crystals from flowing solutions. Ⅲ. Polyethylene crystals in Couette flow. Colloid Polym Sci, 1976, 254: 868-881.

[70]　Zwijnenburg A, Pennings A J. Longitudinal growth of polymer crystals from flowing solutions. Ⅳ. The mechanical properties of fibrillar polyethylene crystals. J Polym Sci, Polym Lett Ed, 1976, 14: 339-346.

[71]　Kalb B, Pennings A J. Hot drawing of porous high molecular weight polyethylene. Polymer, 1980, 21: 3-4.

[72]　Smith P, Lemstra P J. Ultra-high-strength polyethylene filaments by solution spinning/drawing. J Mater Sci, 1980, 15: 505-514.

[73]　Smith P, Lemstra P J, Pijper J P L, Kiel A M. Ultra-drawing of high molecular weight polyethylene cast from solution. Colloid Polym Sci, 1981, 259: 1070-1080.

[74]　Kanamoto T, Tsuruta A, Tanaka K, Takeda M, Porter R S. On ultra-high tensile modulus by drawing single crystal mats of high molecular weight polyethylene. Polym J, 1983, 15: 327-329.

[75]　Kanamoto T, Tsuruta A, Tanaka K, Takeda M, Porter R S. Super-drawing of ultrahigh molecular weight polyethylene. 1. Effect of techniques on drawing of single crystal mats. Macromolecules, 1988, 21: 470-477.

[76]　Tanner D, Fitzgerald J A, Phillips B R. The Kevlar story—an advanced materials case study. Angew Chem Int Ed, 1989, 28: 649-654.

[77]　Zhou Q, Liu F, Guo C, Fu Q, Shen K, Zhang J. Shish-kebab-like cylindrulite structures resulted from periodical shear-induced crystallization of isotactic polypropylene. Polymer, 2011, 52: 2970-2978.

[78]　Hsiao B S, Yang L, Somani R H, Avila-Orta C A, Zhu L. Unexpected shish-kebab structure in a sheared polyethylene melt. Phys Rev Lett, 2005, 94: 117802.

[79]　Hill M J, Barham P J, Keller A. On the hairdressing of shish-kebabs. Colloid Polym Sci, 1980, 258: 1023-1037.

[80]　Dukovski I, Muthukumar M. Langevin dynamics simulations of early stage shish-kebab crystallization of polymers in extensional flow. J Chem Phys, 2003, 118: 6648-6655.

[81]　Balzano L, Kukalyekar N, Rastogi S, Peters G W M, Chadwick J C. Crystallization and dissolution of flow-induced precursors. Phys Rev Lett, 2008, 100: 48302.

[82]　Yeh G S Y, Hong K Z. Strain-induced crystallization. Part Ⅲ: Theory. Polym Eng Sci, 1976, 19: 395-400.

[83]　Pennings A J, van der Mark J M A A, Kiel A M. Hydrodynamically induced crystalliza-tion of polymers from solution. Ⅲ. Morphology. Kolloid Z Z Polym, 1970, 237: 336-358.

[84]　Graham R S, Olmsted P D. Coarse-grained simulations of flow-induced nucleation in semicrystalline polymers. Phys Rev Lett, 2009, 103: 115702.

[85]　Graham R S, Olmsted P D. Kinetic Monte Carlo simulations of flow-induced nucleation in polymer melts. Faraday Discuss, 2010, 144: 71-92.

[86]　Lieberwirth I, Loos J, Petermann J, Keller A. Observation of shish crystal growth into nondeformed melts. J Polym Sci, Polym Phys, 2000, 38: 1183-1187.

[87]　Hoffman J D. On the formation of polymer fibrils by flow-induced crystallization. Poly-mer, 1979, 20: 1071-1077.

[88]　Azzurri F, Alfonso G C. Insights into formation and relaxation of shear-induced nuclea-tion precursors in isotactic polystyrene. Macromolecules, 2008, 41: 1377-1383.

[89]　Cavallo D, Azzurri F, Balzano L, Funari S S, Alfonso G C. Flow memory and stability of shear-induced nucleation precursors in isotactic polypropylene. Macromolecules, 2010, 43: 9394-9400.

[90]　Ko M J, Waheed N, Lavine M S, Rutledge G C. Characterization of polyethylene crys-tallization from an oriented melt by molecular dynamics simulation. J Chem Phys, 2004, 121: 2823-2832.

[91]　Seki M, Thurman D W, Oberhauser J P, Kornfield J A. Shear-mediated crystallization of isotactic polypropylene. The role of long chain-long chain overlap. Macromolecules, 2002, 35: 2583-2594.

[92]　Somani R H, Yang L, Hsiao B S, Agarwal P K, Fruitwala H A, Tsou A H. Shear-in-duced precursor structures in isotactic polypropylene melt by in-situ rheo-SAXS and rheo-WAXD studies. Macromolecules, 2002, 35: 9096-9104.

[93]　Blundell D J, Mahendrasingam A, Martin C, Fuller W, MacKerron D H, Harvie J L, Oldman R J, Riekel C. Orientation prior to crystallisation during drawing of poly (ethyl-ene terephthalate). Polymer, 2000, 41: 7793-7802.

[94]　Wang M, Hu W B, Ma Y, Ma Y Q. Orientational relaxation together with polydispersi-ty decides precursor formation in polymer melt crystallization. Macromolecules, 2005, 38: 2806-2812.

[95]　Kornfield J A, Kumaraswamy G, Issaian A M. Recent advances in understanding flow effects on polymer crystallization. Ind Eng Chem Res, 2002, 41: 6383-6392.

[96]　Kimata S, Sakurai T, Nozue Y, Kasahara T, Yamaguchi N, Karino T, Shibayama M, Kornfield J A. Molecular basis of the shish-kebab morphology in polymer crystallization. Science, 2007, 316: 1014-1017.

[97]　Zhao B, Li X, Huang Y, Li L. Inducing crystallization of polymer through stretched network. Macromolecules, 2009, 42: 1428-1432.

[98]　Hashimoto T, Murase H, Ohta Y. A new scenario of flow-induced shish-kebab forma-tion in entangled polymer solutions. Macromolecules, 2010, 43: 6542-6548.

[99]　Murase H, Ohta Y, Hashimoto T. A new scenario of shish-kebab formation from homo-geneous solutions of entangled polymers: Visualization of structure evolution along the fi-ber spinning line. Macromolecules, 2011, 44: 7335-7350.

[100]　Okada K N, Washiyama J, Watanabe K, Sasaki S, Masunaga H, Hikosaka M. Elon-gational crystallization of isotactic polypropylene forms nano-oriented crystals with ultra-

high performance. Polym J, 2010, 42: 464-473.

[101]　Keller A. Thermoreversible gelation of crystallisable polymers and its relevance for applications//Structure-Property Relationships of Polymeric Solids, Series books on Polymer Science and Technology. Hiltner A, ed. New York: Plenum Press, 1983: 25-57.

[102]　Guenet J M. Thermoreversible Gelation of Polymers and Biopolymers. Academic Press, 1992.

[103]　Keller A. Introductory lecture. Aspects of polymer gels. Faraday Discuss, 1995, 101: 1-49.

[104]　Berghmans H, Van DenBroeche Ph, Thijs S. Chain structure and solvent quality: Key factors in the thermoreversible gelation of solutions of vinyl polymers//Integration of Fundamental Polymer Sci and Tech-4. Lemstra P J, Kleitjens L A, eds. London and New York: Elsevier Appl Sci, 1990: 11.

[105]　Atkins E D T, Isaac D H, Keller A, Miyasaka K. Analysis of anomalous X-ray diffraction effects of isotactic polystyrene gels and its implications for chain conformation and isomeric homogeneity. J Polym Sci, Phys, 1977, 15: 211-226.

[106]　Mandelkern L, Edwards C O, Domszy R C, Daridson M W. Gelation accompanying crystallization from dilute solutions: Some guiding principles//Microdomains in Polymer Solutions. Dubin P, ed. NY and London: Plenum Press, 1985: 121.

[107]　Lemstra P J, Keller A, Cudby M. Gelation crystallization of poly (vinyl chloride). J Polym Sci, Phys, 1978, 16: 1507-1514.

[108]　Barham P J, Hill M J, Keller A. Gelation and the production of surface grown polyethylene fibres. Colloid Polym Sci, 1980, 258: 899-908.

[109]　Narh K A, Barham P J, Keller A. Effect of stirring on the gelation behavior of high-density polyethylene solutions. Macromolecules, 1982, 15: 464-469.

第四部分　受限高分子结晶

第13章 无规共聚物结晶

13.1 共聚物序列结构的统计学分类

13.1.1 共聚物序列结构的统计学表征

当高分子链序列结构出现缺陷时，例如化学缺陷、几何缺陷或立构缺陷，其对高分子结晶沿着长序列链的发展带来限制，从而影响结晶的热力学、动力学和形态学。因此，我们可以把这类情景归纳为链内受限的高分子结晶。百分之百的结晶高分子由于太脆，并没有太多的实际用途，而正是由于链序列缺陷的引入，使得我们可以调控高分子结晶发生的程度，从而制备出具有很好韧性的半结晶高分子材料。目前市场上占据相当份额的线型低密度聚乙烯（LLDPE），就允许我们根据非晶共聚单元共聚结构的调控，使其从热塑性橡胶弹性体变化到硬塑料体。因此，LLDPE 的序列结构与结晶性能的关系得到了广泛的研究[1~3]。

对于 LLDPE 的链序列结构，可以模拟自由基聚合反应的基本过程，对其产物进行统计学意义上的描述[4]。链序列增长反应服从一个马尔科夫随机过程，每一个序列出现的概率取决于前一个序列的种类和反应概率，称为一级马尔科夫过程（末端模型，terminal model）。如果取决于前两个序列的种类和反应概率，则称为二级马尔科夫过程（倒数第二模型，penultimate model）。后者的动力学过程要复杂得多[5]。

假定单活性中心 Ziegler-Natta 催化剂催化乙烯与 1-辛烯的加成共聚反应，并且链增长只发生在链的末端，服从末端模型，如图 13.1 所示。乙烯链单元表示为 "1"，其单体物质的量浓度为 $[M_1]$；共聚链单元表示为 "2"，其单体物质的量浓度为 $[M_2]$，链增长速率常数表示为 "k"，竞聚率 $r_1 = k_{11}/k_{12}$，$r_2 = k_{22}/k_{21}$，投料比 $F = [M_1]/[M_2]$，于是对应于四种可能的模式，反应概率分别为：

$$P_{11} = \frac{k_{11}[M_1][M_1^*]}{k_{11}[M_1][M_1^*] + k_{12}[M_2][M_1^*]} = \frac{r_1 F}{r_1 F + 1} \tag{13.1}$$

$$P_{12} = 1 - P_{11} \tag{13.2}$$

$$P_{22} = \frac{k_{22}[M_2][M_2^*]}{k_{22}[M_2][M_2^*] + k_{21}[M_1][M_2^*]} = \frac{r_2}{r_2 + F} \tag{13.3}$$

$$P_{21} = 1 - P_{22} \tag{13.4}$$

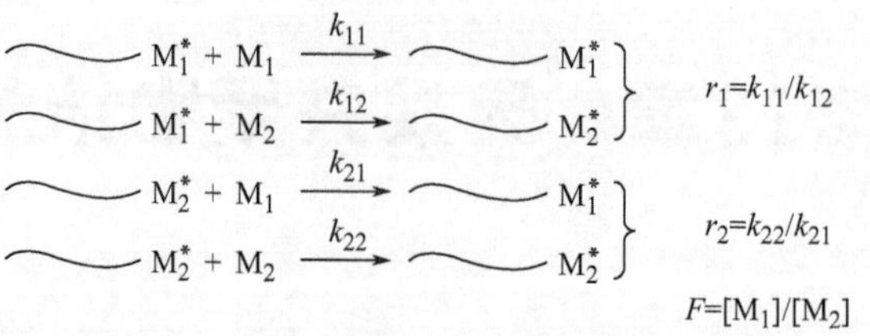

图 13.1 加成共聚反应四种可能的链增长方式示意图
（星号表示链末端带有反应活性基团）

对于长度为 $n > 0$ 的单体序列，其出现的概率为 $P_{21}P_{11}^{n-1}P_{12}$。当 $n = 0$ 时，共聚单元出现的概率则为 P_{22}。两个竞聚率之积 r_1r_2 的值反映了共聚反应产物的序列特征。当 $r_1r_2 = 0$ 时，共聚反应倾向于产生交替共聚物；当 $r_1r_2 = \infty$ 时，共聚反应倾向于产生嵌段共聚物，即优先消耗掉某种单体。只有当 $r_1r_2 = 1$，并且 $r_1 = 1$，同时 $r_2 = 1$ 时，共聚反应才会产生统计学意义上的无规共聚物。共聚合反应发生的投料方式也会影响共聚物的序列分布特征。在大工业连续弯管反应系统中，投料比恒定，于是催化剂的单活性中心意味着固定的竞聚率，共聚单元将均匀地分布在所有的共聚大分子中，这种产物通常称为均匀型共聚物（homogeneous copolymer）。在实验室或中等规模的釜式反应系统中，如果两个竞聚率值不相等，某种单体会优先被消耗掉，导致投料比发生迁移，于是共聚单元在产物大分子中的分布就不均匀，极端的情况甚至可以把共聚产物看作是二元共混物，这种产物通常称为非均匀型共聚物（heterogeneous copolymer）。实际的非均匀型共聚物一般来自于多活性中心的 Ziegler-Natta 催化剂[6~9]。

13.1.2 三种典型的共聚物序列结构模拟

我们采用动态蒙特卡罗模拟方法来研究共聚物的结晶行为[10]。在边长为 64 的立方格子空间中放入 1920 条长链，每条链含有 128 个链序列。一方面，可结晶的链单元和不可结晶的共聚单元的区别可以通过平行排列相互作用参数来体现，即一对平行排列的键，只要其中包含有至少一个共聚单元，E_p 作用就无效。另一方面，通常乙烯基共聚物的共聚单元体积都要比乙烯单元大，不容易进入乙烯单元所组成的结晶区，可以人为地规定共聚单元不能通过链滑移运动进入可结晶单元的平行排列区域。原则上，也可以考虑可结晶的链单元与共聚单元之间的混合相互作用，可因此考察微相分离与结晶之间的相互作用，但是这里为简便起见，先暂时假定无热混合，即两种链单元的相互作用参数为零。甚至我们只考察柔顺链高分子，假定 $E_c = 0$，直接采用 k_BT/E_p 作为约化温度参数。

共聚单元序列分布的统计特征可以通过模拟以上介绍的共聚反应过程来实

现。具体的做法是假定所有固定链长的分子链序列都属于一条超长链序列的某个
片段[11]。该超长链的第一个序列是链单元还是共聚单元，取决于初始投料比。
即产生一个 0～1 之间的随机数与 $F/(1+F)$ 值比较，小于等于该值则选链单
元，否则选共聚单元。随后的链序列服从四种链序列增长反应方式的概率，同样
可通过与随机数比较产生。

　　我们考察了三种典型序列特征的共聚物体系。第一种是均匀型无规共聚物，
$r_1=1$，$r_2=1$，F 取一系列值，对应于零级马尔科夫过程随机统计；第二种稍偏
交替共聚的均匀型无规共聚物，模仿钒系催化剂（$r_1 r_2=0.41$）催化聚合乙烯和
1-辛烯，$r_1=24.7$，$r_2=0.017$，F 也取一系列值以便在产物得到相应的组成比，
对应于一级马尔科夫过程随机统计；第三种是对应于第二种的非均匀型共聚物，
模仿釜式反应，投料比随反应进行而变化，由于竞聚率的巨大差异，导致产物出
现先聚合的链中乙烯含量高，后聚合的链中乙烯含量低。图 13.2 比较了三种共
聚物当共聚单元摩尔分数为 0.44 时，序列长度分布与统计理论值的比较。可以
看出，均匀型共聚物的序列长度比较短，其概率随序列长度几乎呈线性下降。而
非均匀型共聚物的序列长度比较长，分布很宽。图 13.3 比较了三种共聚物中大
分子按照各自不同共聚单元含量的分布，可以看出两种均匀型共聚物的共聚单元
分布很集中，而非均匀型共聚物中的共聚单元分布呈明显的双峰现象。后者实际
上可看作是二元共混物，一个组分可结晶单元含量高，可结晶，另一个组分几乎
不含可结晶单元，所以不能结晶。表 13.1 总结了三种共聚物中可结晶键数随序
列分布特征不同而发生的变化，可以看出，随着共聚单元含量的提高，很自然地
可结晶键数也相应地减少。在同样的共聚单元含量条件下，非均匀型共聚物的可

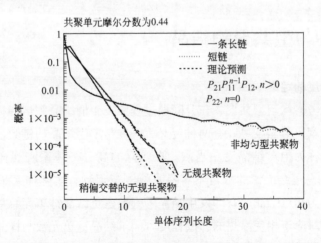

图 13.2　三种典型序列特征的共聚物中序列长度分布模拟和统计预期结果，

可以看出模拟得到的序列长度基本符合理论预期的结果[10]

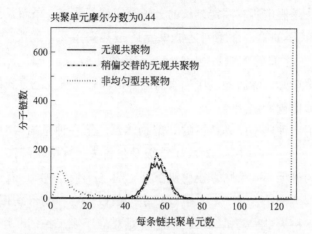

图 13.3   三种典型序列特征的共聚物中大分子按照各自不同共聚单元含量的分布[10]

结晶键数最多，这与链单元集中分布在部分大分子链上有关。偏交替均匀型共聚物的可结晶键数最少，这与交替序列不利于链单元平行排列结晶有关。总之，共聚物的结晶行为不仅与链共聚单元的种类和多少有关，也与其分布特征有关。

表 13.1   三种共聚物对应于一系列共聚单元含量的可结晶键数统计结果[10]

共聚单元摩尔分数	无规共聚物可结晶键数	偏交替均匀无规共聚物		非均匀型共聚物可结晶键数
		F 设计值	可结晶键数	
0.06	215391	0.610	215030	226015
0.12	188462	0.275	187041	208759
0.24	140863	0.108	134806	175529
0.36	99862	0.0541	89679	143174
0.44	76506	0.0356	63563	122111

13.2   均匀型共聚物结晶

13.2.1   结晶度的定义

我们首先考察均匀型共聚物在升降温过程中发生的结晶和熔融行为。要表征结晶发生的程度，结晶度可以有两种定义。一种是发生结晶的键数占可结晶键总数的分数，可称为绝对结晶度。当然，在实际的高分子体系宏观样品中，如表13.1所列出的总可结晶键的数目不容易直接测量得到。实际体系采用的是另一种定义，被称为相对结晶度，即发生结晶的键数占可结晶链单元总数的分数。发生结晶的键数对应于相变潜热的释放程度，而可结晶链单元数与样品中的可结晶链单元的质量相当，对应于样品的总质量乘以可结晶组分的质量分数。这里首先需要界定的是发生结晶的键。在格子模型中，被考察的平行排列相互作用不仅沿着坐标轴方向，还沿着对角线方向，总共有 26 种方向，扣除其中两个沿着链连接的方向，实际上可以有 0～24 之间的近邻平行排列键数目。考虑到有的键处在结晶区域的表面，我们人为规定，如果近邻平行排列键数大于 5，中心的被考察的可结晶键就属于结晶相；如果小于等于 5，该键就属于非晶相。在分子模拟的逐步降温或升温过程中，在每一步温度，我们都可以数出属于结晶相的可结晶键的数目，从而跟踪结晶或熔化发生的程度。

13.2.2　降温和升温结晶度曲线

图 13.4 是分子模拟无规共聚物在一系列共聚单元摩尔分数下从均匀熔体降温结晶然后再升温熔融的相对结晶度曲线。可以清楚地看出，共聚物的共聚单元含量越高，降温开始发生结晶的温度越低，达到的相对结晶度也越低，升温则有明显的迟滞回线现象，相应的熔点也较低。这一结果与实际乙烯-1-辛烯无规共聚物的升降温曲线特征是一致的，如图 13.5 所示。可见，共聚单元的存在明显地抑制了共聚物的结晶温度及所得到晶体的熔点。但是，如果我们考察这一系列无规共聚物的绝对结晶度，如图 13.6 所示，就会看到，共聚单元的含量对最终降温过程得到的饱和结晶度影响不大，约 80% 的可结晶键最终能结晶。如果我们降低结晶度的标准，允许属于结晶相的平行排列键数少于 5，则饱和结晶度还能够更高，这说明基本上所有的可结晶键都能在低温区加入结晶相之中。实际体系所观察到的相对结晶度的降低，可能与结晶度的定义有关。如果降温过程没

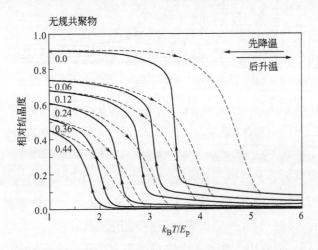

图 13.4　一系列共聚单元摩尔分数的无规共聚物在降温和升温过程的相对结晶度曲线的分子模拟结果[10]　[图中曲线附近标示摩尔分数，箭头标示降温（实线）或升温（虚线）曲线。降温和升温程序为每步温度跃迁 $0.01k_BT/E_p$ 之后松弛 300MC 周期，统计后 200MC 周期的平均结果]

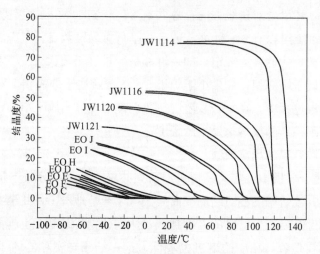

图 13.5　一系列不同共聚单元含量的乙烯基共聚物的降温和升温过程的相对结晶度曲线[12]

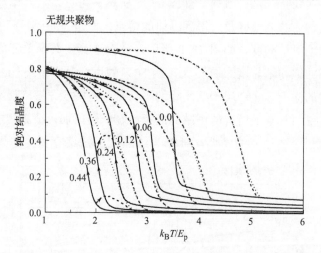

图 13.6　一系列共聚单元摩尔分数的无规共聚物在降温和升温
过程的绝对结晶度曲线的分子模拟结果[10]　[图中曲线附近标示
摩尔分数，箭头标示降温（实线）或升温（虚线）曲线]

有达到饱和结晶度就开始升温，我们在升温曲线上一开始可以看到继续结晶的过
程，这一过程可归因于晶体生长速率大于初级成核速率，一旦结晶成核被引发，
即使立刻升温，晶体生长在一定的温度范围内仍能继续进行。

　　从图 13.6 还可以看出，共聚单元含量越高，结晶和熔融的温度范围也越宽。
有趣的是，被提前的升温熔化曲线很快地与从低温区饱和晶体开始升温的熔化曲
线合并，这说明高温区熔化的晶体主要来自于降温过程中最早发生的结晶过程，
而低温区熔化的晶体只在低温区才被生成。这意味着每个共聚物存在一对降温结
晶和升温熔化主曲线。在某个温度偏离降温和升温程序，只会在局部造成降温和

升温结晶度曲线的偏离。稍微偏交替序列的无规共聚物也表现出同样的现象，如图 13.7 所示。如果我们对某个共聚物样品降温到 $2.0k_BT/E_p$，然后退火不同的时间，再考察其继续降温或升温的曲线，如图 13.8 所示，可以明显地看出，等温退火只局部地偏离降温和升温曲线，在低温区和高温区，这组曲线都合并在一起。类似的现象最早被 Androsch 和 Wunderlich 的共聚物退火结晶和熔融 DSC 实验所观察到，如图 13.9 所示[13]。从实验 DSC 曲线上，也可以明显地看出共聚物降温和升温的主曲线现象。

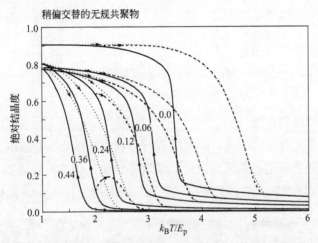

图 13.7　一系列共聚单元摩尔分数的序列偏交替的无规共聚物在降温和升温过程的
绝对结晶度曲线的分子模拟结果[10]　[图中曲线附近标示摩尔分数，
箭头标示降温（实线）或升温（虚线）曲线]

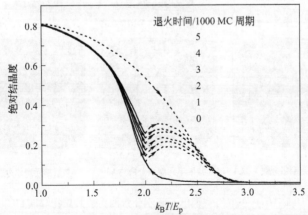

图 13.8　共聚单元摩尔分数 0.36 的序列偏交替的无规共聚物降温到
$2.0k_BT/E_p$ 退火不同时间再降温或升温的绝对结晶度曲线[10]
（箭头标示降温或升温曲线）

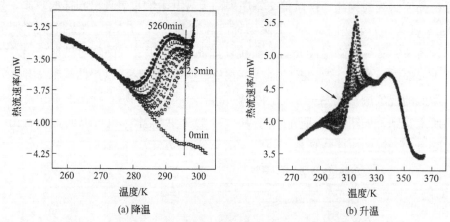

(a) 降温　　　　　　　　　(b) 升温

图 13.9　乙烯-1-辛烯共聚物在降温过程中于 296K 退火不同时间，

然后继续降温和随后升温的 DSC 热流曲线[13]

13.2.3　共聚物结晶形貌

随着共聚单元含量的增大，降温过程所得到的饱和结晶形态也发生明显的退化。如图 13.10 所示是一系列共聚单元摩尔分数的无规共聚物降温到 $k_B T/E_p=$ 1 时的快照。可以看到，只要共聚单元的摩尔分数增加到 0.06，晶体在厚度方向

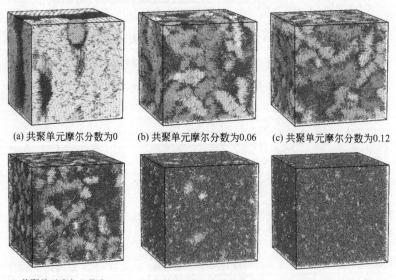

(a) 共聚单元摩尔分数为0　(b) 共聚单元摩尔分数为0.06　(c) 共聚单元摩尔分数为0.12

(d) 共聚单元摩尔分数为0.24　(e) 共聚单元摩尔分数为0.36　(f) 共聚单元摩尔分数为0.44

图 13.10　一系列共聚单元摩尔分数的无规共聚物降温到

$k_B T/E_p=1$ 时的分子模拟快照图[10]（图中灰色小圆柱表示

可结晶键属于结晶相，黑色小圆柱表示可结晶键属于

非晶相或者剩下那些包含不可结晶共聚单元的键）

上立刻得到明显的抑制，这与我们规定共聚单元不允许进入结晶相有关。继续增加共聚单元含量，片晶将逐渐退化为越来越小的晶粒。结合上面降温曲线所反映出来的可结晶键有机会充分结晶的结果，可以想象每一条长链上的可结晶序列分属于不同的小晶粒，从而构成三维的分子链网络，小晶粒像物理交联点一样，使得低密度聚乙烯通常表现出热塑性弹性体的特点[14]。图 13.11 是共聚单元含量为 0.12 的序列偏交替的无规共聚物在降温到 $k_B T/E_p = 1$ 时的快照局部放大，可以明显地看出共聚单元主要富集在片晶表面的非晶区。这是我们合理地规定共聚单元不能加入晶区的结果，也反映了共聚单元对片晶厚度的约束作用。

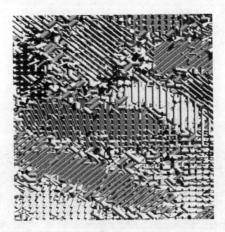

图 13.11　共聚单元摩尔分数为 0.12 的序列偏交替的无规共聚物降温到 $k_B T/E_p = 1$ 时的分子模拟快照局部放大图（图中较细的小圆柱表示可结晶键，较粗的小圆柱表示那些包含不可结晶共聚单元的键）

13.2.4　共聚物结晶的序列长度分凝现象

共聚物结晶和熔融的温度扫描主曲线现象实际上是结晶过程中序列长度发生分凝的反映。也就是说，随着温度从高到低，长可结晶序列将优先发生结晶，并且能生成较厚的片晶，其在升温过程中将较晚熔化。随后在低温区结晶的主要是短可结晶序列，生成较薄的片晶，其在升温过程中将优先熔化。如图 13.12 所示是共聚单元摩尔分数 0.24 的偏交替序列的无规共聚物在降温过程中发生的序列长度分凝现象[15]。这里统计了超过总可结晶序列长度一半的键数发生结晶的那些序列的平均长度，可以看到温度越高，结晶相的平均序列长度越大。

仔细考察图 13.12 过程中的结晶形貌，也可以看到高温先生成的那部分片晶在升温过程中后熔化的现象，如图 13.13 所示。值得注意的是，这种后生长先熔化现象主要发生在片晶边缘，而不是独立的片晶，说明共聚物的插入式片晶生长现象与结晶序列长度的分凝密切相关[16,17]。当温度被调制时，这种在片晶边缘上随温度波动而发生的可逆熔化，很可能是无规共聚物在很宽的熔化温度区域内表现出较高的可逆热容的主要来源，所以 Wunderlich 认为这种可逆热容行为是片晶侧表面上发生可逆熔融的重要证据[13,18,19]。

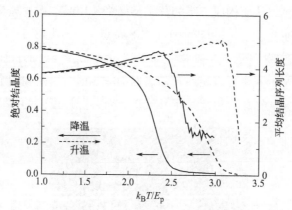

图 13.12　共聚单元摩尔分数 0.24 的序列偏交替的无规共聚物降温和升温过程的绝对
结晶度和平均结晶序列长度的分子模拟结果[15]

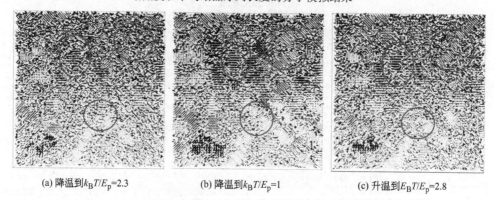

(a) 降温到 k_BT/E_p=2.3　　　　(b) 降温到 k_BT/E_p=1　　　　(c) 升温到 E_BT/E_p=2.8

图 13.13　共聚单元摩尔分数 0.24 的序列偏交替的无规共聚物降温到
k_BT/E_p＝2.3、k_BT/E_p＝1 再升温到 k_BT/E_p＝2.8 时的分子模拟
快照图[15]（图中圆圈关注局部片晶边缘的插入式生长和熔化）

根据这种随序列长度分凝而造成的温度扫描主曲线现象，已经发展了反映分子内序列长度分布的 DSC 分级方法，主要有分步结晶法（step crystallization，SC)[20,21] 以及连续自成核退火法（successive self-nucleation and annealing，SSA)[22]。前者通过降温结晶过程中在一系列温度段逗留一定时间以充分结晶来强化相应的熔化峰，如图 13.14 所示，后者实际上是对前者的一种进一步强化方法，通过避免初级结晶成核，可显著地提高晶体生长过程对序列长度分布的选择，从而提高不同序列长度结晶能力的分辨精度，如图 13.15 所示。这类方法也适用于分析非均匀型共聚物。

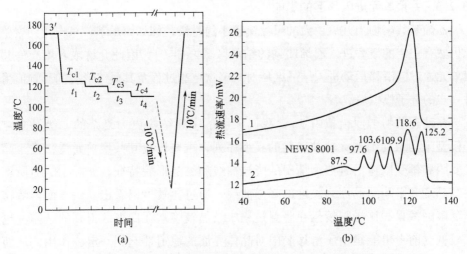

图 13.14　分步结晶法通过强化不同序列长度在各自温度的结晶
以得到相应的熔融峰变化[22,23]

（a）温度程序变化示意图；（b）经过分步结晶的乙烯-1-丁烯共聚物
［4.2％（摩尔分数）共聚单元］的 DSC 升温扫描曲线与
连续降温结晶的升温扫描曲线进行比较
1—连续降温结晶的升温扫描曲线；2—DSC 升温扫描曲线

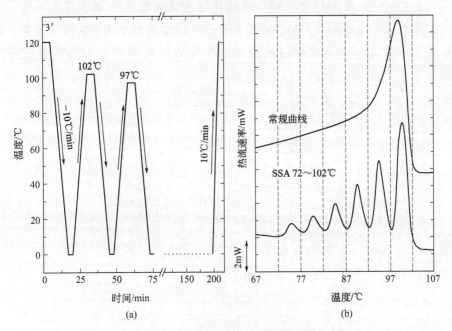

图 13.15　连续自成核退火法通过强化各序列长度的初始
结晶成核以得到相应的熔融峰变化[22]

（a）温度程序变化示意图；（b）经过分步自成核结晶的氢化
聚丁二烯的 DSC 升温扫描曲线与标准连续降温结晶的升温扫描曲线进行比较

13.2.5　共聚单元进入晶区的影响

乙烯基共聚物当共聚单元的尺寸比较小的时候，例如丙烯基，短支化共聚单元仍然有一定的概率进入乙烯序列的结晶区域之中[24]。因此允许或者不允许共聚单元通过链滑移运动进入结晶区域对共聚物结晶过程及其最终形态的影响值得进一步的分子模拟研究。

在动态蒙特卡罗模拟中[25]，我们采用了序列结构更为复杂的二级马尔克夫模型来构筑均匀型无规共聚物的模型序列，主要比较其共聚单元滑移进入晶区受限和不受限这两种典型情况的降温曲线和结晶形貌特征。如图 13.16 所示是结晶度和平均结晶序列长度的降温曲线，通过比较可以看出，一方面，滑移不受限的情景相比受限情景在降温过程中结晶较晚，在低温区得到的结晶度也比较低。前者可能是由于滑移受限对晶体界面的稳定性起到一定的作用，从而提高了整个晶体的热力学熔点；后者则可能是晶区中容纳了较多的共聚单元缺陷，使得结晶度下降。另一方面，滑移不受限的情景相比受限情景在降温过程中的序列长度分凝现象更加明显，这可能是由于剧烈的片晶增厚生长过程允许对滑移中的序列长度的选择更加充分。确实，如图 13.17 所示，滑移不受限的情景将发生更大程度的片晶增厚，导致片晶的侧面生长变得不那么显著。当然，实际高分子体系的片晶增厚还受制于分子链本身在晶区中的滑移能力。除非在高压六方晶相中，实际的乙烯基共聚物体系片晶才有可能得到充分的增厚[26,27]。

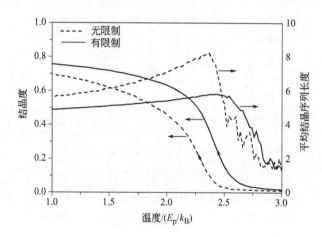

图 13.16　共聚单元滑移受限进入晶区（实线）和不受限进入晶区（虚线）

时一种均匀型无规共聚物在降温过程中的结晶度和平均

结晶序列长度随温度变化曲线[25]（高温区的数据

涨落归因于结晶度低所致的统计采样数据的缺乏）

 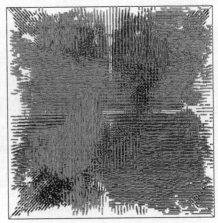

(a) 受限进入晶区　　　　　　　　　　　(b) 不受限进入晶区

图 13.17　共聚单元滑移受限进入晶区和不受限进入晶区时一种均匀型无规

共聚物在降温到 $k_BT/E_p=1$ 时的分子模拟快照图[25]（图中小圆柱

只表示发生结晶的可结晶键。空白处属于那些非晶部分）

13.3　非均匀型共聚物结晶

13.3.1　结晶之前的相分离

　　对于非均匀型共聚物，其升降温曲线与以上所介绍的均匀型共聚物明显不同。如图 13.18 所示，不同共聚单元含量的降温曲线尽管仍然显示共聚单元含量越高，起始结晶温度越低，但明显不如均匀型共聚物那么敏感，温度范围也比相应组成的均匀型共聚物要高。这些现象与一系列非均匀型 LLDPE 的实验观察结果一致[28~31]。而降温过程中的饱和绝对结晶度却表现出对共聚单元含量的敏感性。这是由于此非均匀型共聚物的降温行为更像是共混物的降温结晶曲线。

　　从非均匀型共聚物的共聚单元在大分子中的分布特点可知，如图 13.3 所示，此共聚物更多属于一个二元共混物，其中一个大分子组分能结晶，另一个组分不能结晶。如果我们看降温得到的结晶形貌，如图 13.19 所示，可以明显地看到结晶区域与非晶区域的分离，这种相分离是由于二元组分之间的结晶能力不同所致[15]。这种非均匀型共聚物的片晶形态不会由于共聚单元含量的增加而衰退成小晶粒，仍然保持分离组分本体相中的结晶特点。在结晶发生之前，相分离实际上已经开始，如图 13.20 的含共聚单元数超过 64 的非晶组分分布形貌快照所示。这一现象与 LLDPE 小角中子散射的实验观测结果一致[32]。王浩等人把这种典型的非均匀型共聚物作为共混物体系并系统地研究了其中的相分离与结晶的相互作用[33]。

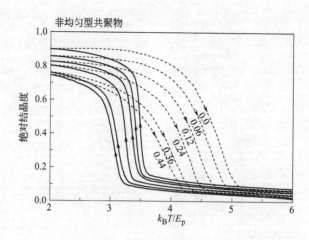

图 13.18　一系列共聚单元摩尔分数的非均匀型共聚物在降温和
升温过程中的绝对结晶度曲线的分子模拟结果[10]
（图中升温曲线附近标示共聚单元的摩尔分数，
箭头指示降温和升温的方向）

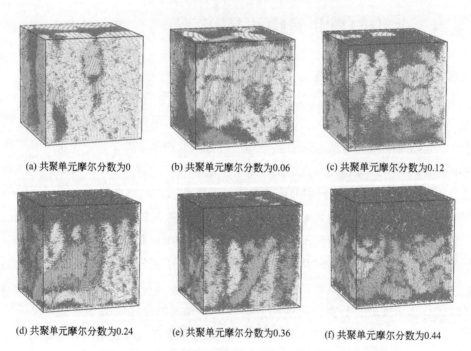

(a) 共聚单元摩尔分数为0　　　(b) 共聚单元摩尔分数为0.06　　　(c) 共聚单元摩尔分数为0.12

(d) 共聚单元摩尔分数为0.24　　　(e) 共聚单元摩尔分数为0.36　　　(f) 共聚单元摩尔分数为0.44

图 13.19　一系列共聚单元摩尔分数的非均匀型共聚物降温
到 $k_BT/E_p=2$ 时的分子模拟快照图（图中灰色小圆柱
表示可结晶键属于结晶相，黑色小圆柱表示可结晶键
属于非晶相或者剩下那些包含不可结晶单元的键）

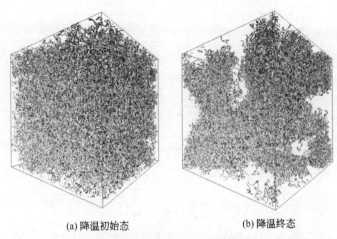

(a) 降温初始态　　　　　　　　　　(b) 降温终态

图 13.20　共聚单元摩尔分数 0.36 的非均匀型共聚物从高温
$k_BT/E_p=6$ 降温到 3.5 时的分子模拟快照图[10]
（图中小圆柱只表示含共聚单元超过 64 的 128-mer 的键）

13.3.2　中间组分对结晶的影响

如果非均匀型共聚物体系中大分子共聚单元的含量没有那么大的差别，还存在中间组分，那么，这些少量的中间组分对非均匀型共聚物结晶形貌及其性能起着怎样的作用呢？在乙丙共聚物与聚丙烯原位共混体系中，这种中间组分确实对产物的力学性能有着重要的意义[34~36]。

首先需要对这种中间组分的含量分布进行鉴定，一般采用的是结晶/溶解分级方法，例如升温淋洗分级（temperature rising elution fractionation，TREF）或者结晶分析分级（crystallization analysis fractionation，CRYSTAF）[37,38]。这些方法主要是利用不同序列含量的高分子链的结晶温度不同而达到对非均匀型共聚物根据其共聚单元含量而分级。目前这类方法已经有了商业化的仪器，可用于非均匀型共聚物根据共聚单元含量不同而进行的结晶分级。如果不需要对共聚物进行分级，只想了解其序列长度的分布，那么采用上面介绍过的 DSC 方法就可以了。

虽然实际非均匀型共聚物主要来自于催化剂的多活性中心，在对模型化合物进行考察时，可采用釜式聚合方式来建立非均匀型共聚物模型。在动态蒙特卡罗分子模拟中，我们假定上面研究的第三种共聚物，即非均匀型共聚物，其竞聚率改变为 $r_1=14.99$，$r_2=0.495$，由此得到的新的非均匀型共聚物（称为系列 B）与原来的（称为系列 A）相比，中间组分变得更多了，如图 13.21 所示[39]。从高温冷却下来时，带有明显中间组分的共聚物 B 也表现出相分离现象的减弱，同时结晶起始温度和饱和结晶度也较低，如图 13.22 所示。结晶能力的削

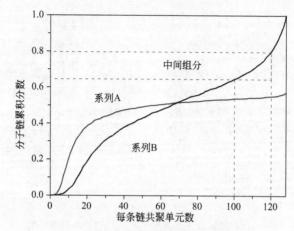

图 13.21　两种非均匀型共聚物其共聚单元含量在

高分子（128-mers）中分布的积分曲线[39]

（两种共聚物均含有 0.54 摩尔分数的共聚单元，其中系列 A 和

系列 B 具有不同的竞聚率值。虚线框出共聚单元含量在

100～120 的高分子组分被定义为中间组分）

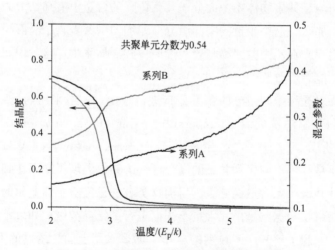

图 13.22　两种非均匀型共聚物降温结晶度和

混合参数曲线的分子模拟结果[39]

（两种共聚物均含有 0.54 摩尔分数的共聚单元，

其中系列 A 和系列 B 具有不同的竞聚率值）

弱是由于相分离不充分，导致富含可结晶高分子相的浓度较低，结晶热力学驱动
力不足。但是，中间组分富集在可结晶组分和不能结晶组分发生相分离的两相界
面区，像两亲性的表面活性剂那样起到了很好的增溶作用，如文前彩图 13.23 所
示，并且使得可结晶相区变小，晶粒变细，从而更好地将晶区和非晶区相互交织

在一起，提高了多相复合合成材料的韧性[35,36]。考察中间组分的序列长度分布，如图 13.24 所示，只存在可结晶单元和共聚单元的短序列，说明中间组分大分子还不是通常的那种两端显著不同的两亲性分子，而是呈现为两亲性短序列的多嵌段分子。

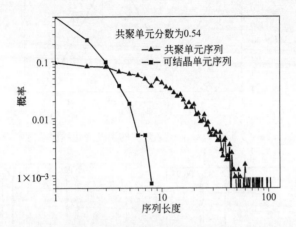

图 13.24　含 0.54 摩尔分数共聚单元的非均匀型共聚物系列 B 的
中间组分可结晶单元序列和共聚单元序列的长度分布曲线[39]

13.4　无规共聚物结晶的特殊记忆效应

高分子熔体结晶速率通常与熔体的热历史有关，一种典型的情景是早期结晶经过不完全熔化以后，会留下自晶种、外来晶核、取向链段或较少链缠结等记忆效应[40~44]，从而在后期降温时的熔体结晶过程中提高结晶温度、加快结晶速率、减小晶粒尺寸，甚至改变晶型结构[45~48]。然而所有这些记忆效应的熔化温度一般以平衡熔点为上限，在熔体结晶的平衡熔点之上，就不太可能留下明显的记忆效应。

无规共聚物的平衡熔点会随着共聚单元含量的增加而下降。当共聚单元含量较高时，最近的实验研究发现即使熔化温度在该共聚物的平衡熔点之上，仍然会有明显的记忆效应[49]。如图 13.25 所示是研究结晶记忆效应的温度程序曲线。先从高温以 10℃/min 降温结晶，然后以同样速率升温到某个熔化温度 T_m 熔化 5min 时间，再以同样的速率降温观察起始结晶温度 T_c。实验考察了一系列不同分子量的共聚物样品，发现低分子量样品没有明显的记忆效应，如图 13.26(a) 所示，只有当分子量足够高的时候，熔化温度才可以在高于理论平衡熔点时，随后的结晶温度仍然被提高了，如图 13.26(b) 所示，这证明特殊的记忆效应存在

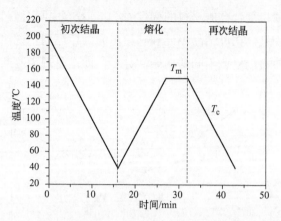

图 13.25　实验研究结晶记忆效应的温度变化程序示意图[49]

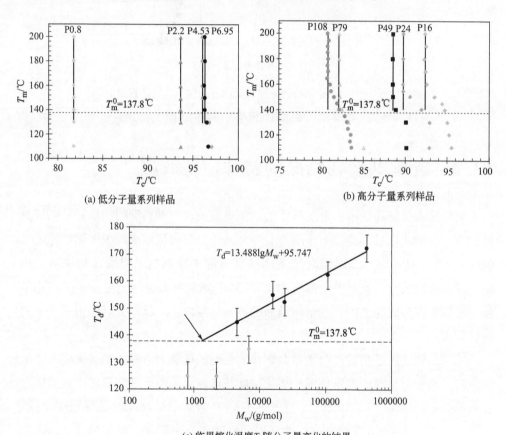

(a) 低分子量系列样品　　　　　　　(b) 高分子量系列样品

(c) 临界熔化温度 T_d 随分子量变化的结果

图 13.26　实验研究观察到乙烯-1-丁烯无规共聚物
[共聚单元 2.2% (摩尔分数)] 的一系列
分子量的结晶记忆效应[49] (水平虚线
是该共聚物的理论平衡熔点 137.8℃)

一个分子量下限，约为 1311g/mol，如图 13.26(c) 所示。这个临界分子量对应于乙烯序列的长度约 93 个 CH_2，伸展茎杆长度约 93Å**❶**，接近一般聚乙烯折叠链片晶在低温区的厚度，暗示低于这个厚度，高温区结晶的折叠链片晶也许不再稳定。这里对无规共聚物理论平衡熔点的估计，是根据 Flory 的平均场热力学理论[50]。该理论假定共聚序列均匀分布在共聚物体系中，从理想稀溶液理论出发，推导出共聚物的熔点降低公式。

　　对这一特殊结晶记忆效应的理解，需要分子模拟的分析证据。我们采用动态蒙特卡罗模拟方法来研究这一现象[51]。我们采用的是上面介绍的第一种统计学意义上的无规共聚物，研究了一系列共聚单元含量的模型样品。对应于实验体系的 DSC 热流速率随温度变化的曲线，我们追踪结晶度 Φ 随温度 T 的程序变化，并展示 $d\Phi/dT$ 随温度变化的模拟结果。首先我们需要确定的是共聚物的平衡熔点，采取的策略是模板诱导的结晶从高温冷却下来的起始温度。模板诱导可以避免大部分的过冷度，使得起始结晶温度接近于热力学平衡熔点。这一方法要比直接观察有限尺寸的小晶体熔点再向大尺寸外推要方便可靠得多。如图 13.27 所示是某一种共聚物样品的平衡熔点读取方法，一系列共聚物的平衡熔点结果总结在图 13.30 之中。

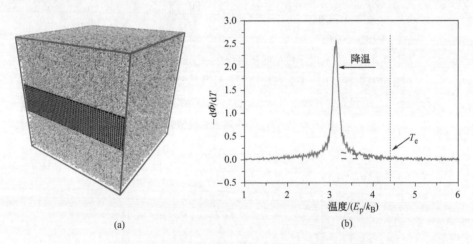

图 13.27　共聚物分子模拟由折叠链模板诱导的结晶起始温度的读取[51]

(降温速率为每 100MC 周期改变约化温度值 $0.01E_p/k_B$)

(a) 在边长为 64 的立方格子中具有周期性边界条件的共聚物 128-mer 熔体初态，折叠链片晶层模板如黑色所示；(b) 在恒定的降温速率下由共聚单元含量为 0.06 摩尔分数的共聚物初态出发考察结晶度 Φ 随温度 T 变化的曲线，其偏离水平线的起始温度反映了平衡熔点 T_e 的位置

---

❶　1Å=0.1nm。

接下来我们观察结晶记忆效应的上限临界熔化温度，我们采用类似实验过程的温度变化程序，如图 13.28(a) 所示。我们考察不同熔化温度在第二次降温时结晶峰高温侧某个指定温度的热流速率，如果存在记忆效应，表明结晶已经开始，热流速率就会高于熔体基线值，如图 13.28(b) 所示。对于一系列共聚单元含量的无规共聚物，我们可以从热流速率开始升高的起始熔化温度，得到该共聚物的临界熔化温度，如图 13.29 所示。然后，我们将所得到的临界熔化温度与前面所得到的共聚物平衡熔点进行比较，如图 13.30 所示。确实可见，在某个共聚单元含量之上，无规共聚物结晶记忆效应的临界熔化温度比其平衡熔点还要高。分子模拟可以很好地复现实验观测结果。

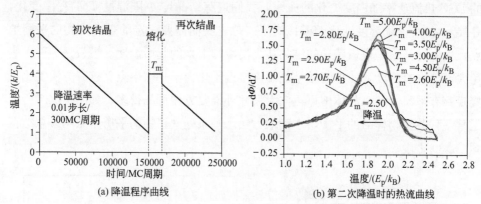

(a) 降温程序曲线　　　　　　(b) 第二次降温时的热流曲线

图 13.28　共聚物分子模拟的降温程序曲线以及共聚单元含量 0.44
摩尔分数的样品在一系列熔化温度之后第二次降温时的热流曲线[51]
（竖直的虚线指示读取结晶峰高温侧指定约化温度
2.4k_B/E_p 处的热流曲线值）

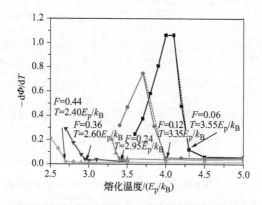

图 13.29　一系列共聚单元摩尔分数（F）的模型无规共聚物降温热流曲线
（结晶度 Φ 随温度的变化）在指定温度（标示 T）
处得到的热流值[51]（箭头指示临界熔化温度）

接下来，我们分析共聚物结晶产生特殊记忆效应的原因。我们首先观察 0.44 共聚单元摩尔分数的无规共聚物在其平衡熔点 $2.31E_p/k_B$ 之上，但在临界熔化温度之下 $2.60E_p/k_B$ 退火处理时能够幸存的晶粒尺寸的变化。如图 13.31

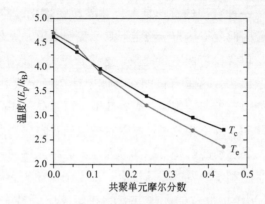

图 13.30 比较上面介绍的分子模拟所得到的平衡熔点 T_e 和临界熔化温度 T_c[51]

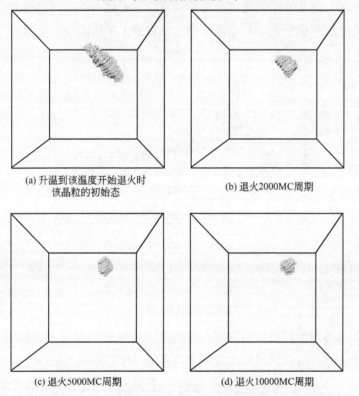

(a) 升温到该温度开始退火时该晶粒的初始态

(b) 退火2000MC周期

(c) 退火5000MC周期

(d) 退火10000MC周期

图 13.31 共聚单元摩尔分数 0.44 的无规共聚物在 $2.60E_p/k_B$ 退火处理不同时刻的快照[51]

(灰色小圆柱只代表属于我们所关注的某个晶粒晶区的可结晶键)

所示，确实有某个小晶粒幸存下来，但是最终晶粒尺寸比初始态要小，并且相当稳定，在很长的退火时间内都不再熔化。我们知道，晶体的稳定性很大程度上取决于其尺寸，为什么这里较大尺寸的晶粒先熔化，反而较小尺寸的晶粒能够在退火后期幸存下来呢？一种合理的解释是大尺寸晶粒的熔化改变了局部的浓度环境，使得小尺寸晶粒因此变得热力学稳定下来。我们知道，大晶粒中由于结晶序列长度的选择，总是包含较多长序列链段，这些长序列从晶体中熔化出来之后，也许暂时还不会扩散出去。这里有可能在熔体中存在稳定或亚稳的序列长度分凝。从我们所考察的第三类非均匀型共聚物知道，可结晶长序列链与不能结晶的长共聚序列天然地倾向于发生相分离，尽管这种倾向在短序列混合体系中要弱得多，一旦通过首次结晶驱动能够将可结晶序列与不能结晶序列分离开来，二者之间的结晶能力差别将不利于二者的重新混合。de Gennes 曾经提出具有较大 Flory-Huggins 混合相互作用参数的无规共聚物在熔体中保持一种弱相分离的状态[52]。这也就是说，大晶粒上熔化下来的长可结晶序列会富集在幸存的小晶粒周围，改变了局部共聚单元浓度，使得局部的平衡熔点升高，相应的存在记忆效应的临界熔化温度也升高，甚至高于该共聚物基于平均浓度所对应的平衡熔点。

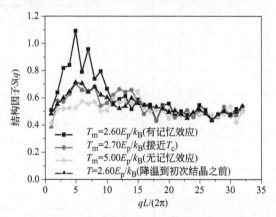

图 13.32　共聚单元摩尔分数 0.44 的无规共聚物在不同熔化温度
退火处理 10000MC 周期之后的
可结晶单元结构因子[51]

我们可以考察不同退火温度退火之后共聚单元的空间分布结构因子的不同，如图 13.32 所示，可以很清楚地看到，具有结晶记忆效应的熔体，确实存在共聚单元浓度的不均匀分布。这里必须强调的是在退火熔体中存在的主要是序列长度的分凝，而不仅仅是可结晶单元与共聚单元之间的分凝。如果我们进一步考察可结晶单元的相分离参数（可结晶单元最近邻周围找到可结晶单元的概率），如图 13.33(a) 所示，其随着退火时间衰减到几乎看不见。如果我们定义相分离参数为那些序列长度 6 个可结晶单元及其以上的组分，如图 13.33(b) 所示，则其在具有记忆效应的熔体中可明显幸存下来。

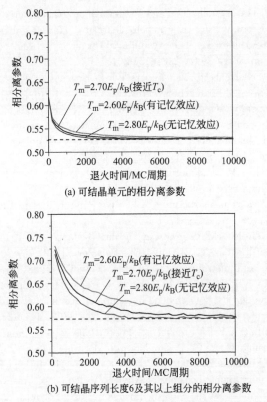

(a) 可结晶单元的相分离参数

(b) 可结晶序列长度6及其以上组分的相分离参数

图 13.33　共聚单元摩尔分数 0.44 的无规共聚物在不同熔化温度
退火处理过程中的相分离参数随时间的变化[51]

　　总结以上关于共聚物特殊的结晶记忆效应实验和模拟观测结果，我们可以认为，正是由于结晶过程存在序列长度的选择，使得晶粒熔化时改变了局部的序列长度分布，局部可结晶单元浓度的增加提升了晶体的平衡熔点，于是结晶记忆效应的上临界熔化温度可以高于共聚物的理论平衡熔点。如图 13.34 给出了经过退火过程处理后的局部浓度变化示意图。

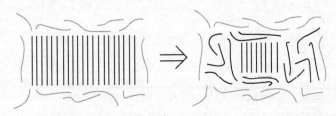

图 13.34　共聚物序列长度选择结晶之后在高温退火熔化，导致局部长序列
（黑色线）浓度增大并能稳定存在于幸存的小晶粒周围示意图[51]

参 考 文 献

[1]　Mathot V B F. The crystallization and melting region//Calorimetry and Thermal Analysis of Polymers. Mathot V B F, ed. Munich, Germany: Hanser Publishers, 1994: 231.

[2]　Alamo R G, Mandelkern L. The crystallization behavior of random copolymers of ethylene. Thermochim Acta, 1994, 238: 155-201.

[3]　Mathot V B F, Scherrenberg R L, Pijpers T F J, Engelen Y M T. Structure, crystallisation and morphology of homogeneous ethylene-propylene, ethylene-1-butene and ethylene-1-octene copolymers with high comonomer contents//New Trends in Polyolefin Science and Technology. Hosoda S, ed. Trivandrum, India: Research Signpost, 1996: 71.

[4]　Ring W, Mita I, Jenkins A D, Bikales N M. Source-based nomenclature for copolymers. Pure Appl Chem, 1985, 57: 1427-1440.

[5]　Coote M L, Davis T P. The mechanism of the propagation step in free-radical copolymerisation. Prog Polym Sci, 1999, 24: 1217-1251.

[6]　Mathot V B F. Molecular structure of LLDPE//Polycon'84 LLDPE. Plast Rubber Inst. London: Chameleon Press, 1984: 1-15.

[7]　Schouterden P, Groeninckx G, van der Heyden B, Jansen F. Fractionation and thermal behavior of linear low density polyethylene. Polymer, 1987, 28: 2099-2104.

[8]　Hosoda S. Structural distribution of LLDPEs. Polym J, 1988, 20: 383-397.

[9]　Karbashewski E, Kale L, Rudin A, Tchir W J, Cook D G, Pronovost J O. Characterization of linear low density polyethylene by temperature rising elution fractionation and by differential scanning calorimetry. J Appl Polym Sci, 1992, 44: 425-434.

[10]　Hu W B, Mathot V B F, Frenkel D. Phase transitions of bulk statistical copolymers studied by dynamic Monte Carlo simulations. Macromolecules, 2003, 36: 2165-2175.

[11]　Madkour T M, Goderis B, Mathot V B F, Reynaers H. Influence of chain microstructure on the conformational behavior of ethylene-1-olefin copolymers. Impact of the comonomeric mole content and the catalytic inversion ratio. Polymer, 2002, 43: 2897-2908.

[12]　Van den Eynde S, Mathot V B F, Koch M H J, Reynaers H. The thermal behaviour and morphology of a series of homogeneous ethylene-1-octene copolymers with high comonomer contents. Polymer, 2000, 41: 4889-4900.

[13]　Androsch R, Wunderlich B. A study of annealing of poly (ethylene-*co*-octene) by temperature-modulated and standard differential scanning calorimetry. Macromolecules, 1999, 32: 7238-7247.

[14]　Bensason S, Stepanov E V, Chum S, Hiltner A, Baer E. Deformation of elastomeric ethylene-octene copolymers. Macromolecules, 1997, 30: 2436-2444.

[15]　Hu W B, Mathot V B F. Sequence-length segregation during crystallization and melting of a model homogeneous copolymer. Macromolecules, 2004, 37: 673-675.

[16]　Strobl G R, Engelke T, Meier H, Urban G, Zachmann H G, Hosemann R, Mathot V. Zum Mechanismus der Polymerkristallisation. Colloid Polym Sci, 1982, 260: 394-403.

[17]　Strobl G. The Physics of Polymers. Berlin, Hedelberg: Springer-Verleg, 2007: 208.

[18]　Androsch R, Wunderlich B. Analysis of the degree of reversibility of crystallization and melting in poly (ethylene-*co*-octene). Macromolecules, 2000, 33: 9076-9089.

[19]　Wunderlich B. The three reversible crystallization and melting processes of semicrystalline macromolecules. Thermochimica Acta, 2003, 396: 33-41.

[20]　Chen F, Shanks R A, Amarasinghe G. Molecular distribution analysis of melt-crystallized ethylene copolymers. Polym Int, 2004, 53: 1795-1805.

[21]　Keating M Y, McCord E F. Evaluation of the comonomer distribution in ethylene copol-

ymers using DSC fractionation. Thermochim Acta, 1994, 243: 129-145.

[22] Müller A J, Arnal M L. Thermal fractionation of polymers. Prog Polym Sci, 2005, 30: 559-603.

[23] Starck P. Studies of the comonomer distributions in low density polyethylenes using temperature rising elution fractionation and stepwise crystallization by DSC. Polym Int, 1996, 40: 111-122.

[24] De Rosa C, Auriemma F, de Ballesteros O R, Resconi L, Camurati I. Crystallization behavior of isotactic propylene-ethylene and propylene-butene copolymers: Effect of comonomers versus stereo-defects on crystallization properties of isotactic polypropylene. Macromolecules, 2007, 40: 6600-6616.

[25] Hu W B, Karssenberg F G, Mathot V B F. How a sliding restriction of comonomers affects crystallization and melting of homogeneous copolymers. Polymer, 2006, 47: 5582-5587.

[26] Vanden Eynde S, Rastogi S, Mathot V B F. Ethylene-1-octene copolymers at elevated pressure-temperature. 1. Order-disorder transition. Macromolecules, 2000, 33: 9696-9704.

[27] Vanden Eynde S, Mathot V B F, Hoehne G W H, Schawe J W K, Reynaers H. Thermal behaviour of homogeneous ethylene-1 octene copolymers and linear polyethylene at high pressures. Polymer, 2000, 41: 3411-3423.

[28] Krigas T, Carella J, Struglinski M, Crist B, Graessley W W, Schilling F C. Model copolymers of ethylene with butene-1 made by hydrogenation of polybutadiene: Chemical composition and selected physical properties. J Polym Sci: Polym Phys Ed, 1985, 23: 509-520.

[29] Mirabella F M, Westphal S P, Fernando P L, Ford E A, Williams J G. Morphological explanation of the extraordinary fracture toughness of linear low density polyethylenes. J Polym Sci, Part B: Polym Phys, 1988, 26: 1995-2005.

[30] Kim M H, Phillips P J. Nonisothermal melting and crystallization studies of homogeneous ethylene/alpha-olefin random copolymers. J Appl Polym Sci, 1998, 70: 1893-1905.

[31] Gelfer M Y, Winter H H. Effect of branch distribution on rheology of LLDPE during early stages of crystallization. Macromolecules, 1999, 32: 8974-8981.

[32] Wignall G D, Alamo R G, Ritchson E J, Mandelkern L, Schwahn D. SANS studies of liquid-liquid phase separation in heterogeneous and metallocene-based linear low-density polyethylenes. Macromolecules, 2001, 34: 8160-8165.

[33] Wang H, Shimizu K, Kim H, Hobbie E K, Wang Z G, Han C C. Competing growth kinetics in simultaneously crystallizing and phase-separating polymer blends. J Chem Phys, 2002, 116: 7311-7315.

[34] Fu Z, Fan Z, Zhang Y, Feng L. Structure and morphology of polypropylene/poly (ethylene-co-propylene) in situ blends synthesized by spherical Ziegler-Natta catalyst. Eur Polym J, 2003, 39: 795-804.

[35] Chen R F, Shangguan Y G, Zhang C H, Chen F, Harkin-Jone E, Zheng Q. Influence of molten-state annealing on the phase structure and crystallization behaviour of high impact polypropylene copolymer. Polymer, 2011, 52: 2956-2963.

[36] Zhang C H, Chen R F, Shangguan Y G, Zheng Q. Study on high weld strength of impact propylene copolymer/high density polyethylene laminates. Chinese J Polym Sci, 2011, 29: 497-505.

[37] Wild L. Temperature rising elution fractionation. Adv Polym Sci, 1990, 98: 1-47.

[38] Xu J T, Feng L X. Application of temperature rising elution fractionation in polyolefins.

Eur Polym J, 2000, 36: 867-878.

[39] Yang F, Gao H H, Hu W B. Monte Carlo simulations of crystallization in heterogeneous copolymers: The role of copolymer fractions with intermediate comonomer content. J Mat Res, 2012, 27: 1383-1388.

[40] Mamun A, Umemoto S, Okui N, Ishihara N. Influence of thermal history on primary nucleation and crystal growth rates of isotactic polystyrene. Macromolecules, 2007, 40: 6296-6303.

[41] Xu J J, Ma Y, Hu W B, Rehahn M, Reiter G. Cloning polymer single crystals through self-seeding. Nat Mater, 2009, 8: 348-353.

[42] Martins J A, Zhang W, Brito A M. Origin of the melt memory effect in polymer crystallization. Polymer, 2010, 51: 4185-4194.

[43] Lorenzo A T, Arnal M L, Sanchez J J, Muller A J. Effect of annealing time on the self-nucleation behavior of semicrystalline polymers. J Polym Sci, Part B: Polym Phys, 2006, 44: 1738-1750.

[44] Zhang Y S, Zhong L W, Yang S, Liang D H, Chen E Q. Polymer, 2012, 53: 3621-3628.

[45] Maus A, Hempel E, Thurn-Albrecht T, Saalwaechter K. Memory effect in isothermal crystallization of syndiotactic polypropylene - role of melt structure and dynamics. Eur Phys J E: Soft Matter Biol Phys, 2007, 23: 91-101.

[46] Khanna Y P, Kumar R, Reimschuessel A C. Memory effects in polymers. Ⅲ. Processing history vs. crystallization rate of nylon 6—comments on the origin of memory effect. Polym Eng Sci, 1988, 28: 1607-1611.

[47] Cho K, Saheb D N, Choi J, Yang H. Real time in situ X-ray diffraction studies on the melting memory effect in the crystallization of beta-isotactic polypropylene. Polymer, 2002, 43: 1407-1416.

[48] Cho K, Saheb D N, Yang H C, Kang B I, Kim J, Lee S S. Memory effect of locally ordered alpha-phase in the melting and phase transformation behavior of beta-isotactic polypropylene. Polymer, 2003, 44: 4053-4059.

[49] Reid B O, Vadlamudi M, Gao H H, Hu W B, Alamo R. Strong memory effect of crystallization above the equilibrium melting point of random copolymers: Ⅰ. Experimental. Submitted to Macromolecules.

[50] Flory P J. Theory of crystallization in copolymers. Trans Faraday Soc, 1955, 51: 848-857.

[51] Gao H H, Vadlamudi M, Alamo R, Hu W B. Strong memory effect of crystallization above the equilibrium melting point of random copolymers: 2 Monte Carlo simulations. Submitted to Macromolecules.

[52] de Gennes P G. Weak segregation in molten statistical copolymers. Macromol Symp, 2003, 191: 7-10.

第14章　均聚物纳米空间受限结晶

14.1　一维纳米受限结晶

14.1.1　超薄膜中晶粒的取向

高分子纳米体系结晶不仅为纳米材料提供了结构稳定性，还带来了各向异性的导电性和铁电性、机械强度以及光学二向色性等。因此，研究高分子在纳米空间中的受限结晶具有重要的基础学术价值和应用实践意义。我们在本章主要讨论不同维数空间受限的均聚高分子结晶问题，在下一章再专门讨论嵌段共聚物自组装纳米微畴中不同维数受限的结晶问题。

我们首先讨论具有一维空间受限的高分子薄膜，在这里不再是那些通常意义上的塑料包装膜，而是薄膜厚度接近高分子线团尺寸的超薄膜，厚度在100nm左右及以下，接近准二维的空间结构。这类超薄膜的制备方法主要有溶液旋涂和浇膜、LB膜及层层组装等方法，大规模生产也可以采用多层复合共挤出以及嵌段共聚物自组装等方法。超薄膜主要应用于除了力学性能之外需要特殊功能的场合，例如纳米自清洁表面、液晶显示器表面、光电转换、光刻技术、纳米压印和药物传递等。超薄膜中高分子结晶的形貌对其性能有决定性的作用。例如在光电转换高分子超薄膜领域，高分子晶粒的取向与其光电转换效率密切相关[1]。多层复合共挤出的纳米薄膜中高分子片晶倾向于采取 Flat-on 平躺铺展的取向[2]，这对提高复合膜的气体阻隔性能很有利[3]。近年来，刘一新和陈尔强对固体基板上的超薄膜高分子结晶研究进行了综述性介绍[4]，Carr 等人对多层复合共挤出膜的结晶研究也进行了综述性介绍[5]。

在高分子超薄膜中，一维尺度上的空间受限对高分子自发结晶产生的晶粒取向影响很大[6]。中子小角散射实验[7]以及分子模拟均证明[8～12]，如果薄膜厚度接近高分子链无规线团尺寸，高分子线团将被压扁，并且沿着薄膜表面发生平行取向。这种变形就像拉伸高分子线团那样，从构象熵的角度出发有利于发生结晶的热力学趋势。因此，在平滑的界面附近，由于高分子线团接触变形所引发的高分子结晶容易产生站立（Edge-on）取向的片晶生长，此时分子链的取向平行于界面。然而，大量的实验观测将高分子薄膜结晶大致划分为三个厚度区域，各区域表现出不同的结晶形貌。在几百纳米厚度以上，实验主要观察到 Edge-on 取向的从界面开始引发的片晶生长，例如 iPP[13,14]、多层复合 iPP/PS[15]、nylon 6[16]、PE[17~19]、PEO[20]、PEN[21]、PET[22]、PCL/PVC 共混[23] 以及分子动力学模拟的粗粒化处理的聚乙烯醇[24]。在 100nm 附近接近高分子线团尺寸时，就是所谓的超薄膜，实验则主要观察到 Flat-on 取向的片晶生长，如图 14.1 所示，例如 PVF[25]、PEO[26,27]、PE[28,29]、sPP[30]、iPS[31]、PHB[32]、聚二正己基硅烷 PDHS[33]、PET[34]、PCL[35] 以及一种主链非消旋手性高分子[36]。在高分子线团尺寸以下的准二维体系，结晶形貌呈现出明显的扩散受限的树枝化生长（diffusion-limited growth，DLG），如图 14.2 所示，例如聚三氟乙烯[37]、PEO[38~40]、PE[41]、PET[42] 以及 iPS[43]。

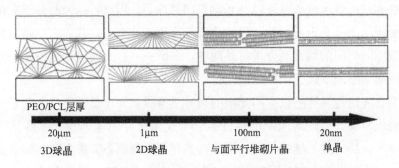

图 14.1　多层复合 PEO/PCL 高分子超薄膜随着膜厚减小片
晶的优势取向发生变化示意图[5]

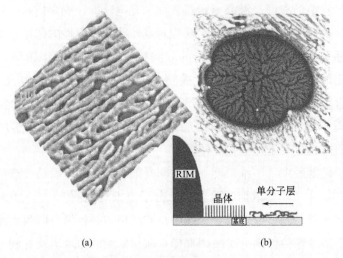

(a)　　　　　　　　　　　(b)

图 14.2　超薄膜在单分子层结晶出现扩散受限的树枝状生长示意图[38]

　　除了膜厚由大变到小，在超薄膜中温度由低到高，有时也会产生同样的效果[44]。为什么晶粒的优势取向会随着膜厚的降低发生剧烈的改变呢？我们采用格子链的动态蒙特卡罗模拟方法对这一现象进行了分子模拟研究[45]。我们注意到，在实际体系中，要把超薄膜的厚度做到 100nm 尺度而不发生自发的去润湿，高分子必须与薄膜的基底有很好的亲和性。这种亲和性再加上膜厚接近高分子线团尺寸，可能就是晶粒改变优势取向的原因。为证明这一点，我们比较了本体的高分子链 128-mer（回转半径约是 6 个格子）处在两块平行基板之间，基板之间的距离可以是 4 个、8 个和 16 个格子，小于或接近于线团直径，也可以是 32 个和 64 个格子，大于线团尺寸。我们还比较了高分子与基板之间的两种极端的相互作用情况，一种是中性排斥作用，有可能由于排空作用（depletion effect）导致链在基底表面发生滑移的情况；另一种是高度吸引作用使得最靠近基底的那一层链单元和空格均失去活动能力，即链被基底表面粘住的情况。这两种基底相互作用对分子链活动能力的影响，分别反映在超薄膜玻璃化转变温度随膜厚减小而降低或者升高上[46~48]。

图 14.3 比较了两种基底条件下不同厚度薄膜的降温结晶曲线，可以看出，在滑移基底条件下，薄膜厚度对起始结晶温度基本没有影响，除了膜厚为 4 个格子的情况，结晶温度明显比较高，这显然是由于高分子线团剧烈变形所致；而在黏性基底条件下，膜厚越小，起始结晶温度越低，显示出基底的黏附作用对结晶能力的强烈抑制作用。图 14.4 总结了在一系列温度下等温结晶所得到晶粒的取向有序度参数。在低温区，较厚的薄膜由于均相成核的影响，没有出现明显的优势晶粒取向；在高温区，滑移基底条件总是给出 Edge-on 晶粒取向优势，有趣的是，黏性基底条件当膜厚为 16 个格子时，才出现明显的 Flat-on 取向优势，膜厚为 32 个格子却仍然得到 Edge-on 取向优势，膜厚为 8 个格子则太小，抑制了高

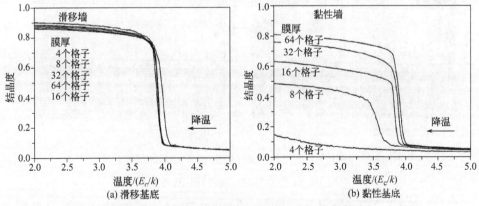

图 14.3　不同薄膜厚度的本体 128-mer 在两种基底
条件下的降温结晶度曲线的分子模拟结果[45]

（降温速率为每 1000MC 周期改变约化温度 $0.01E_c/k$。$E_p/E_c=1$）

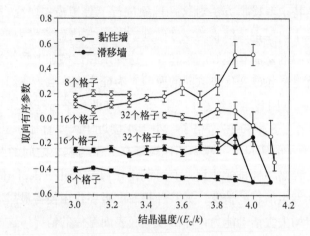

图 14.4　不同薄膜厚度（图中曲线附近标示）的本体 128-mer
在两种基底条件下等温结晶所得到的晶粒取向有序度参数[45]
（以基底面的垂直方向为参考方向，统计属于结晶相的
键的平均取向）

温区的结晶能力。这说明只有基底条件和链长尺寸条件都满足时，才能够看到从
Edge-on 到 Flat-on 晶粒取向优势的转变。图 14.5 则给出厚度为 16 个格子的薄
膜在两种基底条件下分别等温结晶得到的典型的分子链优势取向的快照图。

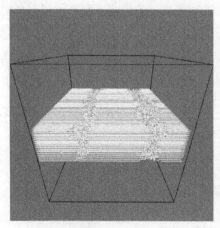
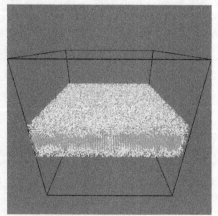

(a) 滑移基底条件下的Edge-on片晶　　　　　　(b)黏性基底条件下的Flat-on片晶

图 14.5　平躺在立方体的中央厚度为 16 个格子的薄膜在温度
$T=4.0E_c/k$ 分别等温结晶得到的滑移基底
条件下的 Edge-on 片晶和黏性基底条件下的 Flat-on 片晶的快照图[45]
（所有的键均画成灰色小圆柱）

我们知道，Edge-on 晶粒优势取向主要是由于基底表面的接触变形诱导结晶

成核所致，那么 Flat-on 晶粒优势取向是否仍然由表面开始呢？我们追踪了取向有序参数分布在结晶过程中的变化，如图 14.6 所示，可以明显地看出，Flat-on 晶粒优势取向不是来自于高分子与基底表面的接触，而是来自于薄膜的中央。我们知道，在薄膜中央的晶粒应当来自于均相成核，而均相成核产生的晶核并没有天然的优势取向。那么，是否有可能成核后期的晶体生长对晶粒的取向有选择性呢？我们比较了不同初始晶粒取向在两种基底条件下的晶体生长速率，如图 14.7 所示，可以清楚地看出，无论是在滑移基底条件下还是在黏性基底条件下，Flat-on 取向的晶粒生长速率都要比 Edge-on 取向的晶粒要快。由此可见，在滑移基底条件下，由于大量 Edge-on 晶核的产生，虽然其生长速率不算快，仍然占结晶度的主要地位；而在黏性基底条件下，由于基底表面附近的成核被抑制，只

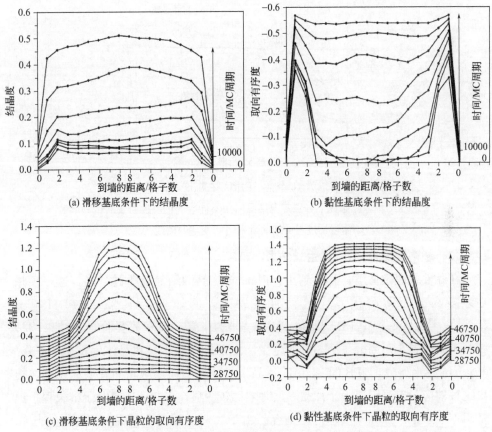

(a) 滑移基底条件下的结晶度

(b) 黏性基底条件下的结晶度

(c) 滑移基底条件下晶粒的取向有序度

(d) 黏性基底条件下晶粒的取向有序度

图 14.6　厚度为 16 个格子的薄膜在温度 $T=4.0E_c/k$

分别等温结晶得到的滑移基底条件下的结晶度、黏性基底条件下的结晶度、

滑移基底条件下晶粒的取向有序度和黏性基底条件下晶粒的取向有序度

随时间演化的膜厚方向上的分布曲线[45]

有远离基底表面的均相成核能够发生，而其中 Flat-on 取向的晶粒生长快，占据了结晶度的主要地位。为什么 Flat-on 取向的晶粒生长比较快呢？一种可能的机制是 Flat-on 取向的晶体生长不涉及大范围的链构象调整，只要链茎杆两侧有部分自由的链段即可；而 Edge-on 取向的晶体生长要求链平躺下来，在黏稠的熔体中比较不容易做到，尤其当高分子线团的上下端被黏附在基底表面上时。所以膜厚为 16 个格子接近高分子线团尺寸，晶体生长对晶粒取向的选择特别明显，但是当膜厚为 32 个格子远大于线团尺寸时，这种选择作用就不再明显，黏性的基底表面此时对结晶成核的抑制也不再明显，于是仍然可在高温区得到 Edge-on 优势晶粒取向。

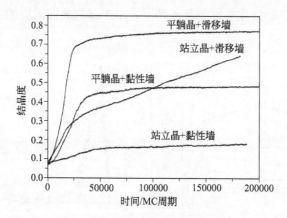

图 14.7　厚度为 16 个格子的薄膜在温度 $T=4.25E_c/k$
两种基底条件下分别等温结晶时由不同取向的晶种引发的
晶体生长过程中结晶度随时间变化的曲线[45]

14.1.2　超薄膜 Flat-on 片晶生长动力学

在黏性基底条件下，膜厚越小，Flat-on 片晶的结晶速率越下降，这一现象在许多高分子薄膜体系中已经被观察到，例如 PEO[27,49,50]、PDHS[51]、PHB[52,53]、PCL[35]、PET[54] 和 PVP-b-PEO[55] 等。大多数实验观察结果均被归结于膜厚越小，高分子结晶供料越少，由于扩散受限导致晶体生长速率下降。Taguchi 等人研究了 iPS 的 Flat-on 片晶生长速率随膜厚减小而降低的现象，提出这种效应只有当膜厚大于片晶厚度时才比较明显，可归因于高分子链长程扩散受阻；一旦小于片晶厚度，则片晶容易由于物料的缺乏而呈现树枝状生长[56]。这一观点与早期 Sawamura 等人的观测结果一致[57]。

我们采用格子链模型的动态蒙特卡罗模拟对一系列厚度薄膜中 Flat-on 取向的片晶生长速率进行了观测研究[58]。如图 14.8 所示，我们在一个固体基底上放置一定厚度的一层本体高分子链 128-mer，基底对高分子链有一定的吸引作用，但只要在晶体生长过程中不发生去润湿即可，不必强到锚定的程度。上表面是自由的空气界面，上方空格对高分子链单元有一定的排斥作用，也不必很强，只要能维持一个平滑的自由表面即可。在 128×64×32 的长轴一侧放置一层折叠链模板，其只在一个方向上诱导晶体的生长。为了避免片晶生长之后的持续增厚对结果的影响，我们设定链滑移阻力足够大，即 $E_f/E_c=0.3$，通过跟踪测量晶体生长前沿某个位置随时间的演化，我们可以观察到前沿的推进距离基本随时间变化而线性增大，由此在 $Y=64$ 方向上等间隔的八个位置可得到 Flat-on 片晶的平均线生长速率。

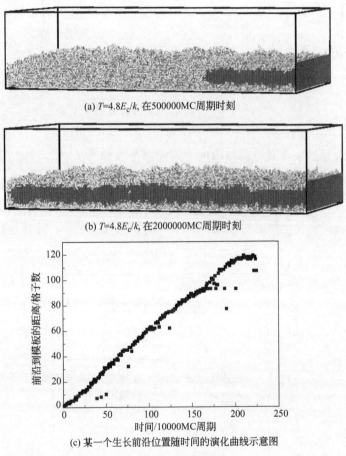

(a) $T=4.8E_c/k$, 在500000MC周期时刻

(b) $T=4.8E_c/k$, 在2000000MC周期时刻

(c) 某一个生长前沿位置随时间的演化曲线示意图

图 14.8　在 128×64×32 立方空间中厚度是 12 个格子的薄膜由
模板诱导折叠锌片晶的生长快照图[58]

当薄膜的厚度低于片晶生长厚度时，就会在片晶生长前沿产生供料不足，出现所谓的耗尽区（depletion zone），这是超薄膜出现扩散受限的分枝权生长的主要原因，如图 14.9 所示。这与 Taguchi 等人的结论一致。

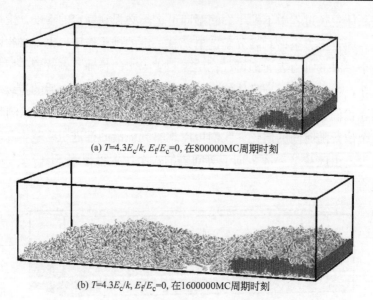

(a) T=4.3E_c/k, E_f/E_c=0, 在800000MC周期时刻

(b) T=4.3E_c/k, E_f/E_c=0, 在1600000MC周期时刻

图 14.9   在 128×64×32 立方空间中厚度是 6 个格子的
薄膜由模板诱导折叠链片晶的生长快照图

图 14.10 总结了在两个典型温度下不同厚度薄膜中 Flat-on 片晶生长的速率
结果,可以看到在某个临界厚度以下,片晶线生长速率随膜厚减小线性下降,达
到 6 个格子时开始出现耗尽区,影响测量结果。此速率下降现象与目前已知的所
有相应实验观测结果一致。温度越高,临界薄膜厚度也越大,此规律尚待进一步
解释。

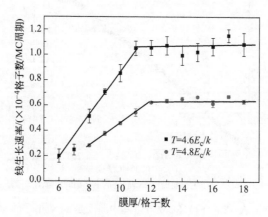

图 14.10   不同厚度薄膜在两个温度下由模板诱导的 Flat-on 片晶线
生长速率的分子模拟结果[58]（直线段用于引导视线）

根据式(6.40),我们知道折叠链片晶生长的速率为:

$$v \approx v_{\mathrm{growth}}(l - l_{\min}) \frac{b^2 \Delta g}{k T_c} \tag{14.1}$$

其中位垒项 v_{growth} 根据式(7.13)取决于次级成核的扩散位垒和自由能位垒，即：

$$v_{\text{growth}} = v_0 \exp\left(-\frac{U}{T-T_0}\right) \exp\left(-\frac{K_g}{T\Delta T}\right) \tag{14.2}$$

那么是否位垒项是薄膜厚度对片晶生长产生影响的主要原因呢？为此，根据大多数相关实验研究所做出的判断，我们先考察薄膜中高分子链的扩散能力随膜厚的减小而变化的情况。在与晶体生长同样的条件下去掉模板，由于温度较高，暂时不会在薄膜中出现自发的结晶成核。图 14.11 总结了不同膜厚的薄膜中分子链单元的均方位移随时间的标度变化关系，其基本服从 Rouse 链的分子动力学标度行为，在曲线斜率从 0.5 变到 1 时的时刻对应于该链的 Rouse 松弛时间。Rouse 时间越长，分子的扩散能力越差。由图中曲线的比较可以看出，膜厚越小，实际上分子链的扩散能力越好。这是由于本体高分子越接近准二维空间结构，分子链之间相互穿插的程度就越小，这有利于分子链整体运动能力的提高。显然扩散能力不可能是这里所观察到的片晶线生长速率下降的主要原因。

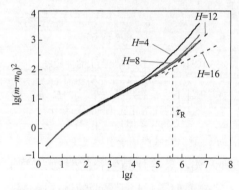

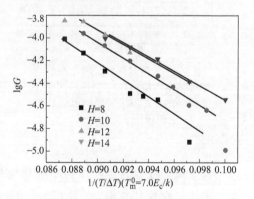

图 14.11　不同厚度 H 的薄膜在
$T=4.8E_c/k$、$E_f/E_c=0.3$
条件下去掉结晶模板时的链单元的均方位移
随时间变化的双对数曲线（时间标度从 0.5
增大到 1 的转折时刻 τ_R 对应于 Rouse 松弛
时间。膜厚越小，Rouse 时间也越短）

图 14.12　不同厚度 H 的薄膜在
$T=4.8E_c/k$、$E_f/E_c=0.3$
条件下以 $T_m^0=7.0E_c/k$
按照次级成核速率公式对片晶
线生长速率的对数与温度关系作图
（可见不同膜厚条件下曲线的斜率基本
不变。直线段用于引导视线）

接下来我们考察片晶线生长速率随温度的关系，如图 14.12 是次级成核作图法，可见不同膜厚条件下，成核常数基本保持不变。这说明自由能位垒在同一温度下基本上是一个常数，对膜厚变化并不敏感。于是，成核位垒也不是导致超薄膜中片晶生长速率下降的原因。

根据排除法，最后有可能导致片晶速率在同一个温度不同膜厚条件下降的原因是驱动力项中片晶厚度的下降。如图 14.13 是对不同膜厚条件下生长片晶中的茎杆长度进行统计平均的结果，可以观察到片晶厚度在某个临界膜厚之下突然快速线性下降。两个温度条件下的临界膜厚值与图 14.10 一致。在固定结晶温度时，最小片晶厚度也固定，于是根据式(14.1)，片晶的线生长速率与片晶厚度成正比。图 14.13 与图 14.10 进行比较，在相对应的膜厚条件下，确实给出成正比的关系。由此可见，片晶厚度的下降，即片晶生长驱动力下降，是片晶生长速率随膜厚减小而下降的主要原因。

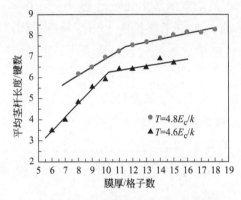
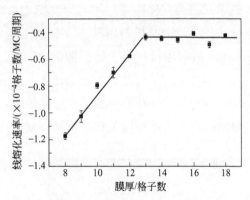

图 14.13　不同厚度薄膜在两个
温度下由模板诱导的 Flat-on 片晶
生长得到的片晶厚度分子模拟结果[58]
（直线段用于引导视线）

图 14.14　不同厚度 H 的薄膜在
$T=4.8E_c/k$、$E_f/E_c=0.3$
条件下生长的片晶在 $T=5.4E_c/k$
熔化的线熔化速率随膜厚变化
的分子模拟结果[58]
（直线段用于引导视线）

这里值得注意的是，片晶厚度与位垒项无关，只与片晶生长的驱动力项有关。确实，在片晶的侧表面楔形生长前沿，位垒项如果来自于早期的链内成核过程，当时尚未增厚到片晶厚度，与其无关，只有在后期经过即时的增厚，才达到片晶厚度，此时驱动力项开始发挥作用。不同膜厚条件下生长的片晶，其在高温区同一温度下的熔化速率也应该与驱动力项中的片晶厚度线性相关，如图 14.12 所示确实如此。

这里观察到同一温度下对应于较厚的片晶，片晶线生长速率较大。Lauritzen-Hoffman 理论和 Sadler-Gilmer 理论均把片晶厚度与位垒项联系起来，假定越厚的片晶生长速率越小，其实是想凭直觉将温度因素引入到位垒项中，现在看来，这一假定既不需要也不合理。

14.1.3　超薄膜 Edge-on 片晶生长动力学

我们也可以改变模板中结晶分子茎杆的取向，由竖立变为躺倒，来研究超薄膜中 Edge-on 片晶生长速率如何受膜厚的影响[59]。这时，膜厚约束的不再是片晶厚度，而是片晶生长前沿的宽度。这一研究有利于我们理解前沿宽度对片晶生长动力学的重要意义。

我们比较了不同链滑移阻力条件下 Edge-on 片晶生长的速率随膜厚和温度的变化。如图 14.15 所示为厚度为 6 个格子时由于片晶厚度沿着平躺的方向，片晶仍然能够生长，只要宽度达到膜厚的边界即可，如果从上面向下看，生长的 Edge-on 片晶则如模板诱导的串晶生长。链滑移阻力越小，片晶越容易增厚，则产生的片晶数越少。

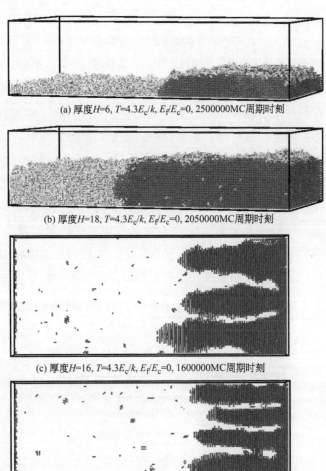

(a) 厚度 H=6, T=4.3E_c/k, E_f/E_c=0, 2500000MC周期时刻

(b) 厚度 H=18, T=4.3E_c/k, E_f/E_c=0, 2050000MC周期时刻

(c) 厚度 H=16, T=4.3E_c/k, E_f/E_c=0, 1600000MC周期时刻

(d) 厚度 H=16, T=4.6E_c/k, E_f/E_c=0.15, 800000MC周期时刻

图 14.15　不同厚度薄膜中由模板诱导 Edge-on 片晶生长的快照图[59]

[图 (a)、(b) 结晶部分显示黑色，图 (c)、(d) 只显示结晶部分从上方向下看]

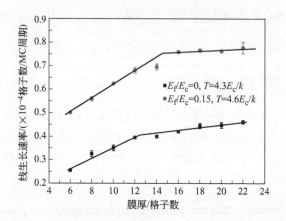

图 14.16　在两个链滑移阻力条件下不同膜厚对 Edge-on
片晶线生长速率的分子模拟结果[59]（直线段用于引导视线）

图 14.16 总结了两个链滑移阻力条件下 Edge-on 片晶线生长速率随膜厚的变化，仍然可以看到在某个临界膜厚之下，生长速率加快下降，一维空间受限开始发挥作用。表面片晶生长的前沿，确实存在一定宽度范围的要求，如果这一范围受到约束，片晶生长速率会下降。我们测量了片晶厚度随膜厚的变化，如图 14.17 所示，基本上呈现一个常数。显然片晶厚度沿着另外一维方向，与生长速率下降无关，并且片晶端表面的无定形区具有内在的稳定性，不容易使得片晶之间发生合并生长。我们接着测量了生成的片晶平均宽度随膜厚减小而下降的情况，如图 14.18 所示，我们发现在临界膜厚以下，生长的片晶宽度向上偏离延长线，说明这时生长前沿的片晶宽度开始感受到膜厚的约束，相对应的生长速率开始下降，片晶生长时会通过努力得到更多的片晶宽度，来获得更多的生长速率，于是开始向延长线上方发生偏离。显然，临界膜厚反映了片晶生长前沿影响片晶生长速率的某个临界宽度，有可能如 regime Ⅱ 的片晶生长，前沿的铺展速率和

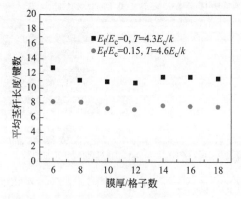

图 14.17　在两个链滑移阻力条件下不同膜厚对 Edge-on 片晶厚度的分子模拟结果[59]

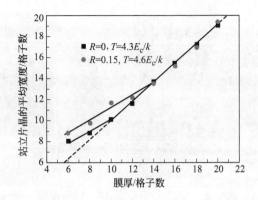

图 14.18　在两个链滑移阻力条件下不同膜厚对 Edge-on 片晶宽度的分子模拟结果[59]

（直线和虚线段用于引导视线）

次级成核速率之间的竞争决定了这个临界宽度。

　　换句话说，式（14.1）的驱动力项只关注了有限的片晶厚度对片晶生长热力学稳定性的影响，如果前沿的宽度也受到限制，那么有限的片晶宽度也会对片晶生长前沿的热力学驱动力带来影响。如果膜厚对片晶生长宽度带来一维约束，片晶的生长速率就会下降，由此带来的反作用是，为了能够挣回一些生长速率，片晶宽度会努力突破膜厚的约束，导致最后会向上偏离延长线。

14.1.4　超薄膜树枝晶形貌演化

　　上面介绍的超薄膜结晶分子模拟已经证明 Taguchi 等人的判断，当片晶厚度超过薄膜厚度时，膜厚对片晶生长速率的影响就不再显著，同时片晶生长前沿就会出现排空区，如图 14.19(a) 所示。这种排空区由于基板对高分子链的强烈亲和性，实际上仍然会留下一层单分子吸附层，被称为"假去润湿"（pseudo-dewetting）现象。分子链浓度衰减分布不是仅仅依赖片晶生长边缘的形状，而是形成连续的平滑圆圈，如图 14.19(b) 所示。于是，片晶尖角处有更多的机会得到高分子链，优先生长成树枝晶，如图 10.22 和图 14.20 所示。排空区主要积蓄在生长的树枝晶的两侧，树枝晶的分权是由于生长侧表面扩散场所控制的 Mullins-Sekerka 生长不稳定所致。连续的分权将填满树枝之间的空隙，最后仍然给出生长尖端分布的外形与单晶生长的规则边缘形貌一致。

　　另一种在接近单分子层的生长不稳定分权情况是典型的有限扩散聚集（diffusion-limited aggregation，DLA）情况，可能是晶体生长前沿强烈的去润湿过程优于晶体生长，使得表面张力主导形貌的变化所致。如图 14.2 所示，在单分子层中出现不规则的枝蔓状生长。手指状生长前沿的粗细与分权概率和薄膜厚度

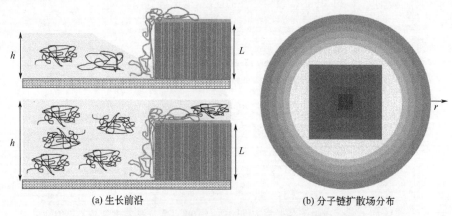

(a) 生长前沿　　　　　　　　　　(b) 分子链扩散场分布

图 14.19　片晶生长前沿的排空区示意图[55]

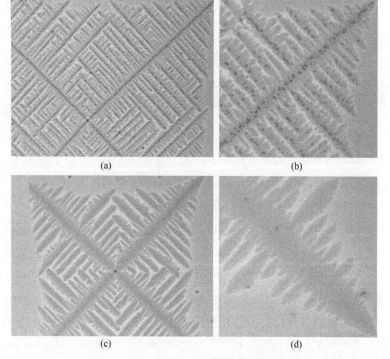

(a)　　　　　　　　　　　　(b)

(c)　　　　　　　　　　　　(d)

图 14.20　分子链扩散场控制的单晶在超薄膜中的分枝生长[55]

有关[55,60]。Sommer 和 Reiter 提出一个熵位垒的理论模型，可以通过计算机模拟复现实验看到现象[61,62]。

不仅薄膜厚度因素，温度因素也影响生长不稳定分权情况。翟新梅等人在 AFM 观察下发现随着温度的升高，超薄膜中的单晶体可以从规则分枝晶向海藻晶（seaweedcrystal，不规则分枝晶）和规整边缘单晶演化，如图 14.21 所示[63]。温度升高，晶体生长速率变慢，使得树枝晶生长受到相对更多的去润湿过程控制，分权变为更加不规则，更接近 DLA 的情景。朱敦深等人也从甲基封端的 PEO 与氢氧端 PEO 在超薄膜中的生长进行比较，看到前者主要是规则单晶菱形而后者呈现圆形，后者结晶速率明显变慢，可看作是由于 PEO 氢氧端基与基板之间的氢键相互作用抑制链扩散所致[64]。

图 14.21 不同温度下 PEO 超薄膜中生长的单晶原子力显微镜高度图[61]

14.2 二维纳米受限结晶

二维纳米高分子结晶体系可以通过稀溶液模板诱导聚合或结晶来制备，也可以采用静电纺丝技术、嵌段共聚物自组装纳米棒、纳米压印或者纳米微孔模板填充技术等方法。天然的或合成的纳米微孔材料都可以作为模板来使用，可以通过直接在微孔内单体聚合，或者高分子熔体或溶液浸润填充纳米微孔。目前常用的方法有径迹刻蚀膜（track-etched membrane）和阳极氧化铝（anodic aluminumoxide）微孔模板。除了电纺丝已经广泛应用于过滤膜和纺织领域，纳米导线可应用于集成电路，纳米阵列可应用于光电子器件以及药物释放等领域。在二维纳米受限空间中，高分子晶粒的取向也对这些准一维的纳米高分子材料性能至关重要。

　　分子模拟技术用来研究纳米尺度的高分子行为具有独特的优势。我们采用基于高分子格子模型的动态蒙特卡罗模拟方法，来研究二维纳米受限空间中本体高分子结晶的规律[65]。我们将 128-mer 本体链填充在长 128 个格子正方形截面、边长分别为 8 个、16 个和 32 个格子的长方形柱子中，长轴方向为周期边界条件，截面的四壁为中性排斥的滑移硬墙，或者是极端黏性的硬墙。我们比较两种硬墙条件下不同尺度二维受限的本体高分子在一系列温度等温结晶所得到的晶粒取向，结果总结于图 14.22。由图中曲线可以看出，当截面尺寸较大时，高分子结晶主要以均相成核为主，没有特定的优势晶粒取向；当截面边长接近分子线团尺寸时，高温区结晶出现了明显的优势晶粒取向，滑移壁面有利于生成 Edge-on 片晶，其茎杆平行于长轴取向；而黏性壁面则有利于生成 Flat-on 片晶，其茎杆垂直于长轴取向。这一现象与高分子超薄膜中的受限结晶一致。图 14.23 给出两种壁面条件下典型的优势晶粒取向快照图。实验中有可能为了让高分子链能损失链构象熵而自发地浸润进入纳米管模板，模板壁对高分子链有较好的亲和性，于是容易观察到黏性壁面 Flat-on 片晶优势取向[66]。

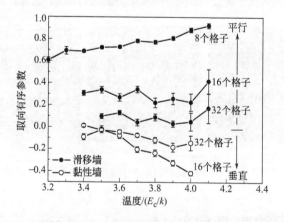

图 14.22　不同截面边长（曲线旁标示）的纳米柱在两种极端壁面
条件下等温结晶的取向有序参数随温度变化的分子模拟结果[65]
（取向以柱子长轴为参考方向，数据方差来自多次重复观测的平均结果）

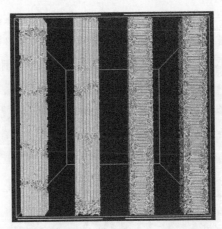

图 14.23　在滑移壁面（左边两条）和黏性壁面（右边两条）条件下 $T=4.0E_c/k$ 等温结晶所得到的截面边长 16 个格子、长 128 个格子的纳米柱快照图[65]
（只有后半柱子被画出来，灰色小圆柱代表每个键）

　　Woo 等人采用 Avrami 总结晶动力学考察了受限于纳米柱中的高分子结晶，观察到随着截面边长的减小，结晶由均相成核变为异相成核的现象[67]。在分子模拟中，我们也采用同样的方法研究了一系列截面边长在两种壁面条件下的等温结晶动力学，得到的 Avrami 指数和结晶动力学常数总结于图 14.24。由图中曲线可以看出，一方面，随着温度升高，Avrami 指数逐渐增大，意味着随着晶核密度的减小，晶体生长有更大的空间发展，在最高温度 Avrami 指数的下降则意味着异相成核的出现；另一方面，随着截面边长的下降，Avrami 指数由 2 变为 1，也表明高度取向的异相成核开始主导结晶过程，与 Woo 等人的实验观测结果一致。同时，随着截面边长的减小，结晶动力学常数所反映的结晶速率对温度变得不敏感，这可能是 Edge-on 取向的晶粒截断结晶度沿着纳米管道的发展，使得

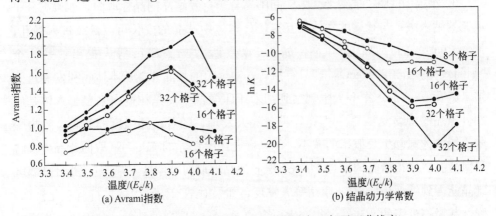

图 14.24　Avrami 方程处理一系列截面边长（标示于曲线旁）
在两种壁面条件下的等温结晶动力学[65]（实心点代表滑移壁面，空心点代表黏性壁面）

高温区总结晶度收率会下降。图 14.25 展示了链长为 8 个格子的短链在截面边长 8 个格子的滑移壁面细管中高温结晶的情况。可以看到如果中间三条样品出现 Edge-on 片晶优势取向，由于沿着茎杆方向结晶度发展的困难，总结晶度收率并不高；而只有出现 Flat-on 片晶优势取向，才能让片晶沿着管道充分发展，得到较高的结晶度。这解释了同样是截面边长 16 个格子的情况，图 14.24（b）中的结晶速率在滑移壁面条件下比黏性壁面条件下对温度更不敏感。这一 Flat-on 优先的取向选择与 Steinhart 等人的实验观测结果也是一致的[68]。

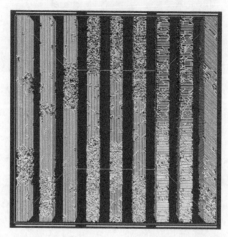

图 14.25　在滑移壁面条件下 $T=3.8E_c/k$ 等温结晶所得到的
截面边长 8 个格子、长 128 个格子的纳米柱快照图[65]
（左边三条为链长 128 个格子 Edge-on 片晶取向，中间三条为链长 8 个格子
Edge-on 片晶取向，右边三条为链长 8 个格子 Flat-on 片晶取向。只有后
半柱子被画出来，灰色小圆柱代表每个键）

　　上面讨论的是二维纳米受限空间中高分子自发结晶的晶粒取向。如果高分子填充的纳米微孔与孔端的本体相互连接，本体中球晶的生长可以延续进入微孔，带来 Flat-on 的片晶优势取向，如图 14.26 所示[68]。Shin 等人提出这是一个"闸门效应"（gate effect），即只有沿着 b 轴生长的片晶才能从本体顺利发展进入纳米微孔[69]。胡志军等人也观察到纳米压印微槽中的晶粒取向来自于本体基底部分球晶的持续发展[70]。但是，吴慧等人发现，随着结晶温度的升高，间规聚苯乙烯本体球晶生长概率的减小，纳米微孔内壁诱导的 Edge-on 取向片晶生长将堵塞微孔，使得微孔内平均 Flat-on 取向片晶的取向有序度下降[71]，并且高温区结晶能得到纯 β 晶型[72]。李萌等人发现，如果对纳米微孔内壁进行烷基化修饰，降低其对高分子的亲和性，将产生更多的 Edge-on 取向的片晶，从而进一步降低高温区的结晶度收率和以 Flat-on 晶粒为参考的取向有序度[73]。

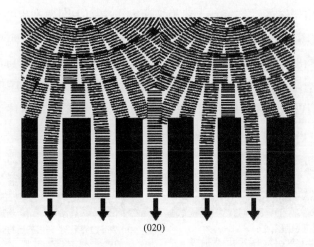

(020)

图 14.26　本体中的球晶发展进入纳米微孔使得 b 轴与微孔长轴方向一致示意图[68]

14.3　三维纳米受限结晶

三维纳米受限体系包括悬浮的纳米胶乳液、嵌段共聚物自组装纳米微球以及表面去润湿得到的纳米液滴等。除了纳米乳液在涂料和胶黏剂等材料领域得到广泛应用之外，纳米微球阵列作为量子点阵可应用于信息存储、光电器件以及药物释放等领域[74]。

悬浮的胶乳液滴可以很好地隔离高分子本体中的杂质，有效地避免异相成核对降温过程中高分子结晶的影响，因此是很好的研究均相成核的体系[75,76]。均相成核对液滴的尺寸变得很敏感，于是降温过程会看到分级结晶的现象[77]。这种三维受限得到的结晶度通常比较低，所以升温过程能看到明显的退火完善现象[78]。

在固体基板上通过去润湿制备的纳米液滴允许我们采用 AFM 直接观察其表面的结晶形貌。Massa 和 Dalnoki-Veress 观察到 PEO 成核速率依赖于液滴的体积大小[79]，并且成核速率与链长无关，表现得与熔体结晶的行为相一致[80]。Kailas 等人发现 iPP 纳米液滴中倾向于生成 Edge-on 取向的片晶，并且当液滴高度小于 5nm 时，成核速率主要依赖于液滴高度[81]。Carvalho 和 Dalnoki-Veress 还仔细观察了改变 iPS 基底从平滑到粗糙，PEO 纳米液滴分别采取本体、表面和边角接触线的结晶成核行为[82]。在 aPS 基底上 PE 纳米液滴的成核速率则主要依赖于液滴的表面积[83]。Miura 和 Mikami 采用分子动力学模拟观察到纳米微球界面在早期有助于结晶成核而在后期则抑制晶体生长[84]。

　　我们采用格子链的动态蒙特卡罗模拟研究了表面去润湿产生的纳米液滴中的结晶行为[85]。图 14.27 展示了纳米液滴的制备过程。得到的液滴呈圆饼状平摊在基底上。液滴的大小取决于不同数目的初始链 2048-mer。我们将 60 条链组成的液滴淬冷到一系列温度考察等温结晶得到的结晶度和取向有序度，总结于图 14.28 中。我们可以看到，结晶度不受温度的影响，但是取向有序度在高温区明显偏向以 Edge-on 取向为主的片晶。

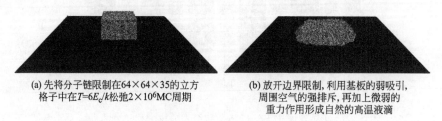

(a) 先将分子链限制在64×64×35的立方
　　格子中在$T=6E_c/k$松弛$2×10^6$MC周期

(b) 放开边界限制，利用基板的弱吸引，
　　周围空气的强排斥，再加上微弱的
　　重力作用形成自然的高温液滴

图 14.27　分子模拟 60 条格子链（每条长 2048 个格子）
在固体基板上形成液滴的快照图[85]

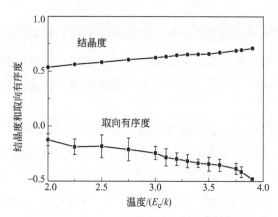

图 14.28　分子模拟 60 条链组成的液滴在一系列温度下
等温结晶得到的结晶度和取向有序度[85]（以基底垂直方向为参考）

　　我们考察高温区的结晶形貌，如图 14.29 所示，确实可以看到以 Edge-on 取向为主的片晶。这种优势取向显然与圆饼状液滴上下平滑的表面有关。与低温区的结晶形貌相比较，如图 14.30 所示，我们可以看到大液滴中产生大量的小晶粒，在上下表面附近的小晶粒仍然有 Edge-on 取向的优势，但是大量的中间区域小晶粒没有明显的取向优势，主要来自于均相成核过程。这说明，在液滴比较大而温度比较低的时候，成核方式主要是均相成核，依赖于液滴的体积；当液滴很小而温度很高时，以上下表面诱导的 Edge-on 取向的成核为主，成核速率依赖于上下表面积或者液滴高度。

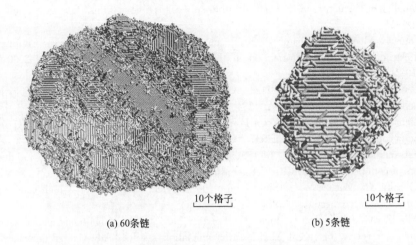

(a) 60条链   (b) 5条链

图 14.29 两种尺寸的液滴在 $3.9E_c/k$ 等温结晶得到的形貌快照图[85]

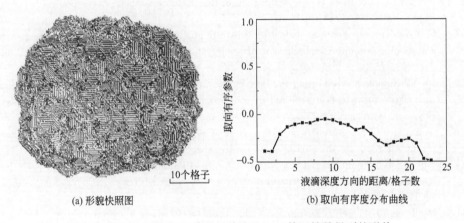

(a) 形貌快照图   (b) 取向有序度分布曲线

图 14.30 由 60 条链组成的液滴在 $2E_c/k$ 等温结晶得到的形貌

快照图以及深度方向上的取向有序度分布曲线[85]

参 考 文 献

[1] Yang X N, Loos J. Toward high-performance polymer solar cells: The importance of morphology control. Macromolecules, 2007, 40: 1353-1362.

[2] Wang H, Keum J K, Hiltner A, Baer E, Freeman B, Rozanski A, Galeski A. Confined crystallization of polyethylene oxide in nanolayer assemblies. Science, 2009, 323: 757-760.

[3] Lemstra P J. Confined polymers crystallize. Science, 2009, 323: 725-726.

[4] Liu Y X, Chen E Q. Polymer crystallization of ultrathin films on solid substrates. Coordination Chem Rev, 2010, 254: 1011-1037.

[5] Carr J M, Langhe D S, Ponting M T, Hiltner A, Baer E. Confined crystallization in polymer nanolayered films: A review. J Mater Res, 2012, 27: 1326-1350.

[6] Frank C W, Rao V, Despotopoulou M M, Pease R F W, Hinsberg W D, Miller R D,

　　 Rabolt J F. Structure in thin and ultrathin spin-cast polymer films. Science, 1996, 273: 912-915.

[7]　 Kraus J, Mueller-Buschbaum P, Kuhlmann T, Schubert D W, Stamm M. Confinement effects on the chain conformation in thin polymer films. Europhys Lett, 2000, 49: 210-216.

[8]　 Ten Brinke G, Ausserre D, Hadziioannou G. Interaction between plates in a polymer melt. J Chem Phys, 1988, 89: 4374-4380.

[9]　 Kumar S K, Vacatello M, Yoon D Y. Off-lattice Monte Carlo simulations of polymer melts confined between two plates. J Chem Phys, 1988, 89: 5206-5215.

[10]　 Bitsanis I, Hadziioannou G. Molecular dynamics simulations of the structure and dynamics of confined polymer melts. J Chem Phys, 1990, 92: 3827-3847.

[11]　 Doruker P, Mattice W L. Simulation of polyethylene thin films on a high coordination lattice. Macromolecules, 1998, 31: 1418-1426.

[12]　 Mischler C, Baschnagel J, Binder K. Polymer films in the normal-liquid and supercooled state: A review of recent Monte Carlo simulation results. Adv Colloid Interface Sci, 2001, 94: 197-227.

[13]　 Padden F J, Keith H D. Crystallization in thin films of isotactic polypropylene. J Appl Phys, 1966, 37: 4013-4020.

[14]　 Cho K, Kim D, Yoon S. Effect of substrate surface energy on transcrystalline growth and its effect on interfacial adhesion of semicrystalline polymers. Macromolecules, 2003, 36: 7652-7660.

[15]　 Jin Y, Rogunova M, Hiltner A, Baer E, Nowacki R, Galeski A, Piorkowska E. Structure of polypropylene crystallized in confined nanolayers. J Polym Sci, Part B: Polym Phys, 2004, 42: 3380-3396.

[16]　 Muratoglu O K, Argon A S, Cohen R E. Crystalline morphology of polyamide-6 near planar surfaces. Polymer, 1995, 36: 2143-2152.

[17]　 Hobbs J K, Humphris A D L, Miles M J. In-situ atomic force microscopy of polyethylene crystallization. 1. Crystallization from an oriented backbone. Macromolecules, 2001, 34: 5508-5519.

[18]　 Mellbring O, Oiseth S K, Krozer A, Lausmaa J, Hjertberg T. Spin coating and characterization of thin high-density polyethylene films. Macromolecules, 2001, 34: 7496-7503.

[19]　 Bartczak Z, Argon A S, Cohen R E, Kowalewski T. The morphology and orientation of polyethylene in films of sub-micron thickness crystallized in contact with calcite and rubber substrates. Polymer, 1999, 40: 2367-2380.

[20]　 Pearce R, Vancso G J. Imaging of melting and crystallization of poly (ethylene oxide) in real-time by hot-stage atomic force microscopy. Macromolecules, 1997, 30: 5843-5848.

[21]　 Tsuji M, Novillo F A, Fujita M, Murakami S, Kohjiya S. Morphology of melt-crystallized poly (ethylene 2, 6-naphthalate) thin films studied by transmission electron microscopy. J Mater Res, 1999, 14: 251-258.

[22]　 Durell M, MacDonald J E, Trolley D, Wehrum A, Jukes P C, Jones R A L, Walker C J, Brown S. The role of surface-induced ordering in the crystallization of PET films. Europhys Lett, 2002, 58: 844-850.

[23]　 Basire C, Ivanov D A. Evolution of the lamellar structure during crystallization of a semi-crystalline-amorphous polymer blend: Time-resolved hot-stage SPM study. Phys Rev Lett, 2000, 85: 5587-5590.

[24]　 Baschnagel J, Meyer H, Varnik F, Metzger S, Aichele M, Mueller M, Binder K. Com-

puter simulations of polymers close to solid interfaces: Some selected topics. Interface Sci, 2003, 11: 159-173.

[25] Lovinger A J, Keith H D. Electron diffraction investigation of a high-temperature form of poly (vinylidene fluoride). Macromolecules, 1979, 12: 919-924.

[26] Kovacs Andre J, Straupe Christine. Isothermal growth, thickening, and melting of poly (ethylene oxide) single crystals in the bulk. Part 4. Dependence of pathological crystal habits on temperature and thermal history. Faraday Discuss, 1979, 68: 225-238.

[27] Schonherr H, Frank C W. Ultrathin films of poly (ethylene oxides) on oxidized silicon. 1. Spectroscopic characterization of film structure and crystallization kinetics. Macromolecules, 2003, 36: 1188-1198.

[28] Wittmann J C, Lotz B. Polymer decoration: The orientation of polymer folds as revealed by the crystallization of polymer vapors. J Polym Sci, Polym Phys Ed, 1985, 23: 205-226.

[29] Keith H D, Padden F J, Lotz B, Wittmann J C. Asymmetries of habit in polyethylene crystals grown from the melt. Macromolecules, 1989, 22: 2230-2238.

[30] Bu Z, Yoon Y, Ho R M, Zhou W, Jangchud I, Eby R K, Cheng S Z D, Hsieh E T, Johnson T W, Geerts R G, Palackal S J, Hawley G R, Welch M B. Crystallization, melting, and morphology of syndiotactic polypropylene fractions. 3. Lamellar single crystals and chain folding. Macromolecules, 1996, 29: 6575-6581.

[31] Sutton S J, Izumi K, Miyaji H, Miyamoto Y, Miyashita S. The morphology of isotactic polystyrene crystals grown in thin films: The effect of substrate material. J Mater Sci, 1997, 32: 5621-5627.

[32] Abe H, Kikkawa Y, Iwata T, Aoki H, Akehata T, Doi Y. Microscopic visualization on crystalline morphologies of thin films for poly [(R)-3-hydroxybutyric acid] and its co-polymer. Polymer, 2000, 41: 867-874.

[33] Hu Z J, Huang H Y, Zhang F J, Du B Y, He T B. Thickness-dependent molecular chain and lamellar crystal orientation in ultrathin poly (di-n-hexylsilane) films. Langmuir, 2004, 20: 3271-3277.

[34] Sakai Y, Imai M, Kaji K, Tsuji M. Growth shape observed in two-dimensional poly (ethylene terephthalate) spherulites. Macromolecules, 1996, 29: 8830-8834.

[35] Mareau V H, Prud'homme R E. In-situ hot stage atomic force microscopy study of poly (epsilon-caprolactone) crystal growth in ultrathin films. Macromolecules, 2005, 38: 398-408.

[36] Li C Y, Ge J J, Bai F, Calhoun B H, Harris F W, Cheng S Z D, Chien L C, Lotz B, Keith H D. Early-stage formation of helical single crystals and their confined growth in thin film. Macromolecules, 2001, 34: 3634-3641.

[37] Lovinger A J, Cais R E. Structure and morphology of poly (trifluoroethylene). Macromolecules, 1984, 17: 1939-1945.

[38] Reiter G, Sommer J U. Crystallization of adsorbed polymer monolayers. Phys Rev Lett, 1998, 80: 3771-3774.

[39] Reiter G, Sommer J U. Polymer crystallization in quasi-two dimensions. Ⅰ. Experimental results. J Chem Phys, 2000, 112: 4376-4383.

[40] Sommer J U, Reiter G. Polymer crystallization in quasi-two dimensions. Ⅱ. Kinetic models and computer simulations. J Chem Phys, 2000, 112: 4384-4393.

[41] Zhang F, Liu J, Huang H, Du B, He T. Branched crystal morphology of linear polyethylene crystallized in a two-dimensional diffusion-controlled growth field. Eur Phys J E, 2002, 8: 289-297.

[42] Sakai Y, Imai M, Kaji K, Tsuji M. Tip-splitting crystal growth observed in crystallization from thin films of poly (ethylene terephthalate). J Cryst Growth, 1999, 203: 244-254.

[43] Taguchi K, Miyaji H, Izumi K, Hoshino A, Miyamoto Y, Kokawa R. Growth shape of isotactic polystyrene crystals in thin films. Polymer, 2001, 42: 7443-7447.

[44] Kawashima K, Kawano R, Miyagi T, Umemoto S, Okui N J. Morphological changes in flat-on and edge-on lamellae of poly (ethylene succinate) crystallized from molten thin films. Macromol Sci, Part B: Phys, 2003, B42: 889-899.

[45] Ma Y, Hu W B, Reiter G. Lamellar crystal orientations biased by crystallization kinetics in polymer thin films. Macromolecules, 2006, 39: 5159-5164.

[46] Fryer D S, Nealey P F, de Pablo J J. Thermal probe measurements of the glass transition temperature for ultrathin polymer films as a function of thickness. Macromolecules, 2000, 33: 6439-6447.

[47] Torres J A, Nealey P F, de Pablo J J. Molecular simulation of ultrathin polymeric films near the glass transition. Phys Rev Lett, 2000, 85: 3221-3224.

[48] Fryer D S, Peters D S, Kim E J, Tomaszewski J E, de Pablo J J, Nealey P F, White C C, Wu W L. Dependence of the glass transition temperature of polymer films on interfacial energy and thickness. Macromolecules, 2001, 34: 5627-5634.

[49] Dalnoki-Veress K, Forrest J A, Massa M V, Pratt A, Williams A. Crystal growth rate in ultrathin films of poly (ethylene oxide). J Polym Sci, Part B: Polym Phys, 2001, 39: 2615-2621.

[50] Schonherr H, Frank C W. Ultrathin films of poly (ethylene oxides) on oxidized silicon. 2. In-situ study of crystallization and melting by hot stage AFM. Macromolecules, 2003, 36: 1199-1208.

[51] Despotopoulou M M, Frank C W, Miller R D, Rabolt J F. Kinetics of chain organization in ultrathin poly (di-n-hexylsilane) films. Macromolecules, 1996, 29: 5797-5804.

[52] Napolitano S, Wubbenhorst M. Slowing down of the crystallization kinetics in ultrathin polymer films: A size or an interface effect? Macromolecules, 2006, 39: 5967-5970.

[53] Napolitano S, Wubbenhorst M. Effect of a reduced mobility layer on the interplay between molecular relaxations and diffusion-limited crystallization rate in ultrathin polymer films. J Phys Chem B, 2007, 111: 5775-5780.

[54] Zhang Y, Lu Y L, Duan Y X, Zhang J M, Yan S K, Shen D Y. Reflection-absorption infrared spectroscopy investigation of the crystallization kinetics of poly (ethylene terephthalate) ultrathin films. J Polym Sci: Part B, 2004, 42: 4440-4447.

[55] Grozeva N, Botizb I, Reiter G. Morphological instabilities of polymer crystals. Eur Phys J E, 2008, 27: 63-71.

[56] Taguchi K, Miyaji H, Izumi K, Hoshino A, Miyamoto Y, Kokawa R. Crystal growth of isotactic polystyrene in ultrathin films: Film thickness dependence. J Macromol Sci Part B: Phys, 2002, 41: 1033-1042.

[57] Sawamura S, Miyaji H, Izumi K, Sutton S J, Miyamoto Y. Growth rate of isotactic polystyrene crystals in thin films. J Phys Soc Jpn, 1998, 67: 3338-3341.

[58] Ren Y J, Gao H H, Hu W B. Crystallization kinetics of lamellar crystals confined in polymer thin films. J Macromol Sci, Part B: Phys, 2012, 51: 1548-1557.

[59] Ren Y J, Huang Z, Hu W B. Growth rates of edge-on lamellar crystals confined in polymer thin films. J Macromol Sci, Part B: Phys, 2012, 51: 2341-2351.

[60] Taguchi K, Toda A, Miyamoto Y. Crystal growth of isotactic polystyrene in ultrathin films: Thickness and temperature dependence. J Macromol Sci, Part B: Phys, 2006, 45:

1141-1147.

[61] Sommer J U, Reiter G. Polymer crystallization in quasi-two dimensions. II. Kinetic models and computer simulations. J Chem Phys, 2000, 112: 4384-4393.

[62] Sommer J U, Reiter G. Crystallization in ultra-thin polymer films: Morphogenesis and thermodynamical aspects. Thermochimica Acta, 2005, 432: 135-147.

[63] Zhai X, Wang W, Zhang G, He B. Crystal pattern formation and transitions of PEO monolayers on solid substrates from nonequilibrium to near equilibrium. Macromolecules, 2006, 39: 324-329.

[64] Zhu D S, Liu Y X, Chen E Q, Li M, Chen C, Sun Y H, Shi A C, van Horn R M, Cheng S Z D. Crystal growth mechanism changes in pseudo-dewetted poly (ethylene oxide) thin layers. Macromolecules, 2007, 40: 1570-1578.

[65] Ma Y, Hu W B, Hobbs J, Reiter G. Understanding crystal orientations in quasi-one-dimensional polymer systems. Soft Matter, 2008, 4: 540-543.

[66] Steinhart M, Senz S, Wehrspohn R B, Gsele U, Wendorf J H. Curvature-directed crystallization of poly (vinylidene difluoride) in nanotube walls. Macromolecules, 2003, 36: 3646-3651.

[67] Woo E, Huh J, Jeong Y G, Shin K. From homogeneous to heterogeneous nucleation of chain molecules under nanoscopic cylindrical confinement. Phys Rev Lett, 2007, 98: 136103.

[68] Steinhart M, Goring P, Dernaika H, Prabhukaran M, Goesele U, Hempel E, Thurn-Albrecht T. Coherent kinetic control over crystal orientation in macroscopic ensembles of polymer nanorods and nanotubes. Phys Rev Lett, 2006, 97: 27801.

[69] Shin K, Woo E, Jeong Y G, Kim C, Huh J, Kim K W. Crystalline structure, melting and crystallization of linear polyethylene in cylindrical nanopore. Macromolecules, 2007, 40: 6617-6623.

[70] Hu Z J, Baralia G, Bayot V, Gohy J F, Jonas A M. Nanoscale control of polymer crystallization by nanoimprint lithography. Nano Letter, 2005, 5: 1738-1743.

[71] Wu H, Wang W, Yang H, Su Z. Crystallization and orientation of syndiotactic polystyrene in nanorods. Macromolecules, 2007, 40: 4244-4249.

[72] Wu H, Wang W, Huang Y, Wang C, Su Z. Polymorphic behavior of syndiotactic polystyrene crystallized in cylindrical nanopores. Macromolecules, 2008, 41: 7755-7758.

[73] Li M, Wu H, Huang Y, Su Z. Effects of temperature and template surface on crystallization of syndiotactic polystyrene in cylindrical nanopores. Macromolecules, 2012, 45: 5196-5200.

[74] Hu Z J, Tian M W, Nysten B, Jonas A M. Regular arrays of oriented ferroelectric polymer nanostructures for nonvolatile low voltage memories. Nature Materials, 2009, 8: 62-68.

[75] Turnbull D, Cormia R L. Kinetics of crystal nucleation in some normal alkane liquids. J Chem Phys, 1961, 34: 820-831.

[76] Cormia R L, Price F P, Turnbull D. Kinetics of crystal nucleation in polyethylene. J Chem Phys, 1962, 37: 1333-1340.

[77] Tol R T, Mathot V B F, Groeninckx G. Confined crystallization phenomena in immiscible polymer blends with dispersed micro- and nanometer sized PA6 droplets, part 3: Crystallization kinetics and crystallinity of micro- and nanometer sized PA6 droplets crystallizing at high supercoolings. Polymer, 2005, 46: 2955-2965.

[78] Roettele A, Thurn-Albrecht T, Sommer J U, Reiter G. Thermodynamics of formation, reorganization and melting of confined nanometer-sized polymer crystals. Macromole-

cules, 2003, 36: 1257-1260.

[79] Massa M V, Dalnoki-Veress K. Homogeneous crystallisation of poly (ethylene oxide) confined to droplets: The dependence of the crystal nucleation rate on length-scale and temperature. Phys Rev Lett, 2004, 92: 255509.

[80] Massa M V, Carvalho J L, Dalnoki-Veress K. Confinement effects in polymer crystal nucleation from the bulk to 'few-chain' systems. Phys Rev Lett, 2007, 97: 247802.

[81] Kailas L, Vasilev C, Audinot J N, Migeon H N, Hobbs J K. A real-time study of homogeneous nucleation, growth and phase transformations in nanodroplets of low molecular weight isotactic polypropylene using AFM. Macromolecules, 2007, 40: 7223-7230.

[82] Carvalho J, Dalnoki-Veress K. Homogeneous bulk, surface, and edge nucleation in crystalline nanodroplets. Phys Rev Lett, 2010, 105: 237801.

[83] Carvalho J, Dalnoki-Veress K. Surface nucleation in the crystallisation of polyethylene droplets. Euro Phys J E, 2011, 34: 1-6.

[84] Miura T, Mikami M. Molecular dynamics study of crystallization of polymer systems confined in small nanodomains. Phys Rev E, 2007, 75: 31804.

[85] Hu W B, Cai T, Ma Y, Hobbs J, Reiter G. Polymer crystallization under nano-confinement of droplets studied by molecular simulations. Faraday Discuss, 2009, 143: 129-141.

第15章　嵌段共聚物微畴受限结晶

15.1　嵌段共聚物的自组装及其结晶

15.1.1　嵌段共聚物微相分离

嵌段共聚物在大分子链内部引入一个化学限制，由于每个组分链都与另一个组分链通过化学键相连，使得一个组分与另一个组分发生结晶或相分离时，每条链都要受到近邻另一组分链的约束，从而导致其相变行为偏离通常的二元共混物体系[1]。嵌段共聚物的相分离无法发生宏观的相分离，只能在线团纳米尺度上发生微相分离[2,3]。由此产生的微相畴一般在 $50\sim1000\text{Å}$ 之间，连接点所处的界面区更薄[4]。对 AB 两嵌段共聚物，例如 PS-b-PI，随着体系中 A 组分从零开始增加，B 组分比例逐步减少，A 分散相将依次出现体心立方球、六方圆柱、螺旋双连续相，在接近 1∶1 的时候会出现交替层状相结构，直至相反转，如图 15.1 所示。这些规整排列的纳米图案，使得嵌段共聚物作为一种自组装分子纳米材料在弹性体、复合材料、化学传感、光电子器件和纳米电子器件等领域有着广泛的应用前景。

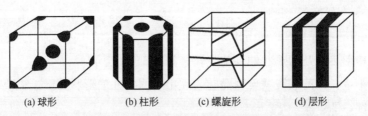

(a) 球形　　　(b) 柱形　　　(c) 螺旋形　　　(d) 层形

图 15.1　两嵌段共聚物微相分离随黑色相组分从小到大依次出现
各种几何形状的三维空间纳米图案示意图

这些规整纳米尺度微畴的多相织态由于受两组分间化学键的约束，在热力学上是稳定的，其相分离的相图如图 15.2 所示。随着温度的变化，体系可发生自发的微相分离行为［microphase separation transition，或者 order-disorder transition（ODT）］，转变温度被称为 T_{ODT}。温度的变化体现在两组分的混合相互作用参数 χ 与总链长 r 的乘积，即所谓的相分离强度（segregation strength）上。

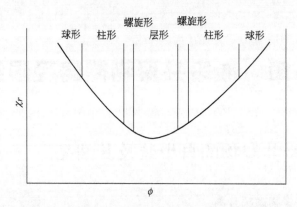

图 15.2　两嵌段共聚物发生微相分离的相分离强度

χr 随某一组分体积分数 ϕ 而变化的相图及有序微畴形状示意图

15.1.2　结晶驱动的嵌段共聚物自组装

对于高分子结晶而言，在嵌段共聚物体系中首先存在微相分离与结晶转变之间的相互竞争。我们主要讨论两嵌段共聚物的结晶情形。类似的情形也广泛存在于拓扑结构更复杂的多嵌段共聚物甚至星形多臂多嵌段共聚物之中。我们先来看最基本的两嵌段共聚物只有一端组分能结晶，而另一端组分不能结晶的情况。当 T_{ODT} 低于可结晶组分的结晶温度 T_c 时，嵌段共聚物在降温过程中，某个组分自发的结晶将主导体系的相变过程，非晶组分此时富集在晶体的表面，为结晶形貌带来化学约束，根据两组分组成的不同，可以形成片晶、柱状晶和球状晶，这种情况被称为结晶驱动的自组装过程。

Gädt 等人研究了 PFS-b-PI（聚异戊二烯，polyisoprene，PI；聚二茂铁二甲基硅烷，polyferrocenyldimethylsilane，PFS）在稀溶液中不同嵌段长度比导致从片层到柱形不同几何形状的晶畴生长，如图 15.3 所示[5]。

溶液中生长的两嵌段共聚物晶畴表现出不同的几何形状实际上取决于一个约化接枝密度，即：

$$\bar{\sigma} = \frac{\pi R_{\mathrm{g}}^2}{S} \tag{15.1}$$

式中，R_{g}^2 为非晶嵌段的均方回转半径；S 为每条非晶链段所占的界面面积大小。约化接枝密度值与非晶链长和溶剂属性无关，只反映了相同溶剂条件下非晶嵌段的每个无扰线团所覆盖在界面上的面积里占据了多少条非晶嵌段[6]。Chen 等人已经发现，稀溶液中生长的 PEO-b-PS 和 PLLA-b-PS 单晶，临界约化接枝密度在3.7~3.8之间，片晶表面非晶线团之间开始发生拥挤，从而影响片晶的增厚行为，如图 15.4 所示[7]。杜子修等人发现约化接枝密度值如果小于某个介于

(a) 暗场透射电镜照片(标尺为200nm)

(b) 结构示意图

图 15.3　两嵌段共聚物结晶生成的片晶侧表面引发较长非晶段的
两嵌段共聚物柱状微晶畴的生长[5]

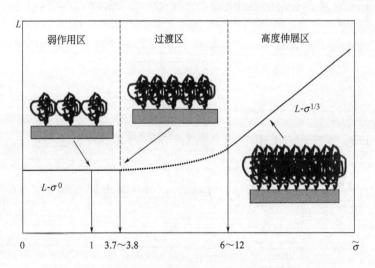

图 15.4　两嵌段共聚物稀溶液单层片晶随着温度升高片晶
增厚时非晶段高度的温度依赖关系曲线[7]

3.0～4.8 的临界值，就能生成片晶，如果高于该临界值，说明片晶表面的非晶嵌段过于拥挤，导致球形胶束的形成[8]。利用表面非晶段拥挤带来的边界约束，可以制备不同几何形状的纳米单晶[9]。何伟娜和徐君庭最近发表了结晶驱动嵌段共聚物自组装方面的综述文章[10]。

　　Gervais 和 Gallot 仔细研究了稀溶液生长的 PEO-b-PS 单层片晶厚度随组成比的变化[11,12]。在 PEO 含量小于 50%（质量分数）时，随 PEO 含量升高，无定形层厚度几乎不变，而片晶厚度则增大，说明 PEO 链折叠次数不变，折叠长度增加，因为 PEO 的片晶表面积应与 PS 的线团截面积相对应，这样才能保持片层形态，显然，这里 PEO 链折叠服从 PS 线团几何上的要求。当 PEO 含量大于 50%（质量分数）时，随 PEO 含量升高，片晶厚度增大而非晶层厚度则减小，说明此时 PS 线团服从 PEO 片晶几何空间上的要求。但是经过充分退火增厚后，片晶将不可能达到完全伸展链的厚度，因为此时要求 PS 也会全伸展，这在链构象几何上和熵要求上都是不允许的，所以 PEO 仍将保持适当的折叠次数以与 PS 线团保持空间上的对称性，据此而发展出一些平衡态的片晶厚度理论。

　　DiMarzio 等人于 1980 年首先计算了处于热力学平衡态时的结晶链折叠次数[13]，其模型如图 15.5 所示，假定无定形链段长为 r_a，密度为 ρ_a，厚度为 l_a，结晶链段长为 r_c，密度为 ρ_c，厚度为 l_c，每条链的两相界面尺寸为 λ，面积为 λ^2，界面相互作用比表面能为 σ_s，折叠端比表面能为 σ_f，他们先计算体系的熵，其主要由无序态链的构象熵和取向熵组成，体系焓则由链段间配对相互作用和结晶能及界面能组成，求得的自由能对 l_a 取最小，同时对 λ 也取最小，于是可得出：

$$l_s = \frac{r_a^{2/3}(\sigma_s + \sigma_f \rho_c)^{1/3}}{(3kT\rho_a)^{1/3}} \tag{15.2}$$

$$l_c = \frac{r_c \rho_a^{2/3}(\sigma_s + \sigma_f \rho_c)^{1/3}}{\rho_c(3kTr_a)^{1/3}} \tag{15.3}$$

　　Whitmore 和 Noolandi 于 1988 年重新计算了平衡态时片晶厚度[14]。他们把体系自由能分为四部分，即无定形段、结晶段、界面区和连接点处于界面区的熵降的贡献，对无定形段采用自洽场方法进行计算，自由能对长周期（$l_a + l_c$）取最小，得：

$$l_a \propto r_a^{7/12} \tag{15.4}$$

$$l_c \propto r_c r_a^{-5/12} \tag{15.5}$$

　　他们还计算了 PEO-b-PS 对称两嵌段共聚物的片晶形态结构，证明单层片晶比双层片晶更稳定。

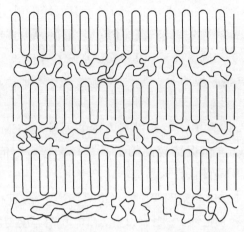

图 15.5　两嵌段共聚物结晶和非晶嵌段交替层状排布示意图[13]

Vilgis 和 Halparin 于 1991 年还考虑了其他形态如胶束晶的平衡态片晶厚度[15]，他们对结晶段和无定形段分别计算了自由能，然后加和，对链折叠次数取最小，得片层胶束的非晶层厚度和片晶厚度分别为：

$$l_a \propto r_a^{9/11} \tag{15.6}$$

$$l_c \propto r_c r_a^{-6/11} \tag{15.7}$$

如图 15.6(a) 和 (b) 所示，他们还计算了球状胶束的星形截面尺寸，得：

$$l_a \propto r_c^{4/25} r_a^{3/5} \tag{15.8}$$

$$l_c \propto r_a^{3/5} \tag{15.9}$$

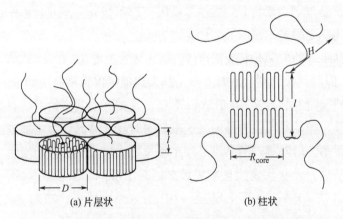

(a) 片层状　　　　　　　　　　(b) 柱状

图 15.6　两嵌段共聚物某一段结晶构成的片层状和柱状中间

星形截面的分子链构象示意图[15]（图中 l 对应于 l_c，

H 对应于 l_a，D 对应于 λ，R_{core} 为晶粒宽度尺寸）

如果是柱状胶束的星形截面尺寸，则：

$$l_c \propto r_c^{13/18} r_a^{-1/6} \tag{15.10}$$

在 PEO-b-PMA［poly（methyl acrylate），聚丙烯酸甲酯］体系中，两嵌段彼此相容，随着 PMA 含量的持续升高，PEO 片晶的厚度连续地降低[16]。熊惠明等人利用 PS-b-PEO-b-PB 和 PS-b-PEO-b-PDMS 在 PEO 结晶段两侧引入不相容也不等量的两段非晶嵌段组分，导致两侧的应力不平衡，在稀溶液中生成 PEO 卷曲的片晶[17]。

在 PEO-b-PEMA 体系中，当聚甲基丙烯酸乙酯（PEMA）分子量保持在 8000Da 时，较长 PEO 段仍保持较高的结晶速率和程度，但 PEO 段分子量小（5500Da），结晶能力明显降低，球晶也不完善[18,19]。

在 POTM-b-PS 体系中当聚四亚甲醚（POTM）含量高时，生成的球晶由聚醚径向纤维状片晶外裹无定形 PS 组成，熔点 T_m 和结晶度与均聚物一致，当 PS 含量高时，结晶速率按以下次序下降，均聚物 POTM＞POTM-b-PS-b-POTM＞POTM-b-PS[20]。

15.1.3　嵌段共聚物纳米微畴中的受限结晶

当 T_{ODT} 高于某段组分的结晶温度 T_c 时，嵌段共聚物在降温过程中优先发生微相分离，产生的纳米微畴能够作为高分子结晶的空间模板，实现晶区和非晶区半结晶织态结构在纳米尺度空间分辨率上的有序调控，更大尺度范围的球晶不再自发地出现[21,22]。在这种纳米微畴中的空间受限结晶，是一种分阶段多尺度可调控的高分子纳米自组装行为的典型代表，制备所谓"有序中更有序"（order-within-order）的"结构中的结构"（structure-in-structure）[23,24]。这种纳米尺度空间受限结晶与上一章所介绍的纳米受限情形稍微有所不同，由于组分嵌段连接所带来的化学受限是本章所关注的重点。

根据非晶组分的玻璃化转变温度 T_g 及其结晶温度与另一结晶组分的结晶温度 T_c 相比，嵌段共聚物纳米微畴受限结晶大致地可以再细分成如下三类情况。

第一类情况是非晶段 T_g 高于结晶段 T_c。这类嵌段共聚物的特点是结晶软段连接非晶硬段，即结晶段在非晶段处于玻璃态时发生结晶，由于玻璃态的非晶段对结晶段链活动性的限制，结晶段必须足够长，或加入非晶段的增塑剂甚至在稀溶液中才能结晶。最有代表性且研究较多的是 PEO-b-PS 本体体系[25]。除了两嵌段，也可以是 ABA 三嵌段，甚至（AB）$_n$ 多嵌段体系。PEO 段分子量低于 1000Da 将不结晶，而分子量大于 6000Da 则结晶能力达饱和，但结晶度仍比均聚物低一些。随着 PS 段含量增大，或分子内嵌段数增多，PEO 段的结晶程度和速率均下降，熔点也下降[26]。PMMA-b-PEO-b-PMMA 体系强烈地抑制了 PEO 的结晶能力[27]。

第二类情况是非晶段 T_g 低于结晶段 T_c。这一类共聚物的特点是结晶软段连接非晶软段，即结晶段在非晶段提供的高弹或黏流态界面限制下发生结晶，结晶有可能突破微畴软边界的限制，从而破坏纳米图案的规整性[28~31]。这一现象通常被称为突围（break-out）。

平常表现为本体非晶硬段的 PS 在 PEO-b-PS 中，当嵌段长度比较小，或者在稀溶液体系中，或者共混 PS 低分子量均聚物和低聚物，就可以成为非晶软段。Lotz 等人研究了稀溶液的 PEO-b-PS 结晶形态[32,33]，与 PEO 均聚物一样，生成四方片晶，PS 分布在片晶表面上，片晶中 PEO 链垂直于片晶，主要观察到两类片晶形态：一类是 PEO 单层片晶，PS 位于片晶两侧，另一类是 PEO 双层片晶，PS 位于片晶同一侧，如图 15.7 所示，二者的相对数量与共聚物中 PS 的含量有关，PS 段越长，单层片晶就越多。PEO 的这种双层片晶现象得到了梁国栋等人通过测量 Flat-on 片晶在超薄膜中出现 1/2 高度的台阶而得以证明[34]。

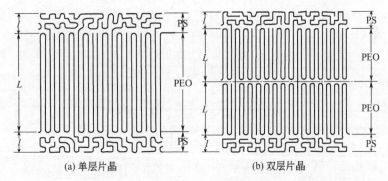

(a) 单层片晶　　　　　　　　　　　(b) 双层片晶

图 15.7　两嵌段共聚物结晶生成的单层片晶和双层片晶示意图[32]

Gervais 和 Gallot 仔细研究了 PEO-b-PS 的溶液相图和结晶形态[11,12]，在亲 PS 的对苯二甲酸乙酯（DEP）和憎 PS 的硝基甲烷为溶剂时，由 DSC 曲线可测得 PS 的流动温度和 PEO 的熔点，于是得相图如图 15.8 所示。由相图可以看出，在 PEO-b-PS 溶液中首先发生的微相分离，共聚物将组装成层状、柱状或球状的胶束，然后在胶束软受限环境下 PEO 段发生结晶。这也可以解释为什么 PEO 段能够形成双层片晶，因为预先的胶束球将 PS 段赶到片晶的同一外侧。

PEO-b-PB（聚丁二烯）[35]、PEO-b-PI（聚异戊二烯）[36] 被发现与 PEO-b-PS 的性质相似。

祝磊等人在 PEO-b-PS 本体中通过共混入短链 PS 调低非晶段的 T_g，比较研究了 PEO 嵌段在硬受限和软受限两种化学近似体系结晶行为的不同[37]。Donth 等人发现在 PDMS-b-PEO-b-PDMS 体系中 PEO 摩尔分数为 0.84，软受限条件下结晶度能达到 60%，但是在相应的 PMMA-b-PEO-b-PMMA 体系硬受限条件下，PEO 就不再能够结晶[38]。

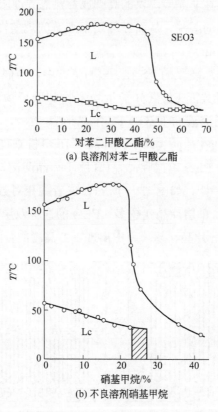

图 15.8　PEO-*b*-PS 稀溶液侧当 PS 段比较短并且在其良溶
剂对苯二甲酸乙酯和不良溶剂硝基甲烷中的相图[11,12]（图中 SEO3 代表
该类型的共聚物，L 为微相分离的层状胶束，Lc 为 PEO 段结晶区）

聚酯-聚醚多嵌段物主要表现为热塑性弹性体，其由结晶的聚酯硬段和非晶的聚醚或聚酯软段构成，前者多含芳香基团如 PET、PBT、PHMT（聚对苯二甲酸己二酯）、PC 等，后者为脂肪族聚醚如 PEO、POP、POTM 及脂肪族聚酯等。如 PC-*b*-PEO 多嵌段体系，PEO 含量至少为 20%～30%（质量分数），才能起柔软作用，促使 PC 段结晶[39]。聚氨酯嵌段共聚物与之结构和性能类似。

第三类情况是非晶段组分在另一组分结晶之后在更低的温度接着发生结晶。这一类共聚物的特点是后结晶段连着先结晶段。先结晶组分的晶体形态及退火增厚能力对后结晶组分的结晶会产生一定的影响。

在聚酯-聚醚体系中，当聚醚链足够长、含量足够高时也能结晶，这就属于第三类结晶嵌段共聚物。如 PEO-*b*-PBT(AB)$_n$ 无规多嵌段共聚物，在 PEO 段分子量为 1000Da 时，常温下要使 PEO 能够结晶的含量至少为 47%（质量分数），

PEO 段分子量升高到 2800Da 时，该含量为 37％（质量分数），分子量为 6120Da 时，PEO 含量至少为 30％（质量分数）[24]。在聚酯-聚醚多嵌段共聚物中的聚酯相主要以结晶颗粒体存在，聚醚链则连接于各颗粒之间形成三维网络，因而是很好的弹性体，例如 POTM-PHMT 含量各 50％（质量分数）的多嵌段共聚物，在受到 100％～300％拉伸时，聚醚链可逆地诱导结晶，在 600％高拉伸时，聚酯颗粒则发生不可逆的取向[40,41]。

　　聚己内酯（PCL，B 段）和 PEO（A 段）两嵌段共聚物当 A 段含量为 20％（质量分数）时，只有 B 段能结晶，A 段不能结晶，虽然均聚物 A 很容易结晶[42]。三嵌段共聚物 BAB 体系结晶时，B 段分子量 4200Da，A 段分子量 8600Da，当结晶温度 T_c<51℃，A 段先结晶，其熔点为 60～61℃，T_c>52℃，B 段先结晶，其熔点为 63～64℃，而 T_c 在 51～52℃之间，二者同时结晶，后结晶的组分必须服从先结晶组分空间几何上的要求，以保持交替片晶形态[43,44]。Castillo 和 Müller 对 PCL、PEO 和 PLLA 彼此之间构成的两嵌段共聚物以及它们各自与 PE 构成的两嵌段共聚物的结晶行为提供了综述性的介绍[45]。

　　我们在这里着重介绍采用格子链模型体系对嵌段共聚物受限于层状、柱状和球状纳米微畴中具有硬受限和软受限环境下的结晶行为分别进行动态蒙特卡罗模拟，并将结果与对应的实验进行比较，以进一步理解实际发生的受限结晶行为的内在机制。图 15.9 是总链长 32 个格子的两嵌段共聚物发生微相分离的分子模拟相图。该相图可以指导我们在合适的热力学条件下得到各种典型的层状、柱状和球状微畴，如图 15.10 所示，以便于我们进一步研究相应受限空间中的结晶行为。下面我们分小节具体加以介绍。

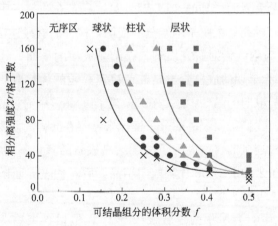

图 15.9　总链长为 32 个格子的两嵌段共聚物本体在一系列组成比和
相分离条件得到的各种几何形状的微畴相图的分子模拟结果[46]

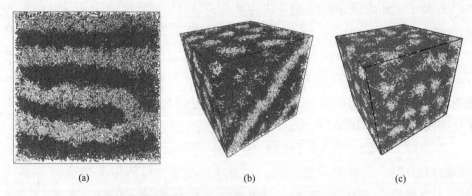

图 15.10　动态蒙特卡罗分子模拟根据链长 32 个格子的组分比不同所得到

的不同几何形状的微畴快照图

（a）对称两嵌段共聚物在 $\chi r = 40$ 个格子时的层状微畴；

（b）9∶23 两嵌段共聚物在 $\chi r = 80$ 个格子时的柱状微畴；

（c）1∶3 两嵌段共聚物在 $\chi r = 60$ 个格子时的球状微畴

15.2　层状相受限结晶

15.2.1　硬受限结晶

　　首先我们来看硬边界环境下的层状微畴受限结晶。实验研究观察到在硬受限层状微畴中，高分子晶粒呈现明显的优势取向[22,25]。链茎杆垂直于片层平面（即 Flat-on 片晶）可能是由于微相分离对线团的拉伸作用，特别是在嵌段连接点附近[24,47]，如图 15.11 所示；而链茎杆平行于片层平面（即 Edge-on 片晶）则可能是由于相分离界面诱导的表面成核[48]。后者在结晶嵌段比较长的时候比较普遍，因为此时界面处主要是两组分的接触，拉伸的嵌段连接在界面处不再显得很重要[49,50]。X 射线衍射研究发现，在结晶成核的早期，晶粒的优势取向就已经存在[51]。那么早期的成核阶段是如何决定晶粒的优势取向的呢？是直接通过热涨落产生优势取向的晶核，还是在随机取向的晶核中通过晶体生长进行事后的筛选和调控呢？我们采用短链的分子模拟来考察在同样的硬受限环境下，嵌段共聚物和去掉嵌段连接的自由高分子发生结晶成核的各自不同特点[52]。前者代表嵌段连接拉伸带来的 Flat-on 优势取向结晶，后者代表界面诱导的纳米超薄膜 Edge-on 优势取向结晶。

　　我们从图 15.10(a) 所示的片层状 16∶16 两嵌段共聚物微畴出发，假定黑色代表玻璃态非晶微畴，即在分子模拟中拒绝所有要求黑色组分的微松弛协同运动。我们首先观察微畴中分子键的取向分布情况，图 15.12(a) 是嵌段共聚物可

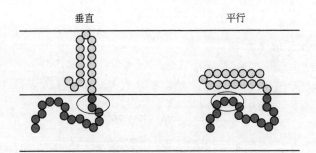

图 15.11　硬受限嵌段共聚物片层状微畴中由嵌段连接拉伸诱导的垂直
片层平面的取向（左图）和由平滑界面接触诱导的平行片层平面的取向（右图）
示意图（灰色球代表结晶嵌段，黑色球代表非晶嵌段）

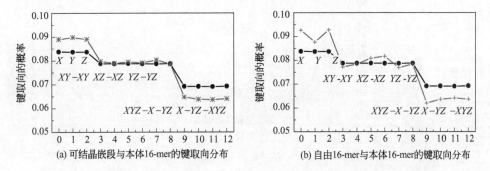

图 15.12　分子模拟图 15.10(a) 硬受限环境下在高温区 $E_c/(kT)=0.25$
（$E_p/E_c=1$，$B/E_c=0.1$）结晶之前可结晶嵌段（星号）与本体 16-mer（黑点）
的键取向分布及自由 16-mer（十字）与本体 16-mer（黑点）的键取向分布[52]
（横坐标代表格子空间中可能的 13 种键取向）

结晶段与本体 16-mer 的比较，而图 15.12(b) 是受限空间中自由的 16-mer 与本
体 16-mer 的比较，可以看出，嵌段共聚物没有表现出明显的各向异性，而自由
16-mer 则在 X、Z、XZ 和 $-XZ$ 方向上表现出明显的优势取向，这些方向均平
行于片层平面，可见是由于界面诱导所致。在嵌段共聚物中，这些优势取向可能
被 Y 方向上的优势取向的拉伸嵌段连接所抵消。可见，在结晶发生之前，硬受
限条件下的高分子已经存在可结晶键的不同优势取向。

　　我们接着考察热涨落过程中硬受限高分子的最大晶粒的取向分布。最大晶粒
有最大的概率在热涨落中幸存下来，我们将其取向分为三类，第一类是链茎杆平
行于片层平面的取向，第二类是垂直取向，第三类则为其他取向。分子模拟结果
如图 15.13 所示，通过比较三种取向的多少，我们可以看出，在可结晶嵌段中，
垂直取向的晶粒占主要优势，而在自由 16-mer 中，平行取向的晶粒占绝对优势。
这就决定了幸存下来的晶核的优势取向。

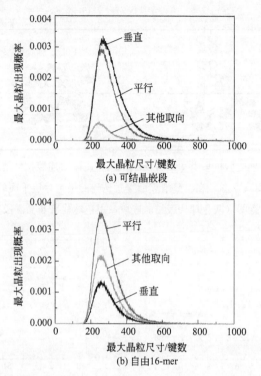

图 15.13　高温区硬受限高分子中热涨落产生三类取向的晶粒的尺寸分布情况[52]

　　最后我们追踪等温结晶过程，也可以清楚地看到早在结晶度上升的初期，晶粒已经表现出明显的优势取向，如图 15.14 所示，嵌段共聚物呈现 Flat-on 片晶的链茎杆垂直片层平面的优势取向，而自由高分子则呈现 Edge-on 片晶的链茎杆平行于片层平面的优势取向。对结晶度曲线进行 Avrami 方程处理，发现可结晶嵌段的 Avrami 指数为 1.4，而自由 16-mer 为 1.6，我们知道均相成核的 Avrami 指数应当为 3，硬受限空间结晶出现这么小的 Avrami 指数，表明存在取向诱导的结晶成核过程。在等温结晶后期，存在 Flat-on 和 Edge-on 两种取向的片晶生长的竞争，Flat-on 取向的片晶可沿着硬受限空间充分发展，在自由高分子体系结晶过程中逐渐占据结晶度的主要成分，使得结晶区取向有序度逐渐上升。图 15.15 是经过这两种等温结晶过程所得到的快照图。可以看出，可结晶嵌段的片晶取向有序度高，晶区在受限空间中充分连续铺展；而自由 16-mer 的取向有序度低，晶区在受限空间中被 Edge-on 取向的晶粒所截断。

　　值得一提的是，由嵌段连接附近伸展诱导的 Flat-on 取向结晶成核可能主要在高温区占优势，而由界面接触诱导的 Edge-on 取向结晶成核则可以在较低一些的温度占优势，大量的 Edge-on 晶核而不是我们在模拟中所观察到的少量晶核可以主导晶粒的优势取向。例如 PEO-b-PS 共聚物本体中的 PEO 段在高温区表现

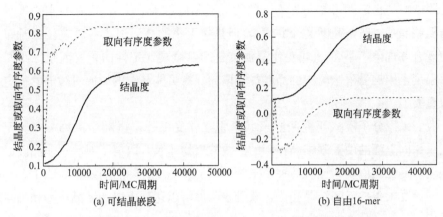

(a) 可结晶嵌段　　　　　　　　(b) 自由16-mer

图 15.14　硬受限条件下可结晶嵌段和自由 16-mer 在高温区 $E_c/(kT)=0.27$
（$E_p/E_c=1$，$B/E_c=0.1$）等温结晶的结晶度和结晶区取向有序度参数随时间的
演化曲线[52]（取向有序度以片层平面的垂向为参考方向）

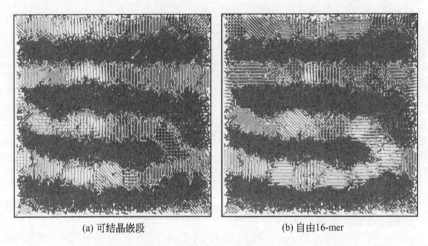

(a) 可结晶嵌段　　　　　　　　(b) 自由16-mer

图 15.15　硬受限条件下可结晶嵌段和自由 16-mer 经过图 15.14
高温区等温结晶所得到的快照图[52]

出 Flat-on 为主的晶粒取向，而在中等温度段出现 Edge-on 优势取向[25]。PE-*b*-PDLLA 共聚物本体中的 PE 嵌段也会在 45～102℃ 之间出现 Edge-on 优势结晶取向，并且对 PE 嵌段在柱状微畴及其他共聚物受限结晶可能具有普遍性[53]。在低温区结晶时，均相成核的随机取向将导致晶粒的取向优势现象消失。

15.2.2　软受限结晶

　　软受限环境下可结晶嵌段的结晶固化，有可能突破纳米受限边界，破坏规则的纳米图案。因此，研究软受限条件下的结晶微畴合并机理，对我们避免该现象的出现，制备出合格的结构规整的纳米材料具有重要的意义。有的实验观测提出软受限微畴的稳定性可能与界面处的相分凝强度有关[30,54]，也有的实验观测发现低温结晶可以防止微畴的合并[55]，但是接下来的高温退火一段较长的时间又会出现合并现象[37,56,57]。可见结晶温度是影响微畴稳定性的重要因素。我们知道，温度也影响受限微畴中的晶粒优势取向，有可能晶粒的取向对微畴的稳定性也很重要。

　　我们采用分子模拟研究两嵌段共聚物在软受限片层微畴中的结晶行为[58]。我们采用同上面的硬受限结晶相同的嵌段共聚物体系，取消了对黑色非晶段运动的限制。首先我们观察比较两种受限条件下的结晶度升降温曲线，如图 15.16 所示。与硬受限条件下的结晶相比，软受限条件可以达到更快的结晶速率和更高的结晶度。

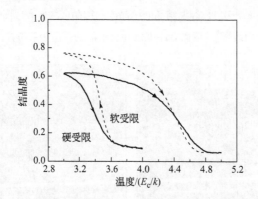

图 15.16　嵌段共聚物片层微畴软硬受限条件下先降温后升温的结晶度曲线比较[58]

（曲线上面的箭头指示温度扫描方向）

　　接着我们观察不同温度下等温饱和结晶后达到的晶区取向有序度参数，如图 15.17 所示，温度越高，Flat-on 取向的片晶成核生长优势越明显，在低温区则是均相成核主导的晶粒取向。软受限条件和硬受限条件下结晶得到的结果差不多，并且在软受限条件下，界面混合相互作用的大小对最终的晶粒取向影响也不大。我们也同时考察了一系列结晶温度下软受限等温结晶发生微畴合并现象的情况，结果直接标注在取向有序度参数曲线上，如图 15.18 所示，可以看出，界面相互作用对微畴合并现象的出现影响不大，后者主要与高温区片晶出现优势Flat-on 取向有关。这一结果与实验观测低温结晶的现象相符。

　　如果我们进一步追踪发生微畴合并现象的等温结晶过程，具体考察结晶刚结束和经过一段时间等温退火这两个典型时刻，如图 15.19 所示，我们可以看到，结晶刚结束尚未发生微畴合并现象，后者的出现主要发生在等温退火的片晶增厚过程中。

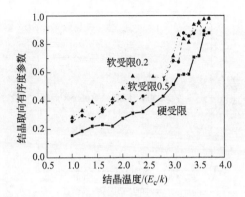

图 15.17 软硬受限条件下不同 B/E_c 参数（标在曲线附近）在一系列温度下饱和
等温结晶所能达到的晶区取向有序度参数[58]

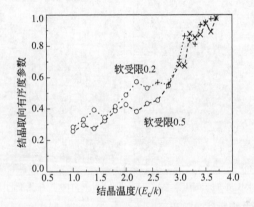

图 15.18 软受限条件下不同 B/E_c 参数（标在曲线附近）在一系列温度下饱和
等温结晶所能达到的晶区取向有序度参数[58]发生微畴合并时
标示十字和乘号，没有发生微畴合并时标示空心圈）

如果边界处相分凝强度较小，例如 $B/E_c = 0.2$，我们在等温结晶刚结束时还能观察到片层微畴出现波纹形，如图 15.20 所示。这一现象与何荣明等人对 PS-b-PLLA 样品的实验观测结果一致，如图 15.21 所示[59]，说明通过增加片层微畴边界的曲率，可以部分消除微畴合并的倾向。我们知道，片晶在等温退火过程中会出现持续的增厚，对于两嵌段共聚物片层微畴，如果片晶为 Flat-on 取向，则结晶段与非晶段需要保持对称的界面贡献才能维持片层的平坦界面，如图 15.22 所示。一旦片晶发生等温增厚，这意味着每条折叠链提供的界面面积将减小，非晶嵌段只有更加伸展才能维持平坦的界面，如果做不到，则界面将发生弯曲以便向非晶嵌段一侧提供更多的界面面积。如果片晶继续增厚，仅仅依靠界面的少许弯曲将无法满足界面两侧的平衡，于是过度弯曲带来了微畴的相互合并现象。

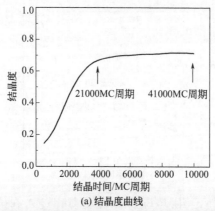

(a) 结晶度曲线

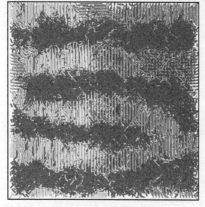

(b) 4000MC周期的快照图

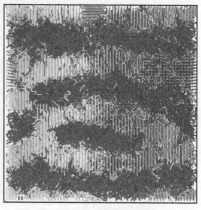

(c) 10000MC周期的快照图

图 15.19　嵌段共聚物软受限片层微畴在 $B/E_c=0.5$、$kT/E_c=3.5$ 等温结晶的
结晶度曲线以及箭头所示时刻 4000MC 周期和 10000MC 周期的快照图[58]

　　低温结晶的样品虽然不带来微畴的合并，但如果将结晶样品放到高温去退火，则仍然会带来微畴的合并。如图 15.23 所示，总结了高温（$3.5E_c/k$）和低温（$1.0E_c/k$）样品放在一系列温度下退火得到的取向有序度参数以及微畴合并状况，可以看出，高温样品通常会带来微畴的合并，这显然由其 Flat-on 优势取向的片晶发生持续的增厚所致，而低温样品由于无规取向，退火时微畴相对比较稳定，只有到高温区退火时，由于晶区取向有序度接近 Flat-on 优势取向，也会导致微畴的合并。高温区退火实际上发生的是熔融重结晶过程，使得晶区的优势取向如高温结晶那样。图 15.24 显示了低温结晶的样品在高温区退火发生的熔融重结晶现象。这样的退火行为与实验观测现象也是一致的。

　　以上分子模拟的结果表明，温度和界面相分离强度均影响软受限结晶所致的微畴合并现象。高温区 Flat-on 优势取向的片晶发生等温增厚是微畴合并的驱动力，而低温结晶得到的无规晶粒取向可以带来微畴的稳定性。

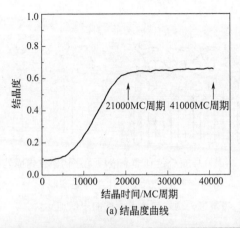

(a) 结晶度曲线

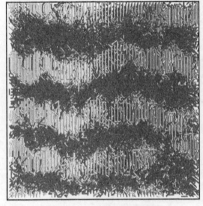

(b) 21000MC周期的快照图

(c) 41000MC周期的快照图

图 15.20　嵌段共聚物软受限片层微畴在 $B/E_c=0.2$、$kT/E_c=3.5$

等温结晶的结晶度曲线以及箭头所示时刻 21000MC 周期

和 41000MC 周期的快照图[58]

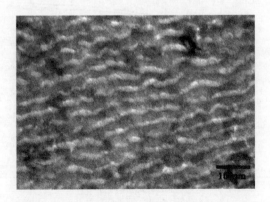

图 15.21　PS-b-PLLA 片层状微畴在 100℃ 软

受限条件下结晶的透射电镜照片[59]

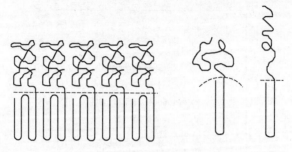

图 15.22　结晶嵌段折叠链和非晶嵌段无序构象在界面处的
保持两侧平衡示意图（片晶等温增厚
将带来失衡，导致界面的曲率增加）

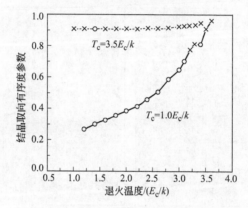

图 15.23　高温结晶和低温结晶样品在一系列温度下退火带来的晶区
取向有序度变化以及微畴合并状况[58]（乘号标示出现
微畴合并现象，圆圈标示没有微畴合并现象出现）

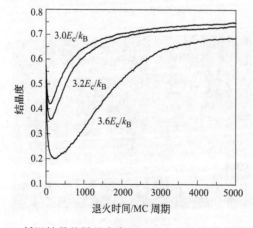

图 15.24　低温结晶的样品在高温区退火时的结晶度随时间演化
曲线，显示熔融重结晶现象[58]

15.2.3　双段结晶

目前的两嵌段共聚物结晶研究大多关注第一段结晶，很少有工作关注第二段结晶[60]。然而，许多实验观测发现，第二段结晶成核会得到第一段结晶的帮助而被加速[61~65]。这一加速机制值得进一步研究。我们采用分子模拟对第二段结晶行为进行了研究[66]。我们首先制备了如图 15.25 所示的交替层状 16∶16 对称两嵌段共聚物微畴。接着我们假设黑色为第一结晶段 C1，其自身组分的结晶驱动力参数 $E_p/E_c=1$，而灰色为第二结晶段 C2，其自身组分的结晶驱动力参数 $E_p/E_c=0.5$。我们分两种情景进行考察：一种是链滑移阻力参数为 $E_f/E_c=0$，允许第一段片晶充分增厚到平衡态，如 PEO 和 PE；另一种是链滑移阻力参数 $E_f/E_c=0.3$，不允许第一段片晶增厚，其处于即时结晶的亚稳态，如 PC 和 PLLA。

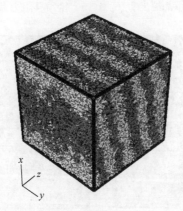

图 15.25　16∶16 两嵌段共聚物在 64^3 格子空间中于 $B/E_c=0.1$、$kT/E_c=4.2$
发生微相分离得到的层状微畴快照图[66]

我们首先来看第一种情景。图 15.26 为第一段在高温区首先发生等温结晶的结晶度演化曲线，得到的晶体具有很高的 Flat-on 取向优势，一些温度下的形貌快照如图 15.27 所示。在温度 $4.1E_c/k$ 尚未发生结晶，从 $4.0E_c/k$ 开始向下的温度可以观察到高度有序的黑色结晶区。

接下来我们将各个温度第一段结晶的样品冷却到 $2.2E_c/k$ 让第二段结晶。图 15.28 总结了第二段结晶的结晶度随时间演化曲线。可以看出，第一段结晶在 $4.1E_c/k$ 和 $3.7E_c/k$ 及以下温度制备的样品都不能诱导第二段在 $2.2E_c/k$ 发生结晶。实际上 $4.1E_c/k$ 制备样品第一段尚未结晶，但到了 $2.2E_c/k$ 则能结晶，相当于样品在 $2.2E_c/k$ 制备，所以我们可以判断，第一段结晶温度在 $3.7E_c/k$ 及以下的样品不能引发第二段在 $2.2E_c/k$ 结晶。中间的三个制备温度表明，高温区制备温度越高，第二段在低温区的结晶速率就越快。图 15.29 是几个典型样品在 $2.2E_c/k$ 等温结晶得到的形貌快照。可以看到，第二段结晶基本服从第一段

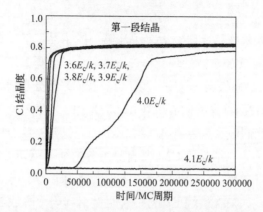

图 15.26　第一结晶段在高温区的等温结晶结晶度随时间演化曲线[66]
(曲线附近标示结晶温度 $B/E_c=0.1$，链滑移阻力参数 $E_f/E_c=0$)

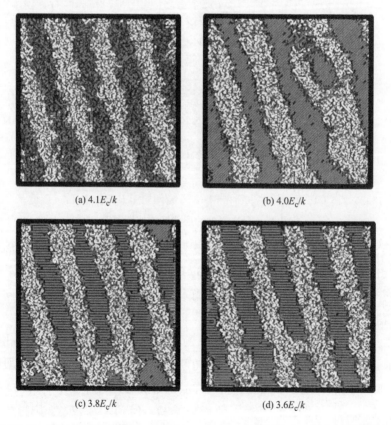

图 15.27　第一结晶段在温度 $4.1E_c/k$、$4.0E_c/k$、$3.8E_c/k$ 和 $3.6E_c/k$ 等温结晶
300000MC 周期得到的结晶形貌快照图[66]

结晶的优势取向。有趣的是，在 $3.6E_c/k$ 制备的样品即使第一段结晶高度取向，也不能诱导第二段结晶。如果我们将第二段结晶温度稍微降低一点，到 $2.1E_c/k$，于

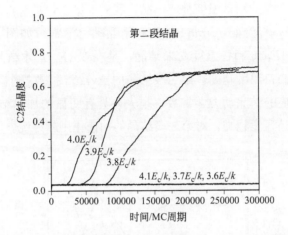

图 15.28　不同温度制备的第一段结晶样品在 $2.2E_c/k$ 等温结晶的
结晶度随时间演化曲线[66]

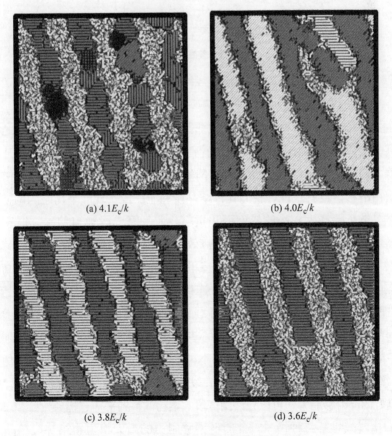

(a) $4.1E_c/k$　　　　　　　　　(b) $4.0E_c/k$

(c) $3.8E_c/k$　　　　　　　　　(d) $3.6E_c/k$

图 15.29　不同温度制备的第一段结晶样品
在 $2.2E_c/k$ 等温结晶的快照图[66]

是第二段在所有考察的制备温度都能结晶，我们对第二段的等温结晶度曲线进行
Avrami 方程处理，得到的 Avrami 指数和结晶动力学常数如图 15.30 所示。实
际上第一段在 $4.1E_c/k$ 制备温度尚未结晶，是在 $2.1E_c/k$ 才结晶。我们可以看
到，第一段结晶制备温度越高，第二段结晶的 Avrami 指数越小，说明取向诱导
作用越明显，相应的结晶动力学常数也越大，具有明显的加速结晶效果。那么，
为什么第一段结晶温度越高，对第二段结晶的加速作用越好呢？

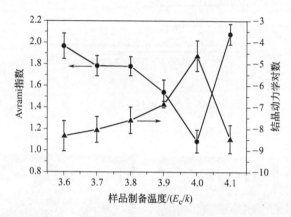

图 15.30　不同温度制备的第一段结晶样品在 $2.1E_c/k$ 等温结晶的
Avrami 动力学分析结果[66]

　　我们进一步对第一段链折叠长度和非晶第二段线团尺寸随制备温度的变化进
行了考察。结果如图 15.31 所示，可以看到，制备温度越高，第一段结晶片晶厚度
反而下降，而第二段非晶线团的尺寸也下降。要注意到这里我们允许分子链在晶区
内可以自由滑移，也就是说，我们允许结晶段和非晶段实现向平衡态的调整。由于
第一段结晶链折叠产生较小的界面面积贡献，非晶第二段被迫伸展，损失其构象
熵。制备温度越高，非晶段伸展回弹的熵效应越明显，迫使结晶段也通过减小折叠
长度来增加其对界面面积的贡献，以维持平坦界面的稳定。所以，温度越高，在嵌
段连接点两侧沿着链的竞争拉力越强，连接点附近的垂直链取向就越能得到维持，
其对第二段结晶的高温成核诱导作用也就会越明显。我们确实在图 15.29 能看到第二
段结晶的茎杆取向乐于服从第一段结晶的茎杆取向，并且在图 15.30 能看到 Avrami
指数的下降意味着取向诱导结晶的加强。Nojima 等人也在 PE-b-PCL 共聚物体系片层
微畴双段结晶的实验中，观察到随着 PCL 段熔化，体系的长周期下降，这里 PE 结晶
段具有良好的链滑移能力，可以允许两嵌段共聚物调整到平衡态构象[67]。

　　我们接着来看第二种情景。此时链滑移阻力的增大将阻止第一段结晶之后的
进一步演化，使其保持在亚稳的折叠链状态。上一种情景的加速机制应当不再出
现。图 15.32 分别是第一段在高温区不同制备温度的结晶度演化曲线和第二段在

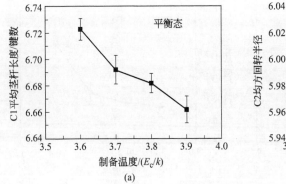
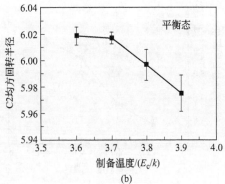

图 15.31　不同制备温度下第一段结晶之后的

大于 5.5 个格子的第一段结晶链茎杆平均

长度随制备温度的变化及非晶第二段的均方回转半径随制备温度的变化[66]

（a）第一段结晶之后的大于 5.5 个格子的第一段结晶链茎杆平均长度随制备温度的变化；

（b）非晶第二段的均方回转半径随制备温度的变化

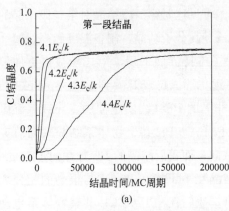
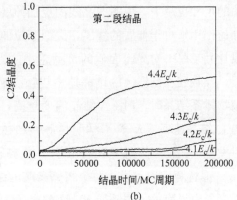

图 15.32　第一结晶段在高温区的等温结晶结晶度随时间演化曲线

（曲线附近标示结晶温度。$B/E_c = 0.1$，链滑移阻力参数 $E_f/E_c = 0.3$）

及不同制备温度（曲线附近标示结晶温度）条件下第二段在 $2.6E_c/k$

等温结晶的结晶度随时间演化曲线[66]

（a）第一结晶段在高温区的等温结晶结晶度随时间演化曲线；

（b）不同制备温度条件下第二段在 $2.6E_c/k$ 等温结晶的结晶度随时间演化曲线

低温区 $2.6E_c/k$ 等温结晶的结晶度演化曲线，我们仍然可以看到第一段结晶的制备温度越高，第二段的结晶速率越大，存在明显的加速效应。那么，这里的加速机制又是什么呢？

我们再来看第一段链折叠长度和非晶第二段线团尺寸随制备温度的变化，结果如图 15.33 所示。与上一个情景完全相反，制备温度越高，第一段结晶的片晶

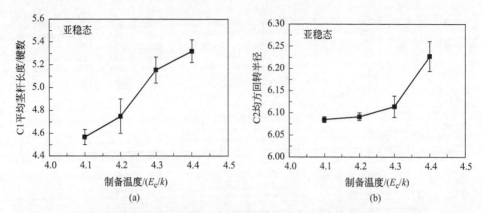

图 15.33　不同制备温度下第一段结晶之后的大于 3.5 个格子的第一段结晶链茎杆平均
长度随制备温度的变化及非晶第二段的均方回转半径随制备温度的变化[66]

(a) 第一段结晶之后的大于 3.5 个格子的第一段结晶链茎杆平均长度随制备温度的变化；

(b) 非晶第二段的均方回转半径随制备温度的变化

厚度越大，这符合常规本体高分子结晶亚稳态的基本特点，同时，第二段非晶线团的尺寸也越大，说明非晶线团更加伸展。可见这时第一段结晶对第二段结晶的加速作用来自于伸展的线团，类似于拉伸诱导高分子结晶，制备温度越高，第一段片晶越厚，对界面面积的贡献越小，为了维持界面平坦，第二段被迫更加伸展，导致其在低温区的结晶速率更快。丛远华等人已经观察到 PLLA-b-PEO 共聚物体系结晶时，PLLA 结晶温度越高，非晶的 PEO 线团越伸展，导致低温区 PEO 结晶速率越大[68]。林明昌等人却在 PLLA-b-PE 共聚物体系结晶取向研究时发现，PLLA 倾向于 Flat-on 片晶优势取向，而稍后结晶的 PE 却倾向于 Edge-on 片晶优势取向，说明两个相邻微畴的结晶互不干扰，也许这与很高的相分离强度导致界面处优先诱导 PE 结晶有关[69]。他们在 sPP-b-PCL 共聚物体系也观察到先结晶的 sPP 结晶温度越高，SAXS 长周期越大，对 PCL 的结晶加速作用越强[70]。林明昌等人还撰写了有关嵌段共聚物纳米微畴和阳极氧化铝纳米微管诱导高分子晶粒取向的综述[71]。

我们的分子模拟证明，两嵌段共聚物在第二段结晶时，由于第一段分子链在晶区滑移能力的不同，可能导致两种完全不同的结晶加速机制。

15.3　柱状相受限结晶

15.3.1　硬受限结晶

嵌段共聚物的柱状微畴提供一个二维受限纳米空间，与一维受限层状微畴纳米空间相似，也会导致结晶出现优势晶粒取向。例如高温区出现结晶茎杆垂直于柱状微畴长轴方向的优势取向[72]，或者稍微有些偏离的倾斜优势取向[30]。我们采用分子模拟从图 15.10(b) 的 9：23 不对称两嵌段共聚物柱状微畴初始态出发，先冻结连续相的黑色组分，研究二维硬受限环境下的嵌段结晶行为[46]。我们还比较研究了有和没有嵌段连接的 9-mer 在柱状微畴中的结晶及其取向特点。图 15.34 总结了一系列温度下等温结晶得到的晶区取向有序度参数。可以看到，低温区主要是均相成核的随机取向，没有明显的晶粒取向优势，对于有嵌段连接受限的短链结晶，在高温区出现明显的垂直长轴的晶粒取向优势。与自由短链相比较，说明嵌段受限结晶这种垂直长轴的取向优势来自于嵌段连接附近的取向诱导作用。

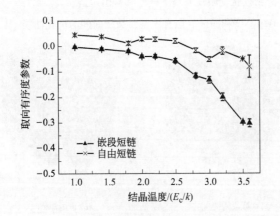

图 15.34　嵌段共聚物柱状受限硬环境下嵌段和自由短链在
一系列温度下等温结晶的晶区取向有序度参数[46]
（这里取柱状微畴的长轴为参考方向）

　　追踪高温区的等温结晶过程可以看到，嵌段结晶晶粒高度的取向优势来自于结晶早期的成核过程，如图 15.35 所示。自由短链在结晶早期也有明显的平行长轴的取向优势，但是在晶体生长过程中，这种平行长轴的 Edge-on 晶粒不能沿着柱子进一步发展，而少量垂直长轴取向的晶粒可以贡献更多的结晶度，导致最终的晶区取向优势不如嵌段结晶那么明显。图 15.36 的快照显示了高温结晶之后嵌段和自由短链明显不同的优势取向规整性。嵌段和自由短链在结晶成核早期各自不同的优势取向来自于硬受限熔体中键的预取向，如图 15.37 所示。在硬受限熔体中，嵌段在垂直于柱状微畴长轴 $-YZ$ 方向的 X、YZ、XYZ 和 $-XYZ$ 表现出微弱的优势取向，而自由短链则在平行方向 $-YZ$ 有明显的增强。

15.3.2　软受限结晶

　　实验研究普遍观察到嵌段共聚物在软受限柱状微畴中的结晶会带来突围

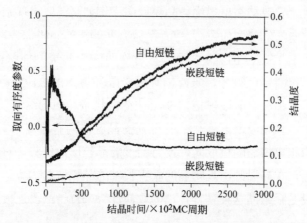

图 15.35　嵌段共聚物柱状受限硬环境下嵌段和自由短链在高温区 $T = 3.6E_c/k$ 等温结晶
的结晶度和晶区取向有序度参数随时间的演化曲线[46]

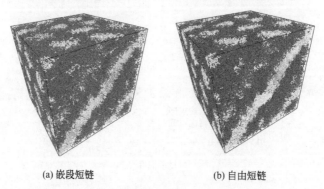

(a) 嵌段短链　　　　　　　　　　　(b) 自由短链

图 15.36　嵌段共聚物柱状受限硬环境下嵌段和自由短链在高温区 $T = 3.6E_c/k$
等温结晶之后的形貌快照图[46]

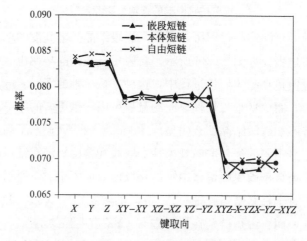

图 15.37　硬受限柱状微畴中的无热嵌段和自由短链在格子空间中的 13 个方向上
的键取向分布与无热本体进行比较[46]

（breakout），这给纳米图案的规整性带来破坏[28~31,73,74]。Vasilev 等人采用原子力显微镜观察到 PB-b-PEO 共聚物在高温结晶或者退火处理时会由线条状微畴断裂成为串珠状微畴，如图 15.38 所示[75]。我们采用分子模拟进一步研究了两嵌段共聚物柱状微畴软受限结晶发生突围和断裂的机理[76]。

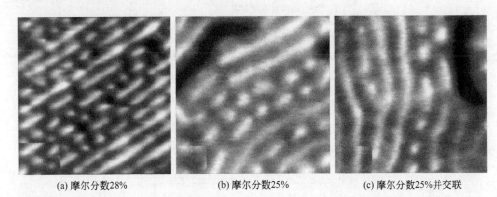

(a) 摩尔分数28%　　　　　　(b) 摩尔分数25%　　　　　　(c) 摩尔分数25%并交联

图 15.38　PB-b-PEO 共聚物 PEO 摩尔分数 28％、25％、25％并交联的柱状微畴在高温
软受限结晶出现珍珠项链状微畴的原子力显微镜相位图[75]

（每幅图尺寸 250nm×250nm）

　　首先我们比较柱状微畴硬受限和软受限条件下降温结晶曲线和升温熔融曲线，如图 15.39 所示，同片层状微畴图 15.16 结果一样，由于限制较弱，软受限结晶速率更快，达到的结晶度也更高。在软受限条件下一系列温度等温结晶的结晶度和晶区取向有序度参数结果如图 15.40 所示，与硬受限条件下的结晶行为相似，低温区以均相成核产生的随机取向为主，高温区则出现垂直于柱状微畴长轴的优势晶粒取向。

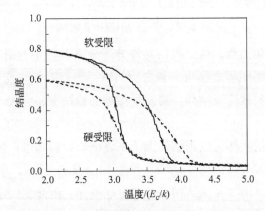

图 15.39　嵌段共聚物柱状微畴软硬受限条件下先降温后升温的结晶度
曲线比较[76]（曲线上面的箭头指示温度扫描方向）

接着我们仔细追逐高温区的软受限柱状微畴等温结晶过程，如图 15.41 所示

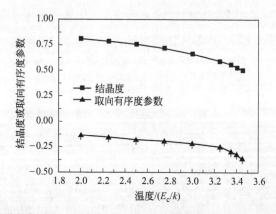

图 15.40 嵌段共聚物柱状微畴软受限条件下在一系列温度等温结晶的饱和结晶度及晶区取向有序度参数[76]

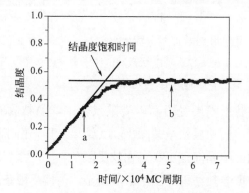

图 15.41 嵌段共聚物柱状微畴软受限条件下在 $kT/E_c = 3.35$
（$E_p/E_c = 1$，$B/E_c = 0.4$，$E_f/E_c = 0$）等温结晶的结晶度随时间演化曲线[76]
（箭头指示在 a 和 b 两个时刻进行形貌观察。结晶度饱和前后的直线
外延交叉定义了结晶度饱和时间）

为结晶度随时间演化过程。这里我们允许分子链在晶区中的滑移，即片晶增厚。我们比较结晶度达到饱和之前和饱和之后的结晶形貌，如文前彩图 15.42 所示，发现结晶度饱和之前软受限结晶主要发生微畴的波纹形和突破，饱和之后则出现明显的断裂现象。

柱状微畴结构的破坏可以用结构因子来表征。我们知道，柱状微畴的结构因子特征是在根号 7 波矢处出现一个峰，如图 15.43（a）所示，该峰的消失意味着柱状微畴构成的纳米图案精细结构的规整性被破坏，由此我们定义了等温结晶过程的结晶突围饱和时间，如图 15.43（b）所示。

我们比较了有和没有链滑移阻力两种情况下嵌段共聚物柱状微畴软受限条件等温结晶的结晶度饱和时间（定义见图 15.41）和结晶突围饱和时间［定义见图

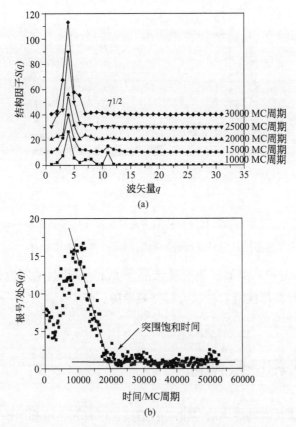

图 15.43　嵌段共聚物柱状微畴软受限条件下在 $kT/E_c = 3.35$

（$E_p/E_c = 1$，$B/E_c = 0.4$，$E_f/E_c = 0$）等温结晶的结构因子随时间的演化[76]

(a) 结构因子曲线汇总；(b) 根号 7 处的结构因子随时间的演化，消失之前和

之后的延长线相交定义结晶突围饱和时间

15.43(b)]，如图 15.44 所示。可以看出，结晶在结晶度饱和时间之前发生突围，是由于晶体生长所致；在结晶度饱和时间之后发生突围，则属于等温退火过程晶体增厚所致。如果有链滑移阻力存在，大部分情况下结晶突围是由于高温区的晶体生长所致；而允许片晶增厚，在低温区的结晶突围主要是由于等温退火过程所致，高温区则是由于晶体生长所致。这说明片晶的增厚过程对结晶突围现象至关重要，而晶体生长也会在高温区带来同样的结果。

　　在低温区发生的结晶突围主要是由于片晶增厚导致微畴的合并，如文前彩图 15.45(a) 所示，个别柱状微畴由于晶粒的随机取向而得到完整保留。但是，在高温区如果限制片晶的增厚能力，结晶突围只能依靠片晶的生长，这时产生的突围现象则主要是柱状微畴的断裂，如文前彩图 15.45(b) 所示。这说明断裂现象是由于高温结晶片晶厚度较大，甚至大于柱状微畴的粗细，导致片晶两侧出现耗

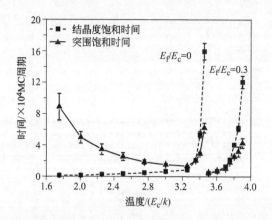

图 15.44　一系列温度下有和没有链滑移阻力两种情况下嵌段共聚物柱状微畴软受限
条件等温结晶的结晶度饱和时间和结晶突围饱和时间[76]

尽区（depletion zone），类似于超薄膜结晶当 Flat-on 片晶的厚度超过膜厚的情景。这样的晶区和耗尽区沿着柱状微畴交替发展，就产生了实验所观察到的珍珠项链状结晶微畴结构。

15.4　球状相受限结晶

嵌段共聚物球状微畴提供的三维受限结晶，不再如一维和二维受限那样具有方向上的优先选择。由于空间几何尺寸上的限制，球状微畴的结晶成核概率比片层状和柱状微畴要小得多[77]。结晶度也随着微畴尺寸而降低[78]。Loo 及其合作者发现球状微畴受限结晶的 Avrami 指数可以小到 1，反映了一级动力学控制的结晶过程，即每个微畴中的结晶对结晶度都有独立的贡献[23,79]。Reiter 等人采用原子力显微镜观察证实了这一动力学现象的存在[80]。球状微畴受限结晶产生的晶体具有一个很宽的熔化温度范围，反映了亚稳态晶体的不规整性[81]。Lorenzo 等人发现同样尺寸的微球空间中，受限的嵌段比均聚物的起始结晶温度要低[82]，并且他们也观察到了一级动力学现象[83,84]。Nojima 等人采用紫外线切割的方法，类似于我们在上面的硬受限空间模拟中去掉嵌段连接的情况，比较了同一硬受限球状微畴中嵌段和自由短链的结晶行为[85]。二者的不同可以揭示嵌段连接在硬受限结晶中的作用，这为我们开展相应的分子模拟提供了一个很好的参考对象。

如果结晶能够从球形微畴中突围，Avrami 指数就会大于 1，呈现 S 形自加速动力学，即微畴结晶对结晶度的贡献出现协同效应[54]。Hobbs 和 Register 发现球状微畴结晶发生突围的方向取决于最近邻微畴的堆砌方向[86]。

我们采用格子链模型的动态蒙特卡罗模拟方法研究了嵌段共聚物球状微畴硬受限条件下可结晶嵌段的结晶行为[87]。我们从如图 15.46 所示的 24∶104 的不对称两嵌段 128-mer 本体微相分离制备的球状微畴出发，冻结所有牵涉黑色连续相的微松弛运动，来比较硬受限环境下嵌段和去掉嵌段连接的自由短链的结晶行为。

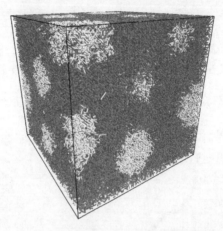

图 15.46　在 64^3 格子空间中 24∶104 的不对称两嵌段 128-mer
本体发生微相分离所得到的球状微畴的快照图[87]
（$kT/E_c = 5$，$E_p/E_c = 0$，$B/E_c = 0.5$）

我们首先考察一系列温度下发生硬受限等温结晶的 Avrami 动力学分析结果，如图 15.47 所示。可以看到，温度越高，结晶动力学常数越小，并且自由短链结晶速率比嵌段的结晶速率要小。可见球状微畴硬受限结晶时，嵌段连接对嵌段结晶具有明显的加速作用，这一现象与 Nojima 等人的实验观测结果[85]一致。另外，温度越高，Avrami 指数由 0.5 上升到 1 左右，显示只有在高温区受限结晶才表现出一级动力学现象。低温区的 Avrami 指数为 0.5 可能是由于大量的均相成核事件在有限的空间中同时发生，抑制了后续的晶体生长，表现为零维生长扩散受限的结晶动力学过程。类似的 Avrami 指数为 0.5 也在嵌段共聚物的柱状微畴受限结晶时被观察到[88]。

我们接下来分析嵌段连接能够加速球状微畴结晶的原因。我们仔细统计了嵌段链的自由末端在熔融态球状微畴半径方向上的分布，如图 15.48 所示，可以看到嵌段连接使得嵌段的另一侧自由末端富集在微畴的中心区域，而自由短链的末端分布比较均匀，这意味着嵌段在微畴中发生了伸展。这种伸展显然是由于嵌段一端锚定在较大曲率的内表面造成彼此之间发生拥挤所致，如图 15.49 所示。伸

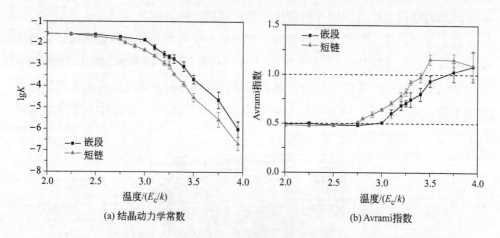

(a) 结晶动力学常数　　　　　　　　(b) Avrami 指数

图 15.47　嵌段共聚物球状微畴硬受限等温结晶经过 Avrami 方程处理的结果[87]

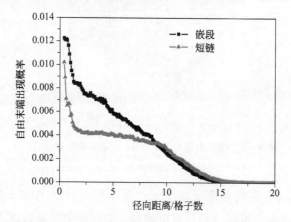

图 15.48　嵌段共聚物球状微畴硬受限条件下高温熔融时嵌段的自由末端在微畴
半径方向上出现的概率分布，与自由短链的末端分布进行了归一化比较[87]

图 15.49　弯曲面内侧锚定的嵌段彼此之间比较拥挤因而发生伸展示意图

展构象的嵌段有利于其结晶成核，类似于拉伸诱导结晶成核。这就解释了嵌段连接对结晶的加速机制。

值得一提的是，尽管球状微畴中嵌段由于伸展而加速结晶，相比于均聚物在平坦固体基板上的接触变形诱导结晶，后者的作用仍要明显得多，即使是在纳米液滴受限环境下，如我们的相应分子模拟所证明的[89]，这就解释了为什么同样尺寸的均聚物液滴中的受限结晶速率仍然要高于嵌段共聚物微球中的受限结晶[82]。

在高温区的等温结晶，由于微球结晶的相互独立性，如果成核概率足够低，我们可以观察到不连续的结晶度跳跃上升，如图 15.50 所示。仔细地对带来每步上升的每个微球内的结晶度曲线进行 Avrami 动力学分析，发现嵌段和自由短链的受限结晶的 Avrami 指数均接近于 2，显示有可能是二维片晶生长的情况。在低温区仔细分析每个微球内部，其结晶度曲线的仍然为 0.5，与全体共同结晶的分析结果一致，说明低温区结晶成核快，所有微畴同步进行，Avrami 指数的贡献来自于每个微畴。

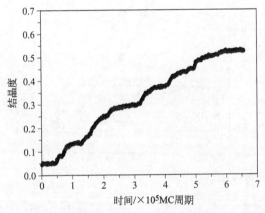

图 15.50　嵌段共聚物球状微畴硬受限条件下高温区分步结晶的结晶度随时间演化曲线[87]

$(T = 3.95 E_c/k,\ E_p/E_c = 1,\ B/E_c = 0.4)$

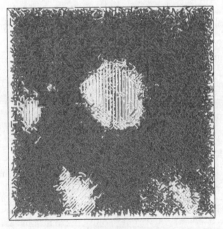

(a) 嵌段结晶　　　　　　　　　　　　　(b) 自由短链结晶

图 15.51　嵌段共聚物球状微畴硬受限条件下高温结晶得到的微球形貌快照图[87]

$(T = 3.95 E_c/k,\ E_p/E_c = 1,\ B/E_c = 0.4)$

　　另外，嵌段共聚物球状微畴硬受限条件下高温结晶所达到的结晶度也比同样条件下结晶的自由短链有所不如。如图 15.51 所示是某个球状微畴的快照图。我们大致可以看到，非晶部分主要集中在微畴的边界地区。图 15.52 沿径向的结晶度分布曲线进一步证明，嵌段结晶较低的结晶度主要来自于边界附近，显然是由于嵌段连接带来的结晶约束所致。这就可以理解微畴的尺寸越小，实验中观察到的结晶度就越低。这种界面附近由嵌段连接约束所造成的结晶度下降，对各种几何形状的嵌段共聚物纳米微畴受限结晶具有普遍意义。

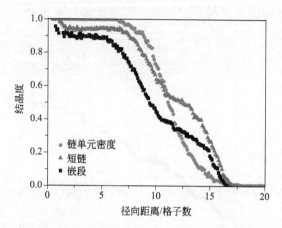

图 15.52　嵌段共聚物球状微畴硬受限条件下高温结晶沿微畴半径方向上的结晶度

分布[87]　($T=3.95E_c/k$，$E_p/E_c=1$，$B/E_c=0.4$)

参　考　文　献

[1]　Ma Y, Li C, Cai T, Li J, Hu W B. Role of block junctions in the interplay of phase transitions of two-component polymeric systems. J Phys Chem B, 2011, 115: 8853-8857.

[2]　Bates F S, Fredrickson G H. Block copolymer thermodynamics: Theory and experiment. Annu Rev Phys Chem, 1990, 41: 525-557.

[3]　Muthukumar M, Ober C K, Thomas E L. Competing interactions and levels of ordering in self-organizing polymeric materials. Science, 1998, 277: 1225-1232.

[4]　Hashimoto T, Todo A, Itoi H, Kawai H. Domain-boundary structure of styrene-isoprene block copolymer films cast from solutions. 2. Quantitative estimation of the interfacial thickness of lamellar microphase systems. Macromolecules, 1977, 10: 377-384.

[5]　Gädt T, Ieong N S, Cambridge G, Winnik M A, Manners I. Complex and hierarchical micelle architectures from diblock copolymers using living, crystallization-driven polymerizations. Nature Materials, 2009, 8: 114-150.

[6]　Kent M S. A quantitative study of tethered chains in various solution conditions using Langmuir diblock copolymer monolayers. Macromol Rapid Commun, 2000, 21: 243-270.

[7]　Chen W Y, Zheng J X, Cheng S Z, Li C Y, Huang P, Zhu L, Xiong H, Ge Q, Guo Y, Quirk R P, Lotz B, Deng L, Wu C, Thomas E L. Onset of tethered chain overcrowding. Phys Rev Lett, 2004, 93: 28301.

[8] Du Z X, Xu J T, Fan Z Q. Micellar morphologies of poly (ε-caprolactone)-b-poly (ethylene oxide) block copolymers in water with a crystalline core. Macromolecules, 2007, 40: 7633-7637.

[9] Chen W Y, Li C Y, Zheng J X, Huang P, Zhu L, Ge Q, Quirk R P, Lotz B, Deng L F, Wu C, Thomas E L, Cheng S Z D. Chemically shielded poly (ethylene oxide) single crystal growth and construction of channel-wire arrays with chemical and geometric recognitions on a submicrometer scale. Macromolecules, 2004, 37: 5292-5299.

[10] He W N, Xu J T. Crystallization assisted self-assembly of semicrystalline block copolymers. Prog Polym Sci, 2012, 37: 1350-1400.

[11] Gervals M, Gallot B. Phase diagram and structural study of polystyrene-poly (ethylene oxide) block copolymers. 1. Makromol Chem, 1973, 174: 157-178.

[12] Gervals M, Gallot B. Phase diagram and structural study of polystyrene-poly (ethylene oxide) block copolymers. 2. Makromol Chem, 1973, 174: 193-214.

[13] DiMarzio E A, Guttman C M, Hoffman J D. Calculation of lamellar thickness in a diblock copolymer, one of whose components is crystalline. Macromolecules, 1980, 13: 1194-1198.

[14] Whitmore M D, Noolandi J. Theory of crystallizable block copolymer blends. Macromolecules, 1988, 21: 1482-1496.

[15] Vilgis T, Halperin A. Aggregation of coil-crystalline block copolymers: Equilibrium crystallization. Macromolecules, 1991, 24: 2090-2095.

[16] Pfefferkorn D, Kyeremateng S O, Busse K, Kammer H W, Thurn-Albrecht T, Kressler J. Crystallization and melting of poly (ethylene oxide) in blends and diblock copolymers with poly (methyl acrylate). Macromolecules, 2011, 44: 2953-2963.

[17] Xiong H M, Chen C K, Lee L M, Van Horn R M, Liu Z, Ren B, Quirk R P, Thomas E L, Lotz B, Ho R M, Zhang W B, Cheng S Z D. Scrolled polymer single crystals driven by unbalanced surface stresses: Rational design and experimental evidence. Macromolecules, 2011, 44: 7758-7766.

[18] Seow P K, Gallot Y, Skoulios A. Cristallisation du poly (oxyéthylène) dans des copolymères biséquencés. 1. Étude dilatométrique. Makromol Chem, 1976, 177: 177-198.

[19] Seow P K, Gallot Y, Skoulios A. Cristallisation du poly (oxyéthylène) dans des copolymères séquencés. 2. Étude de la structure et de la texture. Makromol Chem, 1976, 177: 199-212.

[20] Yamashita Y. Surface properties of styrene-tetrahydrofuran block copolymers. J Macromol Sci Chem, 1979, A13: 401-413.

[21] Hamley I W. The Physics of Block Copolymers. Oxford: Oxford University Press, 1998.

[22] Hamley I W. Crystallization in block copolymers. Adv Polym Sci, 1999, 148: 113-137.

[23] Loo Y L, Register R A, Ryan A J, Dee G T. Polymer crystallization confined in one, two, or three dimensions. Macromolecules, 2001, 34: 8968-8977.

[24] Fairclough J P, Mai S M, Matsen M W, Bras W, Messe L, Turner S, Gleeson A J, Booth C, Hamley I W, Ryan A J. Crystallization in block copolymer melts: Small soft structures that template larger hard structures. J Chem Phys, 2001, 114: 5425 5431.

[25] Zhu L, Cheng S Z D, Calhoun B H, Ge Q, Quirk R P, Thomas E L, Hsiao B S, Yeh FJ, Lotz B. Crystallization temperature-dependent crystal orientations within nanoscale confined lamellae of a selfassembled crystalline-amorphous diblock copolymer. J Am Chem Soc, 2000, 122: 5957-5967.

[26] Goodman I. Heterochain block copolymers: Synthesis and general properties//Developments in Block Copolymers-1. Goodman I, eds. New York: Applied Sci Pub, 1982: 127-216.

[27] Kretzschmar H, Donth E J, Tanneberger H, Garg D, Höring S. Crystallization behaviour of pmma-b-peo-b-pmma triblock copolymers. Thermochimica Acta, 1985, 93: 151-154.

[28] Nojima S, Kato K, Yamamoto S, Ashida T. Crystallization of block copolymers. 1. Small-angle X-ray scattering study of a ε-caprolactone-butadiene diblock copolymer. Macromolecules, 1992, 25: 2237-2242.

[29] Ryan A J, Hamley I W, Bras W, Bates F S. Structure development in semicrystalline diblock copolymers crystallizing from the ordered melt. Macromolecules, 1995, 28: 3860-3868.

[30] Quiram D J, Register R A, Marchand G R. Crystallization of asymmetric diblock copolymers from microphase-separated melts. Macromolecules, 1997, 30: 4551-4558.

[31] Quiram D J, Register R A, Marchand G R, Ryan A J. Dynamics of structure formation and crystallization in asymmetric diblock copolymers. Macromolecules, 1997, 30: 8338-8343.

[32] Lotz B, Kovacs A J. Propriétés des copolymères biséquencés polyoxyéthylène-polystyrène. Kolloid Z Z Polymere, 1966, 209: 97-113.

[33] Lotz B, Kovacs A J, Bassett G A, Keller A. Properties of copolymers composed of one poly-ethylene-oxide and one polystyrene block. II. Morphology of single crystals. Kolloid Z Z Polymere, 1966, 209: 115-128.

[34] Liang G D, Xu J T, Fan Z Q, Mai S M, Ryan A J. Thin film morphology of symmetric semicrystalline oxyethylene/oxybutylene diblock copolymers on silicon. Macromolecules, 2006, 39: 5471-5478.

[35] Gervais M, Gallot B. Structural study of polybutadiene-poly (ethylene oxide) block copolymers. Influence of the nature of the amorphous block on the refolding of the poly (ethylene oxide) chains. Makromol Chem, 1977, 178: 1577-1593.

[36] Hirata E, Ijitsu, Soen I, Hashimoto T, Kawai H. Domain structure and crystalline morphology of AB and ABA type block copolymers of ethylene oxide and isoprene cast from solutions original. Polymer, 1975, 16: 249-260.

[37] Zhu L, Mimnaugh B R, Ge Q, Quirk R P, Cheng S Z D, Thomas E L, Lotz B, Hsiao B, Yeh F, Liu L. Hard and soft confinement effects on polymer crystallization in microphase separated cylinder-forming PEO-b-PS/PS blends. Polymer, 2001, 42: 9121-9131.

[38] Donth E, Kretzschmar H, Schulze G, Garg D, Horing S, Ulbricht J. Influence of the chain-end mobility on the melt crystallization of the ethylene oxide (B) sequences in systems containing diblock AB and triblock ABA copolymers with methyl methacrylate (A). Acta Polymerica, 1987, 38: 260-270.

[39] Merrill S H, Petrie S E. Block copolymers based on 2,2-bis (4-hydroxyphenyl) propane polycarbonate. II. Effect of block length and composition on physical properties. J Polym Sci, Part A, 1965, 3: 2189-2203.

[40] Ghaffar A, Goodman I, Peters R H. Polyester-polyether block copolymers. II. Thermal and mechanical properties of poly (hexamethylene terephthalate) /poly (oxytetramethylene) block copolymers. Br Polym J, 1978, 10: 115-122.

[41] Ghaffar A, Goodman I, Peters R H. Polyester-polyether block copolymers. III. Supramolecular texture in poly (hexamethylene terephthalate)/poly (oxytetramethylene) block

copolymers and related homopolymers and blends. Br Polym J, 1978, 10: 123-130.

[42] Gan Z, Jiang B, Zhang J. Poly (ε-caprolactone)/poly (ethylene oxide) diblock copolymer. I. Isothermal crystallization and melting behavior. J Appl Polym Sci, 1996, 59: 961-967.

[43] Perret R, Skoulious A. Étude de la cristallisation des copolymères triséquencés poly-ε-caprolactone/polyoxyéthylène. I. Copolymères dont les séquences ont des longueurs très inégales. Makromol Chem, 1972, 162: 147-162.

[44] Perret R, Skoulious A. Étude de la cristallisation des copolymères triséquencés poly-ε-caprolactone/polyoxyéthylène/poly-ε-caprolactone. II. Copolymères dont les séquences ont des longueurs voisines. Makromol Chem, 1972, 162: 163-177.

[45] Castillo R V, Müller A J. Crystallization and morphology of biodegradable or biostable single and double crystalline block copolymers. Prog Polym Sci, 2009, 34: 516-560.

[46] Wang M X, Hu W B, Ma Y, Ma Y Q. Confined crystallization of cylindrical diblock copolymers studied by dynamic Monte Carlo simulations. J Chem Phys, 2006, 124: 244901-244906.

[47] Douzinas K C, Cohen R E. Chain folding in EBEE semicrystalline diblock copolymers. Macromolecules, 1992, 25: 5030-5035.

[48] Cohen R E, Bellare A, Drzewinski M A. Spatial-organization of polymer-chains in a crystallizable diblock copolymer of polyethylene and polystyrene. Macromolecules, 1994, 27: 2321-2323.

[49] Hamley I W, Fairclough J P A, Terrill N J, Ryan A J, Lipic P M, Bates F S, Towns-Andrews E. Crystallization in oriented semicrystalline diblock copolymers. Macromolecules, 1996, 29: 8835-8843.

[50] Hamley I W, Fairclough J P A, Ryan A J, Bates F S, Towns-Andrews E. Crystallization of nanoscale-confined diblock copolymer chains. Polymer, 1996, 37: 4425-4429.

[51] Zhu L, Calhoun B H, Ge Q, Quirk R P, Cheng S Z D, Thomas E L, Hsiao B S, Yeh F, Liu L, Lotz B. Initial-stage growth controlled crystal orientations in nanoconfined lamellae of a self-assembled crystalline-amorphous diblock copolymer. Macromolecules, 2001, 34: 1244-1251.

[52] Hu W B, Frenkel D. Oriented primary crystal nucleation in lamellar diblock copolymer systems. Faraday Discuss, 2005, 128: 253-260.

[53] Lin M C, Wang Y C, Chen H L, Müller A J, Su C J, Jeng U S. Critical analysis of the crystal orientation behavior in polyethylene-based crystalline-amorphous diblock copolymer. J Phys Chem B, 2011, 115: 2494-2502.

[54] Loo Y L, Register R A, Ryan A J. Modes of crystallization in block copolymer microdomains: Breakout, templated, and confined. Macromolecules, 2002, 35: 2365-2374.

[55] Hong S, Bushelman A A, MacKnight W J, Gido S P, Lohse D J, Fetters L J. Morphology of semicrystalline block copolymers: Polyethylene-b-atactic-polypropylene. Polymer, 2001, 42: 5909-5914.

[56] Huang Y Y, Chen H L, Li H C, Lin T L, Lin J S. Coalescence of crystalline microdomains driven by postannealing in a block copolymer blend. Macromolecules, 2003, 36: 282-285.

[57] Huang Y Y, Yang C H, Chen H L, Chiu F C, Lin T L, Liou W. Crystallization-induced microdomain coalescence in sphere-forming crystalline-amorphous diblock copolymer systems: Neat diblock versus the corresponding blends. Macromolecules, 2004, 37: 486-493.

[58] Hu W B. Crystallization-induced microdomain coalescence in lamellar diblock copolymers

studied by dynamic Monte Carlo simulations. Macromolecules, 2005, 38: 3977-3983.

[59] Ho R M, Lin F H, Tsai C C, Lin C C, Ko B T, Hsiao B S, Sics I. Crystallization-induced undulated morphology in polystyrene-*b*-poly (L-lactide) block copolymer. Macromolecules, 2004, 37: 5985-5994.

[60] Müller A J, Balsamo V, Arnal M L. Nucleation and crystallization in diblock and triblock copolymers. Adv Polym Sci, 2005, 190: 1-63.

[61] Albuerne J, Marquez L, Müller A J, Raquez J M, Degéc P, Dubois P, Castelletto V, Hamley I W. Nucleation and crystallization in double crystalline poly (*p*-dioxanone)-*b*-poly (E-caprolactone) diblock copolymers. Macromolecules, 2003, 36: 1633-1644.

[62] Müller A J, Albuerne J, Marquez L, Raquez J M, Degée P, Dubois P, Hobbs J, Hamley I W. Self-nucleation and crystallization kinetics of double crystalline poly (*p*-dioxanone)-*b*-poly (ε-caprolactone) diblock copolymers. Faraday Discuss, 2005, 128: 231-252.

[63] Castillo R V, Müller A J, Lin M C, Chen H L, Jeng U S, Hillmyer M A. Confined crystallization and morphology of melt segregated PLLA-*b*-PE and PLDA-*b*-PE diblock copolymers. Macromolecules, 2008, 41: 6154-6164.

[64] Myers B, Register R A. Crystalline-crystalline diblock copolymers of linear polyethylene and hydrogenated polynorbornene. Macromolecules, 2008, 41: 6773-6779.

[65] Nojima Y, Fukagawa H, Ikeda Y. Interactive crystallization of a strongly segregated double crystalline block copolymer with close crystallizable temperatures. Macromolecules, 2009, 42: 9515-9522.

[66] Li Y, Ma Y, Li J, Jiang X M, Hu W B. Dynamic Monte Carlo simulations of double crystallization accelerated in microdomains of diblock copolymers. J Chem Phys, 2012, 136: 104906-104912.

[67] Nojima S, Kiji T, Ohguma Y. Characteristic melting behavior of double crystalline poly (ε-caprolactone)-block-polyethylene copolymers. Macromolecules, 2007, 40: 7566-7572.

[68] Cong Y H, Liu H, Wang D L, Zhao B J, Yan T Z, Li L B, Chen W, Zhong Z Y, Lin M C, Chen H L, Yang C L. Stretch-induced crystallization through single molecular force generating mechanism. Macromolecules, 2011, 44: 5878-5882.

[69] Lin M C, Wang Y C, Chen J H, Chen H L, Mueller A J, Su C J, Jeng U S. Orthogonal crystal orientation in double-crystalline block copolymer. Macromolecules, 2011, 44: 6875-6884.

[70] Lin M C, Chen H L, Su W B, Su C J, Jeng U S, Tseng F Y, Wu J Y, Tsai J C, Hashimoto T. Interactive crystallization kinetics in double-crystalline block copolymer. Macromolecules, 2012, 45: 5114-5127.

[71] Lin M C, Nandan B, Chen H L. Mediating polymer crystal orientation using nanotemplates from block copolymer microdomains and anodic aluminium oxide nanochannels. Soft Matter, 2012, 8: 7306-7322.

[72] Quiram D J, Register R A, Marchard G R, Adason D H. Chain orientation in block copolymers exhibiting cylindrically confined crystallization. Macromolecules, 1998, 31: 4891-4898.

[73] Hillmyer M A, Bates F S. Influence of crystallinity on the morphology of poly (ethylene oxide) containing diblock copolymers. Macromol Symp, 1997, 117: 121-130.

[74] Hsu J Y, Hsieh I F, Nandan B, Chiu F C, Chen J H, Jeng U S, Chen H L. Crystallization kinetics and crystallization-induced morphological formation in the blends of poly (ε-caprolactone)-block-polybutadiene and polybutadiene homopolymer. Macromolecules, 2007, 40: 5014-5022.

[75] Vasilev C, Reiter G, Pispas S, Hadjichristidis N. Crystallization of block copolymers in

restricted cylindrical geometries. Polymer，2006，47：330-340.

[76] Qian Y，Cai T，Hu W B. Breakout and breakdown induced by crystallization of cylinder-forming diblock copolymers. Macromolecules，2008，41：7625-7629.

[77] Chen H L，Hsiao S C，Lin T L，Yamauchi K，Hasegawa H，Hashimoto T. Microdomain-tailored crystallization kinetics of block copolymers. Macromolecules，2001，34：671-674.

[78] Nojima S，Toei M，Hara S，Tanimoto S，Sasaki S. Size dependence of crystallization within spherical microdomain structures. Polymer，2002，43：4087-4090.

[79] Loo Y L，Register R A，Ryan A J. Polymer crystallization in 25nm spheres. Phys Rev Lett，2000，84：4120-4123.

[80] Reiter G，Castelein G，Sommer J U，Roettele A，Thorn-Albrecht T. Direct visualization of random crystallization and melting in arrays of nanometer-size polymer crystals. Phys Rev Lett，2001，87：226101.

[81] Roettele A，Thorn-Albrecht T，Sommer J U，Reiter G. Thermodynamics of formation，reorganization，and melting of confined nanometer-sized polymer crystals. Macromolecules，2003，36：1257-1260.

[82] Lorenzo A T，Arnal M L，Müller A J，Boschetti de Fierro A，Abetz V. Confinement effects on the crystallization and SSA thermal fractionation of the PE block within PE-b-PS diblock copolymers. Eur Polym J，2006，42：516-533.

[83] Lorenzo A T，Arnal M L，Müller A J，Boschetti de Fierro A，Abetz V. Nucleation and isothermal crystallization of the polyethylene block within diblock copolymers containing polystyrene and poly (ethylene-alt-propylene). Macromolecules，2007，40：5023-5037.

[84] Castillo R V，Arnal M L，Müller A J，Hamley I W，Castelletto V，Schmalz H，Abetz V. Fractionated crystallization and fractionated melting of confined PEO microdomains in PB-b-PEO and PE-b-PEO diblock copolymers. Macromolecules，2008，41：879-889.

[85] Nojima S，Ohguma Y，Namiki S，Ishizone T，Yamaguchi K. Crystallization of homopolymers confined in spherical or cylindrical nanodomains. Macromolecules，2008，41：1915-1918.

[86] Hobbs J K，Register R A. Imaging block copolymer crystallization in real time with the atomic force microscope. Macromolecules，2006，39：703-710.

[87] Cai T，Qian Y，Ma Y，Ren Y J，Hu W B. Polymer crystallization confined in hard spherical microdomains of diblock copolymers. Macromolecules，2009，42：3381-3385.

附　　录

A　高分子结晶的动态蒙特卡罗模拟方法

A1　格子链微松弛模型

　　高分子结晶和熔化过程是一个典型的通过分子布朗运动而实现的从非平衡态向平衡态方向转变的过程。这一过程由分子间相互作用所驱动，是体系熵和焓在局部发生竞争的结果。采用基于统计力学原理的蒙特卡罗（Monte Carlo）分子模拟方法来研究高分子的微观结晶过程在原则上是可行的。正是基于同样的原理，蒙特卡罗模拟方法在小分子体系的相转变行为，特别是结晶动力学微观机制的研究方面已经取得了重要的进展[1]。

　　我们采用动态蒙特卡罗模拟方法，即考察在格子空间作布朗运动的高分子链及其随模拟时间而演化的过程[2]。要合理地模拟高分子结晶过程，首先需要合理地模拟高分子布朗运动的微观过程。这一过程也被称为微松弛（micro-relaxation）过程。Verdier 和 Stockmayer 提出了格子空间中的第一个微松弛模型[3]。他们允许分子链通过链末端翻转和折点向对角线跃迁来实现局部的链构象变化，如图 A.1 所示，以模拟其分子动力学松弛行为。Wall 和 Mandel 则提出采用从链一端到另一端沿着分子链的链滑移来模拟格子空间中分子链的运动[4]。但是，以上这些模型只能在链末端才能够引入新的键取向，分子链构象的松弛效率并不高。Larson 等人提出折点激发模型[5]，其允许在分子链中段引入新的键取向，如图 A.2 所示。这一模型随后被发展成为目前得以普遍运用的键长涨落模型[6,7]。实际上，将折点激发和链滑移模型结合起来，可以得到更有效的分子链松弛模式。陆建明和杨玉良提出在折点激发时，允许同时存在延伸到链末端的链滑移的杂合模型，如图 A.3 所示[8]。本书作者进一步提出链滑移可以终止于沿着链延伸的第一个折点被打开[9]，如图 A.4 所示。这一微松弛模型成为我们用来研究高分子结晶行为的基本分子链布朗运动模型。实际上，沿着分子链的链滑移运动的局部松弛符合我们从一端开始拉一个弯弯曲曲细绳的直觉效果，以及 de Gennes 最初提出的折点位错沿着分子链迁移扩散的蛇行链模型[10]。另外，这种局部链滑移模式有利于局部分子链伸展进入晶体，并可以很好地反映分子链在晶区中的运动特点，允许我们进一步考虑晶区内的滑移摩擦阻力，从而调控高分子片晶的增厚能力。

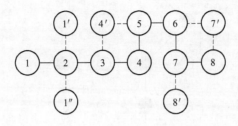

图 A.1　格子空间中分子链局部发生末端翻转和折点跃迁示意图[3]

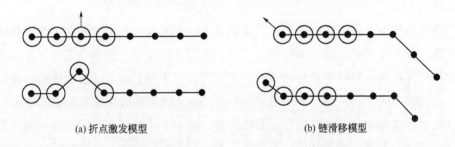

(a) 折点激发模型　　　　　　　(b) 链滑移模型

图 A.2　折点激发模型和链滑移模型示意图[5]

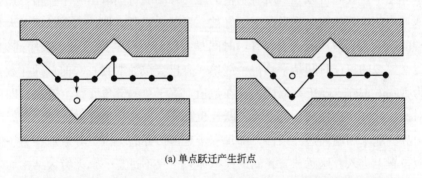

(a) 单点跃迁产生折点

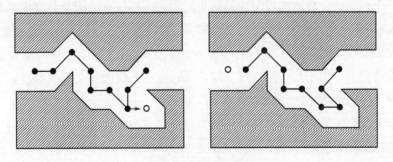

(b) 单点跃迁结合链滑移

图 A.3　折点激发结合链滑移模型示意图[8]

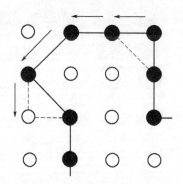

图 A.4　键长涨落单点跃迁结合局部链滑移模型示意图[9]

(图中虚线表示新出现的键接，箭头表示链单元运动方向)

　　具体操作时，我们在特定边长尺寸的立方格子元胞空间中放入一定数目和链长的链，除了分子链占据一部分格点之外，我们总是需要一些单个格点代表本体中的自由体积或者溶液中虚幻的溶剂。在实现每一步分子链的微松弛之前，我们需要确定哪个链单元跃迁到哪个近邻的空格之中。通常的做法是根据链的序列号以及链单元在每条链上的序列号，随机地抽取出一个链单元，然后再随机地抽取其近邻位置，看看是否正好是一个空格，否则就重新再抽取一次链单元。在高浓度或本体之中，我们可以先从所有空格的序列号中随机抽取出一个空格，然后再随机地抽取其近邻位置，看看是否正好被一个链单元所占据，这样做可以大大提高抽样的效率。从物理定义上来看，时间是我们对事件的先后发生次序的记录。我们定义模拟的单位时间是平均每个链单元有机会被抽取到一次的总抽样数，并称其为 Monte Carlo（MC）周期，其在数值上等于总的链单元数。这样，即使抽取一对链单元和空格失败，链单元不跃迁也算是一次物理事件被记录。在元胞空间的边界一般采用循环边界条件，即每一步走出边界的尝试，等效地在另一侧边界对应位置上进入。这意味着我们的模拟体系，只不过是一个无穷大结构均匀体系中的一个小窗口。结构的均匀性是指我们所模拟的所有结构及其变化都只局限于比元胞空间更小的结构。周围的一切都是元胞的映像。当然有限的元胞尺寸，会给相关长度较大的临界相变行为带来一定的影响[1]。另外，我们要求链单元在微松弛过程中不能相互重复占据空间，同时键也不能相互交错或穿过，以模仿无热条件下分子链单元之间的体积排斥作用。

　　要检验我们所采用的微松弛模型模拟分子链布朗运动的合理性，我们可以考察分子链构象和分子动力学是否符合高分子链本征的布朗运动特点[11]。我们知道，非晶高分子链由于布朗运动而呈现出链构象无规线团尺寸与链长的特征标度关系。在无热稀溶液中，线团膨胀，线团均方末端距 $\langle h^2 \rangle$ 与链长 $r-1$ 的 1.2

次方成正比，但是随着浓度提高到本体时，其与链长成正比[12]。图 A.5 总结了一系列链长和浓度的分子链以图 A.4 微松弛方式达到平衡态构象的统计结果[13]，可以看出，线团尺寸标度关系得到了很好的体现。另外，非晶高分子链由于布朗运动而呈现出链单元的均方位移与时间的特征标度关系。在短链本体中，分子链服从 Rouse 链的动力学特征，即链单元的均方位移与时间的标度指数从 0.5 升高到 1.0[14]。图 A.6 总结了链单元、线团质量中心以及链单元相对于线团质量中心的均方位移与时间的指数依赖关系[13]，可以看出，链单元的均方位移由时间的 0.5 次方转变为与时间成正比，符合 Rouse 链的动力学特征。

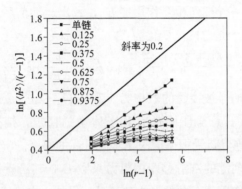

图 A.5　格子链在边长为 32 个格子及以上的立方格子空间中以循环边界条件无热松弛统计得到的均方末端距与链长的标度关系[13]

（图中曲线标示的是格子链的体积分数）

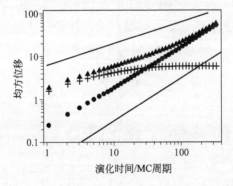

图 A.6　格子链 32-mer 在边长为 32 个格子的立方格子空间中以循环边界条件无热松弛统计得到的均方位移与时间的双对数曲线[13]（图中实心圆代表线团质量中心的位移，二角代表分子链中央四个链单元的位移，十字代表链单元相对于线团质量中心的位移，两条直线表示斜率分别为 0.5 和 1 的标度关系）

A2　抽样方法

我们采用经典的 Metropolis 抽样方法[15]，该方法是满足细致平衡原理的方程解，该原理要求某个微观状态新增的粒子数与离开的粒子数保持一致，反映了体系微观平衡的状态，而宏观可以不需要处于平衡态。在对非平衡过程进行统计处理时，这一原理与 Onsager 倒易关系是等效的。实际上，如果我们主要关注非平衡过程中的动态结构演变行为而不是统计其平衡态性质时，即使加入某个导致细致平衡原理发生偏离的因素，采用 Metropolis 抽样方法仍然可以考察该因素对体系动力学演化行为的影响。

具体操作时，我们计算每一步微松弛所造成的体系内能的变化，例如我们可以考察反映链柔顺性的构象能 E_c、反映多组分之间相互作用的混合作用能 B 和反映结晶驱动力的键平行排列相互作用能 E_p，数出运动前后相应作用时发生变化的数目 c、b 和 p，于是总内能变化为：

$$\frac{\Delta E}{kT} = \frac{bB + pE_p + cE_c}{kT} = \left(b\frac{B}{E_c} + p\frac{E_p}{E_c} + c \right)\frac{R_c}{kT} \tag{A.1}$$

然后，我们设定抽样被接受的概率为 1 和 $\exp[-\Delta E/(kT)]$ 的最小值。也就是说，如果 $\Delta E < 0$，总势能降低有利于体系的稳定，接受概率为 1；如果 $\Delta E > 0$，也不全部拒绝，接受概率取决于势能升高的幅度。实际上我们还可以引入来自于每对平行排列键的链滑移摩擦阻力系数 E_f，其沿着链滑移片段累积起来，作为动力学因子作用于双向的微松弛运动，另外，也可以考虑固体基板的吸引作用等。这里我们可以调控几个约化参数，例如 B/E_c 可代表相分离的分子驱动力，E_p/E_c 可代表结晶的分子驱动力，E_f/E_c 可代表每个键在晶区的滑移阻力，设定好这些参数以后，我们逐步改变 $E_c/(kT)$ 的值，其代表约化温度，允许我们观察其从高到低体系自发的结晶行为，或者其从低到高体系自发的熔化行为。

参 考 文 献

[1] Binder K. Monte Carlo Methods in Statistical Physics. Berlin, Heidelberg, New York: Springer, 1979.

[2] Kremer K, Binder K. Monte Carlo simulation of lattice models for macromolecules. Comput Phys Rep, 1988, 7: 259-310.

[3] Verdier P H, Stockmayer W H. Monte Carlo calculations on the dynamics of polymers in dilute solution. J Chem Phys, 1962, 36: 227-235.

[4] Wall F T, Mandel F. Macromolecular dimensions obtained by an efficient Monte Carlo method without sample attrition. J Chem Phys, 1975, 63: 4592-4595.

[5] Larson R G, Scriven L E, Davis H T. Monte Carlo simulation of model amphiphile-oil-water systems. J Chem Phys, 1985, 83: 2411-2420.

[6] Carmesin I, Kremer K. The bond fluctuation method: A new effective algorithm for the dynamics of polymers in all spatial dimensions. Macromolecules, 1988, 21: 2819-2823.

[7] Deutsch H P, Binder K. Interdiffusion and self-diffusion in polymer mixtures: A Monte Carlo study. J Chem Phys, 1991, 94: 2294-2304.

[8] 陆建明，杨玉良. 高浓度多链体系链动力学的 Monte Carlo 模拟——键长涨落模型和空穴扩散算法. 中国科学 A, 1991, 21: 1226-1232.

[9] Hu W B. Structural transformation in the collapse transition of the single flexible homopolymer model. J Chem Phys, 1998, 109: 3686-3690.

[10] de Gennes P G. Reptation of a polymer chain in the presence of fixed obstacles. J Chem Phys, 1971, 55: 572-576.

[11] Binder K. Introduction. General aspects of computer simulation techniques and their applications in polymer physics//Binder K, ed. Monte Carlo and Molecular Dynamics Simulations in Polymer Science. New York: Oxford University Press, 1995: 22.

[12] de Gennes P G. Scaling Concepts in Polymer Physics. Ithaca, NY: Cornell University Press, 1979: 29.

[13] Hu W B, Frenkel D. Polymer crystallization driven by anisotropic interactions. Adv Polym Sci, 2005, 191: 1-35.

[14] Kremer K, Grest G S. Dynamics of entangled linear polymer melts: A molecular-dynamics simulation. J Chem Phys, 1990, 92: 5057-5086.

[15] Metropolis N, Rosenbluth A W, Rosenbluth M N, Teller A H, Teller E. Equation of state calculations by fast computing machines. J Chem Phys, 1953, 21: 1087-1092.

索　引